JavaScript 框架设计

（第 2 版）

司徒正美◎编著

人民邮电出版社

北京

图书在版编目（CIP）数据

JavaScript框架设计 / 司徒正美编著. -- 2版. -- 北京：人民邮电出版社，2017.9
ISBN 978-7-115-46429-3

Ⅰ. ①J… Ⅱ. ①司… Ⅲ. ①JAVA语言－程序设计 Ⅳ. ①TP312.8

中国版本图书馆CIP数据核字(2017)第189013号

内 容 提 要

本书全面讲解了 JavaScript 框架设计及相关的知识，主要内容包括种子模块、语言模块、浏览器嗅探与特征侦测、类工厂、选择器引擎、节点模块、数据缓存模块、样式模块、属性模块、PC 端和移动端的事件系统、jQuery 的事件系统、异步模型、数据交互模块、动画引擎、MVVM、前端模板（静态模板）、MVVM 的动态模板、性能墙与复杂墙、组件、jQuery 时代的组件方案、avalon2 的组件方案、react 的组件方案等。

本书适合前端设计人员、JavaScript 开发者、移动 UI 设计者、程序员和项目经理阅读，也可作为相关专业学习用书和培训学校教材。

◆ 编　著　司徒正美
　责任编辑　张　涛
　责任印制　焦志炜

◆ 人民邮电出版社出版发行　北京市丰台区成寿寺路11号
　邮编 100164　电子邮件 315@ptpress.com.cn
　网址 http://www.ptpress.com.cn
　固安县铭成印刷有限公司印刷

◆ 开本：800×1000　1/16
　印张：29.5　　　　　　　2017年9月第2版
　字数：715千字　　　　　 2024年7月河北第10次印刷

定价：95.00元

读者服务热线：(010)81055410　印装质量热线：(010)81055316
反盗版热线：(010)81055315
广告经营许可证：京东市监广登字20170147号

前　言

距本书前一版出版已经 3 年了，这 3 年来前端技术也发生了很大变化。因为这 3 年中，出现了团购、P2P、O2O、直播等几大创业热潮，对前端的技术需求更强，也要求更高。许多公司为了迎合用户需求，也由 PC 端转移到移动端，全新的交互方式，及之前不曾遇到的性能问题，这些都需要全新的思路与框架来解决。旧的 jQuery 已经跟不上时代的步伐，因此一些新库如雨后春笋般出来，如 fastclick、iscroll、react、fetch-polyfill、es5-shim、babel、rollup、rxjs……在 react 新版刚完成之际，react 的版本号已经飙升到 15，nodejs 已经发展到 8.0，这么多新东西，这么快的更新换代，一方面反映了前端技术的欣欣向荣，另一方面说明这个市场还不成熟。市场不成熟，正是框架高手"称雄一方"的好时机。远的不说，就说国内的玉伯，由于适时推出 seajs，与国外的 requirejs 竞争，国内舆论哗然，贬褒不一，但不管你说什么，时势造英雄，为什么英雄不是自己呢。说到底，实力很重要。

在前端最能反映威力的技术就是框架，其中一个评价标准是在 GitHub 上拿到很多星星的开源框架（网友的评论）。这是一本讲 JavaScript 框架的书，初版发布时，是国内唯一一本深入研究前端框架的书。新的一版，也是市面上唯一能把框架研究得较深入的书。深入并不代表难，但肯定有门槛。因为从 2015 年起，JavaScript 就加速添加新特征、新语法、新功能，框架也变得越来越庞大，越来越复杂，因为对应的行业需求总是比我们的框架更复杂。是我们的框架适应现实，不是我们的框架无端变得如此"不可理喻"，学习门槛越来越高，要读懂已有框架的难度系数越来越陡峭。

当然，你也可以尝试无师自通，在武侠小说中，无师自通的主角不在少数，但无书自通者恐怕寥寥无几。我觉得有效的方法是多看几本进阶的书。有人说，书买十本看一本也值的，我觉得有待商榷。因此我推荐钱穆的另一个说法。当年，李敖向他请教治学方法，他回答说：**并没有具体方法，要多读书、多求解，当以古书原文为底子、为主，免受他人成见的约束。书要看第一流的，一遍一遍读。与其十本书读一遍，不如一本书读十遍。不要怕大部头的书，养成读大部头书的习惯，则普通书就不怕了**。从这里面得到许多启示，一是读好书，二是读原版，三是精读，四是能读厚书。

第 1 点读好书。在知乎，总是有新人请教学习前端该看什么书的问题。其实前端的好书也有不少，如红皮书、蝴蝶书、犀牛书、乌龟书、时钟书、鸽子书……《你不知道的 JavaScript》，也很有特色。

第 2 点读原版，在 IT 行业，特指英文原版。大凡有新技术出来，它们几乎都是以英文为载体出现，然后隔一年半载，才翻译到国内，所以学习新技术还是先看原版书。

第 3 点精读，就是重复看。多看书是一定的，但如果发现书上说的东西你始终看不进去时，一定不要坚持，一般来说看不下去是因为：一、你还没有达到看本书的水平，不适合你看；二、你看

前言

的书的确是本"烂书",遇到这种情况赶紧换书。如果找到一本适合自己的书一定要坚持看下去,看到不懂的东西多搜索,搜索不到就多问人。当初,我阅读 jQuery 源码也是如此,最初看的是 1.4.3 版本,看得一头雾水,一气之下,从最初的 1.0 版本开始看。看完所有版本,了解其迭代过程,明白了一些代码后来为什么重构成这样。在那本书中,有相当多的源码,里面着着实实比较了程序的演化过程。

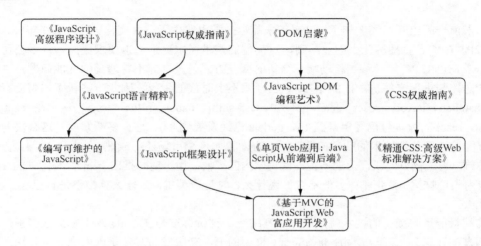

第 4 点看厚书,一些集大成者的书,比如你创作文学,就看看《文心雕龙》;研究哲学,就得看黑格尔的《哲学全书》。在 JavaScript 领域,所谓的大部头莫过于《JavaScript 权威指南》等。厚达千页,许多细节都涉及了。

看了这样的书,也不能保证你能写出漂亮的代码,更别说创造一个热门的框架。这情形就好像你学了些单词和语法,你就想听懂不带字幕的英文电影一样,那是不可能的。不同阶段,你需要掌握的技能是不一样的。框架是另一个层次的技术。但别灰心,本书就是这些知识应用的指南,从高人的博客中、浏览器的更新日志中、GitHub 的 ISSUE 中,辛辛苦苦整理来的知识,加上自己的实践分享给大家。

第一版的《JavaScript 框架设计》是完全按照一个框架的编写顺序来编排,导致阅读难度太大,让许多读者反馈说无法坚持下去。这次大改版,将一些难点挪到后面,并加上大量的流程图与示意图来降低学习难度。并且随着浏览器的升级,许多东西也该更新换代,因此本书俨然是一本新书,无论是目录结构与内容上都焕然一新。最开始的知识是偏底层,讲授一些工具方法,一些常出现在各种框架的模块,里面会大量列举实现相同功能的不同实现,比如说 isArray、trim、一个迷你的事件系统、获取元素样式、如何跨域……但越到后面,代码就越少,却能通过提供的网上链接,到相关博客里去观看相关的内容。后面几章都是非常前沿的东西,许多技术方案还没有定案(至少在我成书时),没有最佳实践,只能提供一些抽象的方法论,让读者们自行悟道。有些东西不是死记硬背就能理解的。并且,本书也不是让你造一个 avalon/angular 的框架。每个时代对框架的需求都不一样。引用《从 0 到 1》里的话——商业世界的每一刻都不会重演。下一个比尔·盖茨不会再开发操作系统,下一个拉里·佩奇或是谢尔盖·布林不会再研发搜索引擎,下一个马克·扎克伯格也不会去创建社交网络。如果你照搬这些人的做法，你就不是向他们学习了。

最后，感谢那些帮我审稿的朋友们（以下排名不分先后）：

王方磊、曹学进、张劲松、刘可、贺文榜、方正、索平、熊小涛、周静文、余永鹏、杨忠业、刘伟、曹学进、黄建新。

还有经常伴随我的可口可乐、香飘飘奶茶、旺旺仙贝、大白兔奶糖、肉松饼、徐福记、牛轧糖、牛肉粒、鱿鱼丝、小黄鱼、曲奇饼、德芙巧克力……它们也不分先后！

本书答疑 QQ 群为（471118627），本书编辑和投稿邮箱为 zhangtao@ptpress.com.cn。

InfoQ 访谈

InfoQ： 请您介绍一下自己目前的工作职责，负责的项目情况。据说您是写小说出身的，能否简单介绍一下自己的工作经历？为什么选择进入前端领域？为什么对前端框架抱有极大的热情？

笔者： 现在我在"去哪儿网"任前端架构师一职，带领大家搞 react 开发。react，特别是 react native 是现时最好的移动框架。而公司的重点也转移到移动端了，因此我们小组负责将移动端相关设置全部搭建起来，各种"坑"踩一遍，努力为业务线提供最坚实的支撑。

每个人的经历都很曲折，尤其是前端人员，许多人都觉得前端比较容易学，或者赚钱比较多，才进入这行业。而我比较幸运，编代码也是我大学时的一个乐趣。因此不会像其他人，会出现动力不足的情况。当然我的兴趣还是很多的，比如写小说、建筑、考古、学日语、学动画、看科幻小说、陶艺……会找乐子的人，不会轻易泄气。

总的来说，我的兴趣都有个特点，就是缺少与他人的互动。编代码也一样，一个人静静地编就好了。像 PM，需要与别人不断沟通，我可能做不过来。每个人的性格都不一样，因此选择行业要符合自己的性格。

至于为什么进入前端，纯粹是偶然。我的一个弟弟是做这行的。我在小县城呆着赚不了几个钱，他说带我去深圳见识见识，便一下子介绍到他公司做前端了。我在小县城时也用前端接些小活过日子，因此不会觉得一下子跳跃太大。更重要的是，我特别能写程序，我没进入这行时，就写了三百多篇有关前端的博文，那时大家都以为我在大公司任职了。

出于这样的误解，公司一开始就把一些很重要的事让我做，我要确保代码的质量，因为我的组件是被许多人复用的，就从那时起，我就一直搞框架、搞组件、搞各种工具。

infoQ： 请您跟大家讲一下前端框架的发展历史、前端框架的起源和发展如何？现在的前端框架很多，其背后的原因是什么？国内的前端框架又是怎样起步的、发展现状如何？

笔者： 这是一个老生常谈的话题，基本每本 JavaScript 书都会聊一下这个话题。主要原因是，JavaScript 没有自己的 SDK（核心库），需要依赖"民间"的力量。最开始是一些大公司有能力开发这些框架，如 Prototype.js，也是作为 ROR 的次要项目开发出来的。此外还有 dojo、closure、YUI 这巨大的框架，也是大公司搞的。后来突然出现 jQuery 这样由天才开发的框架。事实证明，大公司那一套管理方式，以 KPI 驱动的框架有着致命的缺憾，虽然面面俱到，但不能迅速吸收 IT 社区的新东西，使用起来不够方便灵活。

再后来，大家都知道是 jQuery 的天下，大家都争先恐后地为它做插件。jQuery 也大大解放了程序员的生产力，让我们有时间做一些更有意义的事。在后 jQuery 时代，最有意义的两件事是 RequireJS 的诞生与 nodejs 的出世。前者试图解决 JavaScript 模块化问题，后者让我们能从后端那里"抢"走一些活儿，那些活儿本来就是前端做比较合适。比如说做模板、套模板、传数据、JavaScript 的语法检测、风格检测、理点等。

这个时间里，产生了像 backbone 这样的 MVC 框架。但立即被 knockout、angular、react 等 MVVM 框架占去份额了。要知道，后端从 MVC 进化到 MVVM，需要大概 10 年时间，而前端则不到 2 年。

前端框架发展实在太迅猛了！

我想其背后最大的动力是需求！源源不断的需求！原来由后端做的活儿，放在前端做更合适、更快，用户体验更好。这是趋势使然，挡也挡不住。

目前国内的发展历程其实与国外一模一样。最开始是公司牵头，后来就涌现大量出色的个人项目。阿里的前端技术之所以这么强，是因为他们不断地研制自己的"轮子"，"轮子"会越造越好。那些绝不重复造"轮子"的人默默无名，而框架作者们则开创自己一片新天地了。中国拥有世界上最庞大的互联网市场，面临的挑战很大，光是满足国内用户的需求，国内框架的研发人员就需要比国外同行更加努力。经过这几年的磨练，国内的框架也渐渐走出国门（如我的 avalon，在澳大利亚、德国都有人在用，又如百度的 ECharts，这个也非常抢眼）。

infoQ：avalon 的起源与发展是如何的？avalon 2 的架构如何？采用这样的架构有什么好处？与其他框架相比，avalon 更加"接地气"的点体现在哪些地方？

笔者：avalon 当初只是我另一个早期的框架 mass Framework 的一个插件。mass Framework 类似于 jQuery 与 Prototypejs 的结合体。没什么特色，被埋没也是必然的。但我说过，"轮子"会越造越好的。当我将这个插件介绍到**博客园**——国内一个非常著名的 IT 社区，反映很不错。于是独立出来搞。经过 5 年的发展，它渐渐拥有自己的论坛与社区。不过，由于年龄的增长，我也开始抗拒一些新东西（比如说社区上一些自动化工具，总是想自己全部实现），导致 avalon 一度发展缓慢。发展到 1.5 版时试图奋起直追，效果不明显。avalon2 决定使用一个更吸引眼球的东西扭转局面——这就是虚拟 DOM，带来了性能上的飞跃。MVVM 虽然非常方便，但很容易出现性能瓶颈。出自于谷歌之手的 angular，也有 2000 个指令（即一个页面超过 2000 个指令，页面更新就慢得令人发指）。Facebook 的 react 带来了"虚拟 DOM"这个新概念，使用轻量对象代替重型对象来承担绝大多数的页面重绘工作，解决了所谓的"性能墙"问题。

原来 MVVM 架构分 3 层，M、V、VM 三层，我们只需要关注 VM。VM 通过各种手段得知外界对它的操作，然后它智能地通知 M 与 V 进行变更。VM 承受太多职责，导致不堪重负。而虚拟 DOM 的导入，让 avalon2 拥有 4 层架构。虚拟 DOM 位于 V 与 VM 之间，复杂的视图计算由虚拟 DOM 计算好，然后 diff 出差异点实现最小化刷新。这是算法的伟大胜利。为了实现虚拟 DOM，前端框架作者也接触编译原理等高深的东西了。

现在主流的 MVVM 也结合虚拟 DOM 进行性能优化。基本上它们是基于 Object.defineProperty 这个 API。而这个 API 在 IE8 中有 bug，只能用于 IE9+。因此它们的兼容性都比较差。而 avalon 的优势在于其作者精通各种兼容性问题与"魔法"。在 IE6～IE8 下，我找到了 VBScript 实现对 VM 的自省机制，在较新的浏览器使用 Object.defineProperty，在更新锐的浏览器，则使用 Proxy（动态代理）这个划时代的东西，从此我们可以动态监听对象是否被添加删除了某个属性，或调用了某个方法，而不像 Object.defineProperty 只能监听读写操作（Proxy 对象被用于定义自定义基本操作的行为，如属性查找、分配、枚举、函数调用等，在 Firefox 的定义中一共有 14 个属性）。

从上面的描述来看，avalon 走在时代的前列，但它不忘初心，还继续支持 IE6，让大家用 MVVM 或虚拟 DOM 时没有后顾之忧。并且大家也不用担心 avalon 为了兼容 IE6，会变得非常冗长。因为 avalon 是一份源码编译出好几个版本，每个版本根据浏览器的支持程度合并对应的模板。如果只想运行于 IE10，其会相当小。

infoQ： 在选择前端框架时，大家的建议很多，例如结合自己的业务等。您也曾提到，选择前端框架应综合考虑框架本身与团队情况。要考虑的点这么多，究竟怎样来综合考虑呢？具体的步骤应该是怎样的？

笔者： 的确如此，技术本来是为业务服务的，单纯"玩"技术是没有前途，也找不到方向。前端框架之所以这么多，也是因为大家的业务侧重点各不相同。选择合适的框架，比选择一个时髦的框架重要多了。千万别让手下人员自行决定。他们玩不转可以"拍拍屁股走人"，留下一个烂摊子。我们要考虑到业务的可持续性、代码的可交接性及团队的普遍接受能力。比如一个公司，没有前端开发人员，都是后端开发人员顺手做前端的活，早期许多公司都是招 PHP 实现前端开发。他们的设计模式比较好，可以上手 angular。如果一个团队新人够多，不稳定，则只能用 jQuery 与 bootstrap。如果是一个创业公司，急着做出原型来拉投资，可以尝试 vue、avalon、react 等短平快的框架。但我所说的还是核心框架，涉及图表、UI 库，这些需要架构师见多识广，自己"趟过坑"，才让团队"集中过河"。

infoQ： 有人说前端编程标准和方法渐渐出现稳定的趋势，您怎么看待这一观点？在之后的发展过程中，有没有可能标准完全统一？有没有可能某个前端框架"一统江湖"？

笔者： 这个观点前半段是对的。像 jQuery 带来一系列便捷的操作 DOM 的方式，append、prepend、remove 等方法已经在 DOM4 中实现了。其最著名的选择器引擎，也有了原生替代品。因为浏览器商之间也存在竞争关系，将一些公认的好东西内置可以讨好用户。但浏览器厂商之间没怎么沟通，W3C 给出的规范也模糊，出现差异是在所难免的。因此不要相信浏览器，要使用框架！至于框架，框架之争是不会停息的，好的框架会不断涌现，它们可能以某个神奇的设计一下推翻前面的技术。就像 jQuery "灭掉" prototype，gulp "灭掉" grunt，webpack "灭掉" browserfy，react "灭掉" angular ……

并且没有一个框架覆盖所有需求，每个领域都有领头羊。因此想一个框架"一统江湖"，这个不可能也不实际。只要做好自己的擅长之处，开发就会比较顺利。

infoQ： 您认为，前端开发人员学习框架设计应具备哪些能力？应从哪些方面着手进行设计？哪些地方有"坑"，需要注意避开？

笔者： 这个问题比较笼统，我也只能笼统地回答。就像你问怎么挣大钱，有许多东西，人家说出来你也不能复制。首先，基础很重要，如计算机科班出来的人，搞前端就很容易上手。其次是设计模式，这是 Java 十多年积累的精华，是我们构建巨型工程的利器。现在前端框架的程序很多是上万行了。像过去那样，全是方法＋全局变量在堆砌，在生产环境中找 bug 是恶梦。最后是好好看高手们的框架，阅读源码是进步最快的方式之一。只有看了足够多的源码，你才能博采众长。再最后，就是宣传与测试了，宣传确保你拥有第一批用户，成为你继续维护与升级的动力。需要提供一系列便捷的下载渠道，因为酒香也怕巷子深。测试是确保你能留住用户。目前社区上有大量的测试工具，你可以将它们全部绑定在 webpack，在用户 build 工程时，把所有测试运行一遍。

最后说"坑"，其实没什么"坑"，所有浏览器兼容性问题与技术难点，许多技术高人都提供现成方案。但如果你做出框架，不再维护，对使用者来说这才是"大坑"。就是你不想维护了，就要找一个接盘者来主持。就像 jQuery、nodejs 等著名项目，原作者早早交给他人维护。

我今天的分享就到这里，谢谢大家！

目　录

第 1 章　种子模块 ················· 1
- 1.1　模块化 ·························· 1
- 1.2　功能介绍 ························ 2
- 1.3　对象扩展 ························ 3
- 1.4　数组化 ·························· 5
- 1.5　类型的判定 ······················ 8
  - 1.5.1　type ······················ 12
  - 1.5.2　isPlainObject ············· 13
  - 1.5.3　isWindow ················· 14
  - 1.5.4　isNumeric ················ 15
  - 1.5.5　isArrayLike ··············· 16
- 1.6　domReady ····················· 17
- 1.7　无冲突处理 ····················· 20
- 1.8　总结 ··························· 20

第 2 章　语言模块 ················· 21
- 2.1　字符串的扩展与修复 ············· 22
  - 2.1.1　repeat ···················· 24
  - 2.1.2　byteLen ··················· 26
  - 2.1.3　pad ······················ 30
  - 2.1.4　quote ····················· 32
  - 2.1.5　trim 与空白 ················ 33
- 2.2　数组的扩展与修复 ··············· 37
- 2.3　数值的扩展与修复 ··············· 45
- 2.4　函数的扩展与修复 ··············· 48
- 2.5　日期的扩展与修复 ··············· 53

第 3 章　浏览器嗅探与特征侦测 ····· 57
- 3.1　浏览器判定 ······················ 58
- 3.2　document.all 趣闻 ··············· 61
- 3.3　事件的支持侦测 ··················· 62
- 3.4　样式的支持侦测 ··················· 65
- 3.5　jQuery 一些常用特征的含义 ······· 65

第 4 章　类工厂 ···················· 68
- 4.1　JavaScript 对类的支撑 ············ 68
- 4.2　各种类工厂的实现 ················ 73
  - 4.2.1　相当精巧的库—P.js ·········· 74
  - 4.2.2　JS.Class ···················· 76
  - 4.2.3　simple-inheritance ·········· 78
  - 4.2.4　体现 JavaScript 灵活性的
           库——def.js ················ 81
- 4.3　进击的属性描述符 ················ 85
- 4.4　真类降临 ························ 93

第 5 章　选择器引擎 ··············· 102
- 5.1　浏览器内置的寻找元素的方法 ····· 103
- 5.2　getElementsBySelector ··········· 105
- 5.3　选择器引擎涉及的知识点 ········· 108
  - 5.3.1　关系选择器 ················· 109
  - 5.3.2　伪类 ······················· 111
  - 5.3.3　其他概念 ··················· 113
- 5.4　选择器引擎涉及的通用函数 ······· 114
  - 5.4.1　isXML ····················· 114
  - 5.4.2　contains ··················· 115
  - 5.4.3　节点排序与去重 ············· 117
  - 5.4.4　切割器 ···················· 121
  - 5.4.5　属性选择器对于空白字符的
          匹配策略 ················· 123
  - 5.4.6　子元素过滤伪类的分解与

		匹配 ······125
5.5	Sizzle 引擎 ······127
5.6	总结 ······135

第 6 章 节点模块 ······136

6.1	节点的创建 ······136
6.2	节点的插入 ······142
6.3	节点的复制 ······144
6.4	节点的移除 ······148
6.5	节点的移除回调实现 ······151
	6.5.1 Mutation Observer ······152
	6.5.2 更多候选方案 ······153
6.6	innerHTML、innerText、outerHTML、outerText 的兼容处理 ······157
6.7	模板容器元素 ······161
6.8	iframe 元素 ······162
6.9	总结 ······165

第 7 章 数据缓存模块 ······166

7.1	jQuery 的第 1 代缓存系统 ······166
7.2	jQuery 的第 2 代缓存系统 ······172
7.3	jQuery 的第 3 代缓存系统 ······175
7.4	有容量限制的缓存系统 ······176
7.5	本地存储系统 ······178
7.6	总结 ······184

第 8 章 样式模块 ······185

8.1	主体架构 ······186
8.2	样式名的修正 ······189
8.3	个别样式的特殊处理 ······190
	8.3.1 opacity ······190
	8.3.2 user-select ······192
	8.3.3 background-position ······192
	8.3.4 z-index ······193
	8.3.5 盒子模型 ······194
	8.3.6 元素的尺寸 ······195
	8.3.7 元素的显隐 ······201
	8.3.8 元素的坐标 ······203
8.4	元素的滚动条的坐标 ······209
8.5	总结 ······210

第 9 章 属性模块 ······211

9.1	元素节点的属性 ······212
9.2	如何区分固有属性与自定义属性 ······214
9.3	如何判定浏览器是否区分固有属性与自定义属性 ······216
9.4	IE 的属性系统的 3 次演变 ······217
9.5	className 的操作 ······218
9.6	Prototype.js 的属性系统 ······221
9.7	jQuery 的属性系统 ······226
9.8	avalon 的属性系统 ······229
9.9	value 的操作 ······232
9.10	总结 ······235

第 10 章 PC 端的事件系统 ······236

10.1	原生 API 简介 ······238
10.2	onXXX 绑定方式的缺陷 ······239
10.3	attachEvent 的缺陷 ······239
10.4	addEventListener 的缺陷 ······241
10.5	handleEvent 与 EventListenerOptions ······242
10.6	Dean Edward 大神的 addEvent.js 源码分析 ······243
10.7	jQuery 的事件系统 ······246
10.8	avalon2 的事件系统 ······248
10.9	总结 ······254

第 11 章 移动端的事件系统 ······255

11.1	touch 系事件 ······256
11.2	gesture 系事件 ······258
11.3	tap 系事件 ······259
11.4	press 系事件 ······268
11.5	swipe 系事件 ······271

11.6 pinch 系事件 ············ 273
11.7 拖放系事件 ············ 276
11.8 rotate 系事件 ············ 279
11.9 总结 ············ 282

第 12 章 异步模型 ············ 283

12.1 setTimeout 与 setInterval ············ 284
12.2 Promise 诞生前的世界 ············ 287
  12.2.1 回调函数 callbacks ············ 287
  12.2.2 观察者模式 observers ············ 287
  12.2.3 事件机制 listeners ············ 289
12.3 JSDeferred 里程碑 ············ 289
12.4 jQuery Deferred 宣教者 ············ 299
12.5 es6 Promise 第一个标准模型 ············ 303
  12.5.1 构造函数：Promise（executor）············ 308
  12.5.2 Promise.resolve/reject ············ 309
  12.5.3 Promise.all/race ············ 309
  12.5.4 Promise#then/catch ············ 310
  12.5.5 Promise#resolve/reject ············ 310
  12.5.6 Promsie#notify ············ 311
  12.5.7 nextTick ············ 312
12.6 es6 生成器过渡者 ············ 314
  12.6.1 关键字 yield ············ 315
  12.6.2 yield*和 yield 的区别 ············ 316
  12.6.3 异常处理 ············ 317
12.7 es7 async/await 终极方案 ············ 319
12.8 总结 ············ 321

第 13 章 数据交互模块 ············ 323

13.1 Ajax 概览 ············ 323
13.2 优雅地取得 XMLHttpRequest 对象 ············ 324
13.3 XMLHttpRequest 对象的事件绑定与状态维护 ············ 326
13.4 发送请求与数据 ············ 328
13.5 接收数据 ············ 330
13.6 上传文件 ············ 333
13.7 jQuery.ajax ············ 335
13.8 fetch，下一代 Ajax ············ 340

第 14 章 动画引擎 ············ 344

14.1 动画的原理 ············ 344
14.2 缓动公式 ············ 347
14.3 jQuery.animate ············ 349
14.4 mass Framework 基于 JavaScript 的动画引擎 ············ 350
14.5 requestAnimationFrame ············ 358
14.6 CSS3 transition ············ 364
14.7 CSS3 animation ············ 368
14.8 mass Framework 基于 CSS 的动画引擎 ············ 370

第 15 章 MVVM ············ 378

15.1 前端模板（静态模板）············ 378
15.2 MVVM 的动态模板 ············ 388
  15.2.1 求值函数 ············ 390
  15.2.2 刷新函数 ············ 395
15.3 ViewModel ············ 399
  15.3.1 Proxy ············ 400
  15.3.2 Reflect ············ 401
  15.3.3 avalon 的 ViewModel 设计 ············ 403
  15.3.4 angular 的 ViewModel 设计 ············ 407
15.4 React 与虚拟 DOM ············ 412
  15.4.1 React 的 diff 算法 ············ 415
  15.4.2 React 的多端渲染 ············ 417
15.5 性能墙与复杂墙 ············ 417

第 16 章 组件 ············ 422

16.1 jQuery 时代的组件方案 ············ 422
16.2 avalon2 的组件方案 ············ 427
  16.2.1 组件容器 ············ 429

目录

16.2.2 配置对象 …………………… 430
16.2.3 slot 机制 …………………… 430
16.2.4 soleSlot 机制 ……………… 431
16.2.5 生命周期 …………………… 432
16.3 React 的组件方案 ……………………… 433
    16.3.1 React 组件的各种定义
           方式 …………………………… 433
    16.3.2 React 组件的生命周期 …… 439
    16.3.3 React 组件间通信 ………… 441

16.3.4 React 组件的分类 ………… 445
16.4 前端路由 …………………………… 446
    16.4.1 storage ……………………… 447
    16.4.2 mmHistory ………………… 448
    16.4.3 mmRouter ………………… 454

彩蛋 ………………………………………… 458

第 1 章 种子模块

1.1 模块化

最近几年，JavaScript 得到飞速发展，一些框架越来越大，已经不像过去那样全部写进一个 JS 文件中。但拆到多个 JS 文件时，就要决定哪个是入口文件，哪个是次要文件，而这些次要文件也不可能按 1、2、3、4 的顺序组织起来，可能 1 依赖于 2、3，3 依赖于 4、5，每个文件的顶部都像其他语言那样声明其依赖，最后在结束时说明如何暴露出那些变量或方法给外部使用。

就算你的框架只有几千行，在开发时将它们按功能拆分为 10 多个文件，维护起来也非常方便。加之 Node.js 的盛行，ES2016 许多语法不断被浏览器支持，我们更应该拥抱模块化。

本书所介绍的所有模块，都以 Node.js 提倡的 CommonJS 方式组织起来。

时下流行 3 种定义模块的规范：AMD[①]、CommonJS[②] 与 ES6 module。它们都被 webpack 所支持。以 AMD 定义 JS 模块通过 RequireJS 能直接运行于浏览器；CommonJS 则需要 browserfy 等 Node.js 打包后才能运行于浏览器；ES6 module 在我写书时，还没有浏览器支持，需要 webpack、rollup 等

[①] AMD 全称是 Asynchronous Module Definition，即异步模块加载机制。从它的规范描述页面看，AMD 很短也很简单，但它却完整描述了模块的定义、依赖关系、引用关系以及加载机制。从它被 RequireJS、Node.js、dojo、jQuery 的使用中也可以看出它具有很大的价值。

[②] CommonJS 规范是 JavaScript 在服务器端的规范，Node.js 采用了这个规范。根据 CommonJS 规范，一个单独的文件就是一个模块。加载模块使用 require 方法。该方法读取一个文件并执行，最后返回文件内部的 exports 对象。CommonJS 构建的这套模块导出和引入机制使得用户完全不必考虑变量污染、命名空间等方案与之相比相形见绌。

Node.js 工具打包才能运行于浏览器。

下面简略演示一下这 3 种模块的定义方式。

```
//AMD
define(['./aaa', './bbb'], function(a, b){
    return {
        c: a + b
    }
})


// CommonJS
var a = require('./aaa')
var b = require('./bbb')
module.exports = {
    c: a + b
}



//es6 module
import a form './aaa'
import b form './bbb'
var c = a + b
export {c}
```

有关这 3 种模块的用法，后面的章节会详述，这里暂时略过。

本人是比较倾向使用 CommonJS 的，因为其相关的打包工具非常成熟，并且以这种方式编写的框架，可以与大量 Node.js 编写的测试框架无缝配合使用。

再说回来，刚才提到的入口文件。整个程序就是引入其他子模块，然后导出代表命名空间的 JavaScript 对象就行了。

```
var avalon = require('./seed/index')

require('./filters/index')
require('./vdom/index')
require('./dom/index')
require('./directives/index')
require('./strategy/index')
require('./component/index')
require('./vmodel/index')

module.exports = avalon
```

我们编写一个框架时，可能拆成上百个 JS 文件。为了方便寻找，这时需要按照功能或层次放进不同的子文件夹。然后每个子文件都有它的入口文件（index.js），由它来组织其依赖。本章的种子模块，就放到 seed 这个文件夹下了。

1.2 功能介绍

种子模块也叫核心模块，是框架的最先执行的部分。即便像 jQuery 那样的单文件函数库，它的内部也分许多模块，必然有一些模块冲在前面立即执行；有一些模块只有用到才执行；也有一些模块（补丁模块）可有可无，存在感比较弱，只在特定浏览器下才运行。

既然是最先执行的模块，那么就要求其里面的方法是历经考验、千锤百炼的，并且能将这个模块变得极具扩展性、高可用、稳定性。

（1）**扩展性**，是指方便将其他模块的方法或属性加入进来，让种子迅速成长为"一棵大树"。
（2）**高可用**，是指这里的方法是极其常用的，其他模块不用重复定义它们。
（3）**稳定性**，是指不能轻易在以后版本中删除，要信守承诺。

参照许多框架与库的实现，笔者认为种子模块应该包含如下功能：对象扩展、数组化、类型判定、无冲突处理、domReady。本章讲解的内容以 avalon 种子模块为范本，可以在 github 上搜索 avalon 找到。

1.3 对象扩展

我们需要一种机制，将新功能添加到我们的命名空间上。命名空间，是指我们这个框架在全局作用域暴露的唯一变量，它多是一个对象或一个函数。命名空间通常也就是框架名字。

回到主题，对象扩展这种机制，我们一般做成一个方法，叫做 extend 或 mixin。JavaScript 对象在属性描述符[①]（Property Descriptor）没有诞生之前，是可以随意添加、更改、删除其成员的，因此扩展一个对象非常便捷。一个简单的扩展方法实现如下。

```
//Prototype.js
function extend(destination, source) {
    for (var property in source)
        destination[property] = source[property];
    return destination;
}
```

不过，旧版本 IE 在这里有个问题，它认为像 Object 的原型方法就是不应该被遍历出来，因此 for in 循环是无法遍历名为 valueOf、toString 的属性名。这导致，后来人们模拟 Object.keys 方法实现时也遇到了这个问题。

```
Object.keys = Object.keys || function(obj){
    var a = [];
    for(a[a.length] in obj);
    return a ;
}
```

在不同的框架中，这个方法还有不同的实现，如 EXT 分为 apply 与 applyIf 两个方法，前

[①] 在 ES5 之前，JavaScript 没有内置的机制来指定或者检查对象某个属性（property）的特性（characteristics），例如某个属性是只读（readonly）的或者不能被枚举（enumerable）的。但是在 ES5 之后，JavaScript 被赋予了这个能力，所有的对象属性都可以通过属性描述符（Property Descriptor）来指定。

者会覆盖目标对象的同名属性，而后者不会。dojo 允许多个对象合并在一起。jQuery 还支持深拷贝。下面是 avalon.mix 方法，几乎是照搬 jQuery.extend 方法，只是在 VBscript 上做了一些防御处理。

```javascript
avalon.mix = avalon.fn.mix = function () {
    var options, name, src, copy, copyIsArray, clone,
            target = arguments[0] || {},
            i = 1,
            length = arguments.length,
            deep = false

    // 如果第一个参数为布尔,判定是否深拷贝
    if (typeof target === 'boolean') {
        deep = target
        target = arguments[1] || {}
        i++
    }

    //确保接受方为一个复杂的数据类型
    if (typeof target !== 'object' && !avalon.isFunction(target)) {
        target = {}
    }

    //如果只有一个参数，那么新成员添加于 mix 所在的对象上
    if (i === length) {
        target = this
        i--
    }

    for (; i < length; i++) {
        //只处理非空参数
        if ((options = arguments[i]) != null) {
            for (name in options) {
                try {
                    src = target[name]
                    copy = options[name] //当 options 为 VBS 对象时报错
                } catch (e) {
                    continue
                }

                // 防止环引用
                if (target === copy) {
                    continue
                }
                if (deep && copy && (avalon.isPlainObject(copy) || (copyIsArray = Array.isArray(copy)))) {

                    if (copyIsArray) {
                        copyIsArray = false
                        clone = src && Array.isArray(src) ? src : []

                    } else {
                        clone = src && avalon.isPlainObject(src) ?
```

```
                    src : {}
                }
                target[name] = avalon.mix(deep, clone, copy)
            } else if (copy !== void 0) {
                target[name] = copy
            }
        }
    }
    return target
}
```

代码里面用到了 avalon.isFunction、avalon.isPlainObject，它们也属于种子模块的一部分，下面有解说。

由于此功能这么常用，到后来 ES6 就干脆支持它了，于是有了 **Object.assgin**。如果要低端浏览器直接用它，可以使用以下 polyfill[①]。

```
function ToObject(val) {
    if (val == null) {
        throw new TypeError('Object.assign cannot be called with null or undefined');
    }

    return Object(val);
}
module.exports = Object.assign || function (target, source) {
    var from;
    var keys;
    var to = ToObject(target);

    for (var s = 1; s < arguments.length; s++) {
        from = arguments[s];
        keys = Object.keys(Object(from));

        for (var i = 0; i < keys.length; i++) {
            to[keys[i]] = from[keys[i]];
        }
    }

    return to;
};
```

1.4 数组化

浏览器下存在许多类数组对象，如 function 内的 arguments，通过 document.forms、form.elements、doucment.links、select.options、document.getElementsByName、document.getElementsBy TagName、childNodes、children 等方式获取的节点集合（HTMLCollection、NodeList），或依照某些特殊写法

[①] Polyfilling 是由 RemySharp 提出的一个术语，它是用来描述复制缺少的 API 和 API 功能的行为。你可以使用它编写单独应用的代码，而不用担心其他浏览器原生是不是支持。实际上，polyfills 并不是新技术，也不是和 HTML5 捆绑到一起的。我们已经在如 json2.js、ie7-js 和为 IE 浏览器提供透明 PNG 支持的 JS 中使用过了。而和现在 polyfills 的区别就是新增的 HTML5 polyfills。

的自定义对象。

```
var arrayLike = {
    0: "a",
    1: "1",
    2: "2",
    length: 3
}
```

类数组对象是一个很好的存储结构,不过功能太弱了,为了享受纯数组的那些便捷方法,我们在处理它们前都会做一下转换。

通常来说,使用 Array.prototype.slice.call 就能转换我们的类数组对象了,但旧版本 IE 下的 HTMLCollection、NodeList 不是 Object 的子类,采用如上方法将导致 IE 执行异常。我们看一下各大库怎么处理的。

```
//jQuery 的 makeArray
var makeArray = function(array) {
    var ret = [];
    if (array != null) {
        var i = array.length;
        // The window, strings (and functions) also have 'length'
        if (i == null || typeof array === "string" || jQuery.isFunction(array) ||
        array.setInterval)
            ret[0] = array;
        else
            while (i)
                ret[--i] = array[i];
    }
    return ret;
}
```

jQuery 对象是用来储存与处理 dom 元素的,它主要依赖于 **setArray** 方法来设置和维护长度与索引,而 setArray 的参数要求是一个数组,因此 makeArray 的地位非常重要。这方法保证就算没有参数也要返回一个空数组。

Prototype.js 的$A 方法如下:

```
function $A(iterable) {
    if (!iterable)
        return [];
    if (iterable.toArray)
        return iterable.toArray();
    var length = iterable.length || 0, results = new Array(length);
    while (length--)
        results[length] = iterable[length];
    return results;
};
```

mootools 的$A 方法如下:

```
function $A(iterable) {
    if (iterable.item) {
        var l = iterable.length, array = new Array(l);
        while (l--)
```

```
            array[l] = iterable[l];
        return array;
    }
    return Array.prototype.slice.call(iterable);
};
```

Ext 的 toArray 方法如下：

```
var toArray = function() {
    return isIE ?
            function(a, i, j, res) {
                res = [];
                Ext.each(a, function(v) {
                    res.push(v);
                });
                return res.slice(i || 0, j || res.length);
            } :
            function(a, i, j) {
                return Array.prototype.slice.call(a, i || 0, j || a.length);
            }
}()
```

Ext 的设计比较巧妙，功能也比较强大。它一开始就自动执行自身，以后就不用判定浏览器了。它还有两个可选参数，对生成的纯数组进行操作。

但纵观这些方法，其实有一个特点，就是优化考虑使用 Array.prototype.slice 来转换类数组对象。而 Array.prototype.slice 碰到的唯一障碍就是旧版本 IE 下的节点集合。那么，我们设法让 IE 下的 Array.prototype.slice 能切割节点集合就一帆风顺了。以下是 avalon 的解决方案，不过大部分代码是来自 firefox 官方的。

```
//https://mozilla/zh-CN/docs/Web/JavaScript/Reference/Global_Objects/Array/slice
/**
 * Shim for "fixing" IE's lack of support (IE < 9) for applying slice
 * on host objects like NamedNodeMap, NodeList, and HTMLCollection
 * (technically, since host objects have been implementation-dependent,
 * at least before ES6, IE hasn't needed to work this way).
 * Also works on strings, fixes IE < 9 to allow an explicit undefined
 * for the 2nd argument (as in Firefox), and prevents errors when
 * called on other DOM objects.
 */

var _slice = Array.prototype.slice
try {
    // Can't be used with DOM elements in IE < 9
    _slice.call(document.documentElement)
} catch (e) { // Fails in IE < 9
    // This will work for genuine arrays, array-like objects,
    // NamedNodeMap (attributes, entities, notations),
    // NodeList (e.g., getElementsByTagName), HTMLCollection (e.g., childNodes),
    // and will not fail on other DOM objects (as do DOM elements in IE < 9)
    Array.prototype.slice = function (begin, end) {
        // IE < 9 gets unhappy with an undefined end argument
        end = (typeof end !== 'undefined') ? end : this.length
```

```
            // For native Array objects, we use the native slice function
            if (Array.isArray(this) ) {
                return _slice.call(this, begin, end)
            }

            // For array like object we handle it ourselves.
            var i, cloned = [],
                size, len = this.length

            // Handle negative value for "begin"
            var start = begin || 0
            start = (start >= 0) ? start : len + start

            // Handle negative value for "end"
            var upTo = (end) ? end : len
            if (end < 0) {
                upTo = len + end
            }

            // Actual expected size of the slice
            size = upTo - start

            if (size > 0) {
                cloned = new Array(size)
                if (this.charAt) {
                    for (i = 0; i < size; i++) {
                        cloned[i] = this.charAt(start + i)
                    }
                } else {
                    for (i = 0; i < size; i++) {
                        cloned[i] = this[start + i]
                    }
                }
            }

            return cloned
        }
    }

    avalon.slice = function (nodes, start, end) {
        return _slice.call(nodes, start, end)
    }
```

上面的 Array.prototype.slice polyfill 可以放到另一个补丁模块，这样确保我们的框架在升级时非常轻松地抛弃这些历史包袱。

1.5 类型的判定

JavaScript 存在两套类型系统：一套是基本数据类型，另一套是对象类型系统。基本数据类型在 ES5 中包括 6 种，分别是 undefined、string、null、boolean、function 和 object。基本数据类型是通过 typeof 来检测的。对象类型系统是以基础类型系统为基础的，通过 instanceof 来检测。然而，

1.5 类型的判定

JavaScript 自带的这两套识别机制非常不靠谱，于是催生了 **isXXX** 系列。就拿 typeof 来说，它只能粗略识别出 string、number、boolean、function、undefined 和 object 这 6 种数据类型，无法识别 Null、RegExp 和 Argument 等细分对象类型。

让我们看一下这里面究竟有多少陷阱。

```
typeof null// "object"
typeof document.childNodes //safari "function"
typeof document.createElement('embed')//ff3-10 "function"
typeof document.createElement('object')//ff3-10 "function"
typeof document.createElement('applet')//ff3-10 "function"
typeof /\d/i //在实现了 ecma262v4 的浏览器返回 "function"
typeof window.alert //IE678 "object""
var iframe = document.createElement('iframe');
document.body.appendChild(iframe);
xArray = window.frames[window.frames.length - 1].Array;
var arr = new xArray(1, 2, 3); // [1,2,3]
arr instanceof Array; // false
arr.constructor === Array; // false

window.onload = function() {
    alert(window.constructor);// IE67 undefined
    alert(document.constructor);// IE67 undefined
    alert(document.body.constructor);// IE67 undefined
    alert((new ActiveXObject('Microsoft.XMLHTTP')).constructor);// IE6789 undefined
}
isNaN("aaa") //true
```

上面分 4 组，第一组是 typeof 的坑。第二组是 instanceof 的陷阱，只要原型上存在此对象的构造器它就返回 true，但如果跨文档比较，iframe 里面的数组实例就不是父窗口的 Array 的实例。第三组是有关 constructor 的陷阱，在旧版本 IE 下，DOM 与 BOM 对象的 constructor 属性是没有暴露出来的。最后有关 NaN，NaN 对象与 null、undefined 一样，在序列化时是原样输出的，但 isNaN 这方法非常不靠谱，把字符串、对象放进去也返回 true，这对我们序列化非常不利。

另外，在 IE 下 typeof 还会返回 **unknown** 的情况。

```
if (typeof window.ActiveXObject != "undefined") {
    var xhr = new ActiveXObject("Msxml2.XMLHTTP");
    alert(typeof xhr.abort);
}
```

基于这 IE 的特性，我们可以用它来判定某个 VBscript 方法是否存在。

```
<script type="text/VBScript">
 function VBMethod(a,b)
 VBMethod = a + b
 end function
</script>

<script>
if(typeof VBMethod === "unknown"){//看这个
    alert(VBMethod(10,34))
}
</script>
```

第 1 章 种子模块

另外，以前人们总是以 document.all 是否存在来判定 IE，这其实是很危险的。因为用 document.all 来取得页面中的所有元素是不错的主意，这个方法 Firefox、Chrome 觊觎好久了，不过人们都这样判定，于是有了在 Chrome 下的这出"闹剧"。

```
typeof document.all // undefined
document.all // HTMLAllCollection[728] （728 为元素总数）
```

在判定 undefined、null、string、number、boolean 和 function 这 6 个还算简单，前面 2 个可以分别与 void(0)、null 比较，后面 4 个直接 typeof 也可满足 90%的情形。这样说是因为 string、number、boolean 可以包装成"伪对象"，typeof 无法按照我们的意愿工作了，虽然它严格执行了 Ecmascript 的标准。

```
typeof new Boolean(1);//"object"
typeof new Number(1);//"object"
typeof new String("aa");//"object"
```

这些还是最简单的，难点在于 RegExp 与 Array。判定 RegExp 类型的情形很少，不多讲了，Array 则不一样。有关 isArray 的实现方法不下 20 种，都是因为 JavaScript 的**鸭子类型**被攻破了。

以下代码是 isArray 早些年的探索。

```
function isArray(arr) {
    return arr instanceof Array;
}

function isArray(arr) {
    return !!arr && arr.constructor == Array;
}

function isArray(arr) {//Prototype.js1.6.0.3
    return arr != null && typeof arr === "object" &&
        'splice' in arr && 'join' in arr;
}

function isArray(arr) {//Douglas Crockford
    return typeof arr.sort == 'function'
}

function isArray(array) {//kriszyp
    var result = false;
    try {
        new array.constructor(Math.pow(2, 32))
    } catch (e) {
        result = /Array/.test(e.message)
    }
    return result;
};

function isArray(o) {// kangax
    try {
        Array.prototype.toString.call(o);
        return true;
```

```
    } catch (e) {
        }
    return false;
};
function isArray(o) {//kangax
    if (o && typeof o == 'object' && typeof o.length == 'number' && isFinite(o.length)) {
        var _origLength = o.length;
        o[o.length] = '__test__';
        var _newLength = o.length;
        o.length = _origLength;
        return _newLength == _origLength + 1;
    }
    return false;
}
```

至于 null、undefined、NaN 则比较好对付。

```
function isNaN(obj) {
    return obj !== obj
}
function isNull(obj) {
    return obj === null;
}
function isUndefined(obj) {
    return obj === void 0;
}
```

这一切烦恼，直到 Prototype.js 把 Object.prototype.toString 发掘出来才被彻底克服。此方法是直接输出对象内部的[[Class]]，绝对精准。有了它，可以跳过 95%的陷阱了。当然，**toString 方法**只能针对原生数据类型，像如何检测是否为 window、是否为纯净 JavaScript 对象，就有点力不从心。

由于 ECMA 是不规范 Host 对象，window 对象属于 Host，所以也没有被约定，就算 Object.prototype.toString 也对它无可奈何。

```
[object Object] IE6
[object Object] IE7
[object Object] IE8
[object Window] IE9
[object Window] firefox3.6
[object Window] opera10
[object DOMWindow] safai4.04
[object global] chrome5.0.3.22
```

不过根据 window.window 和 window.setInterval 去判定更加不靠谱，用一个技巧我们可以完美识别 IE6、IE7、IE8 的 window 对象，其他还是用 toString。这个神奇的 hack（技巧）就可以，window 与 document 互相比较，如果顺序不一样，其结果是不一样的！

```
window == document // IE678 true;
document == window // IE678 false;
```

当然，如果细数起来，JavaScript 匪夷所思的事比比皆是。

存在 a !== a 的情况；
存在 a == b && b != a 的情况；
存在 a == !a 的情况；
存在 a === a+100 的情况；
1 < 2 < 3 为 true，3 > 2 > 1 为 false；
0/0 为 NaN；
……

另一个比较常用的判定 isArrayLike 方法，这用于遍历方法，通常叫做 each，它可能循环对象与类数组对象。

好了，我们看一下各大框架有多少 is××× 方法，哪些是最常用的，方便我们的框架也能包含它们，如表 1-1 所示。

表 1-1

框架	方法
Prototype.js	isElement、isArray、isHash、isFunction、isString、isNumber、isDate、isUndefined
mootools	typeOf 判定基本类型，instanceOf 判定自定义"类"
RightJS	isFunction、isHash、isString、isNumber、isArray、isElement、isNode
EXT	isEmpty、isArray、isDate、isObject、isSimpleObject、isPrimitive、isFunction、isNumber、isNumeric、isString、isBoolean、isElement、isTextNode、isDefined、isIterable
Underscore.js	isElement、isEmpty、isArray、isArguments、isObject、isFunction、isString、isNumber、isFinite、isNaN、isBoolean、isDate、isRegExp、isNull、isUndefined
jQuery	isFunction、isArray、isPlainObject、isEmptyObject、isWindow、isNumeric、isNaN、isXML
avalon	isFunction、isObject、isPlainObject、isWindow、isVML

1.5.1 type

我们比较一下，发现 jQuery 针对基础类型的 isXXX 是很少的，只是 isFunction 与 isArray。其他都是很特别的业务判定。究其原因，是因为 jQuery 发明 type 方法，这个方法就囊括了 isBoolean、isNumber、isString、isFunction、isArray、isDate、isRegExp、isObject 及 isError。

```
//jquery2.0
var class2type
// Populate the class2type map
jQuery.each("Boolean Number String Function Array Date RegExp Object Error".split(" "),
function(i, name) {
    class2type[ "[object " + name + "]" ] = name.toLowerCase();
});

jQuery.type = function( obj ) {
    if ( obj == null ) {
        return String( obj );
    }
    // Support: Safari <= 5.1 (functionish RegExp)
    return typeof obj === "object" || typeof obj === "function" ?
        class2type[ core_toString.call(obj) ] || "object" :
```

```
            typeof obj;
}
```

这个方法也不断进化，因为 ES6 也加入了新的数据类型 Symbol。

此外，isXXX 系列随着框架版本的提升，也会就像恶性肿瘤一样不断膨胀，其实你多弄几个 isXXX 也不能满足用户的全部需求。就像 isDate、isRegExp 会用到的概率有多高呢？

下面我们回溯一下 jQuery 的发展历程，看它是怎么扩张自己的 isXXX 系列的。

1.5.2 isPlainObject

在 jQuery 1.4 中只有 isFunction、isArray、isPlainObject 和 isEmptyObject。IsFunction 和 isArray 肯定是用户用得最多。isEmptyObject 是用于数据缓存系统，当此对象为空时，就可以删除它。isPlainObject 则是用来判定是否为纯净的 JavaScript 对象，既不是 DOM、BOM 对象，也不是自定义"类"的实例对象，制造它的最初目的是用于深拷贝，避开像 window 那样自己引用自己的对象。

```
//jQuery2.0
jQuery.isPlainObject = function(obj) {
    //首先排除基础类型不为 Object 的类型，然后是 DOM 节点与 window 对象
    if (jQuery.type(obj) !== "object" || obj.nodeType || jQuery.isWindow(obj)) {
        return false;
    }
    //然后回溯它的最近的原型对象是否有 isPrototypeOf,
    //旧版本 IE 的一些原生对象没有暴露 constructor、prototype，因此会在这里过滤
    try {
        if (obj.constructor &&
                !hasOwn.call(obj.constructor.prototype, "isPrototypeOf")) {
            return false;
        }
    } catch (e) {
        return false;
    }
    return true;
}

//jQuery2.2 变得更加严密，并且放弃 try catch 以提高性能
jQuery.isPlainObject = function(obj) {
    var key;
    if ( jQuery.type( obj ) !== "object" || obj.nodeType || jQuery.isWindow( obj ) ) {
        return false;
    }

    // Not own constructor property must be Object
    if ( obj.constructor &&
            !hasOwn.call( obj, "constructor" ) &&
            !hasOwn.call( obj.constructor.prototype || {}, "isPrototypeOf" ) ) {
        return false;
    }

    // Own properties are enumerated firstly, so to speed up,
    // if last one is own, then all properties are own
    for ( key in obj ) {}
```

```
            return key === undefined || hasOwn.call( obj, key );
}

//jQuery3.0 放弃对 IE6-8 的支持，因此可以直接用 Object.getPrototypeOf 方法
              //并且也无需特殊处理 window
var fnToString.call = hasOwn.toString;
var ObjectFunctionString  = fnToString.call( Object );
var toString = class2type.toString;
var hasOwn = class2type.hasOwnProperty;
var getProto = Object.getPrototypeOf;
jQuery.isPlainObject = function( obj ) {
        var proto, Ctor;

        // Detect obvious negatives
        // Use toString instead of jQuery.type to catch host objects
        if ( !obj || toString.call( obj ) !== "[object Object]" ) {
            return false;
        }

        proto = getProto( obj );

        // Objects with no prototype (e.g., `Object.create( null )`) are plain
        if ( !proto ) {
            return true;
        }

        // Objects with prototype are plain iff they were constructed by a global Object function
        Ctor = hasOwn.call( proto, "constructor" ) && proto.constructor;
        return typeof Ctor === "function" && fnToString.call( Ctor ) === ObjectFunctionString;
```

在 avalon 中有一个更精简的版本，由于它只支持 IE10 等非常新的浏览器及不支持跨 iframe，就没有干扰因素了，可以大胆使用 ecma262v5 的新 API。

```
avalon.isPlainObject = function(obj) {
    return typeof obj === "object" && Object.getPrototypeOf(obj) === Object.prototype
}
```

补充一句，1.3 版本中，Prototype.js 的研究成果（Object.prototype.toString.call）就应用于 jQuery 了。在 1.2 版本中，jQuery 判定一个变量是否为函数非常复杂。

```
jQuery.isFunction = function( fn ) {
    return !!fn && typeoffn != "string" && !fn.nodeName &&
    fn.constructor != Array && /^[\s[]?function/.test( fn + "" );
}
```

1.5.3 isWindow

jQuery 1.43 引入 isWindow 来处理 makeArray 中对 window 的判定，引入 isNaN 用于确保样式赋值的安全。同时引入 type 代替 typeof 关键字，用于获取数据的基本类型。

```
var isWindow = function( obj ) {
    return obj != null && obj === obj.window;
}
```

jQuery 这个判定是非常粗糙，通过不了伪造的对象。

```
var fakeWindow = {}
fakeWindow.window = fakeWindow
$.isWindow(fakeWindow) //true,这里骗过jQuery了!!!
```

对比一下 avalon 的实现[①]。

```
avalon.isWindow = function (obj) {
    if (!obj)
        return false
    // 利用 IE6、IE7、IE8 window == document 为 true,document == window 竟然为 false 的神奇特性
    // 标准浏览器及 IE9、IE10 等使用正则检测
    return obj == obj.document && obj.document != obj
}

var rwindow = /^\[object (?:Window|DOMWindow|global)\]$/
function isWindow(obj) {//现代浏览器使用这个实现
    return rwindow.test(toString.call(obj))
}

if (isWindow(window)) {
    avalon.isWindow = isWindow
}
```

1.5.4　isNumeric

jQuery1.7 中添加 isNumeric 代替 isNaN。这是个不同于其他框架的 isNumber，它可以是字符串，只要外观上像数字就行了。但 jQuery1.7 还做了一件违背之前提到稳定性的事情，贸然去掉 jQuery.isNaN，因此导致基于旧版本 jQuery 的一大批插件失效。

```
//jquery1.43~1.64
jQuery.isNaN = function(obj) {
    return obj == null || !rdigit.test(obj) || isNaN(obj);
})
//jquery1.7 就是 isNaN 的取反版
jQuery.isNumeric = function(obj) {
    return obj != null && rdigit.test(obj) && !isNaN(obj);
})
//jquery1.71~1.72
jQuery.isNumeric = function(obj) {
    return !isNaN(parseFloat(obj)) && isFinite(obj);
}
//jquery2.1
jQuery.isNumeric = function(obj) {
    return obj - parseFloat(obj) >= 0;
}
```

[①] 我也写过一篇博文专门探索这问题
http://www.cnblogs.com/rubylouvre/archive/2010/02/20/1669886.html

1.5.5 isArrayLike

此外，jQuery 还有一个没有公开的 isXXX——isArrayLike。由于一个类数组太难了，唯一的辨识手段是它应该有一个大于或等于零的整型 length 属性。此外，还有一些"共识"，如 window 与函数和元素节点（如 form 元素）不算类数组，虽然它们都满足前面的条件。因此，至今 jQuery 也没有把它暴露出来。

```
//jquery2.0
function isArraylike(obj) {
    var length = obj.length, type = jQuery.type(obj);
    if (jQuery.isWindow(obj)) {
        return false;
    }
    if (obj.nodeType === 1 && length) {
        return true;
    }
    return type === "array" || type !== "function" &&
        (length === 0 ||
            typeof length === "number" && length > 0 && (length - 1) in obj);
}


//jQuery3.0
function isArrayLike( obj ) {

    // Support: real iOS 8.2 only (not reproducible in simulator)
    // 'in' check used to prevent JIT error (gh-2145)
    // hasOwn isn't used here due to false negatives
    // regarding Nodelist length in IE
    var length = !!obj && "length" in obj && obj.length,
        type = jQuery.type( obj );

    if ( type === "function" || jQuery.isWindow( obj ) ) {
        return false;
    }

    return type === "array" || length === 0 ||
        typeof length === "number" && length > 0 && ( length - 1 ) in obj;
}
```

avalon 也独立发展出自己的 isArrayLike 方法，但也不敢暴露出来。

```
//avalon 1.4
var toString = class2type.toString
var rarraylike = /(Array|List|Collection|Map|Arguments)\]$/
var rfunction = /^\s*\bfunction\b/
function isArrayLike(obj) {
    if (!obj)
        return false
    var n = obj.length
    if (n === (n >>> 0)) { //检测 length 属性是否为非负整数
        var type = toString.call(obj).slice(8, -1)
        if (rarraylike.test(type))
```

```
                return false
        if (type === 'Array')
            return true
        try {
            if ({}.propertyIsEnumerable.call(obj, 'length') === false) { //如果是原生对象
                return rfunction.test(obj.item || obj.callee)
            }
            return true
        } catch (e) { //IE 的 NodeList 直接抛错
            return !obj.window //IE6-8 window
        }
    }
    return false
}

//avalon.mobile 更倚重 Object.prototoype.toString 来判定
function isArrayLike(obj) {
    if (obj && typeof obj === 'object') {
        var n = obj.length,
            str = toString.call(obj)
        if (rarraylike.test(str)) {
            return true
        } else if (str === '[object Object]' && n === (n >>> 0)) {
            //由于 ecma262v5 能修改对象属性的 enumerable，因此不能用 propert yIsEnumerable 来判定了
            return true
        }
    }
    return false
}
```

jQuery 的 isXML 方法，有一段有趣的发展历程，这个将在第 6 章详解，这里略过。

avalon 的 isVML 方法，也就 avalon 这种偏执于兼容性的框架，才会发掘出这样的函数。

```
function isVML(src) {
    var nodeName = src.nodeName
    return nodeName.toLowerCase() === nodeName && src.scopeName && src.outerText === ''
}
```

基于实用主义，我们有时不得不妥协。百度的 tangram 就是典型，与 EXT 一样，能想到的都写上，而且判定非常严谨。

```
baidu.isDate = function(o) {
    return {}.toString.call(o) === "[object Date]" && o.toString() !== 'Invalid Date'
        && !isNaN(o);
}
baidu.isNumber = function(o) {
    return '[object Number]' == {}.toString.call(o) && isFinite(o);
}
```

1.6 domReady

domReady 其实是一种名为 DOMContentLoaded 事件的别称。不过由于框架的需要，它与真正

的 DOMContentLoaded 有一点区别。在许多 JavaScript 书籍中，它们都会教导我们把 JavaScript 逻辑写在 window.onload 回调中，以防 DOM 树还没有建完就开始对节点进行操作，导致出错。而对于框架来说，越早介入对 DOM 的干涉就越好，例如要进行特征侦测之类的。domReady 还可以满足用户提前绑定事件的需求。因为有时网页的图片等资源过多，window.onload 就迟迟不能触发，这时若还没有绑定事件，用户点击哪个按钮都没反应（除了跳转页面）。因此主流框架都引入 domReady 机制，并且费了很大劲兼容所有浏览器，具体策略如下。

（1）对于支持 DOMContentLoaded 事件的使用 DOMContentLoaded 事件。
（2）旧版本 IE 使用 Diego Perini 发现的著名 hack！

```
//javascript.nwbox 网站
//by Diego Perini 2007.10.5
function IEContentLoaded(w, fn) {
    var d = w.document, done = false,
        init = function() {
            if (!done) {//只执行一次
                done = true;
                fn();
            }
        };
    (function() {
        try {//在 DOM 未建完之前调用元素 doScroll 抛出错误
            d.documentElement.doScroll('left');
        } catch (e) {//延迟再试
            setTimeout(arguments.callee, 50);
            return;
        }
        init();//没有错误则执行用户回调
    })();
    // 如果用户是在 domReady 之后绑定这个函数，则立即执行它
    d.onreadystatechange = function() {
        if (d.readyState == 'complete') {
            d.onreadystatechange = null;
            init();
        }
    };
}
```

此外，IE 还可以通过 script defer hack 进行判定。

```
//webreflection.blogspot 网站
//by Andrea Giammarchi 2006.9.24
document.write("<script id=__ie_onload defer src=//0><\/scr" + "ipt>");
script = document.getElementById("__ie_onload");
script.onreadystatechange = function() {//IE 即使是死链也能触发事件
    if (this.readyState == "complete"){
        init(); // 指定了 defer 的 script 会在 DOM 树建完才触发
    };
}
```

不过有个问题，如果我们的种子模块是动态加载的，在它插入 DOM 树时，DOM 树已经建完了，这该怎么触发我们的 ready 回调呢？jQuery 给出的方案是，onload 也一起被监听。但是如果用户

1.6 domReady

的脚本是 onload 之后才加载进来呢？那么只好判定一下 **document.readyState** 是否等于 **complete**，如果是，则说明页面早就 domReady，可以执行用户的回调。不过，这个"保险丝"还是存在问题，因为 Firefox 3.6 没有 **document.readyState** 属性！那么我们来看 avalon 给出的方案。

```
var readyList = [];
avalon.ready = function(fn) {
    if (readyList) {
        readyList.push(fn);
    } else {
        fn();
    }
}
var readyFn, ready = W3C ? "DOMContentLoaded" : "readystatechange";
function fireReady() {
    for (var i = 0, fn; fn = readyList[i++]; ) {
        fn();
    }
    readyList = null;
    fireReady = avalon.noop; //惰性函数，防止 IE9 二次调用_checkDeps
}

function doScrollCheck() {
    try { //IE 下通过 doScrollCheck 检测 DOM 树是否建完
        html.doScroll("left");
        fireReady();
    } catch (e) {
        setTimeout(doScrollCheck);
    }
}

//在 Firefox 3.6 之前，不存在 readyState 属性
//cnblogs 网站
if (!DOC.readyState) {
    var readyState = DOC.readyState = DOC.body ? "complete" : "loading";
}
if (DOC.readyState === "complete") {
    fireReady(); //如果在 domReady 之外加载
} else {
    avalon.bind(DOC, ready, readyFn = function() {
        if (W3C || DOC.readyState === "complete") {
            fireReady();
            if (readyState) { //IE 下不能改写 DOC.readyState
                DOC.readyState = "complete";
            }
        }
    });
    if (html.doScroll) {
        try { //如果跨域会报错，那时肯定证明是存在两个窗口的
            if (self.eval === parent.eval) {
                doScrollCheck();
            }
        } catch (e) {
            doScrollCheck();
        }
    }
```

        }
    }

1.7 无冲突处理

无冲突处理也称为多库共存。不得不说，$是最重要的函数名。许多框架都爱用它作为自己的命名空间。在 jQuery 还比较弱小时，如何让人们试用它呢？当时 Prototype 是主流，于是 jQuery 发明了 noConflict 函数，下面是源代码。

```
var
    window = this,
    undefined,
    _jQuery = window.jQuery,
    _$ = window.$,
    //把 window 存入闭包中的同名变量，方便内部函数在调用 window 时不用费大力气查找它
    //_jQuery 与_$用于以后重写
    jQuery = window.jQuery = window.$ = function(selector, context) {
    //用于返回一个 jQuery 对象
    return new jQuery.fn.init(selector, context);
}
jQuery.extend({
    noConflict: function(deep) {
        //引入 jQuery 类库后，闭包外面的 window.$与 window.jQuery 都储存着一个函数
        //它是用来生成 jQuery 对象或在 domReady 后执行其中的函数
        //回顾最上面的代码，在还没有把 function 赋给它们时，_jQuery 与_$已经被赋值了
        //因此它们俩的值必然是 undefined
        //因此这种放弃控制权的技术很简单，就是用 undefined 把 window.$里面的 jQuery 系的函数清除
        //这时 Prototype 或 mootools 的$就可以了
        window.$ = _$;//相当于 window.$ = undefined
        //这时就要为 noConflict 添加一个布尔值，为 true
        if (deep)
            //但我们必须使用一个接纳 jQuery 对象与 jQuery 的入口函数
            //闭包里面的内容除非被 window 等宿主对象引用，否则就是不可见的
            //因此我们把闭包里面的 jQuery return 出去，外面用一个变量接纳就可以
            window.jQuery = _jQuery;//相当 window.jQuery = undefined
        return jQuery;
    }
});
```

使用时，先引入其他的库，然后引入 jQuery，调用$.noConflict()进行改名，这样就不影响其他人的$运作了。

1.8 总结

种子模块是一个非常核心的模块，其中包含了近 20 年来 JavaScript 积累的最常用的函数与功能，大家务必学好，这也是面试时的常考的内容。

第 2 章 语言模块

  1995 年，Brendan Eich 读完了在程序语言设计中曾经出现过的所有错误，自己又发现了一些更多的错误，然后用它们创造出了 LiveScript。之后，为了紧跟 Java 语言的潮流，它被重新命名为 JavaScript。再然后，为了追随一种皮肤病的时髦名字，这个语言又命名为 ECMAScript。

  上面一段话出自博文《编程语言伪简史》。可见，JavaScript 受到了多么辛辣的嘲讽，它在当时是多么不受欢迎。抛开偏见，JavaScript 的确有许多不足之处。由于互联网的传播性及浏览器厂商大战，JavaScript 之父失去了对此门语言的掌控权。即便他想修复这些 bug 或推出某些新特性，也要所有浏览器厂商都点头才行。IE6 的市场独占性，打破了他的奢望。这个局面直到 Chrome 诞生，才有所改善。

  但在 IE6 时期，浏览器提供的原生 API 数量是极其贫乏的，因此各个框架都创造了许多方法来弥补这缺陷。视框架作者原来的语言背景不同，这些方法也是林林总总。其中最杰出的代表是王者 Prototype.js，把 ruby 语言的那一套方式或范式搬过来，从底层促进了 JavaScript 的发展。ECMA262V6 添加那一堆字符串、数组方法，差不多就是改个名字而已。

  即便是浏览器的 API 也不能尽信，尤其是 IE6、IE7、IE8 到处是 bug。早期出现的各种"JS 库"，例如远古的 prototype、中古的 mootools，到近代的 jQuery，再到大规模、紧封装的 YUI 和 Extjs，很大的一个目标就是为了填"兼容性"这个"大坑"。

  在 avalon2 中，就提供了许多带 compact 命名的模块，它们就是专门用于修复古老浏览器的兼容性问题。此外，本章也介绍了一些非常底层的知识点，能让读者更熟悉这门语言。

2.1 字符串的扩展与修复

笔者发现脚本语言都对字符串特别关注,有关它的方法特别多。笔者把这些方法分为三大类,如图 2-1 所示。

```
                    字符串方法
        ┌──────────────┼──────────────┐
  当前原型链的标签方法    当前原型链的非标签方法   上级原型链的方法
  (不推荐使用)
                  ┌─────┼─────┐       ┌─────┴─────┐
                 ES3   ES5   ES6    toString    valueOf
```

图 2-1

显然以前,总是想着通过字符串生成标签,于是诞生了一些方法,如 anchor、big、blink、bold、fixed、fontcolor、italics、link、small、strike、sub 及 sup。

剩下的就是 charAt、charCodeAt、concat、indexOf、lastIndexOf、localeCompare、match、replace、search、slice、split、substr、substring、toLocaleLowerCase、toLocaleUpperCase、toLowerCase、toUpperCase 及从 Object 继承回来的方法,如 toString、valueOf。

鲜为人知的是,数值的 toString 有一个参数,通过它可以转换为进行进制的数值,如图 2-2 所示。

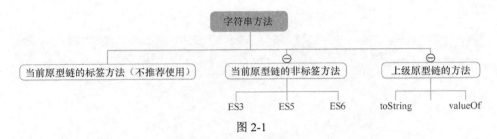

图 2-2

但相对于其他语言,JavaScript 的字符串方法可以说是十分贫乏的,因此后来的 ES5、ES6 又加上了一堆方法。

即便这样,也很难满足开发需求,比如说新增的方法就远水救不了近火。因此各大名库都提供了一大堆操作字符串的方法。我综合一下 Prototype、mootools、dojo、EXT、Tangram、RightJS 的一些方法,进行比较去重,在 mass Framework 为字符串添加如下扩展: contains、startsWith、endsWith、repeat、camelize、underscored、capitalize、stripTags、stripScripts、escapeHTML、unescapeHTML、escapeRegExp、truncate、wbr、pad,写框架的读者可以视自己的情况进行增减,如图 2-3 所示。其中前 4 个是 ECMA262V6 的标准方法;接着 9 个发端于 **Prototype.js** 广受欢迎的工具方法;wbr 则来自 **Tangram**,用于**软换行**,这是出于汉语排版的需求。pad 也是一个很常用的操作,已被收录,如图 2-3 所示。

2.1 字符串的扩展与修复

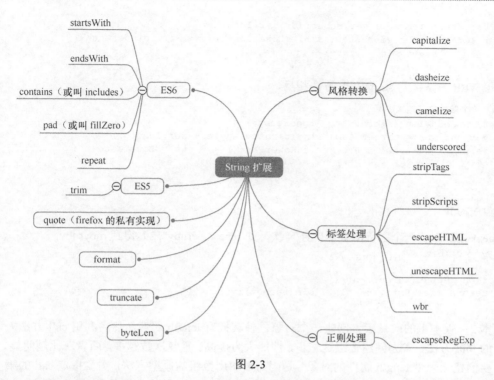

图 2-3

到了另一个框架 **avalon2**，笔者的方法也有用武之地，或者改成 avalon 的静态方法，或者作为 ECMA262V6 的补丁模块，或者作为过滤器（如 camelize、truncate）。

各种方法实现如下。

contains 方法：判定一个字符串是否包含另一个字符串。常规思维是使用正则表达式。但每次都要用 new RegExp 来构造，性能太差，转而使用原生字符串方法，如 indexOf、lastIndexOf、search。

```
function contains(target, it) {
    //indexOf 改成 search，lastIndexOf 也行得通
    return target.indexOf(it) != -1;
}
```

在 Mootools 版本中，笔者看到它支持更多参数，估计目的是判定一个元素的 className 是否包含某个特定的 class。众所周知，元素可以添加多个 class，中间以空格隔开，使用 mootools 的 contains 就能很方便地检测包含关系了。

```
function contains(target, str, separator) {
    return separator ?
            (separator + target + separator).indexOf(separator + str + separator) > -1 :
            target.indexOf(str) > -1;
}
```

startsWith 方法：判定目标字符串是否位于原字符串的开始之处，可以说是 contains 方法的变种。

```
//最后一个参数是忽略大小写
function startsWith(target, str, ignorecase) {
```

```
        var start_str = target.substr(0, str.length);
        return ignorecase ? start_str.toLowerCase() === str.toLowerCase() :
            start_str === str;
}
```

endsWith 方法：与 startsWith 方法相反。

```
//最后一个参数是忽略大小写
function endsWith(target, str, ignorecase) {
        var end_str = target.substring(target.length - str.length);
        return ignorecase ? end_str.toLowerCase() === str.toLowerCase() :
            end_str === str;
}
```

2.1.1 repeat

repeat 方法：将一个字符串重复自身 N 次，如 repeat（"ruby", 2）得到 rubyruby。

版本 1：利用空数组的 join 方法。

```
function repeat(target, n) {
    return (new Array(n + 1)).join(target);
}
```

版本 2：版本 1 的改良版。创建一个对象，使其拥有 length 属性，然后利用 call 方法去调用数组原型的 join 方法，省去创建数组这一步，性能大为提高。重复次数越多，两者对比越明显。另外，之所以要创建一个带 length 属性的对象，是因为要调用数组的原型方法，需要指定 call 的第一个参数为类数组对象，而类数组对象的必要条件是其 length 属性的值为非负整数。

```
function repeat(target, n) {
    return Array.prototype.join.call({
        length: n + 1
    }, target);
}
```

版本 3：版本 2 的改良版。利用闭包将类数组对象与数组原型的 join 方法缓存起来，避免每次都重复创建与寻找方法。

```
var repeat = (function() {
    var join = Array.prototype.join, obj = {};
    return function(target, n) {
        obj.length = n + 1;
        return join.call(obj, target);
    }
})();
```

版本 4：从算法上着手，使用二分法，比如我们将 ruby 重复 5 次，其实我们在第二次已得到 rubyruby，那么第 3 次直接用 rubyruby 进行操作，而不是用 ruby。

```
function repeat(target, n) {
    var s = target, total = [];
    while (n > 0) {
        if (n % 2 == 1)
            total[total.length] = s;//如果是奇数
```

```
        if (n == 1)
            break;
        s += s;
        n = n >> 1;//相当于将 n 除以 2 取其商,或说开 2 二次方
    }
    return total.join('');
}
```

版本 5：版本 4 的变种，免去创建数组与使用 jion 方法。它的短处在于它在循环中创建的字符串比要求的还长，需要回减一下。

```
function repeat(target, n) {
    var s = target, c = s.length * n
    do {
        s += s;
    } while (n = n >> 1);
    s = s.substring(0, c);
    return s;
}
```

版本 6：版本 4 的改良版。

```
function repeat(target, n) {
    var s = target, total = "";
    while (n > 0) {
        if (n % 2 == 1)
            total += s;
        if (n == 1)
            break;
        s += s;
        n = n >> 1;
    }
    return total;
}
```

版本 7：与版本 6 相近。不过在浏览器下递归好像都做了优化（包括 IE6），与其他版本相比，属于上乘方案之一。

```
function repeat(target, n) {
    if (n == 1) {
        return target;
    }
    var s = repeat(target, Math.floor(n / 2));
    s += s;
    if (n % 2) {
        s += target;
    }
    return s;
}
```

版本 8：可以说是一个反例，很慢，不过实际上它还是可行的，因为实际上没有人将 n 设成上百成千。

```
function repeat(target, n) {
```

```
    return (n <= 0) ? "" : target.concat(repeat(target, --n));
}
```

经测试，**版本 6** 在各浏览器的得分是最高的。

2.1.2　byteLen

byteLen 方法：取得一个字符串所有字节的长度。这是一个后端过来的方法，如果将一个英文字符插入数据库 char、varchar、text 类型的字段时占用一个字节，而将一个中文字符插入时占用两个字节。为了避免插入溢出，就需要事先判断字符串的字节长度。在前端，如果我们要用户填写文本，限制字节上的长短，比如发短信，也要用到此方法。随着浏览器普及对二进制的操作，该方法也越来越常用。

版本 1：假设当字符串每个字符的 Unicode 编码均小于或等于 255 时，byteLength 为字符串长度；再遍历字符串，遇到 Unicode 编码大于 255 时，为 byteLength 补加 1。

```
function byteLen(target) {
    var byteLength = target.length, i = 0;
    for (; i < target.length; i++) {
        if (target.charCodeAt(i) > 255) {
            byteLength++;
        }
    }
    return byteLength;
}
```

版本 2：使用正则表达式，并支持设置汉字的存储字节数。比如用 mysql 存储汉字时，是 3 个字节数。

```
function byteLen(target, fix) {
    fix = fix ? fix : 2;
    var str = new Array(fix + 1).join("-")
    return target.replace(/[^\x00-\xff]/g, str).length;
}
```

版本 3：来自腾讯的解决方案。腾讯通过多子域名+postMessage+manifest 离线 proxy 页面的方式扩大 localStorage 的存储空间。在这个过程中，我们需要知道用户已经保存了多少内容，因此就必须编写一个严谨的 byteLen 方法。

```
/**
 * alloyteam 网站
 * 计算字符串所占的内存字节数，默认使用 UTF-8 的编码方式计算，也可制定为 UTF-16
 * UTF-8 是一种可变长度的 Unicode 编码格式，使用 1～4 个字节为每个字符编码
 *
 * 000000 - 00007F(128 个代码)       0zzzzzzz(00-7F)                              1 个字节
 * 000080 - 0007FF(1920 个代码)      110yyyyy(C0-DF) 10zzzzzz(80-BF)              2 个字节
 * 000800 - 00D7FF
   00E000 - 00FFFF(61440 个代码)     1110xxxx(E0-EF) 10yyyyyy 10zzzzzz            3 个字节
 * 010000 - 10FFFF(1048576 个代码)   11110www(F0-F7) 10xxxxxx 10yyyyyy 10zzzzzz   4 个字节
 *
```

2.1 字符串的扩展与修复

```
 * 注: Unicode 在范围 D800-DFFF 中不存在任何字符
 * {@link <a onclick="javascript:pageTracker._trackPageview('/outgoing/zh.wikipedia.
org/wiki/UTF-8');"
 * href="http://***/wiki/UTF-8">http://***/wiki/UTF-8</a>}
 *
 * UTF-16 大部分使用 2 个字节编码,编码超出 65535 的使用 4 个字节
 * 000000 - 00FFFF  2 个字节
 * 010000 - 10FFFF  4 个字节
 *
 * {@link <a onclick="javascript:pageTracker._trackPageview('/outgoing/zh.wikipedia.
org/wiki/UTF-16');"
 * href="http://***/wiki/UTF-16">http://***/wiki/UTF-16</a>}
 * @param  {String} str
 * @param  {String} charset utf-8, utf-16
 * @return {Number}
 */
function byteLen(str, charset){
    var total = 0,
        charCode,
        i,
        len;
    charset = charset ? charset.toLowerCase() : '';
    if(charset === 'utf-16' || charset === 'utf16'){
        for(i = 0, len = str.length; i < len; i++){
            charCode = str.charCodeAt(i);
            if(charCode <= 0xffff){
                total += 2;
            }else{
                total += 4;
            }
        }
    }else{
        for(i = 0, len = str.length; i < len; i++){
            charCode = str.charCodeAt(i);
            if(charCode <= 0x007f) {
                total += 1;
            }else if(charCode <= 0x07ff){
                total += 2;
            }else if(charCode <= 0xffff){
                total += 3;
            }else{
                total += 4;
            }
        }
    }
    return total;
}
```

truncate 方法:用于对字符串进行截断处理。当超过限定长度,默认添加 3 个点号。

```
function truncate(target, length, truncation) {
    length = length || 30;
    truncation = truncation === void(0) ? '...' : truncation;
    return target.length > length ?
            target.slice(0, length - truncation.length) + truncation : String(target);
}
```

camelize 方法：转换为驼峰风格。

```
function camelize(target) {
    if (target.indexOf('-') < 0 && target.indexOf('_') < 0) {
        return target;//提前判断，提高 getStyle 等的效率
    }
    return target.replace(/[-_][^-_]/g, function(match) {
        return match.charAt(1).toUpperCase();
    });
}
```

underscored 方法：转换为下划线风格。

```
function underscored(target) {
    return target.replace(/([a-z\d])([A-Z])/g, '$1_$2').
            replace(/\-/g, '_').toLowerCase();
}
```

dasherize 方法：转换为连字符风格，即 CSS 变量的风格。

```
function dasherize(target) {
    return underscored(target).replace(/_/g, '-');
}
```

capitalize 方法：首字母大写。

```
function capitalize(target) {
    return target.charAt(0).toUpperCase() + target.substring(1).toLowerCase();
}
```

stripTags 方法：移除字符串中的 html 标签。比如，我们需要实现一个 HTMLParser，这时就要处理 option 元素的 innerText 问题。此元素的内部只能接受文本节点，如果用户在里面添加了 span、strong 等标签，我们就需要用此方法将这些标签移除。在 Prototype.js 中，它与 strip、stripScripts 是一组方法。

```
var rtag = /<\w+(\s+("[^"]*"|'[^']*'|[^>])+)?>|<\/\w+>/gi
function stripTags(target) {
    return String(target || "").replace(rtag, '');
}
```

stripScripts 方法：移除字符串中所有的 script 标签。弥补 stripTags 方法的缺陷。此方法应在 stripTags 之前调用。

```
function stripScripts(target) {
    return String(target || "").replace(/<script[^>]*>([\S\s]*?)<\/script>/img, '')
}
```

escapeHTML 方法：将字符串经过 html 转义得到适合在页面中显示的内容，如将 "<" 替换为 "<"。此方法用于防止 XSS 攻击。

```
    function escapeHTML(target) {
    return target.replace(/&/g, '&amp;')
            .replace(/</g, '&lt;')
            .replace(/>/g, '&gt;')
```

```
        .replace(/"/g, "&quot;")
        .replace(/'/g, "&#39;");
}
```

unescapeHTML 方法：将字符串中的 html 实体字符还原为对应字符。

```
function unescapeHTML(target) {
    return String(target)
    .replace(/&#39;/g, '\'')
    .replace(/&quot;/g, '"')
    .replace(/&lt;/g, '<')
    .replace(/&gt;/g, '>')
    .replace(/&amp;/g, '&')
}
```

注意一下 escapeHTML 和 unescapeHTML 这两个方法，它们不但在 replace 的参数是反过来的，replace 的顺序也是反过来的。它们在做 html parser 非常有用的。但涉及浏览器，兼容性问题就一定会存在。

在 citojs 这个库中，有一个类似于 escapeHTML 的方法叫 escapeContent，它是这样写的。

```
function escapeContent(value) {
        value = '' + value;
        if (isWebKit) {
            helperDiv.innerText = value;
            value = helperDiv.innerHTML;
        } else if (isFirefox) {
            value = value.split('&').join('&amp;').split('<').join('&lt;').split('>').join('&gt;');
        } else {
            value = value.replace(/&/g, '&amp;').replace(/</g, '&lt;').replace(/>/g, '&gt;');
        }
        return value;
}
```

看情况是处理&时出了分歧。但它们这么做其实也不能处理所有 html 实体。因此 Prototype.js 是建议使用原生 API `innerHTML`, `innerText` 来处理。

```
var div = document.createElement('div')

var escapeHTML = function (a) {
    div.data = a
    return div.innerHTML
}

var unescapeHTML = function (a) {
    div.innerHTML = a
    return getText(div)//相当于 innerText, textContent
}

function getText(node) {
    if (node.nodeType !== 1) {
        return node.nodeValue
    } else if (node.nodeName !== 'SCRIPT') {
        var ret = ''
```

```
        for (var i = 0, el; el = node.childNodes[i++]; ) {
            ret += getText(el)
        }
    } else {
        return ''
    }
}
```

但这样一来，它们就不能运行于 Node.js 环境中，并且性能也不好，于是人们发展出下面这些库。

在 github 网站上搜索 /mathiasbynens/he
在 github 网站上搜索 /mdevils/node-html-entities

escapeRegExp 方法：将字符串安全格式化为正则表达式的源码。

```
function escapeRegExp(target) {
    return target.replace(/([-.*+?^${}()|[\]\/\\])/g, '\\$1');
}
```

2.1.3 pad

pad 方法：与 **trim** 方法相反，pad 可以为字符串的某一端添加字符串。常见的用法如日历在月份前补零，因此也被称之为 fillZero。笔者在博客上收集许多版本的实现，在这里转换为静态方法一并写出。

版本 1：数组法，创建数组来放置填充物，然后再在右边起截取。

```
function pad(target, n) {
    var zero = new Array(n).join('0');
    var str = zero + target;
    var result = str.substr(-n);
    return result;
}
```

版本 2：版本 1 的变种。

```
function pad(target, n) {
    return Array((n + 1) - target.toString().split('').length).join('0') + target;
}
```

版本 3：二进制法。前半部分是创建一个含有 n 个零的大数，如（1<<5).toString（2），生成 100000，（1<<8).toString（2）生成 100000000，然后再截短。

```
function pad(target, n) {
    return (Math.pow(10, n) + "" + target).slice(-n);
}
```

版本 4：Math.pow 法，思路同版本 3。

```
function pad(target, n) {
    return ((1 << n).toString(2) + target).slice(-n);
}
```

版本 5：toFixed 法，思路与版本 3 差不多，创建一个拥有 n 个零的小数，然后再截短。

```
function pad(target, n) {
```

```
    return (0..toFixed(n) + target).slice(-n);
}
```

版本 6：创建一个超大数，在常规情况下是截不完的。

```
function pad(target, n) {
    return (1e20 + "" + target).slice(-n);
}
```

版本 7：质朴长存法，就是先求得长度，然后一个个地往左边补零，加到长度为 n 为止。

```
function pad(target, n) {
    var len = target.toString().length;
    while (len < n) {
        target = "0" + target;
        len++;
    }
    return target;
}
```

版本 8：也就是现在 mass Framework 使用的版本，支持更多的参数，允许从左或从右填充，以及使用什么内容进行填充。

```
function pad(target, n, filling, right, radix) {
    var num = target.toString(radix || 10);
    filling = filling || "0";
    while (num.length < n) {
        if (!right) {
            num = filling + num;
        } else {
            num += filling;
        }
    }
    return num;
}
```

在 ECMA262V7 规范中，pad 方法也有了对应的代替品——**padStart**，此外，还有从后面补零的方法——**padEnd**。

在 github 网站搜索 es-shims/es7-shim

wbr 方法：为目标字符串添加 wbr 软换行。不过需要注意的是，它并不是在每个字符之后都插入 <wbr> 字样，而是相当于在组成文本节点的部分中的每个字符后插入 <wbr> 字样。例如，aabbcc，返回 a<wbr>a<wbr>b<wbr>b<wbr>c<wbr>c<wbr>。另外，在 Opera 下，浏览器默认 css 不会为 wbr 加上样式，导致没有换行效果，可以在 css 中加上 wbr:after { content: "\00200B" }解决此问题。

```
function wbr(target) {
    return String(target)
        .replace(/(?:<[^>]+>)|(?:&#?[0-9a-z]{2,6};)|(.{1})/gi, '$&<wbr>')
        .replace(/><wbr>/g, '>');
}
```

format 方法：在 C 语言中，有一个叫 printf 的方法，我们可以在后面添加不同类型的参数嵌入到将要输出的字符串中。这是非常有用的方法，因为 JavaScript 涉及大量的字符串拼接工作。如果涉及逻辑，我们可以用模板；如果轻量点，我们可以用这个方法。它在不同框架中名字是不同的，Prototype.js 叫 interpolate；Base2 叫 **format**；mootools 叫 **substitute**。

```
function format(str, object) {
    var array = Array.prototype.slice.call(arguments, 1);
    return str.replace(/\\?\#{(([^{}]+)\}/gm, function(match, name) {
        if (match.charAt(0) == '\\')
            return match.slice(1);
        var index = Number(name);
        if (index >= 0)
            return array[index];
        if (object && object[name] !== void 0)
            return object[name];
        return '';
    });
}
```

format 方法支持两种传参方法，如果字符串的占位符为 0、1、2 这样的非零整数形式，要求传入两个或两个以上的参数，否则就传入一个对象，键名为占位符。

```
var a = format("Result is #{0},#{1}", 22, 33);
alert(a);//"Result is 22,33"
var b = format("#{name} is a #{sex}", {
    name: "Jhon",
    sex: "man"
});
alert(b);//"Jhon is a man"
```

2.1.4　quote

quote 方法：在字符串两端添加双引号，然后内部需要转义的地方都要转义，用于接装 JSON 的键名或模板系统中。

版本 1：来自 JSON3。

```
//avalon2
//在 github 网站上搜索 json3.js
var Escapes = {
    92: "\\\\",
    34: '\\"',
    8: "\\b",
    12: "\\f",
    10: "\\n",
    13: "\\r",
    9: "\\t"
}

// Internal: Converts 'value' into a zero-padded string such that its
// length is at least equal to 'width'. The 'width' must be <= 6.
var leadingZeroes = "000000"
var toPaddedString = function (width, value) {
    // The '|| 0' expression is necessary to work around a bug in
    // Opera <= 7.54u2 where '0 == -0', but 'String(-0) !== "0"'.
    return (leadingZeroes + (value || 0)).slice(-width)
```

```
};
var unicodePrefix = "\\u00"
var escapeChar = function (character) {
    var charCode = character.charCodeAt(0), escaped = Escapes[charCode]
    if (escaped) {
        return escaped
    }
    return unicodePrefix + toPaddedString(2, charCode.toString(16))
};
var reEscape = /[\x00-\x1f\x22\x5c]/g
function quote(value) {
    reEscape.lastIndex = 0
    return '"' + ( reEscape.test(value) ? String(value).replace(reEscape, escapeChar) : value ) + '"'
}

avalon.quote = typeof JSON !== 'undefined' ? JSON.stringify : quote
```

版本 2：来自百度的 etpl 模板库。

```
//在 github 网站上搜索 main.js#L207
function stringLiteralize(source) {
    return '"'
            + source
            .replace(/\x5C/g, '\\\\')
            .replace(/"/g, '\\"')
            .replace(/\x0A/g, '\\n')
            .replace(/\x09/g, '\\t')
            .replace(/\x0D/g, '\\r')
            + '"';
}
```

当然，如果浏览器已经支持原生 JSON，我们直接用 JSON.stringify 就行了。另外，FF 在 JSON 发明之前，就支持 String.prototype.quote 与 String.quote 方法，我们在使用 quote 之前需要判定浏览器是否内置这些方法。

接下来，我们来修复字符串的一些 bug。字符串相对其他基础类型，没有太多 bug，主要是 3 个问题。

（1）IE6、IE7 不支持用数组中括号取它的每一个字符，需要用 charAt 来取。

（2）IE6、IE7、IE8 不支持垂直分表符，于是诞生了 var isIE678= !+"\v1"这个伟大的判定 hack。

（3）IE 对空白的理解与其他浏览器不一样，因此实现 **trim** 方法会有一些不同。

前两个问题只能回避，我们重点研究第 3 个问题，也就是如何实现 trim 方法。由于太常用，所以相应的实现也非常多。我们可以一起看看，顺便学习一下正则。

2.1.5　trim 与空白

版本 1：虽然看起来不怎么样，但是动用了两次正则替换，实际速度非常惊人，这主要得益于浏览器的内部优化。base2 类库使用这种实现。在 Chrome 刚出来的年代，这实现是异常快的，但 chrome 对字符串方法的疯狂优化，引起了其他浏览器的跟风。于是正则的实现再也比不了字符串方法了。一个著名的字符串拼接例子，直接相加比用 Array 做成的 StringBuffer 还快，而 StringBuffer 技术在早些年备受推崇！

```
function trim(str) {
    return str.replace(/^\s\s*/, '').replace(/\s\s*$/, '');
}
……
```

版本 2：和版本 1 很相似，但稍慢一点，主要原因是它最先是假设至少存在一个空白符。Prototype.js 使用这种实现，不过其名字为 strip，因为 Prototype 的方法都是力求与 Ruby 同名。

<div class="se-preview-section-delimiter"></div>

```javascript
function trim(str) {
    return str.replace(/^\s+/, '').replace(/\s+$/, '');
}
```

版本 3：截取方式取得空白部分（当然允许中间存在空白符），总共调用了 4 个原生方法。设计非常巧妙，substring 以两个数字作为参数。Math.max 以两个数字作参数，search 则返回一个数字。速度比上面两个慢一点，但基本比 10 之前的版本快！

```
function trim(str) {
    return str.substring(Math.max(str.search(/\S/), 0),
            str.search(/\S\s*$/) + 1);
}
```

版本 4：这个可以称得上版本 2 的简化版，就是利用候选操作符连接两个正则。但这样做就失去了浏览器优化的机会，比不上版本 3。由于看来很优雅，许多类库都使用它，如 jQuery 与 Mootools。

```
function trim (str) {
    return str.replace(/^\s+|\s+$/g, '');
}
```

版本 5：match 如果能匹配到东西会返回一个类数组对象，原字符匹配部分与分组将成为它的元素。为了防止字符串中间的空白符被排除，我们需要动用到非捕获性分组（?:exp）。由于数组可能为空，我们在后面还要做进一步的判定。好像浏览器在处理分组上比较无力，一个字慢。所以不要迷信正则，虽然它基本上是万能的。

```
function trim(str) {
    str = str.match(/\S+(?:\s+\S+)*/);
    return str ? str[0] : '';
}
```

版本 6：把符合要求的部分提供出来，放到一个空字符串中。不过效率很差，尤其是在 IE6 中。

```
function trim(str) {
    return str.replace(/^\s*(\S*(\s+\S+)*)\s*$/, '$1');
}
```

版本 7：与版本 6 很相似，但用了非捕获分组进行了优点，性能较之有一点点提升。

2.1 字符串的扩展与修复

```
function trim(str) {
    return str.replace(/^\s*(\S*(?:\s+\S+)*)\s*$/, '$1');
}
```

版本 8：沿着上面两个的思路进行改进，动用了非捕获分组与字符集合，用"?"顶替了"*"，效果非常惊人。尤其在 IE6 中，可以用疯狂来形容这次性能的提升，直接秒杀 FF3。

```
function trim(str) {
    return str.replace(/^\s*((?:[\S\s]*\S)?)\s*$/, '$1');
}
```

版本 9：这次是用懒惰匹配顶替非捕获分组，在火狐中得到改善，IE 没有上次那么疯狂。

```
function trim(str) {
    return str.replace(/^\s*([\S\s]*?)\s*$/, '$1');
}
```

版本 10：笔者只想说，搞出这个的人已经不能用厉害来形容，而是专家级别了。它先是把可能的空白符全部列出来，在第一次遍历中砍掉前面的空白，第二次砍掉后面的空白。全过程只用了 indexOf 与 substring 这个专门为处理字符串而生的原生方法，没有使用到正则。速度快得惊人，估计直逼内部的二进制实现，并且在 IE 与火狐（其他浏览器当然也毫无疑问）都有良好的表现，速度都是零毫秒级别的，PHP.js 就收纳了这个方法。

```
Function trim(str) {
    var whitespace = ' \n\r\t\f\x0b\xa0\u2000\u2001\u2002\u2003\n\
\u2004\u2005\u2006\u2007\u2008\u2009\u200a\u200b\u2028\u2029\u3000';
    for (var I = 0; I < str.length; I++) {
        if (whitespace.indexOf(str.charAt(i)) === -1) {
            str = str.substring(i);
            break;
        }
    }
    for (I = str.length - 1; I >= 0; I--) {
        if (whitespace.indexOf(str.charAt(i)) === -1) {
            str = str.substring(0, I + 1);
            break;
        }
    }
    return whitespace.indexOf(str.charAt(0)) === -1 ? str : '';
}
```

版本 11：实现 10 的字数压缩版，前面部分的空白由正则替换负责砍掉，后面用原生方法处理，效果不逊于原版，但速度都非常逆天。

```
Function trim(str) {
    str = str.replace(/^\s+/, '');
    for (var I = str.length - 1; I >= 0; I--) {
        if (/\S/.test(str.charAt(i))) {
            str = str.substring(0, I + 1);
            break;
        }
    }
    return str;
}
```

第 2 章 语言模块

版本 12：版本 10 更好的改进版，注意说的不是性能速度，而是易记与使用方面。

```
Function trim(str) {
    var m = str.length;
    for (var I = -1; str.charCodeAt(++I) <= 32; )
    for (var j = m - 1; j > I && str.charCodeAt(j) <= 32; j--)
    return str.slice(I, j + 1);
}
```

但这还没有完。如果你经常翻看 jQuery 的实现，你就会发现 jQuery1.4 之后的 trim 实现，多出了一个对 xA0 的特别处理。这是 Prototype.js 的核心成员·kangax 的发现，IE 或早期的标准浏览器在字符串的处理上都有 bug，把许多本属于空白的字符没有列为\s，jQuery 在 1.42 中也不过把常见的不断行空白 xA0 修复掉，并不完整，因此最佳方案还是版本 10。

```
// Make sure we trim BOM and NBSP
var rtrim = /^[\s\uFEFF\xA0]+|[\s\uFEFF\xA0]+$/g,
jQuery.trim = function( text ) {
    return text == null ?
        "" :
        ( text + "" ).replace( rtrim, "" );
}
```

下面是一个比较晦涩的知识点——空白字符。根据屈屈的博文[①]，浏览器会把 WhiteSpace 和 LineTerminator 都列入空白字符。Ecma262 v5 文档规定的 WhiteSpace，如表 2-1 所示。

表 2-1

Unicode 编码	说明
U+0020	" " "\x20", "\u0020", <SP>半角空格符，键盘空格键
U+0009	"\t", "\x09", "\u0009", <TAB>制表符，键盘 tab 键
U+000B	"\v", "\x0B", "\u000B",<VT>垂直制表符
U+000C	"\f", "\x0C", "\u000C",<FF>换页符
U+000D	"\r", "\x0D", "\u000D",<CR>回车符
U+000A	"\n", "\x0A", "\u000A",<LF>换行符
U+00A0	"\xA0", "\u00A0",<NBSP>禁止自动换行空格符
U+1680	OGHAM SPACE MARK，欧甘空格
U+180E	Mongolian Vowel Separator，蒙古文元音分隔符
U+2000	EN QUAD
U+2001	EM QUAD
U+2002	EN SPACE，En 空格。与 En 同宽（Em 的 1/2）
U+2003	EM SPACE，Em 空格。与 Em 同宽
U+2004	THREE-PER-EM SPACE，Em 1/3 空格
U+2005	FOUR-PER-EM SPACE，Em 1/4 空格

[①] http://imququ.com/post/bom-and-javascript-trim.html

续表

Unicode 编码	说明
U+2006	SIX-PER-EM SPACE，Em 1/6 空格
U+2007	FIGURE SPACE，数字空格。与单一数字同宽
U+2008	PUNCTUATION SPACE，标点空格。与同字体窄标点同宽
U+2009	THIN SPACE，窄空格。Em 1/6 或 1/5 宽
U+200A	HAIR SPACE，更窄空格。比窄空格更窄
U+200B	Zero Width Space，<ZWSP>，零宽空格
U+200C	Zero Width Non Joiner，<ZWNJ>，零宽不连字空格
U+200D	Zero Width Joiner，<ZWJ>，零宽连字空格
U+202F	NARROW NO-BREAK SPACE，窄式不换行空格
U+2028	<LS>行分隔符
U+2029	<PS>段落分隔符
U+205F	中数学空格。用于数学方程式
U+2060	Word Joiner，同 U+200B，但该处不换行。Unicode 3.2 新增，代替 U+FEFF
U+3000	IDEOGRAPHIC SPACE，<CJK>，表意文字空格，即全角空格
U+FEFF	Byte Order Mark，<BOM>，字节次序标记字符。不换行功能于 Unicode 3.2 起废止

2.2 数组的扩展与修复

得益于 Prototype.js 的 ruby 式数组方法的侵略，让 Jser()前端工程师大开眼界，原来对数组的操作也如此丰富多彩。原来 JavaScript 的数组方法就是基于栈与队列的那一套，像 splice 还是很晚加入的。让我们回顾一下它们的用法，如图 2-4 所示。

- pop 方法：出栈操作，删除并返回数组的最后一个元素。
- push 方法：入栈操作，向数组的末尾添加一个或更多元素，并返回新的长度。
- shift 方法：出队操作，删除并返回数组的第一个元素。
- unshift 方法：入队操作，向数组的开头添加一个或更多元素，并返回新的长度。
- slice 方法：切片操作，从数组中分离出一个子数组，功能类似于字符串的。

substring、slice 和 substr 是"三兄弟"，常用于转换类数组对象为真正的数组。

- sort 方法：对数组的元素进行排序，有一个可选参数，为比较函数。

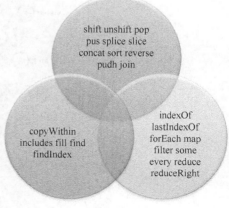

图 2-4

- reverse 方法：颠倒数组中元素的顺序。
- splice 方法：可以同时用于原数组的增删操作，数组的 remove 方法就是基于它写成的。
- concat 方法：用于把原数组与参数合并成一个新数组，如果参数为数组，那么它会把其第一维的元素放入新数组中。因此我们可以利用它实现数组的平坦化操作与克隆操作。
- join 方法：把数组的所有元素放入一个字符串，元素通过指定的分隔符进行分隔。你可以想象成字符串 split 的反操作。
- indexOf 方法：定位操作，返回数组中第一个等于给定参数的元素的索引值。
- lastIndexOf 方法：定位操作，同上，不过是从后遍历。索引操作可以说是字符串同名方法的翻版，存在就返回非负整数，不存在就返回−1。
- forEach 方法：迭代操作，将数组的元素依次传入一个函数中执行。Ptototype.js 中对应的名字为 each。
- map 方法：收集操作，将数组的元素依次传入一个函数中执行，然后把它们的返回值组成一个新数组返回。Ptototype.js 中对应的名字为 collect。
- filter 方法：过滤操作，将数组的元素依次传入一个函数中执行，然后把返回值为 true 的那个元素放入新数组返回。在 Prototype.js 中，它有 3 个名字，即 select、filter 和 findAll。
- some 方法：只要数组中有一个元素满足条件（放进给定函数返回 true），那么它就返回 true。Ptototype.js 中对应的名字为 any。
- every 方法：只有数组中所有元素都满足条件（放进给定函数返回 true），它才返回 true。Ptototype.js 中对应的名字为 all。
- reduce 方法：归化操作，将数组中的元素归化为一个简单的数值。Ptototype.js 中对应的名字为 inject。
- reduceRight 方法：归化操作，同上，不过是从后遍历。

为了方便大家记忆，我们可以用图 2-5 搞懂数组的 18 种操作。

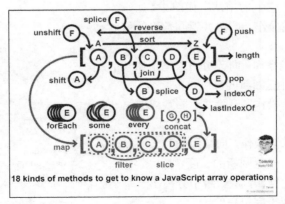

图 2-5

由于许多扩展也基于这些新的标准化方法，因此笔者先给出 IE6、IE7、IE8 的兼容方案，全部在数组原型上修复它们。

```
[1, 2, , 4].forEach(function(e){
    console.log(e)
});
//依次打印出 1、2、4，忽略第 2、第 3 个逗号间的空元素
```

reduce 与 reduceRight 是一组，我们可以利用 reduce 方法创建 reduceRight 方法。

```
ap.reduce = function(fn, lastResult, scope) {
    if (this.length == 0)
        return lastResult;
    var i = lastResult !== undefined ? 0 : 1;
    var result = lastResult !== undefined ? lastResult : this[0];
    for (var n = this.length; i < n; i++)
        result = fn.call(scope, result, this[i], i, this);
    return result;
}

ap.reduceRight = function(fn, lastResult, scope) {
    var array = this.concat().reverse();
    return array.reduce(fn, lastResult, scope);
}
```

接下来，我们看看主流库为数组增加了哪些扩展吧。

Prototype.js 的数组扩展：eachSlice、detect、grep、include、inGroupsOf、invoke、max、min、partition、pluck、reject、sortBy、zip、size、clear、first、last、compact、flatten、without、uniq、intersect、clone、inspect。

Rightjs 的数组扩展：include、clean、clone、compact、empty、first、flatten、includes、last、max、merge、min、random、reject、shuffle、size、sortBy、sum、uniq、walk、without。

mootools 的数组扩展：clean、invoke、associate、link、contains、append、getLast、getRandom、include、combine、erase、empty、flatten、pick、hexToRgb、rgbToHex。

EXT 的数组扩展：contains、pluck、clean、unique、from、remove、include、clone、merge、intersect、difference、flatten、min、max、mean、sum、erase、insert。

Underscore.js 的数组扩展：detect、reject、invoke、pluck、sortBy、groupBy、sortedIndex、first、last、compact、flatten、without、union、intersection、difference、uniq、zip。

qooxdoo 的数组扩展：insertAfter、insertAt、insertBefore、max、min、remove、removeAll、removeAt、sum、unique。

Tangram 的数组扩展：contains、empty、find、remove、removeAt、unique。

我们可以发现，Prototype.js 那一套方法影响深远，许多库都有它的影子，全面而细节地囊括了各种操作，大家可以根据自己的需要与框架宗旨制订自己的数组扩展。笔者在这方面的考量如下，至少要包含平坦化、去重、乱序、移除这几个操作，其次是两个集合间的操作，如取并集、差集、交集。

下面是各种具体实现。

contains 方法：判定数组是否包含指定目标。

```
function contains(target, item) {
    return target.indexOf(item) > -1
}
```

removeAt 方法：移除数组中指定位置的元素，返回布尔值表示成功与否。

```
function removeAt(target, index) {
    return !!target.splice(index, 1).length
}
```

remove 方法：移除数组中第一个匹配传参的那个元素，返回布尔值表示成功与否。

```
function remove(target, item) {
    var index = target.indexOf(item);
    if (~index)
        return removeAt(target, index);
    return false;
}
```

shuffle 方法：对数组进行洗牌。若不想影响原数组，可以先复制一份出来操作。有关洗牌算法的介绍，可见下面两篇博文。

《Fisher-Yates Shuffle》

《数组的完全随机排列》

```
function shuffle(target) {
    var j, x, i = target.length;
    for (; i > 0; j = parseInt(Math.random() * i),
        x = target[--i], target[i] = target[j], target[j] = x) {
    }
    return target;
}
```

random 方法：从数组中随机抽选一个元素出来。

```
function random(target) {
    return target[Math.floor(Math.random() * target.length)];
}
```

flatten 方法：对数组进行平坦化处理，返回一个一维的新数组。

```
function flatten(target) {
    var result = [];
    target.forEach(function(item) {
        if (Array.isArray(item)) {
            result = result.concat(flatten(item));
        } else {
            result.push(item);
        }
    });
    return result;
}
```

unique 方法：对数组进行去重操作，返回一个没有重复元素的新数组。

```
function unique(target) {
    var result = [];
    loop: for (var i = 0, n = target.length; i < n; i++) {
        for (var x = i + 1; x < n; x++) {
            if (target[x] === target[i])
                continue loop;
```

```
        }
        result.push(target[i]);
    }
    return result;
}
```

compact 方法:过滤数组中的 null 与 undefined,但不影响原数组。

```
function compact(target) {
    return target.filter(function(el) {
        return el != null;
    });
}
```

pluck 方法:取得对象数组的每个元素的指定属性,组成数组返回。

```
function pluck(target, name) {
    var result = [], prop;
    target.forEach(function(item) {
        prop = item[name];
        if (prop != null)
            result.push(prop);
    });
    return result;
}
```

groupBy 方法:根据指定条件(如回调对象的某个属性)进行分组,构成对象返回。

```
function groupBy(target, val) {
    var result = {};
    var iterator = $.isFunction(val) ? val : function(obj) {
        return obj[val];
    };
    target.forEach(function(value, index) {
        var key = iterator(value, index);
        (result[key] || (result[key] = [])).push(value);
    });
    return result;
}
```

sortBy 方法:根据指定条件进行排序,通常用于对象数组。

```
function sortBy(target, fn, scope) {
    var array = target.map(function(item, index) {
        return {
            el: item,
            re: fn.call(scope, item, index)
        };
    }).sort(function(left, right) {
        var a = left.re, b = right.re;
        return a < b ? -1 : a > b ? 1 : 0;
    });
    return pluck(array, 'el');
}
```

union 方法:对两个数组取并集。

```
function union(target, array) {
    return unique(target.concat(array));
}
```

intersect 方法：对两个数组取交集。

```
function intersect(target, array) {
    return target.filter(function(n) {
        return ~array.indexOf(n);
    });
}
```

diff 方法：对两个数组取差集（补集）。

```
function diff(target, array) {
    var result = target.slice();
    for (var i = 0; i < result.length; i++) {
        for (var j = 0; j < array.length; j++) {
            if (result[i] === array[j]) {
                result.splice(i, 1);
                i--;
                break;
            }
        }
    }
    return result;
}
```

min 方法：返回数组中的最小值，用于数字数组。

```
function min(target) {
    return Math.min.apply(0, target);
}
```

max 方法：返回数组中的最大值，用于数字数组。

```
function max(target) {
    return Math.max.apply(0, target);
}
```

基本上就这么多了，如果你想实现 sum 方法，可以使用 reduce 方法。我们再来抹平 Array 原生方法在各浏览器的差异，一个是 IE6、IE7 下 unshift 不返回数组长度的问题，一个 splice 的参数问题。unshift 的 bug 很容易修复，可以使用函数劫持方式搞定。

```
if ([].unshift(1) !== 1) {
    var _unshift = Array.prototype.unshift;
    Array.prototype.unshift = function() {
        _unshift.apply(this, arguments);
        return this.length;  //返回新数组的长度
    }
}
```

splice 在一个参数的情况下，IE6、IE7、IE8 默认第二个参数为零，其他浏览器为数组的长度，当然我们要以标准浏览器为准！

下面是最简单的修复方法。

```
if ([1, 2, 3].splice(1).length == 0) {
//如果是 IE6、IE7、IE8,则一个元素也没有删除
    var _splice = Array.prototype.splice;
    Array.prototype.splice = function(a) {
        if (arguments.length == 1) {
            return _splice.call(this, a, this.length)
        } else {
            return _splice.apply(this, arguments)
        }
    }
}
```

下面是不利用任何原生方法的修复方法。

```
Array.prototype.splice = function(s, d) {
    var max = Math.max, min = Math.min,
        a = [], i = max(arguments.length - 2, 0),
        k = 0, l = this.length, e, n, v, x;
    s = s || 0;
    if (s < 0) {
        s += l;
    }
    s = max(min(s, l), 0);
    d = max(min(isNumber(d) ? d : l, l - s), 0);
    v = i - d;
    n = l + v;
    while (k < d) {
        e = this[s + k];
        if (e !== void 0) {
            a[k] = e;
        }
        k += 1;
    }
    x = l - s - d;
    if (v < 0) {
        k = s + i;
        while (x) {
            this[k] = this[k - v];
            k += 1;
            x -= 1;
        }
        this.length = n;
    } else if (v > 0) {
        k = 1;
        while (x) {
            this[n - k] = this[l - k];
            k += 1;
            x -= 1;
        }
    }
    for (k = 0; k < i; ++k) {
        this[s + k] = arguments[k + 2];
    }
    return a;
}
```

一旦有了 splice 方法，我们也可以自行实现 pop、push、shift、unshift 方法，因此你明白为什么这几个方法是直接修改原数组了吧？浏览器厂商的思路与我们一样，大概也是用 splice 方法来实现它们！

```
var ap = Array.prototype
var _slice = sp.slice;
ap.pop = function() {
    return this.splice(this.length - 1, 1)[0];
}

ap.push = function() {
    this.splice.apply(this,
            [this.length, 0].concat(_slice.call(arguments)));
    return this.length;
}

ap.shift = function() {
    return this.splice(0, 1)[0];
}

ap.unshift = function() {
    this.splice.apply(this,
            [0, 0].concat(_slice.call(arguments)));
    return this.length;
}
```

数组的空位

上面是一个 forEach 例子的演示，实质上我们通过修复原型方法的手段很难达到 ecmascript 规范的效果。缘故在于**数组的空位**，它在 JavaScript 的各个版本中都不一致。

数组的空位是指数组的某一个位置没有任何值。比如，Array 构造函数返回的数组都是空位。

```
Array(3) // [ , , ,]
```

上面的代码中，Array(3)返回一个具有 3 个空位的数组。

注意，空位不是 undefined，而是一个位置的值等于 undefined，但依然是有值的。空位是没有任何值，in 运算符可以说明这一点。

```
0 in [undefined, undefined, undefined] // true
0 in [ , , ,] // false
```

上面的代码说明，第一个数组的 0 号位置是有值的，第二个数组的 0 号位置是没有值的。

ECMA262V5 对空位的处理，已经很不一致了，大多数情况下会忽略空位。比如，forEach()、filter()、every()和 some()都会跳过空位；map()会跳过空位，但会保留这个值；join()和 toString()会将空位视为 undefined，而 undefined 和 null 会被处理成空字符串。

```
[,'a'].forEach((x,i) => log(i)); // 1
['a',,'b'].filter(x => true) // ['a','b']
[,'a'].every(x => x==='a') // true
[,'a'].some(x => x !== 'a') // false
[,'a'].map(x => 1) // [,1]
```

```
[,'a',undefined,null].join('#') // "#a##"
[,'a',undefined,null].toString() // ",a,,"
```

ECMA262V6 则是明确将空位转为 **undefined**。比如，Array.from 方法会将数组的空位转为 undefined，也就是说，这个方法不会忽略空位。

```
Array.from(['a',,'b']) // [ "a", undefined, "b" ]
```

扩展运算符（...）也会将空位转为 undefined。

```
[...['a',,'b']] // [ "a", undefined, "b" ]
```

copyWithin()会连空位一起拷贝。

```
[,'a','b',,].copyWithin(2,0) // [,"a",,"a"]
```

fill()会将空位视为正常的数组位置。

```
new Array(3).fill('a') // ["a","a","a"]
```

for...of 循环也会遍历空位。

```
let arr = [, ,];
for (let i of arr) {  console.log(1); }
// 1
// 1
```

上面的代码中，数组 arr 有两个空位，for...of 并没有忽略它们。如果改成 map 方法遍历，那么空位是会跳过的。

entries()、keys()、values()、find()和 findIndex()会将空位处理成 undefined。

```
[...[,'a'].entries()] // [[0,undefined], [1,"a"]]
[...[,'a'].keys()] // [0,1]
[...[,'a'].values()] // [undefined,"a"]
[,'a'].find(x => true) // undefined
[,'a'].findIndex(x => true) // 0
```

由于空位的处理规则非常不统一，所以建议避免出现**空位**。

2.3 数值的扩展与修复

数值没有什么好扩展的，而且 JavaScript 的数值精度问题未修复，要修复它们可不是一两行代码了事。先看扩展，我们只把目光集中于 Prototype.js 与 mootools 就行了。

Prototype.js 为它添加 8 个原型方法：Succ 是加 1；times 是将回调重复执行指定次数 toPaddingString 与上面提到字符串扩展方法 pad 作用一样；toColorPart 是转十六进制；abs、ceil、floor 和 abs 是从 Math 中偷来的。

mootools 的情况：limit 是从数值限定在一个闭开间中，如果大于或小于其边界，则等于其最大值或最小值；times 与 Prototype.js 的用法相似；round 是 Math.round 的增强版，添加了精度控制；toFloat、toInt 是从 window 中偷来的；其他的则是从 Math 中偷来的。

在 ES5_shim.js 库中，它实现了 ECMA262V5 提到的一个内部方法 toInteger。

第 2 章 语言模块

```
var toInteger = function(n) {
    n = +n;
    if (n !== n) { // isNaN
        n = 0;
    } else if (n !== 0 && n !== (1 / 0) && n !== -(1 / 0)) {
        n = (n > 0 || -1) * Math.floor(Math.abs(n));
    }
    return n;
};
```

但依我看来都没什么意义，数值往往来自用户输入，我们一个正则就能判定它是不是一个"数"。如果是，则直接 Number（n）！

基于同样的理由，mass Framework 对数字的扩展也是很少的，3 个独立的扩展。

limit 方法：确保数值在［n1，n2］闭区间之内，如果超出界限，则置换为离它最近的最大值或最小值。

```
function limit(target, n1, n2) {
    var a = [n1, n2].sort();
    if (target < a[0])
        target = a[0];
    if (target > a[1])
        target = a[1];
    return target;
}
```

nearer 方法：求出距离指定数值最近的那个数。

```
function nearer(target, n1, n2) {
    var diff1 = Math.abs(target - n1),
        diff2 = Math.abs(target - n2);
    return diff1 < diff2 ? n1 : n2
}
```

Number 下唯一需要修复的方法是 toFixed，它是用于校正精确度，最后的数会做四舍五入操作，但在一些浏览器中并没有这样干。想简单修复的可以这样处理。

```
if (0.9.toFixed(0) !== '1') {
    Number.prototype.toFixed = function(n) {
        var power = Math.pow(10, n);
        var fixed = (Math.round(this * power) / power).toString();
        if (n == 0)
            return fixed;
        if (fixed.indexOf('.') < 0)
            fixed += '.';
        var padding = n + 1 - (fixed.length - fixed.indexOf('.'));
        for (var i = 0; i < padding; i++)
            fixed += '0';
        return fixed;
    };
}
```

追求完美的话，还存在这样一个版本，把里面的加、减、乘、除都重新实现了一遍。

2.3 数值的扩展与修复

在 github 网站上搜索 es5-shim.js，可查看相关内容。

toFixed 方法实现得如此艰难其实也不能怪浏览器，计算机所理解的数字与我们是不一样的。众所周知，计算机的世界是二进制，数字也不例外。为了储存更复杂的结构，需要用到更高维的进制。而进制间的换算是存在误差的。虽然计算机在一定程度上反映了现实世界，但它提供的顶多只是一个 "幻影"，经常与我们的常识产生偏差。比如，将 1 除以 3，然后再乘以 3，最后得到的值竟然不是 1；10 个 0.1 相加也不等于 1；交换相加的几个数的顺序，却得到了不同的和。JavaScript 不能免俗。

```
console.log(0.1 + 0.2)
console.log(Math.pow(2, 53) === Math.pow(2, 53) + 1) //true
console.log(Infinity > 100) //true
console.log(JSON.stringify(25001509088465005)) //25001509088465004
console.log(0.10000000000000000000000001) //0.1
console.log(0.10000000000000000000000001) //0.1
console.log(0.10000000000000000000000456) //0.1
console.log(0.099999999999999999999) //0.1
console.log(1 / 3) //0.3333333333333333
console.log(23.53 + 5.88 + 17.64)// 47.05
console.log(23.53 + 17.64 + 5.88)// 47.050000000000004
```

这些其实不是 bug，而是我们无法接受这事实。在 JavaScript 中，数值有 3 种保存方式。

（1）字符串形式的数值内容。

（2）IEEE 754 标准双精度浮点数，它最多支持小数点后带 15～17 位小数，由于存在二进制和十进制的转换问题，具体的位数会发生变化。

（3）一种类似于 C 语言的 int 类型的 32 位整数，它由 4 个 8 bit 的字节构成，可以保存较小的整数。

当 JavaScript 遇到一个数值时，它会首先尝试按整数来处理该数值，如果行得通，则把数值保存为 31 bit 的整数；如果该数值不能视为整数，或超出 31 bit 的范围，则把数值保存为 64 位的 IEEE 754 浮点数。

聪明的读者一定想到了这样一个问题：什么时候规规矩矩的整数会突然变成捉摸不定的双精度浮点数？答案是：当它们的值变得非常庞大时，或者进入 1 和 0 之间时，规矩矩的整数就会变成捉摸不定的双精度浮点数。因此，我们需要注意以下数值。

首先是 1 和 0；其次是最大的 Unicode 数值 **1114111**（7 位数字，相当于（/x41777777）；最大的 RGB 颜色值 **16777215**（8 位数字，相当于#FFFFFF）；最大的 32 bit 整数是 **147483647**（10 位数字，即 `Math.pow(2,31)-1`）；最少的 32 位 bit 整数 **-2147483648**，因为 JavaScript 内部会以整数的形式保存所有 Unicode 值和 RGB 颜色；再次是 **2147483647**，任何大于该值的数据将保存为双精度格式；最大的浮点数 **9007199254740992**（16 位数字，即 Math.pow（2,53）），因为输出时类似整数，而所有 Date 对象（按毫秒计算）都小于该值，因此总是模拟整数的格式输出；最大的双精度数值 **1.7976931348623157e+308**，超出这个范围就要算作无穷大了。

因此，我们就看出缘由了，大数相加出问题是由于精度的不足，小数相加出问题是进制转算时产生误差。第一个好理解，第二个，主要是我们常用的十进制转换为二进制时，变成循环小数及无理数等有无限多位小数的数，计算机要用有限位数的浮点数来表示是无法实现的，只能从某一位进

47

行截短。而且，因为内部表示是二进制，十进制看起来是能除尽的数，往往在二进制是循环小数。

比如用二进制来表示十进制的 0.1，就得写成 2 的幂（因为小于 1，所以幂是负数）相加的形式。若一直持续下去，0.1 就成了 0.000110011001100110011…这种循环小数。在有效数字的范围内进行舍入，就会产生误差。

综上，我们就尽量避免小数操作与大数操作，或者转交后台去处理，实在避免不了就引入专业的库来处理。

2.4 函数的扩展与修复

ECMA262V5 对函数唯一的扩展就是 bind 函数。众所周知，这是来自 Prototype.js，此外，其他重要的函数都来自 Prototype.js。

Prototype.js 的函数扩展包括以下几种方法。

- argumentNames：取得函数的形参，以字符串数组形式返回。未来的 Angular.js 也是通过此方法实现函数编译与 DI（依赖注入）。
- bind：劫持 this，并预先添加更多参数。
- bindAsEventListener：如 bind 相似，但强制返回函数的第一个参数为事件对象，这是用于修复 IE 的多投事件 API 与标准 API 的差异。
- curry：函数柯里化，用于一个操作分成多步进行，并可以改变原函数的行为。
- wrap：AOP 的实现。
- delay：setTimeout 的"偷懒"写法。
- defer：强制延迟 0.01s 才执行原函数。
- methodize：将一个函数变成其调用对象的方法，这也是为其类工厂的方法链服务。

这些方法每一个都是别具匠心，影响深远。

我们先看 bind 方法，它用到了著名的闭包。所谓闭包，就是一个引用着外部变量的内部函数。比如下面这段代码。

```
var observable = function(val) {
    var cur = val;//一个内部变量
    function field(neo) {
        if (arguments.length) {//setter
            if (cur !== neo) {
                cur = neo;
            }
        } else {//getter
            return cur;
        }
    }
    field();
    return field;
}
```

上面代码里面的 field 函数将与外部的 cur 构成一个闭包。Prototype.js 中的 bind 方法只要依仗原函数与经过切片化的 args 构成闭包,而让这方法名符其实的是 curry,用户最初的传参,劫持到返回函数修正 this 的指向。

```
Function.prototype.bind = function(context) {
    if (arguments.length < 2 && context == void 0)
        return this;
    var __method = this, args = [].slice.call(arguments, 1);
    return function() {
        return __method.apply(context, args.concat.apply(args, arguments));
    }
}
```

正因为有这东西,我们才方便修复 IE 多投事件 API 和 attachEvent 回调中的 this 问题,它总是指向 window 对象,而标准浏览器的 addEventListener 中的 this 则为其调用对象。

```
var addEvent = document.addEventListener ?
        function(el, type, fn, capture) {
            el.addEventListener(type, fn, capture)
        } :
        function(el, type, fn) {
            el.attachEvent("on" + type, fn.bind(el, event))
        }
```

ECMA262V5 对其认证后,唯一的增强是对调用者进行检测,确保它是一个函数。顺便总结一下。

(1) call 是 obj.method(a,b,c)到 method(obj,a,b,c)的变换。

(2) apply 是 obj.method(a,b,c)到 method(obj, [a,b,c])的变换,它要求第 2 个参数必须存在,一定是数组或 Arguments 这样的类数组,NodeList 这样具有争议性的内容就不要乱传进去了。因此 jQuery 对两个数组或类数组的合并是使用 jQuery.merge,放弃使用 Array.prototype.push.apply。

(3) bind 就是 apply 的变种,它可以劫持 this 对象,并且预先注入参数,返回后续执行方法。

这 3 个方法是非常有用,我们可以设法将它们"偷"出来。

```
var bind = function(bind) {
    return{
        bind: bind.bind(bind),
        call: bind.bind(bind.call),
        apply: bind.bind(bind.apply)
    }
}(Function.prototype.bind)
```

那怎么用它们呢?比如我们想合并两个数组,直接调用 concat,方法如下。

```
var a = [1, [2, 3], 4];
var b = [5,6];
console.log(b.concat(a)); //[5,6,1,[2,3],4]
```

使用 **bind.bind** 方法则能将它们进一步平坦化。

```
var concat = bind.apply([].concat);
console.log(concat(b, a)); //[1,3,1,2,3,4]
```

又如切片化操作,它经常用于转换类数组对象为纯数组的。

```
var slice = bind([].slice)
var array = slice({
    0: "aaa",
    1: "bbb",
    2: "ccc",
    length: 3
});
console.log(array)//[ "aaa", "bbb", "ccc"]
```

更常用的操作是转换 arguments 对象，目的是为了使用数组的一系列方法。

```
function test() {
    var args = slice(arguments)
    console.log(args)//[1,2,3,4,5]
}
test(1, 2, 3, 4, 5)
```

我们可以将 hasOwnProperty 提取出来，判定对象是否在本地就拥有某属性。

```
var hasOwn = bind.call(Object.prototype.hasOwnProperty);
hasOwn({a:1}, "a") // true
hasOwn({a:1}, "b") // false
```

使用 **bind.bind** 就需要多执行一次。

```
var hasOwn2 = bind.bind(Object.prototype.hasOwnProperty);
hasOwn2({a:1}, "b")() // false
```

上面 **bind.bind** 的行为其实就是一种 **curry**，它给了你再一次传参的机会，这样你就可以在内部判定参数的个数，决定继续返回函数还是结果。这在设计计算器的连续运算上非常有用。从这个角度来看，我们可以得到一个信息，bind 着重于作用域的劫持，curry 在于参数的不断补充。

我们可以编写一个 curry，当所有步骤输入的参数个数等于最初定义的函数的形参个数时，就执行它。

```
function curry(fn) {
    function inner(len, arg) {
        if (len == 0)
            return fn.apply(null, arg);
        return function(x) {
            return inner(len - 1, arg.concat(x));
        };
    }
    return inner(fn.length, []);
}

function sum(x, y, z, w) {
    return x + y + z + w;
}
curry(sum)('a')('b')('c')('d'); // => 'abcd'
```

不过这里我们假定用户每次都只传入一个参数，所以我们可以改进一下。

```
function curry2(fn) {
    function inner(len, arg) {
        if (len <= 0)
```

```
            return fn.apply(null, arg);
        return function() {
            return inner(len - arguments.length,
                   arg.concat(Array.apply([], arguments)));
        };
    }
    return inner(fn.length, []);
}
```

这样就可以在中途传递多个参数，或不传递参数。

```
curry2(sum)('a')('b', 'c')('d'); // => 'abcd'
curry2(sum)('a')()('b', 'c')()('d'); // => 'abcd'
```

不过，上面的函数形式有个更帅气的名称，叫 **self-curry** 或 **recurry**。它强调的是递归调用自身来补全参数。

与 curry 相似的是 partial。curry 的不足是参数总是通过 push 的方式来补全，而 partial 则是在定义时所有参数已经都有了，但某些位置上的参数只是个占位符，我们接下来的传参只是替换掉它们。博客上有篇文章《Partial Application in JavaScript》专门介绍了这个内容。

```
Function.prototype.partial = function() {
    var fn = this, args = Array.prototype.slice.call(arguments);
    return function() {
        var arg = 0;
        for (var i = 0; i < args.length && arg < arguments.length; i++)
            if (args[i] === undefined)
                args[i] = arguments[arg++];
        return fn.apply(this, args);
    };
}
```

它是使用 **undefined** 作为占位符。

```
var delay = setTimeout.partial(undefined, 10);
//接下来的工作就是代替掉第一个参数
delay(function() {
    alert("this call to will be temporarily delayed.");
})
```

有关这个占位符，该博客的评论列表中也有大量的讨论，最后确定下来是使用_作为变量名，内部还是指向 undefined。笔者认为这样做还是比较危险的，框架应该提供一个特殊的对象，比如 Prototype 在内部使用$break = {}作为断点的标识。我们可以用一个**纯空对象**作为 partial 的占位符。

```
var _ = Object.create(null)
```

纯空对象没有原型，没有 toString、valueOf 等继承自 Object 的方法，很特别。在 IE 下我们可以这样模拟它。

```
var _ = (function() {
    var doc = new ActiveXObject('htmlfile')
    doc.write('<script><\/script>')
    doc.close()
```

```
        var Obj = doc.parentWindow.Object
        if (!Obj || Obj === Object)
            return
        var name, names =
                ['constructor', 'hasOwnProperty', 'isPrototypeOf'
                , 'propertyIsEnumerable', 'toLocaleString', 'toString', 'valueOf']
        while (name = names.pop())
            delete Obj.prototype[name]
        return Obj
}())
```

我们继续回来讲 partial。

```
function partial(fn) {
    var A = [].slice.call(arguments, 1);
    return A.length < 1 ? fn : function() {
        var a = Array.apply([], arguments);
        var c = A.concat();//复制一份
        for (var i = 0; i < c.length; i++) {
            if (c[i] === _) {//替换占位符
                c[i] = a.shift();
            }
        }
        return fn.apply(this, c.concat(a));
    }
}
function test(a, b, c, d) {
    return "a = " + a + " b = " + b + " c = " + c + " d = " + d
}
var fn = partail(test, 1, _, 2, _);
fn(44, 55)// "a = 1 b = 44 c = 2 d = 55"
```

curry、partial 的应用场景在前端世界[①]真心不多，前端讲究的是即时显示，许多 API 都是同步的，后端由于 IO 操作等耗时长，像 Node.js 提供了大量的异步函数来提高性能，防止堵塞。但是过多异步函数也必然带来回调嵌套的问题，因此我们需要通过 curry 等函数变换，将套嵌减少到可以接受的程度。这个我会在第 13 章讲述它们的使用方法。

函数的修复涉及 apply 与 call 两个方法。这两个方法的本质就是生成一个新的函数，将原函数与用户传参到里面执行而已。在 JavaScript 创建一个函数有很多办法，常见的有函数声明和函数表达式，次之是函数构造器，再次是 eval、setTimeout……

```
Function.prototype.apply || (Function.prototype.apply = function (x, y) {
    x = x || window;
    y = y ||[];
    x.__apply = this;
    if (!x.__apply)
        x.constructor.prototype.__apply = this;
    var r, j = y.length;
```

[①] 在计算机科学中，柯里化（Currying）是把接受多个参数的函数变换成接受一个单一参数（最初函数的第一个参数）的函数，并且返回接受余下的参数且返回结果的新函数的技术。这个技术由 Christopher Strachey 以逻辑学家 Haskell Curry 命名的，尽管它是 Moses Schnfinkel 和 Gottlob Frege 发明的。patial、bind 只是其一种变体。其用处有 3：1.参数复用；2.提前返回；3.延迟计算/运行。

```
    switch (j) {
        case 0: r = x.__apply(); break;
        case 1: r = x.__apply(y[0]); break;
        case 2: r = x.__apply(y[0], y[1]); break;
        case 3: r = x.__apply(y[0], y[1], y[2]); break;
        case 4: r = x.__apply(y[0], y[1], y[2], y[3]); break;
        default:
            var a = [];
            for (var i = 0; i < j; ++i)
                a[i] = "y[" + i + "]";
            r = eval("x.__apply(" + a.join(",") + ")");
            break;
    }
    try {
        delete x.__apply ? x.__apply : x.constructor.prototype.__apply;
    }
    catch (e) {}
    return r;
});

Function.prototype.call || (Function.prototype.call = function () {
    var a = arguments, x = a[0], y = [];
    for (var i = 1, j = a.length; i < j; ++i)
        y[i - 1] = a[i]
    return this.apply(x, y);
});
```

2.5 日期的扩展与修复

Date 构造器是 JavaScript 中传参形式最丰富的构造器，大致分为 4 种。

```
new Date();
new Date(value);//传入毫秒数
new Date(dateString);
new Date(year, month, day /*, hour, minute, second, millisecond*/);
```

其中第 3 种可以玩多种花样，个人建议只使用 "2009/07/12 12:34:56"，后面的时分秒可省略。这个所有浏览器都支持。此构造器的兼容列表可在 dygraphs 网站找到。

若要修正它的传参，这恐怕是个大工程，要整个对象替换掉，并且影响 Object.prototype.toString 的类型判定，因此不建议修正。ES5.js 中有相关源码，大家可以在 github 网站搜索 es5-shim.js。

JavaScript 的日期是抄自 Java 的 java.util.Date，但是 Date 这个类中的很多方法对时区等支持不够，且不少都是已过时的。Java 程序员也推荐使用 calnedar 类代替 Date 类。JavaScript 可选择的余地比较少，只能凑合继续用。比如：对属性使用了前后矛盾的偏移量，月份与小时都是基于 0，月份中的天数则是基于 1，而年则是从 1900 开始的。

接下来，我们为旧版本浏览器添加几个 ECMA262 标准化的日期方法吧。

```
if (!Date.now) {
    Date.now = function() {
        return +new Date;
    }
}
if (!Date.prototype.toISOString) {
  void function() {
     function pad(number) {
        var r = String(number);
        if (r.length === 1) {
           r = '0' + r;
        }
        return r;
     }

     Date.prototype.toJSON =
     Date.prototype.toISOString = function() {
        return this.getUTCFullYear()
              + '-' + pad(this.getUTCMonth() + 1)
              + '-' + pad(this.getUTCDate())
              + 'T' + pad(this.getUTCHours())
              + ':' + pad(this.getUTCMinutes())
              + ':' + pad(this.getUTCSeconds())
              + '.' + String((this.getUTCMilliseconds() / 1000).toFixed(3)).slice(2, 5)
              + 'Z';
     };

  }();
}
```

IE6 和 IE7 中，getYear 与 setYear 方法都存在 bug，不过这个修复起来比较简单。

```
if ((new Date).getYear() > 1900) {
    Date.prototype.getYear = function() {
        return this.getFullYear() - 1900;
    };
    Date.prototype.setYear = function(year) {
        return this.setFullYear(year); //+ 1900
    };
}
```

至于扩展，由于涉及本地化，许多日期库都需要改一改才能用，其中以 dataFormat 这个很有用的方法较为特别。笔者先给一些常用的扩展吧。

传入两个 Date 类型的日期，求出它们相隔多少天。

```
function getDatePeriod(start, finish) {
    return Math.abs(start * 1 - finish * 1) / 60 / 60 / 1000 / 24;
}
```

传入一个 Date 类型的日期，求出它所在月的第一天。

```
function getFirstDateInMonth(date) {
```

2.5 日期的扩展与修复

```
    return new Date(date.getFullYear(), date.getMonth(), 1);
}
```

传入一个 Date 类型的日期，求出它所在月的最后一天。

```
function getLastDateInMonth(date) {
    return new Date(date.getFullYear(), date.getMonth() + 1, 0);
}
```

传入一个 Date 类型的日期，求出它所在季度的第一天。

```
function getFirstDateInQuarter(date) {
    return new Date(date.getFullYear(), ~~(date.getMonth() / 3) * 3, 1);
}
```

传入一个 Date 类型的日期，求出它所在季度的最后一天。

```
function getFirstDateInQuarter(date) {
    return new Date(date.getFullYear(), ~~(date.getMonth() / 3) * 3 + 3, 0);
}
```

判断是否为闰年。

```
function isLeapYear(date) {
    return new Date(this.getFullYear(), 2, 0).getDate() == 29;
}
//EXT
function isLeapYear2(date) {
    var year = data.getFullYear();
    return !!((year & 3) == 0 && (year % 100 || (year % 400 == 0 && year)));
}
```

取得当前月份的天数。

```
function getDaysInMonth1(date) {
    switch (date.getMonth()) {
        case 0:
        case 2:
        case 4:
        case 6:
        case 7:
        case 9:
        case 11:
            return 31;
        case 1:
            var y = date.getFullYear();
            return y % 4 == 0 && y % 100 != 0 || y % 400 == 0 ? 29 : 28;
        default:
            return 30;
    }
}

var getDaysInMonth2 = (function() {
    var daysInMonth = [31, 28, 31, 30, 31, 30, 31, 31, 30, 31, 30, 31];

    function isLeapYear(date) {
        var y = date.getFullYear();
```

第 2 章 语言模块

```
            return y % 4 == 0 && y % 100 != 0 || y % 400 == 0;
        }
        return function(date) { // return a closure for efficiency
            var m = date.getMonth();

            return m == 1 && isLeapYear(date) ? 29 : daysInMonth[m];
        };
})();

function getDaysInMonth3(date) {
    return new Date(date.getFullYear(), date.getMonth() + 1, 0).getDate();
}
```

第 3 章 浏览器嗅探与特征侦测

本章完全是服务节点操作的模块,是处理兼容性的前线阵地。人们学会 navigator.userAgent 来判定用户正在使用的浏览器,然后选择性地去支持 A 浏览器或放弃 B 浏览器。这导致浏览器厂商非常紧张,设法伪装自己为某一个主流浏览器。2010~2014 年,中国互联网爆发著名的"3Q 大战",其间 360 安全浏览器无法访问 QQ 空间,作为对策,360 将所有与自己相关的特征都抹去,伪造成一个普通的 chrome 浏览器,这标志着浏览器嗅探技术彻底失败。

时至今日,浏览器嗅探已经不推荐了,但在某些场合我们还是需要的,比如一些数据统计代码,著名的有站长统计、百度统计、腾讯统计和 Google Analytics。而特征侦测是 Prototype 时期发展起来的一个技术,具体是判定某个原生对象有没有此方法或属性,有时严格一些,则会执行这个方法,看它有没有达到预期的值。在标准浏览器里,它们提供了 document.implementation.hasfeature 方法,可惜有 bug,不准确。在本书快成形时,W3C 又推出了 CSS.supports 方法,为大家又提供一条处理兼容性问题的新道路,如图 3-1 所示。

第 3 章 浏览器嗅探与特征侦测

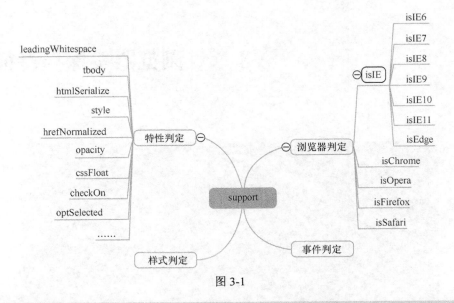

图 3-1

3.1 浏览器判定

主流浏览器有 5 个：**IE**、**Firefox**、**Opera**、**Chrome** 和 **Safari**。早期所有框架都是通过 `navigator.userAgent` 进行判定，与浏览器厂商斗智斗谋。

jQuery 给出的解决方案 `jQuery.browser`，目前已移出框架本体，成为一个插件。

```javascript
(function(jQuery, window, undefined) {
    "use strict";
    var matched, browser;

    jQuery.uaMatch = function(ua) {
        ua = ua.toLowerCase();

        var match = /(chrome)[ \/]([\w.]+)/.exec(ua) ||
            /(webkit)[ \/]([\w.]+)/.exec(ua) ||
            /(opera)(?:.*version|)[ \/]([\w.]+)/.exec(ua) ||
            /(msie) ([\w.]+)/.exec(ua) ||
            ua.indexOf("compatible") < 0 && /(mozilla)(?:.*? rv:([\w.]+)|)/.exec(ua) ||
            [];

        var platform_match = /(ipad)/.exec(ua) ||
            /(iphone)/.exec(ua) ||
            /(android)/.exec(ua) ||
            [];

        return {
            browser: match[ 1 ] || "",
            version: match[ 2 ] || "0",
            platform: platform_match[0] || ""
```

```
            };
        };

        matched = jQuery.uaMatch(window.navigator.userAgent);
        browser = {};

        if (matched.browser) {
            browser[ matched.browser ] = true;
            browser.version = matched.version;
        }

        if (matched.platform) {
            browser[ matched.platform ] = true
        }

// Chrome is Webkit, but Webkit is also Safari.
        if (browser.chrome) {
            browser.webkit = true;
        } else if (browser.webkit) {
            browser.safari = true;
        }

        jQuery.browser = browser;

})(jQuery, window);
```

mass Framework 给出的解决方案如下。

```
define("brower", function( ){
    var w = window,ver = w.opera ? (opera.version().replace(/\d$/, "") - 0)
    : parseFloat((/(?:IE |fox\/|ome\/|ion\/)(\d+\.\d)/.
        exec(navigator.userAgent) || [,0])[1]);
    return {
        //测试是否为 IE 或内核为 trident,是则取得其版本号
        ie: !!w.VBArray && Math.max(document.documentMode||0, ver),//内核 trident
        //测试是否为 Firefox,是则取得其版本号
        firefox: !!w.netscape && ver,//内核 Gecko
        //测试是否为 Opera,是则取得其版本号
        opera: !!w.opera && ver,//内核 Presto 9.5 为 Kestrel 10 为 Carakan
        //测试是否为 Chrome,是则取得其版本号
        chrome: !! w.chrome &&  ver ,//内核 V8
        //测试是否为 Safari,是则取得其版本号
        safari: /apple/i.test(navigator.vendor) && ver// 内核 WebCore
    }
});
```

mass 成形较晚,是使用特征侦测实现的。

特征侦测的好处是,浏览器不会随意去掉某一个功能。不过要注意的是,不要使用标准属性与方法做判定依据。每个浏览器都有自己的私有实现,我们用它们做判定就可以了。下面是我收集的其他一些判定方法。

```
ie = !!document.recalc
ie = !!window.VBArray
ie = !!window.ActiveXObject
ie = !!window.createPopup;
ie = /*@cc_on!@*/!1;
ie = document.expando;//document.all 在 opera firefox 的古老版本也存在
ie = (function() {//IE10 中失效
    var v = 3, div = document.createElement('div');
    while (div.innerHTML = '<!--[if gt IE ' + (++v) + ']><br><![endif]-->', div.innerHTML )
        ;
    return v > 4 ? v : !v;
}());

ie678 = !+"\v1";
ie678 = !-[1, ];
ie678 = '\v' == 'v';
ie678 = ('a~b'.split(/(~)/))[1] == "b"
ie678 = 0.9.toFixed(0) == "0"
ie678 = /\w/.test('\u0130') //由群里的 abcd 友情提供
ie8 = window.toStaticHTML
ie9 = window.msPerformance

ie678 = 0//@cc_on+1;

ie67 = !"1"[0] //利用 IE6 或 IE5 的字符串不能使用数组下标的特征
ie8 = !!window.XDomainRequest;
ie9 = document.documentMode && document.documentMode === 9;

//基于条件编译的嗅探脚本，IE 会返回其 JS 引擎的版本号，非 IE 返回 0
var ieVersion = eval("'"+/*@cc_on" + " @_jscript_version@*/-0") * 1
ie9 = ieVersion === 5.9
ie8 = ieVersion === 5.8
ie7 = ieVersion === 5.7
ie6 = ieVersion === 5.6
ie5 = ieVersion === 5.5
ie10 = window.navigator.msPointerEnabled
ie11 = '-ms-scroll-limit' in document.documentElement.style
opera = !!window.opera;
firefox = !!window.GeckoActiveXObject
firefox = !!window.netscape //包括 firefox
firefox = !!window.Components
firefox = !!window.updateCommands
safari = !!(navigator.vendor && navigator.vendor.match(/Apple/))
safari = window.openDatabase && !window.chrome;
chrome = !!(window.chrome && window.google)
```

至于移动设备的相关判定，建议看百度 fex-team 出品的 ua-device 库。

```
isIPhone = /iPhone/i.test(navigator.userAgent);
isIPhone4 = window.devicePixelRatio >= 2
```

```
isIPad = /iPad/i.test(navigator.userAgent);
isAndroid = /android/i.test(navigator.userAgent);
isIOS = isIPhone || isIPad ;
```

这里解释一下 iPhone 的判定。在网页中，pixel 与 point 比值称为 device-pixel-ratio，普通设备都是 1，iPhone 4 是 2，有些 Android 机型是 1.5。

3.2　document.all 趣闻

上面笔者给出了一系列特征嗅探的方法，可能会让一些人不解，为什么没有 document.all 呢？document.all 是 IE 下一个很好用的选择器 API。大概是 1997 年，IE4 发布时带来的最好用的 API 之一。既然这么好用，肯定会被人抄去。但很长时间内，它还是 IE 独有的。一些旧的技术书与博客，介绍它为 IE 的判定手段也是没有错，但到 2002 年，出现了转机。

Opera 这个小众的浏览器，为了生存，总是兼容两套 API：IE 的与 w3c 的。比如说 IE 的 attachEvent，它也是最早支持。当 Opera 实现了 document.all 后，这个通用的 IE 判定就失灵了，许多开发者给 Opera 提 issue，人家并不想修复。

此后，Firefox 也决定实现 document.all，不过它耍了一个小聪明，那就是你可以正常的使用 document.all，但你无法检测到它的存在。

```
console.log(document.all + "" )
//"[object HTMLAllCollection]"
console.log(typeof document.all)
//"undefined"
console.log(!!document.all)
//false
```

JavaScript 之父 Brendan Eich 称其为 "undetected document.all"。但在当时很多人也发现了，document.all 并不是真的检测不到。

```
console.log(document.all === undefined)
//false
console.log("all" in document)
//true
```

当时 Mozilla 的人也回复了："这不是 bug，这是 feature!!!"。现如今所有的浏览器都是这样的实现，HTML 5 规范里也是这么规定的。

Safari 才刚刚起步，但也有收到来自用户关于不支持 document.all 的 bug。2005 年年底，Safari 学 Firefox，实现了 undetectable document.all。

2008 年，Opera 在 9.50 Beta 2 版本将自己直接暴露了多年的 document.all 也改成了 undetectable，变更记录里是这么写的："Opera now cloaks document.all"。Opera 的工程师当年还专门写了一篇文章讲了 document.all 在 Opera 中的变迁，还说到 document.all 绝对值得被展览进 "Web 技术博物馆"。

2008 年年底，Chrome 1.0 发布，Chrome 是基于 Webkit 和 V8 的，V8 当然得配合 Webkit 里的 document.all 的实现。

很戏剧性的是，在 2013 年，连 IE 自己（IE 11）也隐藏掉了 document.all，也就是说，所有现代浏览器里 document.all 都是个假值了。

在 V8 里的实现是：一个对象都可以被标记成 undetectable，很多年来只有 document.all 带有这个标记，这是相关的代码片段和注释。

```
// Tells whether the instance is undetectable.
// An undetectable object is a special class of JSObject: 'typeof' operator
// returns undefined, ToBoolean returns false. Otherwise it behaves like
// a normal JS object. It is useful for implementing undetectable
// document.all in Firefox & Safari.
inline void set_is_undetectable();
inline bool is_undetectable();
```

然后在 typeof 的实现里，如果 typeof 的参数是 undefined 或者是 undetectable，就返回 "undefined"。

当然，我们在 JS 中很难判定哪些是 undetectable，但 undetectable 的内容都是与 DOM 和 BOM 有关，那里是浏览器可以自由发挥的领域。并且从 document.all 的变更史看来，基本特征嗅探的代码，有点让人心惊胆战。这些方法也足以验证一个人在这个领域的耕耘之深。

3.3 事件的支持侦测

Prototype 的核心成员 kangax 写了一篇叫《Detecting event support without browser sniffing》文章，来判定浏览器对某种事件的支持，里面给出的实现如下。

```
var isEventSupported = (function() {
    var TAGNAMES = {
        'select': 'input', 'change': 'input',
        'submit': 'form', 'reset': 'form',
        'error': 'img', 'load': 'img', 'abort': 'img'
    }
    function isEventSupported(eventName) {
        var el = document.createElement(TAGNAMES[eventName] || 'div');
        eventName = 'on' + eventName;
        var isSupported = (eventName in el);
        if (!isSupported) {
            el.setAttribute(eventName, 'return;');
            isSupported = typeof el[eventName] == 'function';
        }
        el = null;
        return isSupported;
    }
    return isEventSupported;
})();
```

现在 jQuery 与 mass 使用的脚本都是其简化版，其中 mass 对 IE 内存泄漏做了优化。

```
$.eventSupport = function(eventName, el) {
    el = el || document.documentElement
    eventName = "on" + eventName;
    var ret = eventName in el;
    if (el.setAttribute && !ret) {
```

```
        el.setAttribute(eventName, "");
        ret = typeof el[eventName] === "function";
        el.removeAttribute(eventName);
    }
    el = null;
    return ret;
}
```

不过哪一个也好,这种检测只对 DOM0 事件凑效,像 DOMMouseScroll、DOMContentLoaded、DOMFocusIn、DOMFocusOut、DOMSubtreeModified、DOMNodeInserted、DOMNodeRemoved 这些以 DOM 开头的事件就无能为力了。

注意:上面提到的许多以 DOM 开头的事件都是已被废弃的 DOM4 变动事件 **MutationEvents**,只有 chrome 还继续支持它们。因此大家不用费心记住它们。

```
* DOMAttrModified
* DOMAttributeNameChanged
* DOMCharacterDataModified
* DOMElementNameChanged
* DOMNodeInserted
* DOMNodeInsertedIntoDocument
* DOMNodeRemoved
* DOMNodeRemovedFromDocument
* DOMSubtreeModified
```

这些事件中有的非常有用,比如:DOMMouseScroll,Firefox 一直不支持 mousewheel,只能用它做替代品;DOMContentLoaded 是实现 domReady 的重要事件;DOMNodeRemoved 是判定元素是否从其父节点移除,父节点可能是其他元素节点或文档碎片;DOMNodeRemovedFromDocument 是移离 DOM 树;DOMAttrModified 以前经常用于模拟 IE 的 onpropertychange;DOMCharacterDataModified 用于监听 contenteditable 为 true 的元素内容变动。

在 mass Framework 中,是使用以下方法判定的。

```
https://github.com/RubyLouvre/mass-Framework/blob/1.4/event.js
try {
    //如果浏览器支持创建 MouseScrollEvents 事件对象,那么就用 DOMMouseScroll
    document.createEvent("MouseScrollEvents");
    eventHooks.mousewheel = {
        bindType: "DOMMouseScroll",
        delegateType: "DOMMouseScroll"
    };
    //如果某一天,Firefox 回心转意支持 mousewheel,那么我们就不需要这个钩子
    if ($.eventSupport("mousewheel")) {
        delete eventHooks.mousewheel;
    }
} catch (e) {
}
```

此外,mass 还对 focusin 进行识别。focusin 与 focusout 是一对,判定当中一个就明白另一个情况。这两个事件也很重要,用于实现 focus 与 blur 的事件代理,因为 focus 与 blur 不支持冒泡,需要用它们的冒泡版实现(假若不支持 focusin 与 focusout,jQuery 也找到办法了,不过有原生的就用原生的)。

```
//首先判定它是否是 W3C 阵营，IE 肯定支持
$.support.focusin = !!window.attachEvent;
$(function () {
    var div = document.createElement("div");
    document.body.appendChild(div);
    div.innerHTML = "<a href='#'></a>";
    if (!$.support.focusin) {
        a = div.firstChild;
        a.addEventListener('focusin', function () {
            $.support.focusin = true;
        }, false);
        a.focus();
    }
});
```

CSS3 添加两种动画，一种是 **transition** 渐变动画，一种是 **animation** 补间动画，它们在结束时都有相应的事件回调。但在标准化过程中，浏览器给它们起的名字相当没规律。这个也需预先侦测出来。

下面是 **bootstrap** 的实现，听说来源于 **modernizr**，比较粗糙。比如说你现在用的 Opera 已经支持不带前缀的标准事件名，它还是返回 oTransitionEnd。

```
$.support.transition = (function () {
    var transitionEnd = (function () {
        var el = document.createElement('bootstrap'),
            transEndEventNames = {
                'WebkitTransition': 'webkitTransitionEnd',
                'MozTransition': 'transitionend',
                'OTransition': 'oTransitionEnd otransitionend',
                'transition': 'transitionend'
            };
        for (var name in transEndEventNames) {
            if (el.style[name] !== undefined) {
                return transEndEventNames[name]
            }
        }
    }())
    return transitionEnd && {
        end: transitionEnd
    }
})()
```

animation 补间动画的检测可以看一下 avalon 的 effect 模块。

```
//animationend 有两个可用形态
//IE10+, Firefox 16+ & Opera 12.1+: animationend
//Chrome/Safari: webkitAnimationEnd
//IE10 也可以使用 MSAnimationEnd 监听，但是回调里的事件 type 依然为 animationend
//    el.addEventListener("MSAnimationEnd", function(e) {
//        alert(e.type)// animationend!!!
//    })
var checker = {
    'AnimationEvent': 'animationend',
```

```
        'WebKitAnimationEvent': 'webkitAnimationEnd'
    }
    var ani
    for (name in checker) {
        if (window[name]) {
            ani = checker[name];
            break;
        }
    }
    if (typeof ani === "string") {
        supportAnimation = true
        animationEndEvent = ani
    }
```

3.4 样式的支持侦测

CSS3 带来许多好用的样式，但麻烦的是每个浏览器都有自己的私有前缀（或叫厂商前缀）。mass Framework 与 avalon 提供了一个 cssName 方法处理它们，如果存在，则返回可用的驼峰风格样式名；如果不存在，就返回 null。

```
var prefixes = ['', '-webkit-', '-o-', '-moz-', '-ms-'];
var cssMap = {
    "float": $.support.cssFloat ? 'cssFloat' : 'styleFloat',
    background: "backgroundColor"
};
function cssName(name, host, camelCase) {
    if (cssMap[name]) {
        return cssMap[name];
    }
    host = host || document.documentElement
    for (var i = 0, n = prefixes.length; i < n; i++) {
        camelCase = $.String.camelize(prefixes[i] + name);
        if (camelCase in host) {
            return (cssMap[name] = camelCase);
        }
    }
    return null;
}
```

一个样式名可以对应多种样式值，比如 display 的值就有多种取值。如果要探知浏览器是否支持某一种，可以通过一个叫 CSS.supports 的 API 查询。如果不支持，则尝试一下这个开源项目，显然它还有很多探不出来的。

3.5 jQuery 一些常用特征的含义

jQuery 在 support 模块列举了一些常用的 DOM 特征的支持情况，不过它们的名字起得很奇怪，这里逐一揭开它们的谜底。由于这些特征在 jQuery 不同版本变动很大，本书以 jQuery1.8 为准。

- **leadingWhitespace**：判定浏览器在进行 innerHTML 赋值时，是否存在 trimLeft 操作。这个原本是 IE 出来搞的，应该遵循 IE 的游戏规则才对。结果其他浏览器一直认为要忠于用户的原始值，最前的空白不能省掉，要变成一个文本节点。最后微软将 IE6、IE7、IE8 返回 false，其他浏览器返回 true。
- **tbody**：指在用 innerHTML 动态创建元素时，浏览器会在多个 tr 元素外面包裹一个 tbody 元素（如果你没有添加的话），但如果这只是一个空 table 元素，标准浏览器是不会插入 tbody 的，而旧式 IE 则没加判定地乱添加 tbody 元素，导致我们的业务代码与预期的不一样。自动插入 tbody 这一特征是非常棒的，在表格布局的年代，如果没有 tbody，table 会在浏览器解析到闭合标签时才显示出来。换言之，如果这个表格很大、很长，用户会什么也看不到。但有了 tbody 分段识别和显示，避免了页面长时间一片空白后突然一下子内容全部出来的局面。看下面的实验。

```
var div = document.createElement("div");
div.innerHTML = "<table></table>"
alert(div.innerHTML
//IE678 返回 "<TABLE><TBODY></TBODY></TABLE>"
//其他返回"<table></table>"
```

- **htmlSerialize**：判定浏览器是否完好支持用 innerHTML 转换一个符合 html 标签规则的字符串为一个元素节点，此过程 jQuery 称之为序列化。但 IE 支持不完好，包括 script、link、style、meta 在内的 no-scope 元素都转换失败，需要在它前面添加一些字符，如"x<script src="xxx"><\/script>"，"­<script src="xxx"><\/script>"或者"<br class= 'remove'> <script src="xxx"><\/script>"。像 HTML5 的新标签，当然也支持不好，侦测结果同上。
- **style**：这个命名很难懂，不看源码不知道是什么意思。真相是判定 getAttribute 能否返回 style 的用户预设值。IE6、IE7、IE8 没有区分特性属性，返回一个 CSSStyleDeclaration 对象。
- **hrefNormalized**：同样莫名其妙，意为判定 getAttribute 能否返回 href 的用户预设值。IE 会多此一举，补充为完整路径给你。
- **opacity**：判定是否支持 opacity 样式值。IE6、IE7、IE8 不支持，要用透明滤镜。
- **cssFloat**：判定 float 样式值在 DOM 的名字是哪个，W3C 为 cssFloat，IE6、IE7、IE8 为 styleFloat。
- **checkOn**：在大多数浏览器中 checkbox 的 value 默认为 on，唯有 Chrome 返回空字符串。
- **optSelected**：判定能否正确地取得动态添加的 option 元素的 selected。IE6~IE10 与老版本的 Safari 对动态添加的 option 没有设置为 true。解决办法为，在访问 selected 属性前，先访问其父节点的 selectedIndex 属性，强制它计算 option 的 selected。

```
<select id="optSelected">
</select>
<script type="text/javascript">
    var select = document.getElementById('optSelected');
    var option = document.createElement('option');
    select.appendChild(option);
```

3.5 jQuery 一些常用特征的含义

```
    alert(option.selected);
    select.selectedIndex;
    alert(option.selected);
</script>
```

- **optDisabled**：判定 select 元素的 disabled 属性是否影响到子元素的 disabled 取值。在 Safari 中，一旦 select 元素被 disabled，它的孩子也被 disabled，导致一个值也取不到。
- **checkClone**：是指一个 checkbox 元素，如果设置了 checked=true，且在多次克隆后，它的复制品能否保持为 true。这个只有在 Safari4 中返回 false，其他为 true。

inlineBlockNeedsLayout：判定是否使用 hasLayout 方法让 display:inline-block 生效。这个只有 IE6、IE7、IE8 为 true。

- **getSetAttribute**：判定是否区分特性属性（atttribute 与 property）。只有 IE6、IE7、IE8 为 false。
- **noCloneEvent**：判定在复制元素时是否复制 attachEvent 绑定的事件，只有旧版本 IE 及其兼容模式返回 false。
- **enctype**：判定浏览器是否支持 encoding 属性，IE6、IE7 要用 encoding 属性代替。
- **boxModel**：判定浏览器是否在 content-box 盒子模型的渲染模式下。submitBubbles，changeBubbles，focusinBubbles：判定浏览器是否支持这些事件，一直冒泡到 document。
- **shrinkWrapBlocks**：判定元素是否会被子元素撑开。在 IE6、IE7、IE8 中，非替换元素[①]在设置了大小与 hasLayout 的情况下，会将其父级元素撑大。
- **html5Clone**：判定能否使用 cloneNode 复制 HTML5 的新标签，旧版本 IE 不支持，需要用到 outerHTML。
- **deleteExpando**：判定能否删除元素节点上的自定义属性[②]，这用于 jQuery 缓存系统。旧版本 IE 不支持，会抛错，只能置换为 undefined。
- **pixelPosition**：判定 getComputedStyle 能否转换元素的 top、left、right、bottom 的百分比值。这个 webkit 系出现问题，需要用到 Dean Edwards 大神的 hack。
- **reliableMarginRight**：判定 getComputedStyle 能否正确取得元素的 marginRight。Safari 的早期版本总是取回一个很大的数。
- **clearCloneStyle**：IE9、IE10 出现的奇葩 bug，当复制一个指定了 background-* 样式的元素，对复制品的背景进行清空时，也会清空原来的。

目前就是这么多了，随着浏览器疯狂更新版本，标准浏览器引发的各种 bug 已超越 IE 了。特征侦测不退反进，越来越重要了。

[①] 替换元素是浏览器根据其标签的元素与属性来判断显示具体的内容。img、input、textarea、select、object 等都是替换元素，这些元素都没有实际的内容。替换元素可以增加行框高度，但不增加 line-height。剩下的是不可替换元素，他们将内容直接告诉浏览器，将其显示出来。比如 p 的内容、label 的内容，浏览器将把这段内容直接显示出来。非替换元素添加 padding-top 或 padding-bottom，不影响行框高度，但内容区高度会变化，margin-top、margin-bottom 对行框没有任何影响。添加左右边距会影响非替换元素水平位置。要使非替换元素在父元素框内居中，可以设定 line-height =父元素框的高度。

[②] 要理解 delete 操作符在浏览器上是如何运算是一个非常复杂的问题。当然我声明一个变量时，它实际上成为全局变量的某个属性。既然成了属性，就拥有属性的某些内部特质——ReadOnly，DontEnum，DontDelete 和 Internal。某个属性不能删除（删除不成功或干脆抛错），就是由 DontDelete 这个特性决定的。内建对象的一些属性拥有内部属性 DontDelete，因此不能被删除；特殊的 arguments 变量（如我们所知的，活化对象的属性）拥有 DontDelete；任何函数实例的 length（返回形参长度）属性也拥有 DontDelete；与函数 arguments 相关联的属性也拥有 DontDelete，同样不能被删除。

第 4 章 类工厂

类与继承在 JavaScript 的出现，说明 JavaScript 已经到达大规模开发的门槛了。在此之前的 ES4，就试图引入类、模块等东西，也只不过把类延迟到 ES6。到目前为止，只有少量浏览器支持它，当然我们也可以直接上 ES6，然后使用 babel 编译我们的源码。曾经一段时间，类工厂是框架的标配。本章将会介绍如何模拟类及如何使用 ES6 的真正类。

4.1 JavaScript 对类的支撑

在其他语言中，类的实例都要通过构造函数 new 出来。作为一个刻意模仿 Java 的语言，JavaScript 存在 new 操作符，并且它的所有函数都可以作为构造器。构造器与普通的方法没有什么区别。浏览器为了构建它繁花似锦的生态圈，比如 Node、Element、HTMLElement、HTMLParagraphElement，显然使用继承关系方便一些方法或属性的共享，于是 JavaScript 从其他语言借鉴了原型这种机制。

prototype 作为一个特殊的对象属性存在于每一个函数上。当一个函数通过 new 操作符"分娩"出其孩子——"实例"，这个名为实例的对象就拥有这个函数的 prototype 对象所有的一切成员，从而实现所有实例对象都共享一组方法或属性。而 JavaScript 所谓的"类"就是通过修改这个 prototype 对象，以区别原生对象及其他自定义"类"。在浏览器中，Node 这个类就是基于 Object 修改而来的，

Element 则是基于 Node，而 HTMLElement 又基于 Element……相对于我们的工作业务，我们也可以创建自己的类来实现重用与共享，如图 4-1 所示。

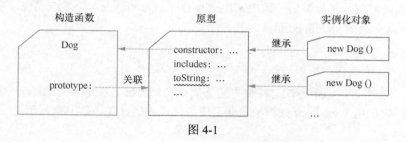

图 4-1

```
function Dog() {}
Dog.prototype = {
    aa: "aa",
    method: function() {
    }
};
var a = new Dog;
var b = new Dog;
console.log(a.aa === b.aa);//true
console.log(a.method === b.method);//true
```

一般地，我们把定义在原型上的方法叫**原型方法**，它为所有实例所共享。这有好处也有坏处，为了实现差异化，JavaScript 允许我们直接在构造器内指定其方法，这叫做**特权方法**。如果是属性，就叫特权属性。它们每一个实例就是一个副本，各不影响。因此我们通常把共享的用于操作数据的方法放在原型，把私有的属性放在特权属性中。但放于 this 上，还是能让人任意访问到，那就放在函数体内的作用域内吧。这时它就成为名副其实的**私有属性**。

```
function A() {
    var count = 0
    this.aa = "aa";
    this.method = function() {
       return count
    }
    this.obj = {}
}

A.prototype = {
    aa: "aa",
    method: function() {
    }
};
var a = new A;
var b = new A;
console.log(a.aa === b.aa);   //true 由于 aa 的值为基本类型,比较值
console.log(a.obj === b.obj);//false,引用类型,每次进入函数体都重新创建,因此都不一样
console.log(a.method === b.method);//false
```

特权方法或属性只是遮住原型方法或属性，因此只要删掉特权方法，就又能访问到同名的原型

方法或属性。

当访问一个对象的属性时，JavaScript 会从对象本身开始往上遍历整个原型链，直到找到对应属性为止。如果此时到达了原型链的顶部，也就是 Object.prototype，仍然未发现需要查找的属性，那么 JavaScript 就会返回 undefined 值。

```
delete a.method;
console.log(a.method === A.prototype.method);//true
```

用 Java 的语言来说，原型方法与特权方法都属于实例方法，在 Java 中还有一种叫做**类方法**与**类属性**的东西。它们用 JavaScript 来模拟也非常简单，直接定义在函数上就行了。

```
A.method2 = function(){};//类方法
var c = new A;
console.log(c.method2);//undefined
```

接下来，我们看一下**继承**的实现。上面说过，只要 prototype 有什么东西，它的实例就有什么东西，不论这个属性是自带的，还是后来添加的。甚至，我们将这个 prototype 对象置换为另一个类的原型，这个对象都能轻而易举得到那个类的所有原型成员。

```
function A(){}
A.prototype = {
    aaa:1
}
function B(){}
B.prototype = A.prototype;
var b= new B;
console.log(b.aaa);//1;
A.prototype.bbb = 2;
console.log(b.bbb);//2;
```

由于是引用相同的一个对象，这意味着，如果我们修改 A 类的原型，也等同于修改了 B 类的原型。因此我们不能把一个对象赋给两个类。这有两种办法：方法一，通过 for in 把父类的原型成员逐一赋给子类的原型；方法二，子类的原型不是直接由父类获得，先将此父类的原型赋给一个函数，然后将这个函数的实例作为子类的原型。

方法一，我们通常要实现 **mixin** 这样的方法，亦有书称之为拷贝继承，好处是简单直接，坏处是无法通过 instanceof 验证。Prototype.js 的 extend 方法就用来干这事。

```
function extend(destination, source) {
  for(var property in source)
    destination[property] = source[property];
  return destination;
}
```

方法二，就在原型上动脑筋，因此称之为原型继承。下面是个范本。

```
A.prototype = {
  aa: function() {
    alert(1)
  }
}
```

```
function bridge() {};
bridge.prototype = A.prototype;

function B() {}
B.prototype = new bridge();
var a = new A;
var b = new B;
//false,说明成功分开它们的原型
console.log(A.prototype == B.prototype);
//true,子类共享父类的原型方法
console.log(a.aa === b.aa);
//为父类动态添加新的原型方法
A.prototype.bb = function() {
  alert(2)
}
//true,孩子总会得到父亲的遗产
console.log(a.bb === b.bb);
B.prototype.cc = function() {
  alert(3)
}
//false,但父亲未必有机会看到孩子的新产业
console.log(a.cc === b.cc);
//并且它能正常通过 JavaScript 自带验证机制——instanceof
console.log(b instanceof A);//true
console.log(b instanceof B);//true
```

并且，方法二能通过 instanceof 验证。现在 ES5 就内置了这种方法来实现原型继承，它就是 Object.create。如果不考虑第二个参数，它约等于下面的代码。

```
Object.create = function (o) {
    function F() {}
    F.prototype = o;
    return new F();
}
```

上面方法，要求传入一个父类的原型作为参数，然后返回子类的原型。

不过，这样我们还是遗漏了一点东西——子类不只是继承父类的遗产，还拥有自己的东西。此外，原型继承并没有让子类继承父类的类成员与特权成员。这些我们还要手动添加，比如类成员，我们可以通过上面的 extend 方法，特权成员我们可以在子类的构造器中，通过 apply 实现。

```
function inherit(init, Parent, proto){
    function Son(){
        Parent.apply(this,argument);    //先继承父类的特权成员
        init.apply(this,argument);      //再执行自己的构造器
    }
    //由于 Object.create 可能是我们伪造的,因此避免使用第二个参数
    Son.prototype = Object.create(Parent.prototype,{});
    Son.prototype.toString = Parent.prototype.toString;//处理 IE Bug
    Son.prototype.valueOf = Parent.prototype.valueOf;//处理 IE Bug
    Son.prototype.constructor = Son;    //确保构造器正常指向自身,而不是 Object
    extend(Son.prototype, proto);       //添加子类特有的原型成员
```

```
    extend(Son, Parent);              //继承父类的类成员
    return Son;
}
```

下面我们做一组实验，测试一下实例的回溯机制。许多资料都说，但总是语焉不详。当我们访问对象的一个属性，那么它先找其特权成员，如果有同名的就返回，没有就找原型，再没有，找父类的原型……我们尝试把它的原型临时修改一下，看它的属性会变成哪一个！

```
function A() {}
A.prototype = {
  aa: 1
}
var a = new A;
console.log( a.aa);//1
//把它整个原型对象都换掉
A.prototype = {
  aa: 2
}
console.log(a.aa);//1, 表示不受影响
//于是我们想到实例都有一个 constructor 方法，指向其构造器，
//而构造器上面正好有我们的原型，JavaScript 引擎是不是通过该路线回溯属性呢
function B(){}
B.prototype = {
  aa: 3
}
a.constructor = B;
console.log( a.aa );//1 表示不受影响
```

因此类的实例肯定通过另一条通道进行回溯，翻看 ecma 规范可知每一个对象都有一个内部属性[[Prototype]]，它保存着当我们 new 它时构造器所引用的 prototype 对象。在标准浏览器与 IE11 里，它们暴露了一个叫 __proto__ 属性来访问它。因此只要不动 __proto__，上面的代码怎么动，a.aa 始终坚定不移地返回 1。我们再来看一下 new 操作时发生了什么事。

（1）创建一个空对象 instance。

（2）instance.__proto__ = instanceClass.prototype。

（3）将构造器函数里面的 this = instance。

（4）执行构造器里面的代码。

（5）判定有没有返回值，如果有，则判定返回值的类型，如果类型为 Object, Array 等复合数据类型，就返回该对象，否则返回 this（实例）。

于是有了下面结果。

```
function A() {
  console.log(this.__proto__.aa); //1
  this.aa = 2
}
A.prototype = {
  aa: 1
}
var a = new A;
console.log(a.aa); //2
```

```
a.__proto__ = {
  aa: 3
}
delete a.aa;  //删掉特权属性，暴露原型链上的同名属性
console.log(a.aa);  //3
```

有了__proto__，我们可以将原型继承设计得更简洁。我们还是拿上面的例子改一下来进行实验。

```
function A() {}
A.prototype = {
  aa: 1
}

function bridge() {};
bridge.prototype = A.prototype;

function B() {}
B.prototype = new bridge();
B.prototype.constructor = B;
var b = new B;
B.prototype.cc = function() {
  alert(3)
}
console.log(b.__proto__ == B.prototype);
//true 这个大家应该都没有疑问
console.log(b.__proto__.__proto__ === A.prototype);
//true 得到父类的原型对象
```

为什么呢？因为 b.__proto__.constructor 为 B，而 B 的原型是从 bridge 中得来的，而 bridge.prototype = A.prototype。反过来，我们在定义时，让 B.prototype.__proto__ = A.prototype，就能轻松实现两个类的继承。

目前，__proto__属性已列入 ES6，因此可以通过 if 分支大胆使用它。

4.2 各种类工厂的实现

由于 JavaScript 是 Brendan Eich "大牛人"在 10 天之内发明，但后来马上遇上浏览器大战，网景公司失势，JavaScript 的后期改良升级就一直耽误了。其中继承的遗留问题是最严重的一个。当我们要复用某些功能时，第一个反应就是想到继承，然后才是组合。尽管 Gof[1]再三重申，组合优于继承，但继承这种代码复用手法，在绝大多数的语言直接可以使用类来实现，而组合则需要用设计模式自己搞。

由于 JavaScript 没有实现类，先行者折腾出好几种实现来模拟其他语言的类（如原型链继承、构造函数继承、组合继承、寄生继承、寄生组合继承……），它们都各有优劣。但我们将这些创建类的方法封装一下，供别人用时，就需要考虑到更多功能了。于是有了类工厂这一说，这个工厂专门是用来制作各种类，然后通过类再来制造我们实际使用的实例对象。

---

[1] Gof, Gang of Four, 指称为设计模式先驱的四人：Erich Gamma、Richard Helm、Ralph Johnson 和 John Vlissides。早在 20 世纪 90 年代他们就出版了划时代的著作——《设计模式：可复用面向对象软件的基础》，该书曾被认为是整个软件模式发展的先驱。该书总结的 23 种设计模式，为我们面向对象开发遇到各种问题提供了思路与模板。

第 4 章 类工厂

由于主流框架的类工厂实现太依赖于它们庞杂的工具函数，而一个精巧的类工厂也不过百行左右，因此本章就不打算罗列 Prototype.js、Mootools 等的代码了，介绍另外一些不太出名但相当有水准的小库吧。

4.2.1 相当精巧的库——P.js

这是一个相当精巧的库，尤其在调用父类的同名方法时，它直接把父类的原型抛在你眼前，连 _super 也省了。

它的源码解读如下。

```
var P = (function(prototype, ownProperty, undefined) {

    function isObject(o) {
        return typeof o === 'object';
    }

    function isFunction(f) {
        return typeof f === 'function';
    }

    function BareConstructor() {};

    function P(_superclass /* = Object */ , definition) {
        //如果只传一个参数，没有指定父类
        if(definition === undefined) {
            definition = _superclass;
            _superclass = Object;
        }

        //C 为我们要返回的子类，definition 中的 init 为用户构造器

        function C() {
            var self = new Bare;
            console.log(self.init)
            if(isFunction(self.init)) self.init.apply(self, arguments);
            return self;
        }

        function Bare() { //这个构造器是为了让 C 不用 new 就能返回实例而设的
        }
        C.Bare = Bare;
        //为了防止改动子类影响到父类，我们将父类的原型赋给一个中介者 BareConstructor
        //然后再将这中介者的实例作为子类的原型
        var _super = BareConstructor[prototype] = _superclass[prototype];
        var proto = Bare[prototype] = C[prototype] = new BareConstructor; //
        //然后 C 与 Bare 都共享同一个原型
        //最后修正子类的构造器指向自身
        proto.constructor = C;
        //类方法 mixin,不过 def 对象里面的属性与方法糅杂到原型里面去
        C.mixin = function(def) {
            Bare[prototype] = C[prototype] = P(C, def)[prototype]; //Bare[prototype] =
```

4.2 各种类工厂的实现

```
                return C;
            }
            //definition 最后延迟到这里才起作用
            return(C.open = function(def) {
                var extensions = {};
                //definition 有两种形态
                //如果是函数, 那么子类原型、父类原型、子类构造器、父类构造传进去,
                //如果是对象则直接置为 extensions
                if(isFunction(def)) {
                    extensions = def.call(C, proto, _super, C, _superclass);
                } else if(isObject(def)) {
                    extensions = def;
                }
                //最后混入子类的原型中
                if(isObject(extensions)) {
                    for(var ext in extensions) {
                        if(ownProperty.call(extensions, ext)) {
                            proto[ext] = extensions[ext];
                        }
                    }
                }
                //确保 init 为一个函数
                if(!isFunction(proto.init)) {
                    proto.init = _superclass;
                }

                return C;
            })(definition);

            //这里为一个自动执行函数表达式, 相当于
            //C.open = function(){/*....*/}
            //C.open(definition)
            //return C;
            //换言之, 返回的子类存在 3 个类成员, Base, mixin, open
        }

        return P; //暴露到全局
    })('prototype', ({}).hasOwnProperty);
```

我们尝试创建一个类。

```
var Animal = P(function(proto, superProro) {
  proto.init = function(name) { //构造函数
    this.name = name;
  };
  proto.move = function(meters) { //原型方法
    console.log(this.name + " moved " + meters + "m.");
  }
});
var a = new Animal("aaa")
var b = Animal("bbb");//无"new"实例化
```

```
a.move(1)
b.move(2)
```

此外，我们还可以使用以下更简洁的定义方式。

```
var Snake = P(Animal, function(snake, animal) {
  snake.init = function(name, eyes) {
    animal.init.call(this, arguments); //调用父构造器
    this.eyes = 2;
  }
  snake.move = function() {
    console.log("Slithering...");
    animal.move.call(this, 5); //调用父类的同名方法
  };
});
var s = new Snake("snake", 1);
s.move();
console.log(s.name);
console.log(s.eyes);
```

下面是私有属性的演示，由于放在函数体内集中定义，因此安全可靠！

```
var Cobra = P(Snake, function(cobra) {
  var age = 1; //私有属性
  //这里还可以编写私有方法
  cobra.glow = function() { //长大
    return age++;
  }
});
var c = new Cobra("cobra");
console.log(c.glow()); //1
console.log(c.glow()); //2 又长一岁
console.log(c.glow()); //3 又长一岁
```

此外它还提供了两个类方法，mixin 用于再次添加新的原型成员，open 的作用同 mixin，但显然它适合于重写父类的方法（在子类方法内部重用父类方法），同时，也可以添加新的私有属性。open 这个命名显然是受 ruby 影响，意为重新打开类，修改其原型。

4.2.2　JS.Class

其仓库地址：github 网站搜索 RubyLouvre/JS.Class。

从它的设计来看，它是师承 Dean Edwards"大牛人"的 Base2，相似的类工厂实现还有 mootools 和第 4.2.3 节的 simple-inheritance。它是通过父类构造器的 extend 方法来产生自己的子类，里面存在一个开关，防止在生成类时无意执行 construct 方法。比如 Base2 的 base2.__prototyping 和 mootools 的 klass.$prototyping。它创建子类时，也不通过中间的函数来断开双方的原型链，而是使用父类的实例来做子类的原型，这点实现得非常精巧。

源码解读如下。

```
var JS = {
    VERSION: '2.2.1'
};
```

4.2 各种类工厂的实现

```javascript
JS.Class = function(classDefinition) {

    //返回目标类的真正构造器
    function getClassBase() {
        return function() {
            //它在里面执行用户传入的构造器 construct
            //preventJSBaseConstructorCall 是为了防止在 createClassDefinition 辅助方法中执行
            //父类的 construct
            if (typeof this['construct'] === 'function' && preventJSBaseConstructorCall
                === false) {
                this.construct.apply(this, arguments);
            }
        };
    }
    //为目标类添加类成员与原型成员
    function createClassDefinition(classDefinition) {
        //此对象用于保存父类的同名方法
        var parent = this.prototype["parent"] || (this.prototype["parent"] = {});
        for (var prop in classDefinition) {
            if (prop === 'statics') {
                for (var sprop in classDefinition.statics) {
                    this[sprop] = classDefinition.statics[sprop];
                }
            } else {
//为目标类添加原型成员，如果是函数，那么检测它还没有同名的超类方法，如果有则进入以下分支
                if (typeof this.prototype[prop] === 'function') {
                    var parentMethod = this.prototype[prop];
                    parent[prop] = parentMethod;
                }
                this.prototype[prop] = classDefinition[prop];
            }
        }
    }

    var preventJSBaseConstructorCall = true;
    var Base = getClassBase();
    preventJSBaseConstructorCall = false;

    createClassDefinition.call(Base, classDefinition);

    //用于创建当前类的子类
    Base.extend = function(classDefinition) {

        preventJSBaseConstructorCall = true;
        var SonClass = getClassBase();
        SonClass.prototype = new this();//将一个父类的实例当作子类的原型
        preventJSBaseConstructorCall = false;

        createClassDefinition.call(SonClass, classDefinition);
        SonClass.extend = this.extend;

        return SonClass;
```

```
    };
    return Base;
};
```

创建一个 Animal 类与一个 Dog 子类。

```
var Animal = JS.Class({
  construct: function(name) {
    this.name = name;
  },
  shout: function(s) {
    console.log(s);
  }
});

var animal = new Animal();
animal.shout('animal'); // animal
var Dog = Animal.extend({
  construct: function(name, age) {
    //调用父类构造器
    this.parent.construct.apply(this, arguments);
    this.age = age;
  },
  run: function(s) {
    console.log(s);
  }
});
var dog = new Dog("dog", 4);
console.log(dog.name);
dog.shout("dog"); // dog
dog.run("run"); // run
```

演示静态成员的实现如下。

```
var Shepherd = Dog.extend({
  statics: { //静态成员
    TYPE: "Shepherd"
  },
  run: function() { //方法链，调用超类同名方法
    this.parent.run.call(this, "fast");
  }
});
console.log(Shepherd.TYPE); //Shepherd
var shepherd = new Shepherd("shepherd", 5);
shepherd.run(); //fast
```

JS.Class 虽然功能稍微薄弱些，但简洁得惊人。我们可以在它的基础上学习 Base2 和 mootools 的实现。

4.2.3　simple-inheritance

作者为大名鼎鼎的 **John Resig**，项目直接放在他的一篇博文中。
特点是方法链的实现非常优雅，简洁！

4.2 各种类工厂的实现

源码解读如下。

```javascript
(function() {
    // /xyz/.test(function(){xyz;})是用于判定函数的toString是否能暴露里面的实现
    // 因为Function.prototype.toString没有做出强制规定如何显示自身,根据浏览器实现而定
    // 如果里面能显示内部内容,那么我们就使用 /\b_super\b/来检测函数里面有没有.super语句
    // 当然这个也不很充分,只是够用的程度;否则就返回一个怎么也返回true的正则
    // 比如一些古老版本的Safari、Mobile Opera与Blackberry浏览器,无法显示函数体的内容
    // 就需要用到后面的正则
    var initializing = false, fnTest = /xyz/.test(function() {
        xyz;
    }) ? /\b_super\b/ : /.*/;

    // 所有人工类的基类
    this.Class = function() {
    };

//这是用于生成目标类的子类
    Class.extend = function(prop) {
        var _super = this.prototype;//保存父类的原型

        //阻止init被触发
        initializing = true;
        var prototype = new this();//创建子类的原型
        //重新打开,方便真实用户可以调用init
        initializing = false;
        //将prop里的东西逐个复制到prototype,如果是函数将特殊处理一下
        //因为复制过程中可能掩盖了超类的同名方法,如果这个函数里面存在_super的字样,就笼统地
        //认为它需要调用父类的同名方法,那么我们需要重写当前函数
        //重写函数运用了闭包,因此fnTest正则检测可以减少我们重写方法的个数,
        //因为不是每个同名函数都会向上调用父类方法
        for (var name in prop) {
            prototype[name] = typeof prop[name] === "function" &&
                typeof _super[name] === "function" && fnTest.test(prop[name]) ?
                (function(name, fn) {
                    return function() {
                        var tmp = this._super;//保存到临时变量中
                        //当我们调用时,才匆匆把父类的同方法覆写到_super里
                        this._super = _super[name];
                        //然后才开始执行当前方法(这时里面的this._super已被重写),得到想要的效果
                        var ret = fn.apply(this, arguments);
                        //还原this._super
                        this._super = tmp;
                        //返回结果
                        return ret;
                    };
                })(name, prop[name]) :
                prop[name];
        }

        // 这是目标类的真实构造器
```

```
            function Class() {
           // 为了防止在生成子类的原型（new this()）时触发用户传入的构造器 init
           // 使用 initializing 进行牵制
               if (!initializing && this.init)
                   this.init.apply(this, arguments);
           }

           //将修改好的原型赋值
           Class.prototype = prototype;

           // 确保原型上 constructor 正确指向自身
           Class.prototype.constructor = Class;

           //添加 extend 类方法，生于生产它的子类
           Class.extend = arguments.callee;

           return Class;
       };
})();
```

创建一个 Animal 类与一个 Dog 子类。

```
var Animal = Class.extend({
  init: function(name) {
    this.name = name;
  },
  shout: function(s) {
    console.log(s);
  }
});

var animal = new Animal();
animal.shout('animal'); // animal
var Dog = Animal.extend({
  init: function(name, age) {
    //调用父类构造器
    this._super.apply(this, arguments);
    this.age = age;
  },
  run: function(s) {
    console.log(s);
  }
});
var dog = new Dog("dog", 4);
console.log(dog.name); //dog
dog.shout("xxx"); // xxx
dog.run("run"); // run
console.log(dog instanceof Dog && dog instanceof Animal);//true
```

顺便一提，simple-inheritance 的老师有两个，Base2 的继承系统与 Prototype.js 的方法链系统。Prototype.js 与 simple-inheritance 都是对函数 toString 进行反编译，看里面有没有_super 或$super 的字眼才决定是否重写。不同的是 Prototype.js 只检测方法的参数列表，因此杂质更少，更加可靠！

下面是 Prototype.js 方法链演示。

```
var Person = Class.create();
Person.prototype = {
  initialize: function(name) {
    this.name = name;
  },
  say: function(message) {
    return this.name + ': ' + message;
  }
};

var guy = new Person('Miro');
console.log(guy.say('hi')); // "Miro: hi"
//创建子类
var Pirate = Class.create(Person, {
  say: function($super, message) { //注意这里的传参,$super 为超类的同名方法
    return $super(message) + ", yarr!"; //这需要外科手术般的闭包来实现
  }
});

var john = new Pirate('Long John');
console.log(john.say('good bye')) //Long John: good bye, yarr!
```

当然 Prototype.js 这样做有个缺憾,导致定义时与使用时的参数不一样。对于大多数用户来说,实现并不是他们所关心的,保持简洁优雅的接口才是重点。如果翻看 jQuery UI 的源码会发现,它的 widget 类工厂已经把方法链设计得登峰造顶了。它会在函数的 this 对象添加两个临时方法,_super 相当于 simple-inheritance 的_super,它的参数需要用户逐个转手传递;_superApply 是_super 的强化版,因为如果外围方法是不确定的,那么你也没法为_super 传参,因此它只需用户丢个 arguments 对象进去!

4.2.4 体现 JavaScript 灵活性的库——def.js

其仓库地址:github 网站搜索 RubyLouvre/def.js。

如果有什么库最能体现 JavaScript 的灵活性,此库肯定名列前茅。它试图在形式上模拟 Ruby 那种继承,让学过 Ruby 的人一眼就看到哪个是父类,哪个是子类。

下面就是 Ruby 的继承示例。

```
class Child < Father
  #略
end
```

def.js 能做如下这个程度。

```
def("Animal")({
  init: function(name) {
    this.name = name;
  },
  speak: function(text) {
    console.log("this is a " + this.name);
  }
});
var animal = new Animal("Animal");
```

```
console.log(animal.name)

def("Dog") < Animal({
  init: function(name, age) {
    this._super(); //魔术般地调用父类
    this.age = age;
  },
  run: function(s) {
    console.log(s)
  }
});
var dog = new Dog("wangwang");
console.log(dog.name); //wangwang

//在命名空间对象上创建子类
var namespace = {}
def(namespace, "Shepherd") < Dog({
  init: function() {
    this._super();
  }
});

var shepherd = new namespace.Shepherd("Shepherd")
console.log(shepherd.name);
```

由于涉及的魔术比较多，我逐个分解一下。

第一个是 **curry** 的运用，在 `def("Animal")` 之后它还能直接添加括号，说明它是一个函数。而此时真正的类已经创建出来，window.Animal 就访问到这个类。

第二个是**使用<运算符对 valueOf 的劫持**。其实原项目是用<<，不过换成＋、一也行，但要保证与 Ruby 的拟态，我还是推荐用<。<操作符的目的是强制两边计算自身，从而调用自己的 valueOf 方法。def.js 就是通过重写了父类与子类定义的 valueOf 实现在某个作用域中偷偷地进行原型继承，如图 4-2 所示。

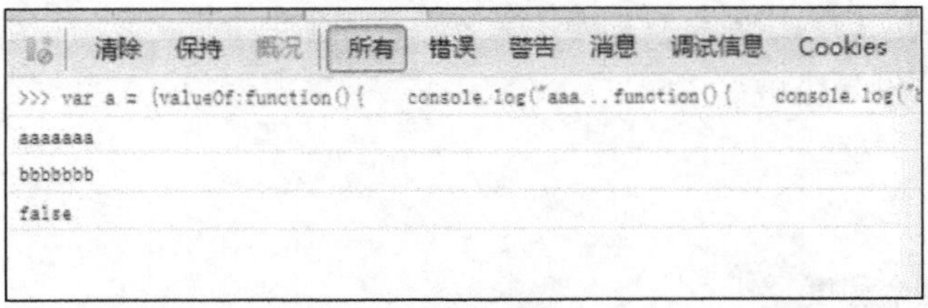

图 4-2

```
var a = {valueOf:function(){
  console.log("aaaaaaa")
}}, b = {valueOf:function(){
  console.log("bbbbbbb")
}}
a < b
```

由于操作符两边都是函数，那么我们能做更多的事！

```
function def(name) {
  console.log("def(" + name + ") called")
  var obj = {
    valueOf: function() {
      console.log(name + " (valueOf)")
    }
  }
  return obj
}
def("Dog") < def("Animal");
```

第三个是 **arguments.callee.caller** 的运用。大家看一下 Dog 的构造函数，里面只有一句 this._super()，没有传参，但它依然能调用到它的父类构造器，并把 arguments 塞进去。**arguments.callee** 就是指_super 这个函数，caller 就是 init 这个函数，然后我们访问 **caller.arguments**，就得到"wangwang"这个传参了。因此_super 比 simple-inheritance 智能多了，就像 Java 的 super 关键字那样，摆在那里自行干活。同时_super 不但能自动调用父类的构造器，同名超类方法的实现也由它一手打包。

下面是源码解读。

```
(function(global) {
  //deferred是整个库中最重要的构件，扮演3个角色
  //1 def("Animal")时就是返回 deferred，此时我们可以直接接括号对原型进行扩展
  //2 在继承父类时 < 触发两者调用 valueOf，此时会执行 deferred.valueOf 里面的逻辑
  //3 在继承父类时，父类的后面还可以接括号（废话，此时构造器当普通函数使用），当作传送器，
  //  保存着父类与扩展包到_super,_props
  var deferred;

  function extend(source) { //扩展自定义类的原型
    var prop, target = this.prototype;

    for(var key in source)
    if(source.hasOwnProperty(key)) {
      prop = target[key] = source[key];
      if('function' == typeof prop) {
        //在每个原型方法上添加两个自定义属性，保存其名字与当前类
        prop._name = key;
        prop._class = this;
      }
    }

    return this;
  }
  // 一个中介者，用于切断子类与父类的原型连接
  //它会像 DVD+R 光盘那样被反复擦写

  function Subclass() {}

  function base() {
    // 取得调用 this._super()这个函数本身，如果是在 init 内，那么就是当前类
    //http://larryzhao.com/blog/arguments-dot-callee-dot-caller-bug-in-internet-explorer-9/
    var caller = base.caller;
    //执行父类的同名方法，有两种形式，一是用户自己传，二是智能取当前函数的参数
```

```javascript
    return caller._class._super.prototype[caller._name].apply(this, arguments.length ?
   arguments : caller.arguments);
}

function def(context, klassName) {
   klassName || (klassName = context, context = global);
   //偷偷在给定的全局作用域或某对象上创建一个类
   var Klass = context[klassName] = function Klass() {
       if(context != this) { //如果不使用new 操作符，大多数情况下context 与this 都为window
           return this.init && this.init.apply(this, arguments);
       }
       //实现继承的第二步，让渡自身与扩展包到deferred
       deferred._super = Klass;
       deferred._props = arguments[0] || {};
   }

   //让所有自定义类都共用同一个extend 方法
   Klass.extend = extend;

   //实现继承的第一步，重写deferred，乍一看是刚刚生成的自定义类的扩展函数
   deferred = function(props) {
     return Klass.extend(props);
   };

   // 实现继承的第三步，重写valueOf，方便在def("Dog") < Animal({})执行它
   deferred.valueOf = function() {

     var Superclass = deferred._super;

     if(!Superclass) {
       return Klass;
     }
     // 先将父类的原型赋给中介者，然后再将中介者的实例作为子类的原型
     Subclass.prototype = Superclass.prototype;
     var proto = Klass.prototype = new Subclass;
     // 引用自身与父类
     Klass._class = Klass;
     Klass._super = Superclass;
     //一个小甜点，方便人们知道这个类叫什么名字
     Klass.toString = function() {
       return klassName;
     };
     //强逼原型中的constructor 指向自身
     proto.constructor = Klass;
     //让所有自定义类都共用这个base 方法，它是构成方法链的关系
     proto._super = base;
     //最后把父类后来传入的扩展包混入子类的原型中
     deferred(deferred._props);
   };

   return deferred;
}
```

```
    global.def = def;
}(this));
```

它的实现非常巧妙。这要对 def("Dog") < Animal({})这一行的代码各个部分的执行顺序有充分的了解。无疑左边的 def 会先执行，重新擦写了 deferred 与 deferred.valueOf。然后是父类 Animal 作为普通函数接受子类的扩展包，扩展包与父类也在这时偷偷附加到 deferred 上。最后是中间的操作符触发 deferred.valueOf，完成继承！

当然也有美中不足的地方，就是利用了 caller 这个被废弃的属性。在 ES5 的严格模式下，它是不可用的，会导致继承系统瘫痪！这个修改也很简单，直接参考 jQuery UI 的那部分就行了，只是少了一些智能化。

4.3 进击的属性描述符

ES5 最瞩目的升级是为对象引入属性描述符，就像新事件对旧世界的颠覆性的冲击。在过去，我们知道原生对象的某些属性不能删除或遍历，但不能深究下去，也无法改变什么。现在属性描述符给了我们一个完整的答案，并且能让我们用它做更多的事情，如实现不可变对象或者实现 avalon 这样具有双向绑定能力的 vm 对象。

属性描述符让我们对属性有了更精细的控制，比如说这个属性是否可以修改、是否可以在 for in 循环中枚举出来、是否可以删除。这些新增的 API 都集中定义在 Object 下，基本上除了 Object.keys 这个方法外，旧版本 IE 都无法模拟其他新 API。

Object 下总供添加以下几种新方法。

- Object.keys
- Object.getOwnPropertyNames
- Object.getPrototypeOf
- Object.defineProperty
- Object.defineProperties
- Object.getOwnPropertyDescriptor
- Object.create
- Object.seal
- Object.freeze
- Object.preventExtensions
- Object.isSealed
- Object.isFrozen *
- Object.isExtensible

其中除 **Object.keys** 外，旧版本 IE 都无法模拟这些新 API。旧版式的标准浏览器，可以用 `__proto__` 实现 **Object.getPrototypeOf**，结合 `__defineGetter__` 与 `__defineSetter__` 来模拟 **Object.defineProperty**。

Object.keys 用于收集当前对象的可遍历属性（不包括原型链上的），以数组形式返回。这个我在第 2 章中已经给出兼容函数。

Object.getOwnPropertyNames 用于收集当前对象不可遍历属性与可遍历属性（不包括原型链上），以数组形式返回。

```
var obj = {
  aa: 1,
  toString: function() {
    return "1"
  }
}
if(Object.defineProperty && Object.seal) {
  Object.defineProperty(obj, "name", {
    value: 2
  })
}
console.log(Object.getOwnPropertyNames(obj));//["aa","toString","name"]
console.log(Object.keys(obj));//["aa","toString"]

function fn(aa, bb) {};
console.log(Object.getOwnPropertyNames(fn));//["prototype","length","name","arguments","caller"]
console.log(Object.keys(fn));//[]
var reg = /\w{2,}/i

console.log(Object.getOwnPropertyNames(reg));//["lastIndex","source","global","ignoreCase","mnltiline","sticky"]
console.log(Object.keys(reg));//[]
```

Object.getPrototypeOf 返回参数对象的内部属性[[Prototype]]，它在标准浏览器中一直使用一个私有属性 **proto** 获取（IE9、IE10 和 Opera 没有）。

需要补充一下，Object 的新 API（除了 Object.create）有个统一的规定，要求第一个参数不能为数字、字符串、布尔、null、undefined 这五种的字面量，否则抛出一个 TypeError 异常。

```
console.log(Object.getPrototypeOf(function() {}) == Function.prototype); //true
console.log(Object.getPrototypeOf({}) === Object.prototype); //true
```

Object.defineProperty 暴露了属性描述的接口，之前许多内建属性都是由 JavaScript 引擎在水下操作。比如说 for in 循环为何不能遍历出函数的 arguments、length、name 等属性名，delete window.a 为何返回 false，这些现象终于有个解释。它一共涉及 6 个可组合的配置项：是否可重写 writable；当前值 value；读取时内部调用的函数 get；写入时内部调用函数 set；是否可以遍历 enumerable；是否可让人家再次改动这些配置项 configurable。比如我们随便写个对象：

```
var obj = { x : 1 };
```

有了属性描述符，我们就清楚它在底下做的更多细节，它相当于以下 ES5 代码：

```
var obj = Object.create(Object.prototype,
  { x : {
    value : 1,
    writable : true,
    enumerable : true,
    configurable : true
  }}
)
```

如果对比 ES3 与 ES5，就很快明白，曾经的[[ReadOnly]]、[[DontEnum]]、[[DontDelete]]改换成[[Writable]]、[[Enumerable]]、[[Configurable]]了。

这 6 个配置项将原有的本地属性拆分为两组，数据属性与访问器属性。我们之前的方法可以像数据属性那样定义，如图 4-3 所示。

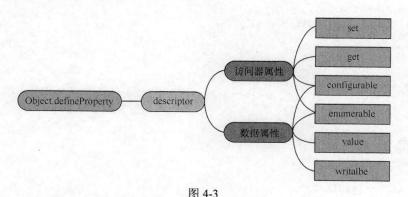

图 4-3

ES3 时代，我们自定义类的属性可以统统看作是数据属性。

像 DOM 中的元素节点的 innerHTML、innerText、cssText，数组的 length 则可归为访问器属性，对它们赋值时不是单纯的赋值，还会引发元素其他功能的触发，而取值也不一定直接返回我们之前给予的值。

```
var obj = {};
Object.defineProperty(obj, "a", {
  value: 37,
  writable: true,
  enumerable: true,
  configurable: true
});

console.log(obj.a);//37
obj.a = 40;
console.log(obj.a);//40
var name = "xxx"
for(var i in obj){
    name = i
}
console.log(name);//a

Object.defineProperty(obj, "a", {
  value: 55,
  writable: false,
  enumerable: false,
  configurable: true
});

console.log(obj.a);//55
obj.a = 50;
console.log(obj.a);//55
```

第 4 章 类工厂

```
name = "b";
for(var i in obj){
    name = i
}
console.log(name);//b

var value = "RubyLouvre";
Object.defineProperty(obj, "b", {
  set: function(a){
    value = a;
  },
  get: function(){
    return value + "!"
  }
});

console.log(obj.b);//RubyLouvre!
obj.b = "bbb";
console.log(obj.b);//bbb!

var obj = Object.defineProperty( {} , 'a', {
  value: "aaa"
});
delete obj.a;//configurable 默认为 false,此属性不能删除
console.log(obj.a);//aaa
```

但这东西各浏览器也有差异。

```
var arr = [];
//添加一个属性,但由于是数字字面量,它又会作为数组的第一个元素
Object.defineProperty(arr, '0', {value : "零"});
Object.defineProperty(arr, 'length', {value : 10});
//删除第一个元素,但由于 length 的 writable 在上面被我们设置为 false(不写默认为 false),因此改不了。
arr.length = 0 ;
alert([arr.length, arr[0]]);//正确应该输出"1,零"
//IE9、IE10: "1,零"
//Firefox4~Firefox19: 抛内部错误,说当前不支持定义 length 属性
//Safari5.0.1: "0, ",第二值应该是 undefined,说明它忽略了 writable 为 false 的默认设置,让
arr.length 把第一个元素删掉了
//Chrome14-: "0,零",估计后面的"零"是作为属性打印出来,chrome24 与标准保持一致。
```

此外,defineProperty 的第三个参数配置对象好像没有使用 hasOwnProperty 进行取值,导致一旦 Object.prototype 被污染,就很容易程序崩溃。这情况好像所有现代浏览器都遇到了。

```
Object.prototype.set = undefined
var obj = {};
Object.defineProperty(obj, "aaa", { value: "OK" });
//TypeError: property descriptor's getter field is neither undefined nor a function
```

或者:

```
Object.prototype.get = function(){};
var obj = {};
Object.defineProperty(obj, "aaa", { value: "OK" });
```

```
//TypeError: property descriptors must not specify a value or be writable when a getter
or setter has been specified
```

如果真的碰巧让你撞上这事，唯有自力更生了。

```
function hasOwn(obj, key) {
  return Object.prototype.hasOwnProperty.call(obj, key);
}
function defineProperty(obj, key, desc) {
//创建一个纯空对象，不继承Object.prototype，跳过那些粗糙的for in遍历BUG
  var d = Object.create(null);
  d.configurable = hasOwn(desc,"configurable");
  d.enumerable = hasOwn(desc, "enumrable");
  if (hasOwn(desc, "value")) {
    d.writable = hasOwn(desc, "writable")
    d.value = desc.value;
  } else {
    d.get = hasOwn(desc, "get") ? desc.get : undefined;
    d.set = hasOwn(desc, "set") ? desc.set : undefined;
  }
  return Object.defineProperty(obj, key, d);
}
var obj = {};
defineProperty(obj, "aaa", { value: "OK" });//save!
```

在标准浏览器中，如果不支持 Object.defineProperty，我们可以勉强模拟它出来。

```
if(typeof Object.defineProperty!=='function'){
    Object.defineProperty = function(obj, prop, desc) {
        if ('value' in desc) {
            obj[prop] = desc.value;
        }
        if ('get' in desc) {
            obj.__defineGetter__(prop, desc.get);
        }
        if ('set' in desc) {
            obj.__defineSetter__(prop, desc.set);
        }
        return obj;
    };
}
```

Object.defineProperties 就是 Object.defineProperty 的加强版，它能一下子处理多个属性。因此如果你能模拟 Object.defineProperty，它就不是问题。

```
if(typeof Object.defineProperties!=='function'){
    Object.defineProperties = function(obj, descs) {
        for (var prop in descs) {
            if (descs.hasOwnProperty(prop)) {
                Object.defineProperty(obj, prop, descs[prop]);
            }
        }
        return obj;
    };
}
```

使用示例：

```
var obj = {};
Object.defineProperties(obj, {
  "value": {
    value: true,
    writable: false
  },
  "name": {
    value: "John",
    writable: false
  }
});
var a = 1;
for(var p in obj) {
  a = p;
}
console.log(a);//1
```

Object.getOwnPropertyDescriptor 是用于获得某对象的本地属性的配置对象，其中 configurable、enumerable 肯定包含其中，视情况再包含 value、writable 或 set、get。

```
var obj = {},=value = 0
Object.defineProperty(obj, "aaa", {
    set: function(a) {
      value = a;
    },
    get: function() {
      return value
    }
});
//一个包含 set, get, configurable, enumerable 的对象
console.log(Object.getOwnPropertyDescriptor(obj, "aaa"));
console.log(typeof obj.aaa);//number
console.log(obj.hasOwnProperty("aaa"));//true

(function() {
//一个包含 value, writable, configurable, enumerable 的对象
  console.log(Object.getOwnPropertyDescriptor(arguments, "length"))
})(1, 2, 3);
```

由于属性在现代浏览器划分两阵营了，如果我们想把一个对象的成员赋给另一个对象，原来的 mixin 就会捉襟见肘。这时 **Object.getOwnPropertyDescriptor** 就派上用场了。

```
function mixin(receiver, supplier) {
    if (Object.getOwnPropertyDescriptor) {
        Object.keys(supplier).forEach(function(property) {
            Object.defineProperty(receiver, property, Object.getOwnPropertyDescriptor(supplier, property));
        });
    } else {
        for (var property in supplier) {
            if (supplier.hasOwnProperty(property)) {
                receiver[property] = supplier[property];
            }
```

4.3 进击的属性描述符

```
      }
    }
}
```

Object.create 用于创建一个子类的原型，第一个参数为父类的原型，第二个是子类另外要添加的属性的配置对象。如果我们能模拟 Object.defineProperties，它也能模拟得到。

```
if(typeof Object.create !== 'function') {
  Object.create = function(prototype, descs) {
    function F() {}
    F.prototype = prototype;
    var obj = new F();
    if(descs != null) {
      Object.defineProperties(obj, descs);
    }
    return obj;
  };
}
```

这个 API 的出现，其实有着另一重深厚的意味——预示着 JavaScript 着手抗拒它早期失败的设计。在 JavaScript 中，每一个函数都可以当作构造函数，所以我们需要区分普通的函数调用和构造函数调用；我们一般使用 new 关键字来进行区别。然而，这样就破坏了 JavaScript 中的函数式特点，因为 new 是一个关键字而不是函数。因而函数式的特点无法和对象实例化一起使用。此外，new 关键字掩盖了 JavaScript 中真正的原型继承，使得它更像是基于类的继承。就像 Raynos 说的：new 是 JavaScript 为了获得流行度而加入与 Java 类似的语法时期留下来的一个残留物，JavaScript 是一个源于 Self 的基于原型的语言。然而，为了市场需求，Brendan Eich 把它当成 Java 的小兄弟推出。并且我们当时把 JavaScript 当成 Java 的一个小兄弟，就像在微软语言家庭中 Visual Basic 相对于 C++ 一样。

这个设计决策导致了 new 的问题。当人们看到 JavaScript 中的 new 关键字，他们就想到类，然后当他们使用继承时就傻了。就像 Douglas Crockford 说的：这个间接的行为是为了使传统的程序员对这门语言更熟悉，但是却失败了，就像我们看到的很少有 Java 程序员选择了 JavaScript。JavaScript 的构造模式并没有吸引传统的人群，它也掩盖了 JavaScript 基于原型的本质。结果就是，很少的程序员知道如何高效的使用这门语言。

Object.create 的出现，允许我们从零开始创建一个对象，像下面这样。

```
var object = Object.create(null) ;
```

这种对象，我们称之为纯空对象。没有 toString，也没有 valueOf，空空荡荡的，在 Object.prototype 被污染或极需节省内存的情况下非常有用。它是一种超轻量的 JavaScript 对象。在 firebug 下，它与普通 JavaScript 对象是以不同的形式来表示，如图 4-4 所示。

图 4-4

Object.create 也能让我们基于某个现有的对象，创建一个新对象。这种行为，我们又称之为**创建子类**。

```
function Animal(name) {
  this.name = name
}
Animal.prototype.getName = function() {
  return this.name;
}

function Dog(name, age) {
  Animal.call(this, name);
  this.age = age;
}
Dog.prototype = Object.create(Animal.prototype, {
  getAge: {
    value: function() {
      return this.age;
    }
  },
  setAge: {
    value: function(age) {
      this.age = age;
    }
  }
});

var dog = new Dog("dog", 4);
console.log(dog.name);//dog
dog.setAge(6);
console.log(dog.getAge());//6
```

Object.preventExtensions，它是 3 个封锁对象中修改的 API 中程度最轻的那个，就是阻止添加本地属性，不过如果本地属性被删除了，也无法再加回来。以前 JavaScript 对象的属性都是随意添加、删除、修改其值，如果它的原型改动，我们访问它还会有"意外之喜"。

```
var a = {
  aa: "aa"
};
Object.preventExtensions(a)
a.bb = 2;
console.log(a.bb);         //undefined 添加本地属性失败
a.aa = 3;
console.log(a.aa);         //3    允许它修改原有属性
delete a.aa;
console.log(a.aa);         //undefined 但允许它删除已有属性
Object.prototype.ccc = 4;
console.log(a.ccc);        //4    不能阻止它增添原型属性
a.aa = 5;
console.log(a.bb);         //undefined
```

Object.seal 比 **Object.preventExtensions** 更过分，它不准删除已有的本地属性。内部实现就是遍历一下，把每个本地属性的 configurable 改为 false。

```
var a = {
  aa: "aa"
};
Object.seal(a)
a.bb = 2;
console.log(a.bb);       //undefined  添加本地属性失败
a.aa = 3;
console.log(a.aa);       //3          允许它修改已有属性
delete a.aa;
console.log(a.aa);       //3          但不允许它删除已有属性
```

Object.freeze 无疑是最专制的（因此有人说过程式程序很专制，OO 程序则自由些，显然道格拉斯主导的 ECMA262V5 想把 JavaScript 引向前者），它连原有本地属性也不让修改了。内部实现就是遍历一下，把每个本地属性的 writable 也改为 false。

```
var a = {
  aa: "aa"
};
Object.freeze(a)
a.bb = 2;
console.log(a.bb);       //undefined  添加本地属性失败
a.aa = 3;
console.log(a.aa);       //aa         允许它修改已有属性
delete a.aa;
console.log(a.aa);       //aa         但不允许它删除已有属性

Object.isExtensible(object);
Object.isSealed(object);
Object.isFrozen(object);
```

判定一个对象是否被锁定。锁定，意味着无法扩展。如果一个对象被冻结了，它肯定被锁定，也肯定无法扩展新本地属性了。

4.4 真类降临

ES6 中的 Classes 是在 JavaScript 现有的原型继承的基础上引入的一种"语法糖"。Class 语法并没有引入一种新的继承模式。它为对象创建和继承提供了更清晰、易用的语法。并且，有了自带的原生类，我们就不需要用五花八门的方式来模拟类，在代码维护上是不可估量的！如图 4-5 和图 4-6 所示。

JavaScript 自从被网景发明后，为了维护其正统性，它将 JavaScript 提交给 ECMA 委员会来负责标准化。由于刚好是第 262 号标准，所以便叫做 ECMA262。又因为 Java 的版权在 Java 的公司 Sun 手里面，便指使 ECMA 将 JavaScript 的正式名称改为 ECMAScript，简称 ES。

1999 年，制定了 ES3 的规范，将近 10 年时间语言层面没有大的改动。而到了 2008 年结尾，筹划了好久的 ES4 由于加入改动过大，没有成功。于是删删减减，推出了更少改动，更友好的 ES5。

2011 年对 ES5 进修了一次修订，一直到 2015 年 6 月，ES6 的规范发布了，并规定以后的 ES 规范以年份命名，每年发布一个小版本，再不会像 ES6 一下发布很多功能了，如图 4-7 所示。

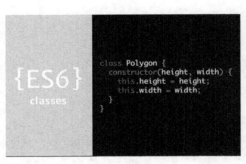

图 4-5

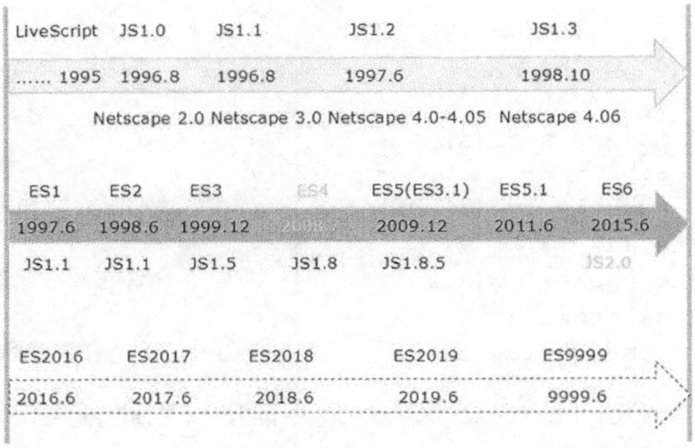

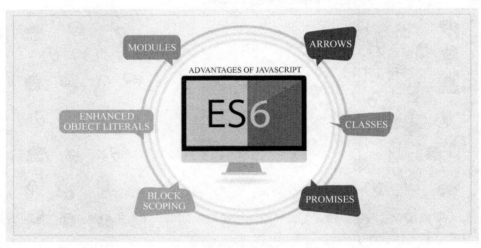

图 4-6

图 4-7

在 ES6 中，我们统一用 class 关键字来创建一个类，constructor 关键字定义构造函数，用 extends 关键字来实现继承，super 来实现调用父类方法。

我们先对比一下 ES3 与 ES6 是如何实现一个类的。

```
function Point(x,y){
  this.x = x;
  this.y = y;
}

Point.prototype.toString = function () {
  return '(' + this.x + ', ' + this.y + ')';
}
//============
class Point {
  constructor(x, y) {
    this.x = x;
    this.y = y;
  }
```

```
  toString() {
    return '(' + this.x + ', ' + this.y + ')';
  }
}
```

ES3 不出所料的是动用 prototype 对象来模拟，这与传统的面向对象语言有很大的出入，很容易让新学习这门语言的程序员感到困惑。

ES6 的代码则接近传统语言的写法，引入了 class 关键字，并且有 constructor 构造方法，this 关键字则代码实例对象。Point 类除了构造方法，还定义了一个 toString 方法。注意，定义"类"的方法的时候，前面不需要加上 function 这个关键字，直接把函数定义放进去了就可以了。另外，方法之间不需要逗号分隔，加了会报错。

ES6 的类，完全可以看作构造函数的另一种写法。

```
class Point{
  // ...
}

typeof Point // "function"
Point === Point.prototype.constructor // true
```

上面代码表明，类的数据类型就是函数，类本身就指向构造函数。

构造函数的 prototype 属性，在 ES6 的类上面继续存在。事实上，类的所有方法都定义在类的 prototype 属性上面。

```
class Point {
  constructor(){
    // ...
  }

  toString(){
    // ...
  }

  toValue(){
    // ...
  }
}

// 等同于

Point.prototype = {
  toString: function(){},
  toValue: function(){}
}
```

在类的实例上面调用方法，其实就是调用原型上的方法。

```
class B {}
let b = new B();

b.constructor === B.prototype.constructor // true
```

上面代码中，b 是 B 类的实例，它的 constructor 方法就是 B 类原型的 constructor 方法。由于类的方法都定义在 prototype 对象上面，所以类的新方法可以添加在 prototype 对象上面。不过，在类里面定义的方法，都是不可遍历的，这一点与 ES5 的行为不一致。

```
Object.keys(Point.prototype)
// []
Object.getOwnPropertyNames(Point.prototype)
// ["constructor","toString"]
```

constructor 方法是类的默认方法，通过 new 命令生成对象实例时，自动调用该方法。一个类必须有 constructor 方法，如果没有显式定义，一个空的 constructor 方法会被默认添加。

当我们要通过类生成实例时，需要像以前一样使用 new 关键字，但如果忘记加上 new，像函数那样调用 Class，将会报错。

```
var point = Point(2, 3);
// 正确
var point = new Point(2, 3);
```

与 ES5 一样，类的所有实例共享一个原型对象。

```
var p1 = new Point(2,3);
var p2 = new Point(3,2);

p1.__proto__ === p2.__proto__
```

Class 不存在变量提升（hoist），这一点与 ES5 完全不同。

```
new Foo(); // ReferenceError
class Foo {}
```

上面代码中，如果 Foo 类使用在前，定义在后，这样会报错。因为 ES6 不会把变量声明提升到代码头部。这种规定的原因与下文要提到的继承有关，必须保证子类在父类之后定义。

```
{
  let Foo = class {};
  class Bar extends Foo {
  }
}
```

上面的代码不会报错，因为 class 继承 Foo 的时候，Foo 已经有定义了。但是，如果存在 Class 的提升，上面代码就会报错，因为 class 会被提升到代码头部，而 let 命令是不提升的，所以导致 class 继承 Foo 的时候，Foo 还没有定义。

Class 之间可以通过 extends 关键字实现继承，这比 ES5 通过修改原型链实现继承，要清晰和方便很多。

```
class ColorPoint extends Point {
  constructor(x, y, color) {
    super(x, y); // 调用父类的 constructor(x, y)
    this.color = color;
  }
```

```
    toString() {
      return this.color + ' ' + super.toString(); // 调用父类的 toString()
    }
  }
```

上面代码中，constructor 方法和 toString 方法之中，都出现了 super 关键字，它在这里表示父类的构造函数，用来新建父类的 this 对象。

子类必须在 constructor 方法中调用 super 方法，否则新建实例时会报错。这是因为子类没有自己的 this 对象，而是继承父类的 this 对象，然后对其进行加工。如果不调用 super 方法，子类就得不到 this 对象。

ES5 的继承，实质是先创造子类的实例对象 this，然后再将父类的方法添加到 this 上面（Parent.apply(this)）。ES6 的继承机制完全不同，实质是先创造父类的实例对象 this（所以必须先调用 super 方法），然后再用子类的构造函数修改 this。

如果子类没有定义 constructor 方法，这个方法会被默认添加。也就是说，不管有没有显式定义，任何一个子类都有 constructor 方法。

另一个需要注意的地方是，在子类的构造函数中，只有调用 super 之后，才可以使用 this 关键字，否则会报错。这是因为子类实例的构建，是基于对父类实例加工，只有 super 方法才能返回父类实例。

ES6 允许继承原生构造函数定义子类，这意味着，ES6 可以自定义原生数据结构（比如 Array、String 等）的子类，这是 ES5 无法做到的。下面就是定义了一个带版本功能的数组。

```
class VersionedArray extends Array {
  constructor() {
    super();
    this.history = [[]];
  }
  commit() {
    this.history.push(this.slice());
  }
  revert() {
    this.splice(0, this.length, ...this.history[this.history.length - 1]);
  }
}

var x = new VersionedArray();

x.push(1);
x.push(2);
x // [1, 2]
x.history // [[]]

x.commit();
x.history // [[], [1, 2]]
x.push(3);
x // [1, 2, 3]

x.revert();
x // [1, 2]
```

与 ES5 一样，在 Class 内部可以使用 get 和 set 关键字，对某个属性设置存值函数和取值函数，拦截该属性的存取行为。

```
class MyClass {
  constructor() {
    // ...
  }
  get prop() {
    return 'getter';
  }
  set prop(value) {
    console.log('setter: '+value);
  }
}

let inst = new MyClass();

inst.prop = 123;
// setter: 123

inst.prop
// 'getter'
```

ES6 定义静态方法，也比原来的清晰好多，并且 ES6 的静态方法是可以被子类继承的。

```
class Foo {
  static classMethod() {
    return 'hello';
  }
}

class Bar extends Foo {
}

Bar.classMethod(); // 'hello'
```

静态方法也是可以从 super 对象上调用的。

```
class Foo {
  static classMethod() {
    return 'hello';
  }
}

class Bar extends Foo {
  static classMethod() {
    return super.classMethod() + ', too';
  }
}

Bar.classMethod();
```

最后我们看一下 new.target 属性。new 是从构造函数生成实例的命令。ES6 为 new 命令引入了一个 new.target 属性，（在构造函数中）返回 new 命令作用于的那个构造函数。如果构造函数不是通过 new 命令调用的，new.target 会返回 undefined，因此这个属性可以用来确定构造函数是怎么调用的。

```javascript
function Person(name) {
  if (new.target !== undefined) {
    this.name = name;
  } else {
    throw new Error('必须使用new生成实例');
  }
}

// 另一种写法
function Person(name) {
  if (new.target === Person) {
    this.name = name;
  } else {
    throw new Error('必须使用new生成实例');
  }
}

var person = new Person('张三');  // 正确
var notAPerson = Person.call(person, '张三');  // 报错
```

目前，ES6 这个类机制还在不断改良，其最大的践行者 React Native 甚至提供了一些更好的语法。而无论是 ES6 的原生语法还是 React Native 的改良语法，我们无法一时三刻直接在浏览器中直接运行它们。这时建议大家使用 babel 编译你的 JavaScript。比如下面的 ES6 代码。

```javascript
//定义父类 View
class View {
  constructor(options) {
    this.model = options.model;
    this.template = options.template;
  }

  render() {
    return _.template(this.template, this.model.toObject());
  }
}
//实例化父类 View
var view = new View({
  template: 'Hello, <%= name %>'
});
//定义子类 LogView，继承父类 View
class LogView extends View {
  render() {
    var compiled = super.render();
    console.log(compiled);
  }
}
```

编译后其骨干大概是这样（随着 babel 的版本，结果当然不同）。借此机会，我们也可以窥探一下 ES6 的类工厂是怎么样的！

```javascript
var View = (function() {
    function View(options) {
        _classCallCheck(this, View);
```

```
            this.model = options.model;
            this.template = options.template;
        }
        _createClass(View, [{
            key: 'render',
            value: function render() {
                return _.template(this.template, this.model.toObject());
            }
        }]);
        return View;
    })();
    var LogView = (function(_View) {
        _inherits(LogView, _View);
        function LogView() {
            _classCallCheck(this, LogView);
            _get(Object.getPrototypeOf(LogView.prototype), 'constructor',this).apply(this,arguments);
        }
        _createClass(LogView, [{
            key: 'render',
            value: function render() {
                var compiled = _get(Object.getPrototypeOf(LogView.prototype), 'render',
                this).call(this);
                console.log(compiled);
            }
        }]);
        return LogView;

    })(View);
```

生成的两个类是包裹在 IIFE 中，里面是一个同名的函数。这个函数经过_createClass()函数的处理之后，被返回了。所以我们得出的第一点结论就是，**ES6 中的 class** 实际就是函数。我们发现，在 class 中设定的属性被放在 ES5 的构造函数中，而方法则以键值对的形式传入一个_createClass()函数中。那么这个_createClass()函数又制造了什么魔法呢？

```
    var _createClass = (function() {
        function defineProperties(target, props) {
            for (var i = 0; i < props.length; i++) {
                var descriptor = props[i];
                descriptor.enumerable = descriptor.enumerable || false;
                descriptor.configurable = true;
                if ('value' in descriptor) descriptor.writable = true;
                Object.defineProperty(target, descriptor.key, descriptor);
            }
        }
        return function(Constructor, protoProps, staticProps) {
            if (protoProps) defineProperties(Constructor.prototype, protoProps);
            if (staticProps) defineProperties(Constructor, staticProps);
            return Constructor;
        };
    })();
```

_createClass 也是一个 IIFE，有一个内部的函数 defineProperties，这个函数遍历属性的描述符，进行描述符的默认设置，最后使用 Object.defineProperty()方法来写入对象的属性。IIFE 的 renturn 部分有两个分支，一个是针对一个类的原型链方法，一个是静态方法，我们看到原型链方法被写入构造函数的原型对象里，而静态方法则被直接写入构造函数里，因此我们不用实例化对象就可以直接调用一个类的静态方法了。

我们再看 ES6 中的类继承是如何实现的。

```
function _inherits(subClass, superClass) {
    if (typeof superClass !== 'function' && superClass !== null) {
        throw new TypeError('Super expression must either be null or a function, not ' + typeof superClass);
    }
    subClass.prototype = Object.create(superClass && superClass.prototype, {
        constructor: {
            value: subClass,
            enumerable: false,
            writable: true,
            configurable: true
        }
    });
    if (superClass) Object.setPrototypeOf ? Object.setPrototypeOf(subClass, superClass) : subClass.__proto__ = superClass;
}
```

_inherits()函数的关键部分便是 subClass.prototype = Object.create(…)。通过 Object.create()方法来指定新创建对象的原型，由此省去了对父类构造函数的处理，达到了简单的原型继承效果。

不止如此，子类比起父类也多出了一些东西，最大的不同便是增加了一个_get()函数的调用。我们仔细看这个_get()函数会发现它接收几个参数，包括**子类的原型**、**constructor 标识符**，还有 **this**。再看下面对 super.render()的处理，同样是用_get()函数来处理的。再看_get()函数的源码，就可以发现_get()函数的作用便是遍历对象的原型链，找出传入的标识符对应的属性，把它用 apply 绑定在当前上下文上执行。

最后提一下，虽然 ES6 类是如此好用方便，但是透过刚才的源码分析，我们知道它是基于 Object.defineProperty，而这个 API 在 IE8 只是针对节点，因此 IE8 还是我们一道很难跨过去的槛。惦量一下自家产品的兼容性要求，然后决定要哪种类工厂来组织你的代码吧。

第 5 章 选择器引擎

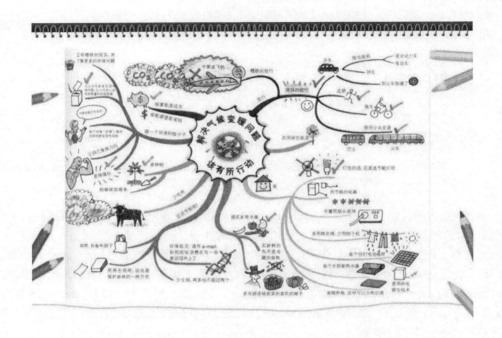

　　jQuery 凭借选择器风靡全球,从而使各大框架类库争先开发自己的选择器,一时间选择器成为框架的标配。

　　其实,早期 jQuery 选择器与我们现在看到的大不一样。它最初是使用混杂 xpath 语法的 selector,第二代转为纯 CSS 带自定义伪类(比如从 xpath 借鉴过来位置伪类)的 **Sizzle**。但 Sizzle 也一直在变,因为它的关系选择器一直存在问题,因此不断重构,在 jQuery 1.9 时终于搞定,并最终决定全面支持 CSS3 的结构伪类。有据可查的早期三大选择器引擎是 2003 年 Simon Willison 的 **getElementsBySelector**,然后是 2004 年 Dean Edwards 的 **cssQuery**,最后是 2005 年发布的 jQuery。据 John Resig 在《JavaScript 精粹》说,他本来只想写个选择器引擎,但 cssQuery "光芒太盛",无法与之争锋,匆忙间作为一个较为完整的 dom 类库面世。

　　2005 年,Ben Nolan 的 Behaviour.js,内置了早以闻名于世的 getElementsBySelector,是第一个集成事件处理、CSS 风格的选择器引擎与 onload 处理的类库。

本章介绍如何从头到尾制造一个选择器引擎，在此我们先看看前人的努力吧。

5.1 浏览器内置的寻找元素的方法

请不要追问 2005 年之前开发人员是怎么在这种"缺东缺西"的环境下干活的，那时浏览器大战打得正酣，程序员们发明了 navigator.userAgent 检测进行自保！网景战败，因此有关它的记录不多。但 IE 确确切切留下许多资料，比如取得元素。我们可以直接根据元素的 ID 就取得元素自身[①]，不通过任何 API，自动映射成全局变量。在不关注全局污染时，这是很酷的特性。又如取得所有元素，直接 document.all。取得某一种标签类型的元素，只需做一下分类，如 P 标签、`document.all.tags("p")`。时至今日，IE4 里的这个古老 API 还能在 IE10 标准模式下正常运作！

有资料可查的是 **getElementById**、**getElementsByTagName** 是 IE5 引入的，那是 1999 年的事，与微软另一个辉煌的产品 Windows 98 捆绑在一起。因此，那时的程序的代码都倾向于为 IE 做兼容。我在网上找到一个让 IE4 支持 getElementById 的代码，刻着时代的"烙印"。

```
var ie4 = document.all && !document.getElementById;
if(ie4) {
  document.getElementById = new Function('var expr = /^\\w[\\w\\d]*$/,'+
    'elname=arguments[0]; if(!expr.test(elname)) { return null; } '+
    'else if(eval("document.all."+elname)) { return '+
    'eval("document.all."+elname); } else return null;')
}
```

此外还有 **getElementsByTagName** 的实现如下。

```
function getElementsByTagName(str) {
    if (str == "*") {
        return document.all
    } else {
        return document.all.tags(str)
    }
}
```

但人们很快就发现问题了，IE 的 **getElementById** 是不区分表单元素 ID 与 Name，因此如果有一个表单元素只定义 name 并与我们的目标元素 ID 同名，且我们的目标元素在它的后面，那么就会选错元素。这个问题一直延续到 IE7。

IE 的 **getElementsByTagName** 也有问题。当参数为*号通配符时，它会混入注释节点[②]，并且无法选取 Object 下的元素。下面是解决办法。

```
//J. Max Wilson
if (/msie/i.test (navigator.userAgent)) {//only override IE
  document.nativeGetElementById = document.getElementById;
  document.getElementById = function(id){
      var elem = document.nativeGetElementById(id);
      if(elem){//IE5
```

[①] 现在所有新的浏览器都支持这个特性。
[②] IE6-8 支持使用<comment>我是注释</comment>、<%我是注释%>、<! 我是注释>（这个所有浏览器都支持，但我们通常是被教导使用<!——前后都有两个横杆——>）这 3 种方式定义注释节点。因此，我们不觉意间就创建了许多注释节点。

```
            if(elem.id == id){
                return elem;
            }else{//IE4
                for(var i=1;i<document.all[id].length;i++){
                    if(document.all[id][i].id == id){
                        return document.all[id][i];
                    }
                }
            }
        }
        return null;
    }
}

//Dean Edwards
function getElementsByTagName(node, tagName) {
    var elements = [], i = 0, anyTag = tagName === "*", next = node.firstChild;
    while ((node = next)) {
        if (anyTag ? node.nodeType === 1 : node.nodeName === tagName) elements[i++] = node;
        next = node.firstChild || node.nextSibling;
        while (!next && (node = node.parentNode)) next = node.nextSibling;
    }
    return elements;
}
```

此外 W3C 还提供了一个 **getElementsByName** 的方法，这个在 IE 中使用也有问题，它只能选取表单元素，由于我们后面用不到它，先行略去。

这是 Prototype.js 到来之前，所有可用的原生选择器。因此 Simon Willison 搞出 getElementsBySelector，让世人眼前一亮。

之后的情况大家应该知道了，出现 N 个版本的 **getElementsBySelector**。不过大多数是在 Simon Willison 的基础上改进的，甚至当时还讨论将它标准化！

虽然这个打算最后搁浅了，但 Simon Willison 的 getElementsBySelector 代表的是历史的前进方向。jQuery 则有点偏向了。Prototype.js 则在 Ajax 热炒浪潮中扶摇直上，Prototype.js 1.4 在 document 添加日后成为了标准的 **getElementsByClassName** 与失败了的 **getElementsBySelector**，此外还有比时 jQuery 更加好用的$$。

不过，jQuery 最终还是胜利了，Sizzle 的设计很特别，各种优化别出心裁。浏览器没有闲着，Netscape 借 Firefox 还魂，挑起第二次浏览器战争，其间往 HTML 引入 XML 的 xpath，其 API 为 **document.evaluate**。但 xpath 又分为 level1、level2、level3，各浏览器在不同版本的支持又不一致，加之语法比较复杂，因此普及不开，更甭论存在什么 bug。同一时间浏览器还标准化了 getElementsByClassName，但这个 API 也只有选择器引擎的作者们在类库里面小心翼翼使用，因此它在 Safari 与 Opera 存在一些奇怪 bug。

微软为了保住占有率，在 IE8 上加入 **querySelector** 与 **querySeletorAll**，相当于 getElementsBySelector 的升级版，它还支持前所未有的结构伪类、状态伪类、语言伪类与取反伪类。这时谷歌的 Chrome 参战，激发标准浏览器的升级热情，IE8 新加的选择器大家都支持了，还支持得更标准。此时还出现了一种与选择器功能相反的 API——匹配器 **matchesSelector**，它对我们编写选择器引擎非常有帮

助。现在 CSS 方面有关 selector 4 的规范还在起草中，querySeletorAll 也暂只支持到 selector 3 部分，但即便如此，目前带来的兼容性问题已经让选择器引擎作者们为难了！

5.2 getElementsBySelector

我们先来看一下这个最古老的选择器引擎。它规定了今后许多选择器的发展方向。在解读中可能涉及许多概念，但不要紧，后面有更详细的解析。现在只是初步了解一下大概蓝图。

```javascript
/* document.getElementsBySelector(selector)
   New in version 0.4: Support for CSS2 and CSS3 attribute selectors:
   Version 0.4 - Simon Willison, March 25th 2003
   -- Works in Phoenix 0.5, Mozilla 1.3, Opera 7, Internet Explorer 6, Internet Explorer 5 on Windows
   -- Opera 7 fails
*/
function getAllChildren(e) {
  //取得一个元素的所有子孙，兼并容 IE5
  return e.all ? e.all : e.getElementsByTagName('*');
}

document.getElementsBySelector = function(selector) {
  //如果不支持 getElementsByTagName 则直接返回空数组
  if (!document.getElementsByTagName) {
    return new Array();
  }
  //切割 CSS 选择符，分解一个个单元（每个单元可能代表一个或几个选择器，比如 p.aaa 则由标签选择器与类选
  //择器组成）
  var tokens = selector.split(' ');
  var currentContext = new Array(document);
  //从左到右检测每个单元，换言之此引擎是自顶向下选元素
  //我们的结果集如果中间为空，那么就立即中止此循环了
  for (var i = 0; i < tokens.length; i++) {
    //去掉两边的空白（但并不是所有的空白都是没用，
    //两个选择器组之间的空白代表着后代选择器，这要看作者们的各显神通了）
    token = tokens[i].replace(/^\s+/,'').replace(/\s+$/,'');;
    //如果包含 ID 选择器，这里略显粗糙，因为它可能在引号里面
    //此选择器支持到属性选择器，则代表着它可能是属性值的一部分
    if (token.indexOf('#') > -1) {
      // 这里假设这个选择器组以 tag#id 或 #id 的形式组成，可能导致 BUG
      //但这暂且不谈，我们还是沿着作者的思路进行下去吧
      var bits = token.split('#');
      var tagName = bits[0];
      var id = bits[1];
      //先用 ID 值取得元素，然后判定元素的 tagName 是否等于上面的 tagName
      //此处有一个不严谨的地方，element 可能为 null，会引发异常
      var element = document.getElementById(id);
      if (tagName && element.nodeName.toLowerCase() != tagName) {
        // 没有直接返回空结果集
        return new Array();
```

```
        }
        //置换currentContext,跳至下一个选择器组
        currentContext = new Array(element);
        continue;
    }
    // 如果包含类选择器,这里也假设它以.class或tag.class的形式
    if (token.indexOf('.') > -1) {

        var bits = token.split('.');
        var tagName = bits[0];
        var className = bits[1];
        if (!tagName) {
            tagName = '*';
        }
        // 从多个父节点出发,取得它们的所有子孙,
        // 这里的父节点即包含在currentContext的元素节点或文档对象
        var found = new Array;//这里是过滤集,通过检测它们的className决定去留
        var foundCount = 0;
        for (var h = 0; h < currentContext.length; h++) {
            var elements;
            if (tagName == '*') {
                elements = getAllChildren(currentContext[h]);
            } else {
                elements = currentContext[h].getElementsByTagName(tagName);
            }
            for (var j = 0; j < elements.length; j++) {
                found[foundCount++] = elements[j];
            }
        }
        currentContext = new Array;
        var currentContextIndex = 0;
        for (var k = 0; k < found.length; k++) {
            //found[k].className可能为空,因此不失为一种优化手段,但new RegExp放在//外围更适合
            if (found[k].className && found[k].className.match(new RegExp('\\b'+className+
            '\\ b'))) {
                currentContext[currentContextIndex++] = found[k];
            }
        }
        continue;
    }
    //如果是以tag[attr(~|^$*)=val]或[attr(~|^$*)=val]的形式组合
    if (token.match(/^(\w*)\[(\w+)([=~\|\^\$\*]?)=?"?([^\]"]*)"?\]$/)) {
        var tagName = RegExp.$1;
        var attrName = RegExp.$2;
        var attrOperator = RegExp.$3;
        var attrValue = RegExp.$4;
        if (!tagName) {
            tagName = '*';
        }
        // 这里的逻辑以上面的class部分相似,其实应该抽取成一个独立的函数
        var found = new Array;
        var foundCount = 0;
        for (var h = 0; h < currentContext.length; h++) {
            var elements;
```

5.2 getElementsBySelector

```
      if (tagName == '*') {
          elements = getAllChildren(currentContext[h]);
      } else {
          elements = currentContext[h].getElementsByTagName(tagName);
      }
      for (var j = 0; j < elements.length; j++) {
        found[foundCount++] = elements[j];
      }
    }
    currentContext = new Array;
    var currentContextIndex = 0;
    var checkFunction;
    //根据第二个操作符生成检测函数，后面章节会详解，这里不展开
    switch (attrOperator) {
      case '=': //
        checkFunction = function(e) { return (e.getAttribute(attrName) == attrValue); };
        break;
      case '~':
        checkFunction = function(e) { return (e.getAttribute(attrName).match(new RegExp('\\b'+attrValue+'\\b'))); };
        break;
      case '|':
        checkFunction = function(e) { return (e.getAttribute(attrName).match(new RegExp('^'+attrValue+'-?'))); };
        break;
      case '^':
        checkFunction = function(e) { return (e.getAttribute(attrName).indexOf(attrValue) == 0); };
        break;
      case '$':
        checkFunction = function(e) { return (e.getAttribute(attrName).lastIndexOf(attrValue) == e.getAttribute(attrName).length - attrValue.length); };
        break;
      case '*':
        checkFunction = function(e) { return (e.getAttribute(attrName).indexOf(attrValue) > -1); };
        break;
      default :
        checkFunction = function(e) { return e.getAttribute(attrName); };
    }
    currentContext = new Array;
    var currentContextIndex = 0;
    for (var k = 0; k < found.length; k++) {
      if (checkFunction(found[k])) {
        currentContext[currentContextIndex++] = found[k];
      }
    }
    continue;
  }
  // 如果没有"#", ".", "["这样的特殊字符，我们就当成是 tagName
  tagName = token;
  var found = new Array;
  var foundCount = 0;
  for (var h = 0; h < currentContext.length; h++) {
    var elements = currentContext[h].getElementsByTagName(tagName);
```

```
            for (var j = 0; j < elements.length; j++) {
                found[foundCount++] = elements[j];
            }
        }
        currentContext = found;
    }
    return currentContext;//最后返回结果集
}
```

显然受当时的网速限制，页面不会很大，也不可能发展起复杂的交互，因此 JavaScript 还没有到大规模使用的阶段，我们看到那时的库也不怎么重视全局污染。主要 API 直接在 document 上操作，参数只有一个 CSS 表达符。从我们的分析来看，它并不支持联选择器（后面介绍），并且要求每个选择器组不能超出两个，否则报错。换言之，它只对下面这样形式的 CSS 表达式有效。

`#aa p.bbb [ccc=ddd]`

CSS 表达符将以空白分割成多个选择器组，每个选择器不能超过两种选择器类型，并且其中一种为标签选择器。

作为早期的选择器，它也没有像以后那样对结果集进行去重，把元素逐个按照文档出现的顺序进行排序。我们在第一节指出的 bug，它也没有规避，这可能受当时 JavaScript 技术交流太少所致。这些都是我们是日后要改进的地方。

5.3 选择器引擎涉及的知识点

这一节我们开始学习一下 5.2 节中介绍的大量概念。其中，有关选择器引擎实现的概念大多数是笔者从 Sizzle 中抽取出来的，而 CSS 表达符部分则是 W3C 提供的。那么我们先从 **CSS 表达符**部分讲起吧。

选择符是指一条 **CSS 样式规则**的最左边的部分，如图 5-1 所示。

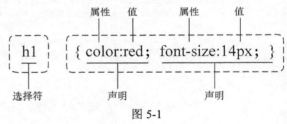

图 5-1

上面的只是理想情况，重构人员交给我们的 CSS 文件，里面的选择符可是复杂多了。选择符混杂着大量的标记，可以分割为许多更细的单元。总的来说，分为 **4 大类 16 种**。此外，还没有包含选择器引擎无法操作的伪元素。

4 大类是指**并联选择器、简单选择器、关系选择器与伪类**。
并联选择器有 1 种：逗号","，一种不是选择器的选择器，用于合并多个分组的结果。
简单选择器分 5 种：**ID、标签、类、属性、通配符**。
关系选择器分 4 种：亲子、后代、相邻、兄长。
伪类分 6 种：动作伪类、目标伪类、语言伪类、状态伪类、结构伪类、取反伪类。
jQuery 还添加了 3 种伪类：可见性伪类:visible、内容伪类:content()、包含伪类:has()。
简单选择器又称为**基本选择器**，这是在 Prototype.js 之前的选择器都已经支持的选择器类型。不过 CSS 上，IE7 才支持部分属性选择器。其中，它们设计得非常整齐划一，我们可以通过它的第一个字符决定它们的类型。比如：ID 选择器的第一个字符为#，类选择器为.，属性选择器为[，通配符选择器为*；标签选择器为**不包含特殊字符的英文数字组合**，jQuery 就是使用 `isTag = !/\W/.test(part)` 进行判定的。

在实现上，我们在这里有许多原生 API 可用，如 getElementById、getElementsByTagName、getElementsByClassName、document.all。属性选择器可以用 getAttribute、getAttributeNode、attributes、hasAttribute，2003 年曾讨论引入 getElementsByAttribute，但没有成功，Firefox 上 XUI 的同名 API 就是当时的产物。不过属性选择器的确比较复杂，历史上它是分两步实现的。

CSS2.1 中，属性选择器有以下 4 种形态。

+ `[att]`：选取设置了 `att` 属性的元素，不管设定的值是什么。
+ `[att=val]`：选取所有 `att` 属性的值完全等于 `val` 的元素。
+ `[att~=val]`：表示一个元素拥有属性 `att`，值为一个被空格隔开的多个字符串，只要其中一个字符串等于 `val` 就能匹配上。基于此特性，如果浏览器不支持 `geElementsByClassName`，我们可以将 `.aaa` 转换为 `[class~=aaa]` 来处理。
+ `[att|=val]`：表示一个元素拥有属性 `att`，并且该属性含 `'val'` 或以 `'val-'` 开头。

CSS3 中，属性选择器又增加 3 种形态。

+ `[att^=val]`：选取所有 `att` 属性的值以 `val` 开头的元素。
+ `[att$=val]`：选取所有 `att` 属性的值以 `val` 结尾的元素。
+ `[att*=val]`：选取所有 `att` 属性的值包含 `val` 字样的元素。以上 3 者我们都可以通过 `indexOf` 轻松实现。

此外，大多数选择器引擎，还实现了一种[att!=val]的自定义属性选择器。意思很简单，选取所有 att 属性不等于 val 的元素，这正好与[att=val]相反。这个我们可以通过 CSS3 的取反伪类实现。

5.3.1 关系选择器

关系选择器是不能单独存在的，它必须夹在其他种类的选择器中使用，但某些选择器引擎可能允许它放在最开始的位置。在很长时间内，只存在后代选择器（**E F**），就是两个简单选择器 E 与 F 之间的空白。CSS2.1 又添加了两个，亲子选择器（**E > F**）与相邻选择器（**E + F**），它们也夹在两个简单选择器之间，但允许大于号或加号两边存在空白，这时，空白就不是表示后代选择器。CSS3 又添加了一个，兄长选择器（**E~F**），规则同上。CSS4 又增加了一个父亲选择器[①]，不过其规则一直在变，这里就不说了。

1. 后代选择器

通常我们在引擎内构建一个 getAll 的函数，要求传入一个文档对象或元素节点取得其子孙。这里要特别注意 IE 下 **document.all**、**getElementsByTagName("*")** 混入注释节点的问题。

2. 亲子选择器

这个我们如果不打算兼容 XML，那么直接使用 children 就行了。不过 IE5～IE8 它都会混入注

---

① 这个选择器及其不稳定，已经换了 3 种语法了。

释节点，表 5-1 是兼容列表。

表 5-1

Chrome	Firefox	IE	Opera	Safari
1+	3.5+	5+	10+	4+

```javascript
function getChildren(el) {
    if (el.childElementCount) {
        return [].slice.call(el.children);
    }
    var ret = [];
    for (var node = el.firstChild; node; node = node.nextSibling) {
        node.nodeType == 1 && ret.push(node);
    }
    return ret;
}
```

3. 相邻选择器

相邻选择器就是取得当前元素向右的一个元素节点，视情况使用 nextSibling 或 nextElement Sibling。

```javascript
function getNext(el) {
    if ("nextElementSibling" in el) {
        return el.nextElementSibling
    }
    while (el = el.nextSibling) {
        if (el.nodeType === 1) {
            return el
        }
    }
    return null;
}
```

4. 兄长选择器

兄长选择器就是取其左边的所有同级元素节点。

```javascript
function getPrev(el) {
    if ("previousElementSibling" in el) {
        return el.previousElementSibling;
    }
    while (el = el.previousSibling) {
        if (el.nodeType === 1) {
            return el;
        }
    }
    return null;
}
```

上面提到的 childElementCount 和 nextElementSibling 都是 2008 年 12 月通过 Element Traversal 规范的，用于遍历元素节点。加上后来补充的 parentElement，我们查找元素就非常方便，如表 5-2 所示。

表 5-2

	遍历所有子节点	遍历所有子元素
最前的	firstChild	firstElementChild
最后的	lastChild	lastElementChild
前面的	previousSibling	previousElementSibling
后面的	nextSibling	nextElementSibling
上面的	parentNode	parentElement
长度	length	childElementCount

5.3.2 伪类

伪类是选择器中最庞大的家族，从 CSS1 开始支持，以字符串开头。在 CSS3，出现了要求传参的结构伪类与取反伪类。

1. 动作伪类

动作伪类又分为链接伪类和用户行为伪类，其中链接伪类由:visited 和:link 组成，用户行为伪类由:hover、:active 和:focus 组成。这里我们基本上只能模拟:link，而在浏览器原生的 querySelectorAll 对它们的支持也存在差异，IE8～IE10 取:link 存在错误，它只能取 A 标签，实际:link 是指代 A、AREA、LINK 这 3 种标签，而其他标签浏览器都正确。另外，除 Opera, Safari 外，其他浏览器取:focus 都正常。除 Opera 外，其他浏览器取:hover 都正确。剩下的:active 与:visited 都为零。下面是测试页面。

```
<!DOCTYPE HTML>
<html>
    <head>
        <title></title>
        <link href="aa" type="text/css" rel="stylesheet" charset="utf-8" />
        <meta http-equiv="Content-Type" content="text/html; charset=UTF-8">
        <script>
            window.onload = function() {
                document.querySelector("#aaa").onclick = function() {
                    alert(document.querySelectorAll(":focus").length);//1
                }
                document.querySelector("#bbb").onmouseover = function() {
                    //4 html, body, p, a
                    alert(document.querySelectorAll(":hover").length);
                }
            }

            function test() {
                alert(document.querySelectorAll(":link").length);// 6
            }
        </script>
    </head>
    <body>
        <p><a href="javascript:void 0" id="aaa">aaa</a></p>
        <p><a href="javascript:void 0" id="bbb">bbb</a></p>
```

```html
            <button type="button" onclick="test()">点我</button>
            <img src="planets.jpg" border="0" usemap="#planetmap" alt="Planets" />
            <map name="planetmap" id="planetmap">
                <area shape="circle" coords="180,139,14" href ="venus.html" alt="Venus" />
                <area shape="circle" coords="129,161,10" href ="mercur.html" alt="Mercury" />
                <area shape="rect" coords="0,0,110,260" href ="sun.html" alt="Sun" />
            </map>
    </body>
</html>
```

伪类没有专门的 API 得到结果集，因此我们需要通过上一次得到的结果集进行过滤。在浏览器中，我们可以通过 document.links 得到部分结果，因为它不包含 LINK 标签。因此，最好的方法是判定它的 tagName 是否等于 **A**、**AREA**、**LINK** 的其中一个。

2. 目标伪类

目标伪类即:target 伪类，指其 id 或者 name 属性与 URL 中的 hash 部分（即#之后的部分）匹配上的元素。

譬如文档中有一个元素，其 id 为 section_2，而 URL 中的 hash 部分也是#section_2，那么它就是我们要取的元素。

Sizzle 中的过滤函数如下。

```
"target": function(elem) {
    var hash = window.location && window.location.hash;
    return hash && hash.slice(1) === elem.id;
},
```

3. 语言伪类

语言伪类即:lang 伪类，用来设置使用特殊语言内容的样式。比如:lang(de)的内部应该为德语，需要特殊处理。

注意 lang 虽然作为 DOM 元素的一个属性，但:lang 伪类与属性选择器有所不同，具体表现在:lang 伪类具有"继承性"，如下面 HTML 表示的文档。

```html
<body lang="de"><p>一个段落</p></body>
```

如果使用[lang=de]则只能选择到 body 元素，**因为 p 元素没有 lang 属性**。但是使用:lang(de)则可以同时选择到 body 和 p 元素，**因为依类具有继承的特性**。

Sizzle 中的过滤函数如下。

```
"lang": markFunction( function( lang ) {
    // lang value must be a valid identifier
    if ( !ridentifier.test(lang || "") ) {
        Sizzle.error( "unsupported lang: " + lang );
    }
    lang = lang.replace( runescape, funescape ).toLowerCase();
    return function( elem ) {
        var elemLang;
```

```
        do {
            if ( (elemLang = documentIsHTML ?
                elem.lang :
                elem.getAttribute("xml:lang") || elem.getAttribute("lang")) ) {

                elemLang = elemLang.toLowerCase();
                return elemLang === lang || elemLang.indexOf( lang + "-" ) === 0;
            }
        } while ( (elem = elem.parentNode) && elem.nodeType === 1 );
        return false;
    };
}),
```

对比 mass 的实现如下。

```
lang: { //标准 CSS3 语言伪类
    exec: function(flags, elems, arg) {
        var result = [],
            reg = new RegExp("^" + arg, "i"),
            flag_not = flags.not;
        for (var i = 0, ri = 0, elem; elem = elems[i++];) {
            var tmp = elem;
            while (tmp && !tmp.getAttribute("lang"))
                tmp = tmp.parentNode;
            tmp = !! (tmp && reg.test(tmp.getAttribute("lang")));
            if (tmp ^ flag_not) result[ri++] = elem;
        }
        return result;
    }
},
```

4. 状态伪类

状态伪类用于标记一个 UI 元素的当前状态，由:checked、:enabled、:disabled 和:indeterminate 这4个伪类组成。我们可以分别通过元素的 checked、disabled、indeterminate 属性进行判定。

5. 取反伪类

取反伪类即:not 伪类，其参数为一个或多简单选择器，里面用逗号隔开。在 jQuery 等选择器引擎中允许你传入其他类型的选择器，甚至可以进行多个取反伪类套嵌。

5.3.3 其他概念

种子集：或者叫**候选集**。如果 CSS 选择符非常复杂，我们要分几步才能得到我们想要的元素，那么第一次得到的元素集合就叫种子集。在 Sizzle 这样基本从右到左，它的种子集中就有一部分为我们最后得到的元素。如果选择器引擎是从左到右选择器，那么它们只是我们继续查它们的孩子或兄弟的"据点"而已。

结果集：选择器引擎最终返回的元素集合，现在约定俗成，它要保持与 querySelectorAll 得到的结果一致，即要求没有重复元素，且顺序与它们在 DOM 树上出现的顺序一致。

过滤集：我们选取一组元素后，它之后每一个步骤要处理的元素集合都可以称之为过滤集。比如

p.aaa，如果浏览器不支持 querySelectorAll，但支持 getElementsByClassName，那么我们就用它得到种子集，然后在循环中通过 tagName==="P"进行过滤。若不支持，只能通过 getElementsByTagName 得到种子集，然后通过 className 进行过滤。显然大多数情况下，前者比后者快多了。同理，如果它们之间存在 ID 选择器，由于 ID 在一个文档中不允许重复，因此使用 ID 进行查找更快。在 Sizzle 中，如果不支持 querySelectorAll，它会智能地以 ID、Class、Tag 的顺序进行查找。

选择器群组：一个选择符被并联选择器划分成的每一个大分组。

选择器组：一个选择器群组被关系选择器划分的第一个小分组。考虑到性能，每一个小分组建议都加上 tagName，因为这样在 IE6 会方便我们使用 getElementsByTagName。比如 div p.aaa 比 div .aaa 快多了。前者是通过两次 getElementsByTagName 寻找，最后用 className 过滤，后者是通过 getElementsByTagName 得到种子集，然后再取它们的所有子孙，明显这样得到的过滤集比前者的数量多很多。从实现上说，你可以选择从左到右，也可以像 Sizzle 那样从右到左，但 Sizzle 只能说大体上是这个方向，实际情况复杂多了。

另外，选择器也分为编译型与非编译型。编译型是 EXT 发明的，这个阵营的选择器中有 EXT、QWrap、NWMatchers、JindoJS。非编译型的就更多了，如 Sizzle、Icarus（mass Framework 的选择器引擎）、Slick（mootools 的选择器）、YUI、dojo、uupaa、peppy……

还有一种利用 xpath 实现的选择器，最著名的是 Base2。它先实现了 xpath 那一套，方便 IE 也能使用 document.evaluate，然后将 CSS 选择符翻译成 xpath。其他比较出名的有 casperjs、DOMAssistant 等。

像 Sizzle、mootools、Icarus 等还支持选择 XML 元素，因为 XML 是一种重要的数据传输格式，后端通过 XHR 返回的可能就是 XML，这样我们通过选择器引擎抽取所需要的数据就简单多了。

5.4 选择器引擎涉及的通用函数

5.4.1 isXML

最强大的前几名选择器引擎都能操作 XML 文档，但 XML 与 HTML 存在很大的差异，没有 className 和 getElementById，并且 nodeName 是区分大小写的，在旧版本 IE 中还不能直接给 XML 元素添加自定义属性。因此区分 XML 和 HTML 是非常有必要的，我们看一下各大引擎的实现吧。

Sizzle 的实现如下：

```
var isXML = Sizzle.isXML = function( elem ) {
    var documentElement = elem && (elem.ownerDocument || elem).documentElement;
    return documentElement ? documentElement.nodeName !== "HTML" : false;
}
```

但这样不严谨，因为 XML 的根节点可能是 HTML 标签，比如这样创建一个 XML 文档：

```
try {
    var doc = document.implementation.createDocument(null, 'HTML', null);
    alert(doc.documentElement)
    alert(isXML(doc))
```

```
    } catch (e) {
        alert("不支持 creatDocument 方法")
    }
```

我们来看 mootools 的 slick 的实现。

```
var isXML = function(document) {
    return ( !! document.xmlVersion) || ( !! document.xml) || (toString.call(document) ==
'[object XMLDocument]') || (document.nodeType == 9 && document.documentElement.nodeName !=
'HTML');
};
```

mootools 用到了大量属性来进行判定，从 mootools1.2 到现在还没什么改动，说明还是很可靠的。我们再精简一下。在标准浏览器中，暴露了一个创建 HTML 文档的构造器 HTMLDocument，而 IE 下的 XML 元素又拥有 selectNodes。

```
var isXML = window.HTMLDocument ? function(doc) {
    return !(doc instanceof HTMLDocument)
} : function(doc) {
    return "selectNodes" in doc
}
```

不过这些方法都只是规范，JavaScript 对象可以随意添加，属性法很容易被攻破，最好是使用功能法。无论 XML 或 HTML 文档都支持 createElement 方法，我们判定创建了元素的 nodeName 是否区分大小写。

```
var isXML = function(doc) {
    return doc.createElement("p").nodeName !== doc.createElement("P").nodeName;
};
```

这是我当前能给出的最严谨的函数了。

5.4.2 contains

contains 方法就是判定参数 1 是否包含参数 2。这通常用于优化，比如早期的 Sizzle，对于#aaa p.class 这个选择符，它会优先用 getElementsByClassName 或 getElementsByTagName 取种子集，然后就不继续往左走了，直接跑到最左的#aaa，取得#aaa 元素，然后通过 contains 方法进行过滤。随着 Sizzle 的体积进行增大，它现在只剩下另一个关于 ID 的用法，即，如果上下文对象非文档对象，那么它会取得其 ownerDocument，这样就可以用 getElementById，然后利用 contains 方法进行验证！

```
//Sizzle 1.10.15
var newContext = context.nodeType === 9 ? context : context.ownerDocument
if ( newContext &&
        (elem = newContext.getElementById( m )) &&
        contains( context, elem ) &&
        elem.id === m ) {
    results.push( elem );
    return results;
}
```

我们再看看 contains 的实现。

```
//Sizzle 1.10.15
var rnative = /^[^{]+\{\s*\[native \w/,
hasCompare = rnative.test( docElem.compareDocumentPosition ),
contains = hasCompare || rnative.test(docElem.contains) ?
        function(a, b) {
            var adown = a.nodeType === 9 ? a.documentElement : a,
                bup = b && b.parentNode;
            return a === bup || !!(bup && bup.nodeType === 1 && (
                adown.contains ?
                adown.contains(bup) :
                a.compareDocumentPosition && a.compareDocumentPosition(bup) & 16
            ));
        } :
        function(a, b) {
            if (b) {
                while ((b = b.parentNode)) {
                    if (b === a) {
                        return true;
                    }
                }
            }
            return false;
        };
```

它自己做了预判定,但这时如果传入 XML 元素节点,可能就会出错。因此建议改成实时判定,虽然每次进入都需要判定一次使用哪个原生 API。

现在来解释一下 **contains** 与 **compareDocumentPosition** 这两个 API。contains 原来是 IE 的私有实现,后来其他浏览器也借鉴这方法,如 Firefox 在 9.0 中也装了此方法。它是一个元素节点的方法,如果另一个等于或包含于它的内部,就返回 true。

compareDocumentPosition 是 DOM Level 3 specification 定义的方法,Firefox 等标准浏览器都支持,它用于判定两个节点的关系,而不单止是包含关系。这里是从 NodeA.compareDocumentPosition(NodeB) 返回的结果,包含你可以得到的信息,如表 5-3 所示。

表 5-3

Bits	interger	说明
000000	0	元素一致
000001	1	节点在不同的文档(或者一个在文档之外)
000010	2	节点 B 在节点 A 之前
000100	4	节点 A 在节点 B 之前
001000	8	节点 B 包含节点 A
010000	16	节点 A 包含节点 B
100000	32	浏览器的私有使用

有时候,两个元素的位置关系可能连续满足上表的两种情况,比如 A 包含 B,并且 A 在 B 的前面,那么 compareDocumentPosition 就返回 20。

由于旧版本 IE 不支持 compareDocumentPosition,因此 jQuery 的作者 John Resig 写了个兼容函

数 **sourceIndex**，用到 IE 的另一个私有实现。**sourceIndex** 会根据元素的位置从上到下，从左到右依次加 1，比如 HTML 标签的 sourceIndex 为 0，HEAD 标签的为 1，BODY 标签为 2，HEAD 的第一个子元素为 3······如果元素不在 DOM 树，那么返回–1。

```
// Compare Position - MIT Licensed, John Resig
function comparePosition(a, b) {
  return a.compareDocumentPosition ? a.compareDocumentPosition(b) :
    a.contains ? (a != b && a.contains(b) && 16)+
    (a != b && b.contains(a) && 8)+
    (a.sourceIndex >= 0 && b.sourceIndex >= 0 ?
      (a.sourceIndex < b.sourceIndex && 4)+
      (a.sourceIndex > b.sourceIndex && 2): 1): 0;
}
```

5.4.3 节点排序与去重

为了让选择器引擎搜到的结果集尽可能接近原生 API 的结果（因为在最新的浏览器中，我们可能只使用 querySelectorAll 实现），我们需要让元素节点按它们在 DOM 树出现的顺序排序。

在 IE 及 Opera 早期的版本，我们可以使用 **sourceIndex** 进行排序。

标准浏览器可以使用 **compareDocumentPosition**，上面不是介绍它可以判定两个节点的位置关系吗？我们只要将它们的结果按位与 4 不等于 0 就知道其前后顺序了。

此外，标准浏览器的 Range 对象有一个 **compareBoundaryPoints** 方法，它也能迅速得到两个元素的前后顺序。

```
var compare = comparerange.compareBoundaryPoints(how, sourceRange);
```

compare：其值可能为 1、0、–1（0 为相等；1 为 comparerange 在 sourceRange 之后；–1 为 comparerange 在 sourceRange 之前）。

how：比较哪些边界点，为常数。

（1）Range.START_TO_START——比较两个 Range 节点的开始点。
（2）Range.END_TO_END——比较两个 Range 节点的结束点。
（3）Range.START_TO_END——用 sourceRange 的开始点与当前范围的结束点比较。
（4）Range.END_TO_START——用 sourceRange 的结束点与当前范围的开始点比较。

特别的情况发生于要兼容旧版本标准浏览器与 XML 文档时，这时只有一些很基础的 DOM API，我们需要使用 nextSibling 来判定谁是哥哥，谁是弟弟。如果它们不是同一个父节点，我们就需要将问题转化为求最近公共祖先，判定谁是父亲，谁是伯父。到这里，已经是纯算法的问题了。实现的思路有许多，最直观也最笨的做法是，不断向上获取它们的父节点，直到 HTML 元素连同最初的那个节点组成两个数组，然后每次取数组最后的元素进行比较。如果相同就去掉，一直去掉到不相同为止，最后用 nextSibling 结束。下面是测试代码，自己找一个 HTML 页面做标本。

```
window.onload = function() {
  function shuffle(a) {
    //洗牌
    var array = a.concat();
    var i = array.length;
```

```javascript
        while (i) {
            var j = Math.floor(Math.random() * i);
            var t = array[--i];
            array[i] = array[j];
            array[j] = t;
        }
        return array;
    }
    var log = function(s) {
        //查看调试消息
        window.console && window.console.log(s)
    }
    var sliceNodes = function(arr) {
        //将 NodeList 转换为纯数组
        var ret = [],
            i = arr.length;
        while (i)
            ret[--i] = arr[i];
        return ret;
    }

    var sortNodes = function(a, b) {
        //节点排序
        var p = "parentNode",
            ap = a[p],
            bp = b[p];
        if (a === b) {
            return 0
        } else if (ap === bp) {
            while (a = a.nextSibling) {
                if (a === b) {
                    return -1
                }
            }
            return 1
        } else if (!ap) {
            return -1
        } else if (!bp) {
            return 1
        }
        var al = [],
            ap = a
        //不断往上取,一直取到 HTML
        while (ap && ap.nodeType === 1) {
            al[al.length] = ap
            ap = ap[p]
        }
        var bl = [],
            bp = b;
        while (bp && bp.nodeType === 1) {
            bl[bl.length] = bp
            bp = bp[p]
        }
        //然后逐一去掉公共祖先
        ap = al.pop();
```

5.4 选择器引擎涉及的通用函数

```
        bp = bl.pop();
        while (ap === bp) {
            ap = al.pop();
            bp = bl.pop();
        }
        if (ap && bp) {
            while (ap = ap.nextSibling) {
                if (ap === bp) {
                    return -1
                }
            }
            return 1
        }
        return ap ? 1 : -1
    }

    var els = document.getElementsByTagName("*")
    els = sliceNodes(els);          //转换成纯数组
    log(els);
    els = shuffle(els);  //洗牌（模拟选择器引擎最初得到的结果集的情况）
    log(els);
    els = els.sort(sortNodes);  //进行节点排序
    log(els);
}
```

此外，我们还有一种方法，就是选择结束后，用 document.getElementsByTagName("*") 得到所有元素节点，这时它们肯定是排好序的。我们再依次为它们添加一个类似 sourceIndex 的自定义属性，值为它的索引值，接下来怎么做就无需我多言了。

好了，我们暂且放下，看一下各大浏览器的实现。

Mootools 的 Slick 引擎，它的比较函数已经注明是来自 Sizzle 的（准确来说 Sizzle1.6 左右，现在它也被改得面目全非）。

```
features.documentSorter = (root.compareDocumentPosition) ? function(a, b) {
    if (!a.compareDocumentPosition || !b.compareDocumentPosition)
        return 0;
    return a.compareDocumentPosition(b) & 4 ? -1 : a === b ? 0 : 1;
} : ('sourceIndex' in root) ? function(a, b) {
    if (!a.sourceIndex || !b.sourceIndex)
        return 0;
    return a.sourceIndex - b.sourceIndex;
} : (document.createRange) ? function(a, b) {
    if (!a.ownerDocument || !b.ownerDocument)
        return 0;
    var aRange = a.ownerDocument.createRange(),
        bRange = b.ownerDocument.createRange();
    aRange.setStart(a, 0);
    aRange.setEnd(a, 0);
    bRange.setStart(b, 0);
    bRange.setEnd(b, 0);
    return aRange.compareBoundaryPoints(Range.START_TO_END, bRange);
} : null;
```

它没有打算支持 XML 与旧版本标准浏览器，不支持就不排序。

mass Framework 的 Icarus 引擎，它结合了一位编程高手 JK 给出的算法，在排序去重上远胜 Sizzle。突破点在于，无论 Sizzle 或者 Slick，它们都是通过传入比较函数进行排序。而数组的原生 sort 方法[①]，当它传一个比较函数时，不管它内部用哪种排序算法，都需要多次比对，所以非常耗时。如果能设计让排序在不传参的情况进行，那么速度就会提高！

下面是具体思路（当然只能用于 IE 或早期 Opera）。

（1）取出元素节点的 sourceIndex 值，转换成一个 String 对象。

（2）将元素节点附在 String 对象上。

（3）用 String 对象组成数组。

（4）用原生的 sort 进 String 对象数组排序。

（5）在排好序的 String 数组中，按序取出元素节点，即可得到排好序的结果集。

```
function unique(nodes) {
    if (nodes.length < 2) {
        return nodes;
    }
    var result = [],
        array = [],
        uniqResult = {},
        node = nodes[0],
        index, ri = 0,
        sourceIndex = typeof node.sourceIndex === "number",
        compare = typeof node.compareDocumentPosition == "function";
//如果支持 sourceIndex，我们将使用更为高效的节点排序
    if (!sourceIndex && !compare) { //用于旧版本 IE 的 XML
        var all = (node.ownerDocument || node).geElementsByTagName("*");
        for (var index = 0; node = all[index]; index++) {
            node.setAttribute("sourceIndex", index);
        }
        sourceIndex = true;
    }
    if (sourceIndex) { //IE opera
        for (var i = 0, n = nodes.length; i < n; i++) {
            node = nodes[i];
            index = (node.sourceIndex || node.getAttribute("sourceIndex")) + 1e8;
            if (!uniqResult[index]) {           //去重
                (array[ri++] = new String(index))._ = node;
                uniqResult[index] = 1;
            }
        }
        array.sort();                           //排序
```

[①] sort 各个浏览器是如何实现的，ecma 并没有具体规定，对稳定性也没有要求：15.4.4.44 Array.prototype.sort(comparefn)
The elements of this array are aorted.The sort is not necessarily stable (that is,elements that compare equal do not necessarily remain in their original order).
由此，浏览器厂商便各显神通，采用不同的排序算法实现 sort 方法。各个算法的稳定性不同而导致了结果的差异。Firefox2 采用了不稳定的堆排序，firefox3 采用了稳定的归并排序，ie 速度较慢，具体算法不明，可能为冒泡或者插入排序，而 chrome 则为了最大效率，采用了两种算法：
Chrome use quick sort for a large dataset(> 22),and for a smaller dataset (< =22) chrome use insert sort but modified to use binary search to find insert point,so traditionally insert sort is stable,but chrome make it faster and unstable,in conclusion chrome's sort is quick and unstable

```
            while (ri)
                result[--ri] = array[ri]._;
            return result;
        } else {
            nodes.sort(sortOrder);                  //排序
            if (sortOrder.hasDuplicate) {           //去重
                for (i = 1; i < nodes.length; i++) {
                    if (nodes[i] === nodes[i - 1]) {
                        nodes.splice(i--, 1);
                    }
                }
            }
            sortOrder.hasDuplicate = false;         //还原
            return nodes;
        }
    }

    function sortOrder(a, b) {
        if (a === b) {
            sortOrder.hasDuplicate = true;
            return 0;
        } //现在标准浏览器的 HTML 与 XML 好像都支持 compareDocumentPosition
        if (!a.compareDocumentPosition || !b.compareDocumentPosition) {
            return a.compareDocumentPosition ? -1 : 1;
        }
        return a.compareDocumentPosition(b) & 4 ? -1 : 1;
    }
```

5.4.4 切割器

选择器降低了 JavaScript 的入行门槛，它们在选择元素时都很随意，随心所欲，一级级地往上加 ID 类名，导致选择符非常长。因此如果不支持 querySelectorAll，没有一个原生 API 能承担这工作。因此我们通常使用正常用户的选择符进行切割。这个步骤有点像编译原理的词法分析，拆分出有用的符号法出来。

这里就拿 Icarus 的切割器来举例，看它是怎么一步步进化，就知道这工作需要多少细致，如图 5-2 所示。

图 5-2

比如，对于.td1,div a,body,上面的正则可以完美将它分解为如下数组。

```
[".td1",",","div"," ", "*", ",", "body"]
```

第 5 章 选择器引擎

然后我们就可以根据这个符号流进行工作。由于没有指定上下文对象，就从 document 开始，发现第一个是类选择器，可以用 **getElementsByClassName**，如果没有原生的，我们仿造一个也不是难事。然后是并联选择器，将上面得到的元素放进结果集。接着是标签选择器，使用 **getElementsByTagName**。接着发现是后代选择器，这里可以优化，我们可以预先查看下一个选择器群组是什么，发现是通配符选择器，因此继续使用 getElementsByTagName。接着又是并联选择器，将上面结果放入结果集。最后一个是标签选择器，又使用 getElementsByTagName。最后是去重排序。

显然有了切割好的符号，工作简单多了。

但没有东西一开始就是完美的，比如我们遇到这样一个选择符：:nth-child(2n+1)。这是一个单独的子元素过滤伪类，它不应该在这里被分析。后面有专门的正则对它的伪类名与传参进行处理。在切割器里，它能得到的最小词素是选择器！

于是切割器改进如下：

```
//让小括号里面的东西不被切割
var reg = /[\w\u00a1-\uFFFF][\w\u00a1-\uFFFF-]*|[#.:\[](?:[\w\u00a1-\uFFFF-]|\([^\)]*\)|\])+1(?:\s*)[>+-,*](?:\s*)|\s+/g
```

我们不断增加测试样例，就会发现越来越多问题。又如这样一个选择符：.td1[aa='>111']，属性选择器被拆碎了！

```
[".td1","[aa",">","111"]
```

正则改进如下：

```
//确保属性选择器作为一个完整的词素
var reg = /[\w\u00a1-\uFFFF][\w\u00a1-\uFFFF-]*|[#.:](?:[\w\u00a1-\uFFFF-]|\S*\([^\)]*\))+|\[[^\]]*\]|(?:a*)[>+-,*](?:\s*)|\s+/g
```

对于 td + div span，如果最后有一大堆空白，会导致解析错误，我们确保后代选择器夹在两个选择器之间。

```
["td", "+", "div"," ","span", " "]
```

最后一个选择器会被我们的引擎认作是后代选择器，需要提前去掉。

```
//缩小后代选择器的范围
var reg = /[\w\u00a1-\uFFFF][\w\u00a1-\uFFFF-]*|[#.:](?:[\w\u00a1-\uFFFF-]|\S+\([^\)]*\))+|\[[^\]]*\]|(?:a*)[>+-,*](?:\s*)|\s(?=[\w\u00a1-\uFFFF*#.[:1]/g
```

如果我们也想把最前面的空白去掉，那可能不是单独一个正则能做到的。现在切割器已经被我们搞得相当复杂了，维护性很差。在 Mootools 等引擎中，里面的正则表达式更加复杂，可能是用工具生成的。到了这个地步，我们就需要转换思路，将切割器改为一个函数处理。当然，它里面也少不了正则表达式。**正则是处理字符串的利器。**

```
var reg_split =
/^[\w\u00a1-\uFFFF\-\*]+|[#.:][\w\u00a1-\uFFFF-]+(?:\([^\]]*\))?|\[[^\]]*\]|(?:\s*)[>+~,](?:\s*)|\s(?=[\w\u00a1-\uFFFF*#.[:])|^\s+/;
```

```
var slim = /\s+|\s*[>+~,*]\s*$/
function spliter(expr) {
    var flag_break = false;
    var full = [];//这里放置切割单个选择器群组得到的词素,以","为界
    var parts = [];//这里放置切割单个选择器组得到的词素,以关系选择器为界
    do {
        expr = expr.replace(reg_split, function(part) {
            if (part === ",") {//这个切割只处理到第一个并联选择器
                flag_break = true;
            } else {
                if (part.match(slim)) {//对关系并联。通配符选择器两边的空白进行处理
                    //对 parts 进行反转,因为 div.aaa,反转后先处理.aaa
                    full = full.concat(parts.reverse(), part.replace(/\s/g, ''));
                    parts = [];
                } else {
                    parts[parts.length] = part;
                }
            }
            return "";//去掉已经处理了的部分
        });
        if (flag_break)
            break;
    } while (expr)
    full = full.concat(parts.reverse());
    !full[0] && full.shift();//去掉开头第一个空白
    return full;
}
var expr = "  div  >  div#aaa,span"
console.log(spliter(expr));//["div",">","#aaa", "div"]
```

当然,这个相对于 Sizzle1.8 与 Slick 等引擎的切割器来说,不值一提。写好一个切割器,需要有非常深厚的正则表达式功力以及深层的知识包括自动机理论。

5.4.5 属性选择器对于空白字符的匹配策略

已经介绍过属性选择器的 7 种形态了,但属性选择器并没有这么简单。在 W3C 草案对属性选择器[att~=val]提到一个点,val 不能为空白字符,否则比较值 flag(flag 为 val 与元素实际值的比较结果)总返回 false。如果用 querySelectorAll 测试一下属性其他形态,我们会得到更多类似结果。

```
<!DOCTYPE html>
<html>
    <head>
        <title>属性选择器</title>
        <meta http-equiv="Content-Type" content="text/html; charset=UTF-8">
        <script>
            window.onload =function(){
                console.log(document.querySelector("#test1[title='']"));
                console.log(document.querySelector("#test1[title~='']"));
                console.log(document.querySelector("#test1[title|='']"));
                console.log(document.querySelector("#test1[title^='']"));
                console.log(document.querySelector("#test1[title$='']"));
```

```
                    console.log(document.querySelector("#test1[title*='']"));
                    console.log("=========================================")
                    console.log(document.querySelector("#test2[title='']"));
                    console.log(document.querySelector("#test2[title~='']"));
                    console.log(document.querySelector("#test2[title|='']"));
                    console.log(document.querySelector("#test2[title^='']"));
                    console.log(document.querySelector("#test2[title$='']"));
                    console.log(document.querySelector("#test2[title*='']"));
                }
        </script>
    </head>
    <body>
        <div title="" id="test1"></div>
        <div title="aaa" id="test2"></div>
    </body>
</html>
```

运行结果如下：

日志：[object HTMLDivElement]
日志:null
日志：[object HTMLDivElement]
日志:null
日志:null
日志:null
日志：===
日志:null
日志:null
日志:null
日志:null
日志:null
日志:null

换言之，只要 val 为空，除=或|=外，flag 必为 false。并且，对于非=，!=操作符，如果取得值为空白字符，flag 也必为 false。

```
"ATTR": function( name, operator, check ) {
    return function( elem ) {
        var result = Sizzle.attr( elem, name );

        if ( result == null ) {
            return operator === "!=";
        }
        if ( !operator ) {
            return true;
        }

        result += "";

        return operator === "=" ? result === check :
            operator === "!=" ? result !== check :
            operator === "^=" ? check && result.indexOf( check ) === 0 :
```

```
            operator === "*=" ? check && result.indexOf( check ) > -1 :
            operator === "$=" ? check && result.slice( -check.length ) === check :
            operator === "~=" ? ( " " + result.replace( rwhitespace, " " ) + " " ).
            indexOf( check ) > -1 :
            operator === "|=" ? result === check || result.slice( 0, check.length + 1 ) ===
            check + "-" :
            false;
        };
    },
```

5.4.6 子元素过滤伪类的分解与匹配

子元素过滤伪类是 CSS3 新增的一种选择器，比较复杂，这里单独说一下。首先，我们要将它从选择符中分离出来，这个一般由切割器搞定。然后我们用正则将伪类名与它小括号里的传参分解出来。下面介绍一下 Icarus 的做法。

```
var expr = ":nth-child(2n+1)",
rsequence = /^([#\.:]|\[\s*]((?:[-\w]|[^\x00-\xa0]|\\.)+)/,
rpseudo = /^\(\s*("([^"]*)"|'([^']*)'|[^\(\)]*(\(([^\(\)]*\))?)\s*\)/, rBackslash = /\\/g,
//这里把伪类从选择符里分解出来
match = expr.match(rsequence); //[":nth-child",":", "nth-child"]
expr = RegExp.rightContext;//用它左边的部分重写 expr--> "(2n+1)""
    key = (match[2] || "").replace(rBackslash, "");//去掉换行符 key--> "nth-child"
switch (match[1]) {
    case "#":
        //ID 选择器 略
        break;
    case ".":
        //类选择器 略
        break;
    case ":":
        //伪类 略
        tmp = Icarus.pseudoHooks[key];
        //Icarus.pseudoHooks 里面放置我们所有能处理的伪类
        if (match = expr.match(rpseudo)) {
            expr = RegExp.rightContext;//继续取它左边的部分重写 expr
            if ( !! ~key.indexOf("nth")) {//如果是子元素过滤伪类
                args = parseNth[match[1]] || parseNth(match[1]);//分解小括号的传参
            } else {
                args = match[3] || match[2] || match[1]
            }
        }
        break
    default:
        //属性选择器 略
        break;
}
```

这里有个小技巧，我们需要不断把处理过的部分从选择符中去掉。一般的选择器引擎是使用 `expr = expr.replace(reg, "")`进行处理。Icarus 是巧妙地使用正则的 RegExp.rightContext 进行复写，将小括号里面的字符串取得后我们通过 parseNTH 进行加工，将数字1、4，单词 even、 odd、-n+1 等各种形态转换 an+b 的形态。

```
function parseNth(expr) {
    var orig = expr
    expr = expr.replace(/^\+|\s*/g, ''); //清除无用的空白
    var match = (expr === "even" && "2n" || expr === "odd" && "2n+1" || !/\D/.test(expr)
&& "0n+" + expr || expr).match(/(-?)(\d*)n([-+]?\d*)/);
    return parse_nth[orig] = {
        a: (match[1] + (match[2] || 1)) - 0,
        b: match[3] - 0
    };
}
```

parseNth 是一个缓存函数，这样就能避免重复解析，提高引擎总体性能。

我们再来看一下 an+b 的匹配算法，a 与 b 都是整数，可能是正数、负数、零。最简单的情形是 a 为零，b 随意时。我们得到此元素的父节点下的所有子元素，即 els = el.parentNode.children，那么匹配算法浓缩成`!!为 els[b-1]`。因为子元素过滤伪类中的传参是以 1 开始，因此需要减 1。

如果 a 为 1，b 为 0 的情况，这也很简单，意味着所有孩子都匹配，直接返回 true 就行。如果 b 为 0 时，比如 2n 就是取孩子中的索引值为偶数的个体，假设索引值为 index，那么 (index + 1) % 2 == 0 就能匹配出来，由此推断出公式为 `(index + 1) % a == 0`。

再看 b 不为 0 的情况，比如 :nth-child(3n+1)，一个拥有 10 个孩子的节点，它的索引值中第 0、3、6、9 的孩子被匹配，即 (index + 1 - 1) % 3 == 0 时被匹配，因此匹配公式为 `(index + 1 - b) % a == 0`。

不过当 b > a 时，又有新状况，比如 :nth-child(3n+4)，还是那个拥有十个孩子的节点，这时只有索引值为 3、6、9 的孩子被匹配，第一个孩子 (0 + 1 - 4) % 3 也是等于零，这时我们需要判定商是否大于负数了。由于 index 总是要加 1，那么我们一开始把起点弄成 1，那么就省事多了。总结上面的分析，我们把索引值与 b 的差作为一个变量 diff，那么匹配规则为 `diff % a == 0 && diff / a >= 0`。

我们再来看 nth-of-type，它其实就是对父元素的 child 进行分类，分类标签是元素的 tagName。然后只要目标元素的索引值（也是从 1 开始）匹配上面的公式就行了。

从性能上考量，并不是每种子元素过滤伪类都需要通过这种比较索引值的方式实现，我们可以变通一下。比如说，:first-child，我们看一下手头上的这个元素是否存在兄长，亦即 **previousElementSibling**，存在就返回 false 过滤掉。:fast-child 也是基于相同的思路进行过滤。:only-child，需要判定目标元素是否为其父亲的唯一一个子元素，需要同时判定是否存在 **previousElementSibling** 与 **nextElementSibling**。当然，现实是残酷的，为了兼容旧版本 IE，我们一般用 previousSibling、nextSibling 加 nodeType 是否为 1 进行判定。

但对于 :nth-child, :nth-last-child, :nth-of-type, :nth-last-of-type 就不行了，我们也不可能每匹配一个元素就把它在兄弟中或 tagName 分组中的索引值计算一遍。因此以空间换时间这万能药再次被提出来了，我们将缓存仓库设置在父节点上，然后把它所有孩子的索引值或 tagName 分组一次性放在上面，就可以在一次查找过程中反应利用此缓存。至于如何实现可参看 Icarus、Sizzle1.8+、Slice 等引擎，代码比较长，在此不再贴出来。

5.5 Sizzle 引擎

jQuery 最大的特点是其选择器，jQuery1.3 时开始列装其 Sizzle 引擎。Sizzle 引擎与当时主流的引擎大不一样，人们说它是从右到左选择（虽然也不对，只能说大致方向如此），速度远胜当时的选择器。

Sizzle 当时的几大特点如下。

（1）允许以关系选择器开头。

（2）允许取反选择器套取反选择器。

（3）大量的自定义伪类，比如位置伪类（:eq, :first, :even……）、内容伪类（:contains）、包含伪类（:has）、标签伪类（:radio, :input, :text, :file……）、可见性伪类（:hidden,:visible）。

（4）对结果进行去重，以元素在 DOM 树的位置进行排序，这样与未来出现的 querySelector 行为一致。

显然，一下子搞出这么多东西，不是一朝一夕的事，说明 John Resig 已经研发了很久。当时 Sizzle 的版本号为 0.9.1，代码风格与 jQuery 库大不一样，非常整齐清晰。这个风格一直延续到 jQuery1.7.2，Sizzle 版本号也跟上为 1.7.2。在 jQuery1.8 或者说 Sizzle1.8 中，它风格大变，首选里面的正则是通过编译得到的，以求更加准确，结构也异常复杂，开始走 EXT 那样的编译函数的路子，以求通过多种缓存手段提高查找速度和匹配速度。

由于 Sizzle1.8 加入编译机制后，代码变得非常复杂难懂，分析起来篇幅太长了，我们还是选用 1.7.2 来讲解 Sizzle 的主流程，如图 5-3 所示。

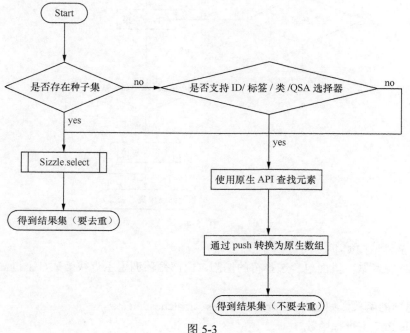

图 5-3

Sizzle.select 里的流程，如图 5-4 所示。

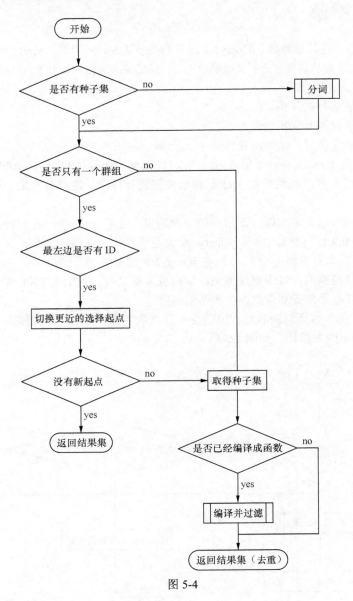

图 5-4

Sizzle 的整体结构如下。

（1）Sizzle 主函数，里面包含选择符的切割，内部循环调用主查找函数，主过滤函数，最后是去重过滤。

（2）其他辅助函数，如 uniqueSort、matches、matchesSelector。

（3）Sizzle.find 主查找函数。

5.5 Sizzle 引擎

（4）Sizzle.filter 主过滤函数。

（5）Sizzle.selectors 包含各种匹配用的正则、过滤用的正则、分解用过的正则、预处理函数、过滤函数。

（6）根据浏览器的特征设计 makeArray、sortOrder、contains 等方法。

（7）根据浏览器的特征重写 Sizzle.selectors 中的部分查找函数、过滤函数、查找次序。

（8）若浏览器支持 querySelectorAll，那么用它重写 Sizzle，将原来的 Sizzle 作为后备方案包裹在新 Sizzle 里面。

（9）其他辅助函数，如 isXML、posProcess。

在 jQuery 1.8 后，加入 tokenize（就是第一步提到选择符切割），然后加入编译机制，编译机制实际上就是根据我们切割好的字符的类型得到一大堆匹配函数，然后将它们转换为一个柯里化函数 **superMatcher**，然后再将这些字符作为传参来求值。上面的匹配函数就包括了 jQuery1.7 的主查找函数与主过滤函数。

```
var Sizzle = function(selector, context, results, seed) {
//通过短路运算符，设置一些默认值
    results = results || [];
context = context || document;
//备份，因为 context 会被改写，如果出现并联选择器，就无法区别当前节点是对应哪一个 content

    var origContext = context;
//上下文对象必须是元素节点或文档对象
    if (context.nodeType !== 1 && context.nodeType !== 9) {
        return [];
    }
//选择符必须是字符串，且不能为空
    if (!selector || typeof selector !== "string") {
        return results;
    }

    var m, set, checkSet, extra, ret, cur, pop, i,
        prune = true,
        contextXML = Sizzle.isXML(context),
        parts = [],
        soFar = selector;
//下面是切割器的实现，每次只处理到并联选择器，extra 留给下次递归自身时作传参
//不过与其他引擎的实现不同的是，它没有一下子切成选择器，而是切成选择器组与关系选择器的集合
//比如 body div > div:not(.aaa),title
//将会得到 parts 数组：["body","div",">", "div:not(.aaa)"]
//后代选择器虽然被忽略了，但在循环这个数组时，它默认每两个选择器组中一定夹着关系选择器
//不存在就放在后代选择器到那个位置上
    do {
        chunker.exec(""); //这一步主要是将 chunker 的 lastIndex 重置，当然直接设置 chunker.
                          //lastIndex 效果也一样
        m = chunker.exec(soFar);
        if (m) {
            soFar = m[3];
            parts.push(m[1]);
```

```
                if (m[2]) {  //如果存在并联选择器，就中断
                    extra = m[3];
                    break;
                }
            }
        } while (m);
// ……略
}
```

接下来有许多分支，分别是对 ID 与位置伪类进行优化的。我们暂时跳过它们，看另外几个重要概念：查找函数、种子集、映射集。虽然有的之前介绍过，但是这里是结合 Sizzle 源码讲解的。

查找函数就是 Sizzle.selecters.find 下的几种函数，常规情况下有 ID、TAG、NAME 三个，如果浏览器支持 getElementsByClassName，还会有 Class 函数。正如笔者前面所介绍的那样，getElementById、getElementsByName、getElementsByTagName 和 getElementsByClassName 不能完全信任它们，即便是标准浏览器都会有 bug，因此四大查找函数都做了一层薄薄的封装，不支持则返回 undefined，其他则返回数组或 NodeList。

种子集，就是通过最右边的选择器组得到的元素集合，比如说 div.aaa span.bbb，最右边的选择器组就是"span.bbb"。这时引擎会根据浏览器的支持情况选择 getElementsByTagName 或 getElementsClassName 得到一组元素，然后再通过 className 或 tagName 进行过滤，这时得到的集合就是种子集。Sizzle 的变量名 seed 就体现了这一点。

映射集，Sizzle 源码的变量名为 checkSet。当我们取得种子集后，不动种子集，而是将种子集复制一份出来，这就是映射集。种子集是由一个选择器组选出来的，这时选择符不为空，必然往左就是关系选择器。关系选择器会让引擎去选取其兄长或父亲（具体操作见 Sizzle.selectors.relative 下的四大函数），把这些元素置换到候选集对等的位置上。然后到下一个选择器组时，就是纯过滤操作。主过滤函数 Sizzle.filter 会调用 Sizzle.seletors 下 N 个过滤函数对这些元素进行检测，将不符合的元素替换为 false。因此到最后要去重排序时，映射集是一个包含布尔值与元素节点的数组（true 值也在上面步骤中产生）。

让我们继续看源码。种子集是分两步筛选出来的。首先，通过 Sizzle.find 得到一个大体的结果。然后通过 Sizzle.filter，传入最右的那个选择器组剩余的部分作参数，缩小范围。

```
//这是针对最左边的选择器组存在 ID 做出的优化
var ret = Sizzle.find(parts.shift(), context, contextXML);
context = ret.expr ? Sizzle.filter(ret.expr, ret.set)[0] : ret.set[0];

ret = seed ? {
    expr: parts.pop(),
    set: makeArray(seed)
    //这里会对~,+进行优化,直接取它的上一级做上下文
    //处理一个上下文对象胜过对付 N 个上下文
} : Sizzle.find(parts.pop(),parts.length === 1 &&
    (parts[0] === "~" || parts[0] === "+") && context.parentNode ?
    context.parentNode : context, contextXML);

set = ret.expr ? Sizzle.filter(ret.expr, ret.set) : ret.set;
```

5.5 Sizzle 引擎

我们是先取 span 还是取 .aaa 呢？这里有个准则，即确保我们后面的映射集最小化。直白地说，映射集里面的元素越少，那么调用过滤函数的次数就越少，调用函数的次数越少，说明进入另一个函数作用域所造成的能耗就越少，从而整体提高引擎的选择速度。为了达到此目的，这里做了个优化，原生选择器的调用顺序被放到一个叫 Sizzle.slectors.order 的数组中。对于陈旧的浏览器，其顺序为 ID、NAME、TAG；对于支持 getElementsByClassName 的浏览器，其顺序为 ID、CLASS、NAME、TAG。因为 ID 至多返回一个元素节点，className 与样式息息相关，不是每个元素都有这个类名。name 属性带来的限制可能比 className 更大，但用到的机率比较少，而 tagName 可排除的元素则更少了。那么 Sizzle.find 就会根据上面的数组，取得它的名字依次调用 Sizzle.leftMatch 下对应的正则，从最右的选择器组中切下需要的部分，将换行符处理掉，通过四大查找函数得到一个粗糙的节点集合。如果运气太差，碰到如 [href=aaa]:visible 这样的选择符，那么只有把文档中的所有节点作为结果返回。

```
Sizzle.find = function(expr, context, isXML) {
    var set, i, len, match, type, left;

    if (!expr) {
        return [];
    }

    for (i = 0, len = Expr.order.length; i < len; i++) {
        type = Expr.order[i];
        //取得正则,匹想出需要的 ID、CLASS、NAME、TAG
        if ((match = Expr.leftMatch[type].exec(expr))) {
            left = match[1];
            match.splice(1, 1);
            //处理换行符
            if (left.substr(left.length - 1) !== "\\") {
                match[1] = (match[1] || "").replace(rBackslash, "");
                set = Expr.find[type](match, context, isXML);
                //如果不为 undefined,那么去掉选择器组中用过的部分
                if (set != null) {
                    expr = expr.replace(Expr.match[type], "");
                    break;
                }
            }
        }
    }

    if (!set) { //没有,寻找该上下文对象的所有子孙
        set = typeof context.getElementsByTagName !== "undefined" ?
            context.getElementsByTagName("*") : [];
    }
    return {
        set: set,
        expr: expr
    };
};
```

经过主查找函数处理后，我们得到一个初步的结果，这时最右边的选择器组可能还有残余。比

如 div span.aaa 可能余下 div span，div .aaa.bbb 或者可能余下 div .bbb，这个转交主过滤函数 Sizzle.filter 函数处理。它有两种不同的功能，一是不断缩小集合的个数，构成种子集返回；另一种是将原集合中不匹配的元素置换为 false，这个根据它的第三个传参 inplace 而定。

```
Sizzle.filter = function(expr, set, inplace, not) {
    //用于生成种子集或映射集,这视第三个参数而定
    //expr: 选择符
    //set:  元素数组
    //inplace:undefined, null 时进入生成种子集模式,true 时进入映射集模式
    //not:  一个布尔值,来源自取反选择器
    var match, anyFound,
    type, found, item, filter, left,
    i, pass,
    old = expr,
        result = [],
        curLoop = set,
        isXMLFilter = set && set[0] && Sizzle.isXML(set[0]);

    while (expr && set.length) {
        for (type in Expr.filter) { //ID,TAG,CLASS,TAG,CHILD,POS,PSEUDO
            if ((match = Expr.leftMatch[type].exec(expr)) != null && match[2]) {
                //切割出相应的字符串,作为传参放进 filter 里面
                filter = Expr.filter[type];
                left = match[1];
                //ID -->    ["#aaa","","aaa"]
                //CLASS --> [".aaa","","aaa"]
                //TAG-->    ["div","","div"]
                //ATTR-->   ["[aaa=ggg]", "", "aaa", "^=", undefined, undefined, "ggg"]
                //CHILD--> [":nth-child(even)", "", "nth-child", "", "even"]
                //POS-->    [":eq(2)", "", "eq", "2"]
                //PSEUDO-->[":not(.aaa)", "", "not", "", ".aaa"]
                anyFound = false;
                match.splice(1, 1);
                if (left.substr(left.length - 1) === "\\") {
                    continue;
                }
                if (curLoop === result) {
                    result = [];
                }
                if (Expr.preFilter[type]) {
                    match = Expr.preFilter[type](match, curLoop, inplace, result, not, isXMLFilter);
                    //这里会对传参进行加工,比如#aaa 得到 aaa, .bbb 得到 bbb
                    //出于优化需要,它会在 Expr.preFilter.CLASS 进行过滤
                    //而不用等于 Expr.filter.ClASS
                    //另外,针对 CHILD, POS,它会两入进入这个循环,因为它们同时也能被
                    //Expr.leftMatch.PSEUDO 匹配,但它不想被 Expr.filter.PSEUDO 处理
                    //于是直接 continue
                    if (!match) { //CLASS
                        anyFound = found = true;
                    } else if (match === true) { //CHILD, POS
                        continue;
```

```
                }
            }
            if (match) {
                //curLoop 为一个映射集,里面包含 false, true
                for (i = 0;
                (item = curLoop[i]) != null; i++) {
                    if (item) {
                        found = filter(item, match, i, curLoop);
                        pass = not ^ found;
                        //在映射集模式下,将不匹配的元素置换为 false
                        if (inplace && found != null) {
                            if (pass) {
                                anyFound = true;
                            } else {
                                curLoop[i] = false;
                            }
                        //否则 result 为我们的种子集,把匹配者放进去
                        } else if (pass) {
                            result.push(item);
                            anyFound = true;
                        }
                    }
                }
            }

            if (found !== undefined) {
                if (!inplace) {
                    curLoop = result; //重写种子集为 curLoop
                }
                //削减选择符直到变为空字符串
                expr = expr.replace(Expr.match[type], "");
                if (!anyFound) {
                    return [];
                }

                break;
            }
        }
    }

    //如果到最后正则表达式也不能改动选择符,说明它有问题
    if (expr === old) {
        if (anyFound == null) {
            Sizzle.error(expr);
        } else {
            break;
        }
    }
    old = expr;
}
return curLoop;
};
```

待到我们把最右边的选择器组的最一个字符都去掉后,种子集宣告完成,然后处理下一个选择

第 5 章　选择器引擎

器组，并将种子集复制一下，生成映射集。在关系选择器 4 个对应函数，它们位于 Sizzle.selectors.relative 命名空间下，只是将映射集里面的元素置换为它们的兄长父亲，个数是不变的。因此映射集与种子集的数量总是相当。另外，这 4 个函数内部也在调用 Sizzle.filter 函数，它的 inplace 参数为 true，走映射集的逻辑。

```
while (parts.length) {
    cur = parts.pop(); //取得关系选择器
    pop = cur;
    if (!Expr.relative[cur]) {
        cur = ""; //如果不是则默认为后代选择器
    } else {
        pop = parts.pop(); //取得后代选择器前面的子选择器群集
    }
    if (pop == null) {
        pop = context;
    }
    Expr.relative[cur](checkSet, pop, contextXML); //根据其他 4 种迭代器改变映射集里面的元素
    //得到诸如[ [object HTMLDivElement] ,false, false, [object HTMLSpanElement] ]的集合
}
```

最后一步就是根据映射集甄选候选集。

```
for (i = 0; checkSet[i] != null; i++) {
    if (checkSet[i] && checkSet[i].nodeType === 1) {
        results.push(set[i]);
    }
}
```

如果存在并联选择器，那就再调用 Sizzle 主函数，把得到的两个结果合并去重。

```
if (extra) {
    Sizzle(extra, origContext, results, seed);
    Sizzle.uniqueSort(results);
}
```

这就是主流程。下面将是根据浏览器的特性进行优化或调整的部分。比如 IE6、IE7 下的 getElementById 有 bug，需要重写 Expr.find.ID 与 Expr.filterID。IE6～IE8 下，Array.prototype.slice.call 无法切割 NodeList，需要重写 makeArray。IE6～IE8，getElementsByTagName("*")会混杂注释节点，需要重写 Expr.find.TAG。如果浏览器支持 querySelectorAll，那么需要重写个 Sizzle。

```
if (document.querySelectorAll) {
    (function () {
        var oldSizzle = Sizzle,
            div = document.createElement("div"),
            id = "__sizzle__";

        div.innerHTML = "<p class='TEST'></p>";
        //Safari 在怪异模式下 querySelectorAll 不能工作,中止重写
        if (div.querySelectorAll && div.querySelectorAll(".TEST").length === 0) {
            return;
        }

        Sizzle = function(query, context, extra, seed) {
```

```
        //这里省略 N 行
        //更好的利用 querySelector 实现的选择器引擎
        return oldSizzle(query, context, extra, seed);
    };
    //将原来的方法重新绑定到新 Sizzle 函数上
    for (var prop in oldSizzle) {
        Sizzle[prop] = oldSizzle[prop];
    }

    // release memory in IE
    div = null;
})();
```

一旦用上 querySelectorAll，Sizzle 的性能就飕飕上去了！

5.6 总结

要实现兼容 IE6 的选择器引擎是非常难的，特别是要兼顾性能及支持 CSS3 伪类，就是难上加难。在 querySelectorAll 被普遍支持的今日，特别是移动端项目，根本没有必要用 Sizzle 这样专业的引擎。zepto.js 就很取巧地直接用 querySelectorAll，只有几行代码，但 Sizzle 则是 1900 行之巨。如果一定要说学习写一个选择器有什么意义，那就是各种设计模式的实验场了！Sizzle 源码可谓是鬼斧神工，完全读通的话，你的 JavaScript 功力会提升几个档次。

如果一定要兼容 IE6，但你又用不上什么复杂的选择器，那么就试试下面这个迷你选择器。最后作为"饭后甜点"奉给大家。

```
function $(query) {
    var res = []
    if (document.querySelectorAll) {
        res = document.querySelectorAll(query)
    } else {
        var firstStyleSheet = document.styleSheets[0] || document.createStyleSheet()
        query = query.split(',')
        for(var i = 0, len = query.length; i < len; i++) {
            firstStyleSheet.addRule(query[i], 'Hack:ie')
        }
        for (var i = 0, len = document.all.length; i < len; i++) {
            var item = document.all[i]
            item.currentStyle.Hack && res.push(item)
        }
        firstStyleSheet.removeRule(0)
    }
    var ret = []
    for(var i = 0, len = res.length; i < len; i++){
        ret.push(res[i])s
    }
    return ret
}
```

第 6 章 节点模块

　　DOM 操作占我们前端工作的很大一部分，其中元素节点的操作又占其 50%以上。由于 MVVM 的流行，让用户直接操作 DOM 的机会越来越少，因此之前 jQuery 的链式操作我将全部删掉，新版本将集中介绍如何实现 CRUD。没错，CRUD 就是数据库经常所说的那个 CRUD，我们可以将整个 DOM 树作为一个大的数据表，然后对它们进行增删改查。由于查找元素已经在第 5 章介绍了，本章实际只有创建、更新与删除，及其他一些常用功能讲解。

6.1 节点的创建

　　浏览器提供了多种手段创建 API，从流行度来看，依次是 document.createElement、innerHTML、insertAdjacentHTML、createContextualFragment。

　　document.createElement 基本不用说什么，它传入一个标签名，然后返回此类型的元素节点，并且对于浏览器还不支持的标签类型，它也能成功返回，这成了后来 IE6~IE8 支持 HTML5 新标签的救命稻草。在 IE6~IE8 中，它还有一种用法，能允许用户连同属性一起生成，比如 document.createElement("<div id=aaa></div>")。此法常见于生成带 name 属性的 input 与 iframe 元素，因为 IE6~IE7 下这两种元素的 name 属性是只读的，不能修改。

```
function createNamedElement(type, name) {
    var element = null;
    // Try the IE way; this fails on standards-compliant browsers
    try {
        element = document.createElement('<' + type + ' name="' + name + '">');
    } catch (e) {
    }
    if (!element || element.nodeName != type.toUpperCase()) {
        // Non-IE browser; use canonical method to create named element
        element = document.createElement(type);
        element.name = name;
    }
    return element;
}
```

innerHTML 本来是 IE 的私有实现，现在遍地开花了。JQuery 1.0 就开始发掘 innerHTML 的潜能，这不但是因为 innerHTML 的创建效率至少比 createElement 高 2～10 倍不等，还因为 innerHTML 能一下子生成一大堆节点。这与 jQuery 推崇批量操作的宗旨不谋而合。但 innerHTML 存在兼容性问题，比如 **IE 会对用户字符串进行 trimLeft 操作**，本意是智能去掉无用的空白，但 Firefox 等则认为要忠于用户输入，对应位置要生成文本节点。

```
window.onload = function() {
    var div = document.createElement("div");
    div.innerHTML = " <b>1</b><b>2</b> "
    alert(div.childNodes.length);  //IE6~IE8 弹出 3, 其他 4
    alert(div.firstChild.nodeType) //IE6 弹出 1, 其他 3
}
```

IE 下有些元素节点的 innerHTML 是只读的，重写 innerHTML 会报错，这就导致我们在动态插入节点时不能不转求 appendChild、insertBefore 来处理。下面出自 MSDN：

http://msdn.microsoft.com/en-us/library/ms533897(VS.85).aspx The property is read/write for all objects except the following, for which it is read-only: COL, COLGROUP, FRAMESET, HEAD, HTML, STYLE, TABLE, TBODY, TFOOT, THEAD, TITLE, TR

IE 的 innerHTML 会忽略掉 no-scope element。no-scope element 是 IE 的内部概念，隐藏得很深，仅在 MSDN 中说明注释节点是 no-scope element，或在 social.msdn.microsoft.com 官方论坛中透露一点内容——script 与 style 也是 no-scope elements。经过社区这么多年的发掘，大致确认注释、style、script、link、meta、noscript 等表示功能性的标签为 no-scope element。想要用 innerHTML 生成它们，必须在它们之前加上一些东西，比如文字或其他标签。

```
window.onload = function() { //请在 IE6~IE8 下测试
    var div = document.createElement("div");
    div.innerHTML = '<meta http-equiv="X-UA-Compatible" content="IE=9"/>';
    alert(div.childNodes.length);
    div.innerHTML = 'X<meta http-equiv="X-UA-Compatible" content="IE=9"/>';
    alert(div.childNodes.length);
};
```

另一个众所周知的问题是 **innerHTML 不会执行 script 标签里面的脚本**。其实也不尽然，如果浏览器支持 script 标签的 defer 属性，它就能执行脚本。这个特性检测比较难做，因此像 jQuery 直接用正则把它里面的内容抽取出来，然后全局 eval 了。avalon 则采取另一种策略，反正 innerHTML 赋值后已经将它们转换成节点，那么再将它们取出来用 `document.createElement("script")` 生成的节点代替就行了。

最后一个问题就是有的标签不能单独作为 div 的子元素，比如 td、th 元素，需要最外面包几层，才能放到 innerHTML 中解释，否则浏览器会当作普通的文本节点生成。这个是 jQuery 团队发现的，现在所有框架都使用此技术生成节点。如果把这些特殊的标签比作是"胚胎"，那么孵化它们出来的那些父元素就是"胎盘"。在 W3C 规范中，它们都是这样一组组地分成不同的模块，如表 6-1 所示。

表 6-1

胚胎	胎盘
area	map
param	object
col	colgroup
legend	fieldset
option,optgroup	select
thead,tfoot,tbody,colgroup,caption	table
tr,	table
td, th	tr

一直以来，人们都是使用完整的闭合标签来包裹这些特殊标签，直到人们发现浏览器会自动补全闭合标签。

```
window.onload = function() {
    var div = document.createElement("div");
    div.innerHTML = '<table><tbody><tr></tr></tbody></table>';//手动闭合标签
    alert(div.getElementsByTagName("tr").length);//1
    div.innerHTML = '<table><tbody><tr></tr>';//让浏览器自动处理
    alert(div.getElementsByTagName("tr").length);//1
}
```

能自动补完结束标签的元素有 body、colgroup、dd、dt、head、html、li、optgroup、option、p、tbody、td、tfoot、th、thead、tr。浏览器这种机制显然是为了竞争的需要，从而吸引开发者转向自己的阵营。对于浏览器而言，根据上下文补完标签不是什么难事，加之，这能有效减少页面的大小，在网速奇慢的年代是一个优化。同时不写结束标签能避免文本节点出现在元素前后，因此也能减少页面上节点的总体数量。

但现在已经不推荐这样做，浏览器只会固守规则，少写结束标签，很容易引起错误镶嵌。xhtml 布道者就是抓住这一点死命抨击 HTML4。但在 JavaScript 框架内部，由于是把标签限制在一个 div 内，由经验丰富的 JSer 来处理，因此还是可以利用的。

InsertAdjacentHTML 是 dhtml 的产物，这也是 IE 的私有实现。比起其他 API，它具有灵活的插

6.1 节点的创建

入方式。你可以插入到一个元素内部的最前面（afterBegin）、内部的最后面（beforeEnd）、这个元素的前面（beforeBegin）、后面（afterEnd）。它们一一对应 jQuery 的 prepend、append、before、after。因此用它来构造这几个方法，代码量会大大减少。但不巧的是，insertAdjacentHTML 要我们的字符串同样遵守 HTML 的套嵌规则。在 IE 下，它在 td、th 等元素内部插入新节点还是报错，理由同 innerHTML。不过，若我们能提早判定用户字符串没有需要套嵌的元素、没有 no-scope 元素的话，那么在插入操作中它还是很有用的。

jQuery 相关的操作是先经由 append 方法进入 domManip 方法，再到 buildFragment 方法，再到 clean 方法，这么复杂才完成。其间有字符串再加工、script 内容抽取、innerHTML 序列化、文档碎片对象生成、插入 DOM、全局 eval 这么多步骤。在最理想的情况，我们可以用一个 insertAdjacentHTML 搞定。insertAdjacentHTML 的兼容性如表 6-2 所示。

表 6-2

浏览器	Chrome	Firefox	IE	Opera	Safari(webkit)
版本	1	8	4	7	4(527)

如果浏览器不支持 insertAdjacentHTML，那么我们可以用下面介绍到的 createContextualFragment 来模拟。

```
if (typeof HTMLElement !== "undefined" &&
    !HTMLElement.prototype.insertAdjacentElement) {
    HTMLElement.prototype.insertAdjacentElement = function(where, parsedNode) {
            switch (where.toLowerCase()) {
            case 'beforebegin':
                this.parentNode.insertBefore(parsedNode, this)
                break;
            case 'afterbegin':
                this.insertBefore(parsedNode, this.firstChild);
                break;
            case 'beforeend':
                this.appendChild(parsedNode);
                break;
            case 'afterend':
                if (this.nextSibling)
                this.parentNode.insertBefore(parsedNode, this.nextSibling);
                else this.parentNode.appendChild(parsedNode);
                break;
            }
    }
    HTMLElement.prototype.insertAdjacentHTML = function(where, htmlStr) {
        var r = this.ownerDocument.createRange();
        r.setStartBefore(this);
        var parsedHTML = r.createContextualFragment(htmlStr);
        this.insertAdjacentElement(where, parsedHTML);
    }
    HTMLElement.prototype.insertAdjacentText = function(where, txtStr) {
        var parsedText = document.createTextNode(txtStr)
        this.insertAdjacentElement(where, parsedText)
    }
}
```

createContextualFragment 是 Firefox 推出的私有实现，它是 Range 对象的一个实例方法，相对于 insertAdjacentHTML 直接将内容插入到 DOM 树。createContextualFragment 则是允许我们将字符串转换为文档碎片，然后再由你决定插入到哪里。在著名的 emberjs 中，如果支持 Range，那么它的 html、append、prepend、after 等方法都用 createContextualFragment 与 deleteContents 实现。createContextualFragment 与 insertAdjacentHTML 一样，要字符串遵守 HTML 的套嵌规则。

此外，我们还可以用 document.write 来创建内容，但我们动态添加节点时多发生在 DOM 树建完之后，因此不太合适，这里就不展开了。

最后要隆重介绍的 template 标签，它是一个天然的 html parser，能将我们赋予它的字符串**直接转换为文档碎片**！

```
var a = document.createElement('template')
a.innerHTML = '<div></div><div></div>'
console.log(a.content)


var a = document.createElement('template')
a.innerHTML = '<div></div><div></div>'
Console.log(a.content)
▼ #document-fragment
    <div></div>
    <div></div>
```

最后封上 avalon 的 parseHTML 方法，也是所有主流库都拥有的一个方法，将一段 HTML 转换为一个文档碎片。

```
var Cache = require('../../seed/cache')
var fixScript = require('./fixScript')
var tagHooks = new function () {
//这里按照上面提到的胚胎与胎盘的关系，将需要套嵌使用的母元素预先准备好
    avalon.shadowCopy(this, {
        option: document.createElement('select'),
        thead: document.createElement('table'),
        td: document.createElement('tr'),
        area: document.createElement('map'),
        tr: document.createElement('tbody'),
        col: document.createElement('colgroup'),
        legend: document.createElement('fieldset'),
        _default: document.createElement('div'),
        'g': document.createElementNS('http://www.***org/2000/svg', 'svg')
    })
    this.optgroup = this.option
    this.tbody = this.tfoot = this.colgroup = this.caption = this.thead
    this.th = this.td
}
//生成 SVG 套嵌使用的母元素
var svgHooks = {
    g: tagHooks.g
}
```

6.1 节点的创建

```
String('circle,defs,ellipse,image,line,path,polygon,polyline,rect,symbol,text,use').
replace(avalon.rword, function (tag) {
    svgHooks[tag] = tagHooks.g //处理SVG
})

var rtagName = /<([\w:]+)/
var rxhtml = /<(?!area|br|col|embed|hr|img|input|link|meta|param)(([\w:]+)[^>]*)\/>/ig

var rhtml = /<|&#?\w+;/
var htmlCache = new Cache(128)
var templateHook = document.createElement('template')
//如果浏览器不支持HTML5 template元素
if (!/HTMLTemplateElement/.test(tempateTag)) {
    templateHook = null
    avalon.shadowCopy(tagHooks, svgHooks)
}

avalon.parseHTML = function (html) {
    var fragment = document.createDocumentFragment(), firstChild
    if (typeof html !== 'string') {
        return fragment
    }
    if (!rhtml.test(html)) {
        fragment.appendChild(document.createTextNode(html))
        return fragment
    }
    html = html.replace(rxhtml, '<$1></$2>').trim()
    var hasCache = htmlCache.get(html)
    if (hasCache) {
        return hasCache.cloneNode(true)
    }
    var tag = (rtagName.exec(html) || ['', ''])[1].toLowerCase()
    var wrapper = svgHooks[tag], firstChild
    if (wrapper) {//svgHooks
        wrapper.innerHTML = html
    } else if (templateHook) {//templateHook
        templateHook.innerHTML = html
        wrapper = templateHook.content
    } else {//tagHooks
        wrapper = tagHooks[tag] || tagHooks._default
        wrapper.innerHTML = html
    }
    fixScript(wrapper)
    if (templateHook) {
        fragment = wrapper
    } else {// 将wrapper上的节点转移到文档碎片上!
        while (firstChild = wrapper.firstChild) {
            fragment.appendChild(firstChild)
        }
    }
    if (html.length < 1024) {
        htmlCache.put(html, fragment.cloneNode(true))
    }
    return fragment
}
```

Cache 是一个带长度限制的缓存体，大致如下。

```
function Cache(size) {
    var keys = []
    var cache = {}
    this.get = function (key) {
        return cache[key+' ']
    }
    this.put = function (key, value) {
        //加上' '是用于处理 IE6-8 的 toString, valueOf 方法
        if (keys.push(key + ' ') > size) {
            delete cache[ keys.shift() ]
        }
        return (cache[ key + ' ' ] = value)
    }
    return this
}
```

fixScript 顾名思义，用于修复 innerHTML 生成的 script 节点，不会发出请求与执行 text 属性的行为。

```
var scriptNode = document.createElement('script')
var scriptTypes = avalon.oneObject(['', 'text/javascript', 'text/ecmascript',
    'application/ecmascript', 'application/javascript'])

function fixScript(wrapper) {
    var els = wrapper.getElementsByTagName('script')
    if (els.length) {
        for (var i = 0, el; el = els[i++]; ) {
            if (scriptTypes[el.type]) {
                //以偷龙转凤方式恢复执行脚本功能
                var neo = scriptNode.cloneNode(false) //FF 不能省略参数
                Array.prototype.forEach.call(el.attributes, function (attr) {
                    if (attr && attr.specified) {
                        neo[attr.name] = attr.value //复制其属性
                        neo.setAttribute(attr.name, attr.value)
                    }
                }) // jshint ignore:line
                neo.text = el.text
                el.parentNode.replaceChild(neo, el) //替换节点
            }
        }
    }
}
module.exports = fixScript
```

6.2 节点的插入

从原生 API 单纯的字面来看，浏览器最初提供了 insertBefore 与 appendChild 这两个方法。还有一个是通过替换已有节点的"插入方式"，replaceChild。然后人们觉得不够用，于是一般的工具

库还创建了这么一个方法。

```
function insertAfter(newElement, targetElement) {
    var parent = targetElement.parentNode;
    if (parent.lastChild == targetElement) {
        parent.appendChild(newElement);
    } else {
        parent.insertBefore(newElement, targetElement.nextSibling);
    }
}
```

在微软的 DHTML 推销过程中，又造出了 insertAdjacentXXX 三组方法。

- insertAdjacentHTML。
- insertAdjacentText。
- insertAdjacentElement。

参数都相同，第 1 个是插入的位置，第 2 个是插入的内容（insertAdjacentHTML 与 insertAdjacentText 要求传入字符串，insertAdjacentElement 要求传入节点）。重点是第 1 个插入的位置，提供了 4 种方式（见图 6-1）。

（1）beforebegin：插入到标签开始前。
（2）afterbegin：插入到标签开始标记之后。
（3）beforeend：插入到标签结束标记前。
（4）afterend：插入到标签结束标记后。

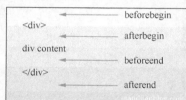

图 6-1

这为以后 jQuery 的 before、prepend、append、after 方法的设计提供了一个样板。到后来，由于这几个方法太受欢迎，W3C 在 DOM4 中决定原生支持它们[①]，参数可以是字符串与 DOM 节点，如图 6-2 所示。

图 6-2

除此之外，jQuery 还提供了 wrap、wrapAll、wrappInner 这 3 种特殊的插入操作。

wrap 为当前元素提供了一个父节点，此父节点将动态插入原节点的父亲底下。这个我们可以轻松在 IE 下用 neo.applyElement (old, "outside")实现。

---

① DOM4 中一共添加了 before、after、replaceWith、remove、prepend、append 6 个增删节点的 API。

wrapAll 则是为一堆元素提供一个共同的父节点，插入到第一个元素的父亲底下，其他元素再统统挪到新节点底下。

wrappInner 是为当前元素插入一个新节点，然后将它之前的孩子挪到新节点底下。这个我们可以轻松在 IE 下用 neo.applyElement (old, "inside")实现。从上面的描述来看，applyElement 真是很强大的，可以在标准浏览器扩展一下，让它应用更广！

```
if (!document.documentElement.applyElement && typeof HTMLElement !== "undefined") {
    //实现 IE only 的 removeNode
    HTMLElement.prototype.removeNode = function(deep) {
        //deep 参数决定是否只剩除此节点，还是将其下级的所有子孙都一起删掉
        //如果只删目标节点（deep=false 或不传参）
        //那么将其子孙全部上挪到目标节点的位置上
        var parent = this.parentNode
        var childNodes = this.childNodes
        var fragment = this.ownerDocument.createElementFragment()
        while(childNodes.length){
            fragment.appendChild(childNodes[0])
        }
        if(!!deep){
            parent.removeChild(this)
        }else{
            parent.replaceChild(this,fragment)
        }
        return this
    }
    //可以模拟 wrap、wrapInner 的效果
    HTMLElement.prototype.applyElement = function(newNode, where) {
        newNode = newNode.removeNode(false)
        var range = this.ownerDocument.createRange()
        var where = ((where || 'outside').toLowerCase()
        var method = where === 'inside' ? 'selectNodeContents' :
            where === 'outside' ? 'selectNode' : 'error'
        if(method === 'error'){
            throw new Error('DOMException.NOT_SUPPORTED_ERR(9)');
        }else{
            range[method](this)
            range.surroundContents(newNode)
            range.detach()
        }
        return newNode
    }
}
```

6.3 节点的复制

IE 对元素的复制与 innerHTML 一样，存在许多 bug，非常著名的就是上节所说的，IE 自作多情地复制 attachEvent 事件。另外，根据标准浏览器 cloneNode 的测试，它只会复制元素写在标签内的属性与通过 setAttribute 设置的属性，而 IE6～IE8 还支持通过 `node.aaa = "xxx"`设置的属性复制。

6.3 节点的复制

```
<div id="aaa" data-test="test" title="title">目标节点</div>


window.onload = function() {
    var node = document.getElementById("aaa");
    node.expando = {
        key: 1
    }
    node.setAttribute("attr", "attr")
    var clone = node.cloneNode(false);
    alert(clone.id);//aaa
    alert(clone.getAttribute("data-test"));//test
    alert(clone.getAttribute("title"));//title
    alert(clone.getAttribute("attr"));//attr
    node.expando.key = 2 //修正为2
    alert(clone.expando.key )//IE6~IE8: 2; 其他: undefined
}
```

如果仅是这样还好办，但 IE 在复制时不但会多复制一些，有时还会少复制一些，这让程序员不好处理。我们看一下 jQuery 是怎么处理的。jQuery.fn.clone 拥有两个参数，第一个是只复制节点，但不复制数据与事件，默认为 false；第二个决定如何复制它的子孙，默认是遵循参数一的决定。

```
jQuery.fn.clone = function( dataAndEvents, deepDataAndEvents ) {
    //方法只是用来调整这两个参数，然后交给真正干事的 jQuery.clone
    dataAndEvents = dataAndEvents == null ? false : dataAndEvents;
    deepDataAndEvents = deepDataAndEvents == null ? dataAndEvents : deepDataAndEvents;
    return this.map( function() {
        return jQuery.clone(this,dataAndEvents,deepDataAndEvents);
    });
},
```

jQuery.clone 异常复杂。

```
jQuery.clone = function( elem, dataAndEvents, deepDataAndEvents ) {
    var destElements, node, clone, i, srcElements,
        inPage = jQuery.contains( elem.ownerDocument, elem );
    //判定浏览器对 W3C 规范是否支持足够良好，现在是 chrome 这样，可以直接
    //使用 cloneNode(true)搞定
    if ( support.html5Clone || jQuery.isXMLDoc( elem ) ||
        !rnoshimcache.test( "<" + elem.nodeName + ">" ) ) {

        clone = elem.cloneNode( true );
    } else {
        //IE8 不支持复制未知的标签类型，需要使用 outerHTML hack
        fragmentDiv.innerHTML = elem.outerHTML;
        fragmentDiv.removeChild( clone = fragmentDiv.firstChild );
    }

    if ( ( !support.noCloneEvent || !support.noCloneChecked ) &&
         ( elem.nodeType === 1 || elem.nodeType === 11 )
         && !jQuery.isXMLDoc( elem ) ) {
        //IE6~IE8 下是使用 attachEvent 添加事件的，这时可能将事件也复制了
```

第 6 章 节点模块

```
                //此外如果元素是 input[type=radio]，其 checked 属性可能无法复制
                //这里有一大箩筐 bug 要修复
                destElements = getAll( clone );
                srcElements = getAll( elem );

                // 这里几乎都是 IE6 ~ IE8 的 bug
                for ( i = 0; ( node = srcElements[ i ] ) != null; ++i ) {

                    // Ensure that the destination node is not null; Fixes #9587
                    if ( destElements[ i ] ) {
                        fixCloneNodeIssues( node, destElements[ i ] );
                    }
                }
            }

            // 这是针对 jQuery 的行为，复制之前的数据与事件
            if ( dataAndEvents ) {
                if ( deepDataAndEvents ) {
                    srcElements = srcElements || getAll( elem );
                    destElements = destElements || getAll( clone );

                    for ( i = 0; ( node = srcElements[ i ] ) != null; i++ ) {
                        cloneCopyEvent( node, destElements[ i ] );
                    }
                } else {
                    cloneCopyEvent( elem, clone );
                }
            }

            // 复制生成的 script 节点与 innerHTML 一样，不会执行脚本或发出请求
            // 如果手动修复
            destElements = getAll( clone, "script" );
            if ( destElements.length > 0 ) {
                setGlobalEval( destElements, !inPage && getAll( elem, "script" ) );
            }

            destElements = srcElements = node = null;

            return clone;
        }
```

getAll 方法是用于获取此节点下所有子孙节点的，类似 getElementsByTagName，不过它会根据浏览器是否支持 querySelectorAll 来判定是否进行优化。

```
function fixCloneNodeIssues( src, dest ) {
    var nodeName, e, data;

    // 此方法中处理元素节点
    if ( dest.nodeType !== 1 ) {
        return;
    }

    nodeName = dest.nodeName.toLowerCase();
```

6.3 节点的复制

```javascript
    // 以前原来节点的事件
    if ( !support.noCloneEvent && dest[ jQuery.expando ] ) {
        data = jQuery._data( dest );

        for ( e in data.events ) {
            jQuery.removeEvent( dest, e, data.handle );
        }

        //移除 UUID
        dest.removeAttribute( jQuery.expando );
    }

    // 手动添加 script 的 text 属性, IE 下通过 cloneNode 无法复制
    if ( nodeName === "script" && dest.text !== src.text ) {
        disableScript( dest ).text = src.text;
        restoreScript( dest );

    // IE6 ~ IE10 improperly clones children of object elements using classid.
    // IE6 ~ IE10 无法复制 object 元素的孩子,新节点的下面没有孩子!!
    } else if ( nodeName === "object" ) {
        if ( dest.parentNode ) {
            dest.outerHTML = src.outerHTML;
        }
        if ( support.html5Clone && ( src.innerHTML && !jQuery.trim( dest.innerHTML ) ) ) {
            dest.innerHTML = src.innerHTML;
        }

    } else if ( nodeName === "input" && rcheckableType.test( src.type ) ) {

        // IE6 ~ IE8 无法复制 checkbox/radio 的 checked, defaultChecked 属性
        dest.defaultChecked = dest.checked = src.checked;

        // IE6 ~ IE7 checkbox/radio 标签如果没有显示指定 value 时, 其默认值会变成 on
        if ( dest.value !== src.value ) {
            dest.value = src.value;
        }

    // IE6 ~ IE8 无法复制 option 元素的 selected defaultSelected 属性
    } else if ( nodeName === "option" ) {
        dest.defaultSelected = dest.selected = src.defaultSelected;

    // IE6 ~ IE8 无法复制文本域、文本区的 defaultValue 属性
    } else if ( nodeName === "input" || nodeName === "textarea" ) {
        dest.defaultValue = src.defaultValue;
    }
}
```

上面处理 object 标签,其实还是有问题的。大家要自己实现库时,建议改成如下。

```javascript
if(nodeName === 'object'){
    var params = src.childNodes
    if(dest.childNodes.length !== params.length){
        for(var i = 0, el; el = params[i++];){
            dest.appendChild(el.cloneNode(true))
```

```
            }
        }
    }
```

至于 cloneCopyEvent，这方法与 jQuery 的数据缓存系统绑得太死了，暂时先跳过。

不过随着浏览器的升级，原生的 cloneNode 方法的 bug 会修复得很快，因此大家不用支持 IE6～IE8 这样古老的浏览器，可以像 zepto 那样用很有魄力的几行搞定：

```
//zepto
clone: function () {
    return this.map(function () {
        return this.cloneNode(true)
    })
}
```

6.4 节点的移除

浏览器提供了多种移除节点的方法，常见的有 removeChild、removeNode，动态创建一个元素节点或文档碎片再 appendChild，创建 Range 对象选中目标节点然后 deleteContents。

```
//一个不需要知道父节点，移除节点的方法
var f = document.createDocumentFragment()
function clearChild (node) {
    f.appendChild(node)
    f.removeChild(node)
    return node
}
```

removeNode 是 IE 的私有实现，Opera 也实现了此方法。它的作用是将目标节点从文档树中删除，返回目标节点。它有一个参数，为布尔值，其默认值为 false，即仅删除目标节点，保留子节点，为 true 时相当于 removeChild。

deleteContents 算是比较偏门的 API，兼容性差，这个以后说。

removeChild 在 IE6～IE7 中有内存泄漏问题，由 IE 的 GC 回收比较失败而引起。由于这太底层了，这里就不展开了。这里给出 EXT 框架的方案。像 EXT 这样庞大的 UI 库，所有节点都动态生成，因此是非常注重 GC 回收的。

```
var removeNode = IE6 || IE7 ? function() {
    var d; //IE6、IE7 的判定自己写
    return function(node) {
        if (node && node.tagName != 'BODY') {
            d = d || document.createElement('DIV');
            d.appendChild(node);
            d.innerHTML = '';
        }
    }
}() : function(node) {
    if (node && node.parentNode && node.tagName != 'BODY') {
        node.parentNode.removeChild(node);
```

6.4 节点的移除

　　　　}
　　}

　　为什么这么写呢？因为在 IE6~IE8 中存在一个叫 **DOM 超空间**（DOM hyperspace）的概念。即当元素移出 DOM 树，又有 JavaScript 关联时元素不会消失，它被保存在这个叫超空间的地方。《PPK 谈 JavaScript》一书指出，可以用是否存在 parentNode 来判定元素是否在超空间。

```
window.onload = function() {
    var div = document.createElement("div");
    alert(div.parentNode); //null
    document.body.removeChild(document.body.appendChild(div));
    alert(div.parentNode); //IE6~IE8 object;其他 null
    if (div.parentNode) {
        alert(div.parentNode.nodeType); //11 文档碎片
    }
}
```

　　第一个 alert 出 null，这个所有浏览器都一样，因此有时我们误以为可以当作节点是否在 DOM 的基准。但当元素插入 DOM 树再移出时，就有差异了，IE6~IE8 会下弹出一个文档碎片对象。因此可以想象为何 IE 性能这么差了，它自以为这样能重复使用元素，但通常用户移除了就不管，因此久而久之，内存就允许了许多这样的"碎片"，加之其他问题，就很容易造成泄漏。

　　我们再看 innerHTML 清除元素会怎么样。

```
<body><div id="test"></div></body>
```

```
window.onload = function() {
    var div = document.getElementById('test');
    document.body.innerHTML = '';
    alert(div.parentNode);//null
}
```

　　结果在 IE 下也是 null，但这也不能说明 innerHTML 就比 removeChild 好。我们继续下一个实验。

```
<body>
    <div><div id="test1">test1</div></div>
    <div><div id="test2">test2</div></div>
</body>
```

```
window.onload = function() {
    var div1 = document.getElementById('test1');
    div1.parentNode.removeChild(div1);
    alert(div1.id + ":" + div1.innerHTML);//test1:test1
    var div2 = document.getElementById('test2');
    div2.parentNode.innerHTML = "";
    alert(div2.id + ":" + div2.innerHTML);//test2
}
```

　　这时我们就发现，当用 removeChild 移除节点，原来元素的结构没有发生变化，但用 innerHTML 时，IE6~IE8 下会直接清空其里面的内容，只剩下个空壳，而标准浏览器则与 removeChild 保持一致。打个比喻，在 IE 下，removeChild 就是掰断树枝，但树枝可以再次使用。而 innerHTML 就是把所需要的枝叶给拔下来然后把树枝烧掉。鉴于 IE 对内存管理的失败，这么干净的清除节点正是我们寻找的方法！因此 EXT 从 1.0 到 4.0，此方法也没大改变。

对于 jQuery 这样的类库框架来说，估计很难走这条路。它已经被自己的数据缓存系统绑架了，移除节点时需要逐个检测元素，从缓存系统中移除对应的缓存体，否则会让浏览器宕机。不过最不好的是 jQuery 通过类数组结构与 preObject 困住节点的方式，这就造成了 jQuery 即便是使用 innerHTML，元素节点在 IE 下还是位于 DOM 超空间中。

jQuery 在性能上没有优势，于是在移除节点的方式上造势。它提供了 3 种移除节点的方式：remove，移除节点的同时从数据缓存系统上移除对应数据；empty，只清空元素的内部，相当于 IE 下的 removeNode(false)；及 detach 方法。经常有这么一个场景，我们要为元素做一些复杂的属性或样子操作，出于性能考虑，我们会先将元素移出 DOM 树，待处理完再插回来。但绝对大多数操作 DOM 的方法都与数据缓存方法关联在一起，若用 remove 方法，会将这些数据与事件都清理掉。因此，**detach 方法**应运而生，它只是用于临时移出 DOM 树，不会移除数据与事件。

下面是它们的实现。

```
"remove,empty,detach".replace(/[^, ]+/g, function(method) {
    $.fn[method] = function() {
        var isRemove = method !== "empty";
        for (var i = 0, node; node = this[i++];) {
            if (node.nodeType === 1) {
                //移除匹配元素
                var array = $.slice(node[TAGS]("*")).concat(isRemove ? node : []);
                if (method !== "detach") {
                    array.forEach(cleanNode);
                }
            }
            if (isRemove) {
                if (node.parentNode) {
                    node.parentNode.removeChild(node);
                }
            } else {
                while (node.firstChild) {
                    node.removeChild(node.firstChild);
                }
            }
        }
        return this;
    }
});
```

如果我们的框架没有像 jQuery 那样引入一个庞大的数据缓存系统，而是像 zepto.js 那样通过 HTML5 的 data-* 来缓存数据，那么许多东西都可以简化了。这也意味着我们不打算兼容 IE6、IE7、IE8，那么我们就可以使用 deleteContents 或 textContent。比如我们实现一个清空元素内部的 API。

版本一，最传统的方式。

```
function clearChild (node) {//node 可以是元素节点与文档碎片
    while (node.firstChild) {
        node.removeChild(node.firstChild)
```

```
        }
        return node
}
```

版本二，使用 deleteContents，创建一个 Range 对象，然后通过 setStartBefore、setEndAfter 选择边界，最后清空它们俩的节点。

```
var deleteRange = document.createRange()
function clearChild (node) {//node 可以是元素节点与文档碎片
    deleteRange.setStartBefore(node.firstChild)
    deleteRange.setEndAfter(node.lastChild)
    deleteRange.deleteContents()
    return node
}
```

版本三，使用 textContent。textContent 是 W3C 版本的 innerText。这个东西在较新的浏览器中兼容性特别好，并且同时存在于元素节点与文档碎片中。

```
function clearChild (node) {//node 可以是元素节点与文档碎片
    node.textContent = ""
    return node
}
```

6.5 节点的移除回调实现

当我们为元素节点绑定了许多数据与事件时，为了防止内存泄漏，有时我们需要一个回调，当节点被移除时执行一些清理操作。

这是一个很高级的抽象，早期浏览器是没有对应 API 的。到 IE9 时，出现了很短命的 Mutation Event，其中与移除相关的事件有两个。

- DOMNodeRemoved，如果节点被其包含的父节点移除，就会触发此事件。
- DOMNodeRemovedFromDocument，如果节点被其包含的父节点或其祖先节点移除，就会触发此事件。

从功效来看，显然 **DOMNodeRemovedFromDocument** 更加好用些，因为我们不知道哪一级父节点会发生 removeChild 或 innerHTML 操作，导致下方所有子孙都被清空。

```
if(window.chrome){//现在只有 chrome 坚持支持此事件
    var root = document.documentElement
    root.addEventListener('DOMNodeRemovedFromDocument', function(e){
        setTimeout(function(){//判定这是永久移除还是临时的节点挪动
            if(root.contains(e.target)){//如果还在 DOM 树，说明是永久移除
                action() //这里执行你的清理操作
            }
        })
    })
}
```

但随着 Mutation Event 的昙花一现，我们需要寻找新的替代品。浏览器将监听节点变动的工作

交给 Mutation Observer。

6.5.1 Mutation Observer

Mutation Observer（变动观察器）是监视 DOM 变动的接口。DOM 发生任何变动，Mutation Observer 都会得到通知。

概念上，它很接近事件，可以理解为，当 DOM 发生变动，会触发 Mutation Observer 事件。但是，它与事件有一个本质不同：事件是同步触发，也就是说，当 DOM 发生变动，立刻会触发相应的事件；Mutation Observer 则是异步触发，DOM 发生变动以后，并不会马上触发，而是要等到当前所有 DOM 操作都结束后才触发。

这样设计是为了应付 DOM 变动频繁的特点。举例来说，如果在文档中连续插入 1000 个段落（p 元素），就会连续触发 1000 个插入事件，执行每个事件的回调函数，这很可能造成浏览器的卡顿；而 Mutation Observer 完全不同，只在 1000 个段落都插入结束后才会触发，而且只触发一次。

Mutation Observer 有以下特点。

（1）它等待所有脚本任务完成后，才会运行，即采用异步方式。

（2）它把 DOM 变动记录封装成一个数组进行处理，而不是一条条地个别处理 DOM 变动。

（3）它既可以观察发生在 DOM 的所有类型变动，也可以观察某一类变动。

目前，Firefox（14+）、Chrome(26+)、Opera（15+）、IE（11+）和 Safari（6.1+）支持这个 API。Safari 6.0 和 Chrome 18~Chrome 25 使用这个 API 的时候，需要加上 WebKit 前缀（WebKitMutationObserver）。可以使用下面的表达式，检查当前浏览器是否支持这个 API。

```
var MutationObserver = window.MutationObserver
    || window.WebKitMutationObserver
    || window.MozMutationObserver
var observeMutationSupport = !!MutationObserver
```

MutationObserver 是一个构造函数，需要传入一个回调作参数，返回一个 observer 对象，然后 observer 需要指定另外两个参数（第一个是监听的起点；第二个是配置对象，指明要监听哪些类型的变动）

```
var observer = new MutationObserver(callback);
var options = {
  'childList': true,
  'attributes':true
} ;
observer.observe(document.documentElement, options);
```

options 配置对象拥有如下属性。

- childList：布尔，子节点的变动。
- attributes：布尔，属性的变动。
- characterData：布尔，节点内容或节点文本的变动。
- subtree：布尔，所有后代节点的变动。
- attributeOldValue：布尔，表示观察 attributes 变动时，是否需要记录变动前的属性值。
- characterDataOldValue：布尔，表示观察 characterData 变动时，是否需要记录变动前的值。

- attributeFilter：数组，表示需要观察的特定属性（比如['class','src']）。

此外还有其他 API 或方法，具体可看 MDN。目前的知识已经够我们实现一个新的 remove 监控方法了！

```
of-domnoderemovedfromdocument
function onRemove(element, onDetachCallback) {
    var observer = new MutationObserver(function () {
        function isDetached(el) {
            if (el.parentNode === document) {
                return false
            } else if (el.parentNode === null) {
                return true
            } else {
                return isDetached(el.parentNode)
            }
        }
        if (isDetached(element)) {
            onDetachCallback()
        }
    })

    observer.observe(document, {
        childList: true,
        subtree: true
    })
}
```

6.5.2 更多候选方案

但无论是 Mutation Event 还是 MutationObserver，对浏览器的版本要求还是非常高的，因此我们需要更多候选方案。在 avalon 中，为了实现对组件的生命周期监控，在移除节点这方面一共提供了 4 个方法。

方案一，如果浏览器是自定义标签，这里特指通过 document.register 方法注册的 unresolved 元素，否则它们就是未知元素，没有生命周期钩子，如表 6-3 所示。

表 6-3

类型	继承自	示例
unresolved 元素	HTMLElement	<x-tabs>、<my-element>、<my-awesome-app>
未知元素	HTMLUnknownElement	<tabs>、<foo_bar>

目前，Chrome（27+）和 Firefox（23+）都提供了对 document.register() 的支持，不过之后规范又有一些演化。chrome 31 将是第一个支持新规范的版本。

创建一个自定义标签如下。

```
var XFoo = document.register('x-foo', {
 prototype: Object.create(HTMLElement.prototype, {
```

```
      createdCallback:funciton(){ alert("节点创建时的回调") },
      bar: {
        get: function() { return 5; }
      },
      foo: {
        value: function() {
          alert('foo() called');
        }
      }
   })
});
```

这个新标签的原型中可以添加 4 个生命周期钩子，如表 6-4 所示。

表 6-4

回调名称	调用时间点
createdCallback	创建元素实例
attachedCallback	向文档插入实例
detachedCallback	从文档中移除实例
attributeChangedCallback	添加，移除，或修改一个属性

基于此，我们得到第一个实现方案。

```
//https://github.com/RubyLouvre/avalon/blob/master/src/component/disposeDetectStrategy.js
//用于 chrome, safari
var tags = {}
function byCustomElement(name) {
    if (tags[name])
        return
    var prototype = Object.create(HTMLElement.prototype)
    tags[name] = prototype
    prototype.detachedCallback = function () {
        var dom = this
        setTimeout(function () {
            fireDisposeHook(dom)
        })
    }
    document.registerElement(name, prototype)
}
```

方案二，使用 Mutation Event。

```
function byMutationEvent(dom) {
    dom.addEventListener("DOMNodeRemovedFromDocument", function () {
        setTimeout(function () {
            fireDisposeHook(dom)
        })
    })
}
```

方案三，如果是 IE9 或以上，window 上暴露了 Node 构造器，它是 HTMLElement 更上位的原型对象，通过改写一些常用的 DOM 操作方法，我们就能得到移除的时机了。

```javascript
function byRewritePrototype() {
    if (byRewritePrototype.execute) {
        return
    }

    byRewritePrototype.execute = true
    var p = Node.prototype
    function rewite(name, fn) {
        var cb = p[name]
        p[name] = function (a, b) {
            return fn.call(this, cb, a, b)
        }
    }
    rewite('removeChild', function (fn, a, b) {
        fn.call(this, a, b)
        if (a.nodeType === 1) {
            setTimeout(function () {
                fireDisposeHook(a)
            })
        }
        return a
    })

    rewite('replaceChild', function (fn, a, b) {
        fn.call(this, a, b)
        if (b.nodeType === 1) {
            setTimeout(function () {
                fireDisposeHook(a)
            })
        }
        return a
    })

    rewite('innerHTML', function (fn, html) {
        var all = this.getElementsByTagName('*')
        fn.call(this, html)
        fireDisposedComponents(all)
    })

    rewite('appendChild', function (fn, a) {
        fn.call(this, a)
        if (a.nodeType === 1 && this.nodeType === 11) {
            setTimeout(function () {
                fireDisposeHook(a)
            })
        }
        return a
    })

    rewite('insertBefore', function (fn, a) {
        fn.call(this, a)
        if (a.nodeType === 1 && this.nodeType === 11) {
            setTimeout(function () {
                fireDisposeHook(a)
```

```
            })
        }
        return a
    })
}
function fireDisposedComponents (nodes) {
    for (var i = 0, el; el = nodes[i++]; ) {
        fireDisposeHook(el)
    }
}
```

方案四,最简单粗暴低效的轮询,用于应付 IE6~IE8。

```
var checkDisposeNodes = []
var checkID = 0
function byPolling(dom) {
    avalon.Array.ensure(checkDisposeNodes, dom)
    if (!checkID) {
        checkID = setInterval(function () {
            for (var i = 0, el; el = checkDisposeNodes[i++]; ) {
                if (false === fireDisposeHook(el)) {
                    avalon.Array.removeAt(checkDisposeNodes, i)
                    --i
                }
            }
            if (checkDisposeNodes.length == 0) {
                clearInterval(checkID)
                checkID = 0
            }
        }, 1000)
    }
}
```

至于为什么不用 MutationObserver,因为在 IE 下,如果使用此方法,那么它原本是单个文本节点的地方(暂时发现在{{}}会断成 N 个文本节点,称之为碎片化。比如说,明明这个元素节点下只有 3 个文本节点,结果多出 11 个,由于文本节点的内容被拆得支离破碎,就很可能会导致一些基于 DOM 的 MVVM 框架扫描失败。

```
<!doctype html>
<html>
    <head>
        <meta charset="utf-8">
        <meta http-equiv="X-UA-Compatible" content="IE=Edge" />
        <title>TEST</title>


        <script>

            var MutationObserver = window.MutationObserver
            if (MutationObserver) {
                var observer = new MutationObserver(function(mutations) {
                    //...
                });
```

6.6 innerHTML、innerText、outerHTML、outerText 的兼容处理

```
            observer.observe(document.documentElement, {
                childList: true,
                subtree: true
            })
        }
        window.onload = function () {
            setTimeout(function () {
                var el = document.getElementById("aaa")
                console.log(el.childNodes.length)
            }, 3000)
        }
    </script>
</head>
<body>
    <div id="aaa">我的{{name}}叫{{answer}},他的{{name}}叫{{no}},{{10*10}}
        <p>IE下, 如果使用了MutationObserver, 那么它原本是单个文本节点的地方 ( 暂时发现在{{}
会断成N个文本节点(我称之为碎片化), 导致一些基于DOM的MVVM框架扫描失败</p>
    </div>
</body>
</html>
```

6.6 innerHTML、innerText、outerHTML、outerText 的兼容处理

IE 率先实现了 innerHTML、innerText、outerHTML、outerText 这 4 个便捷的 API 来替换元素节点的内容或本身，如图 6-3 所示。

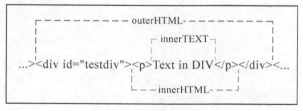

图 6-3

outerText 的作用区域与 outerText 是一样的。

功能如下。

- innerHTML，设置或获取位于元素开标签与闭标签之间的 HTML。
- outerHTML，设置或获取元素及其内容的 HTML。
- innerText，设置或获取位于元素开标签与闭标签之间的文本。
- outerText，设置或获取元素及其内容的文本。

其中由于 innerHTML 能批量生成节点，很快就普及到其他浏览器。目前这些方法都被 W3C 标准化，只有 Firefox 的实现比较迟缓，如图 6-4～图 6-8 所示。

Firefox39：

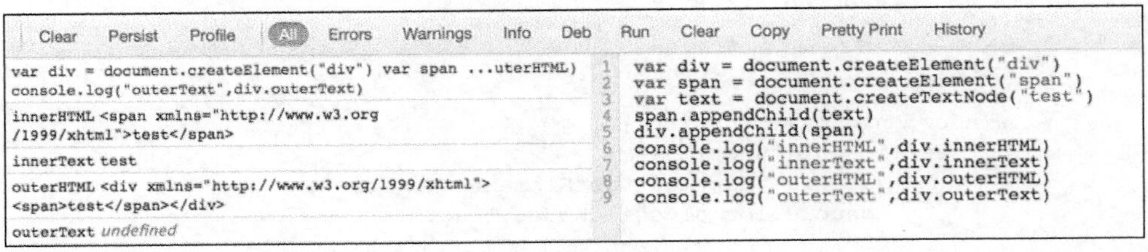

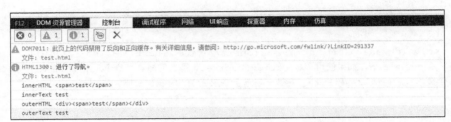

图 6-4

IE11：

图 6-5

IE11 的 IE6 模式：

图 6-6

Chrome49：

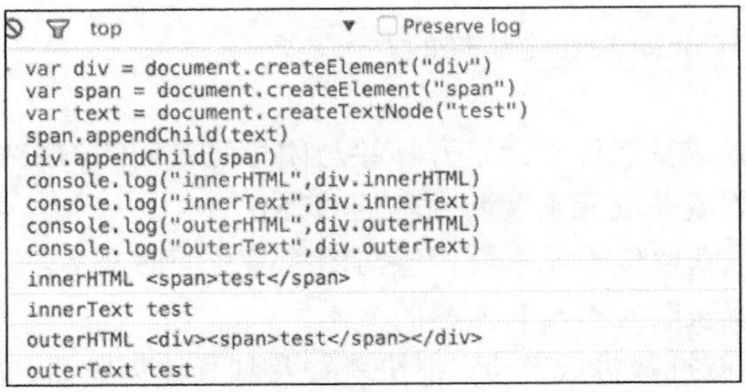

图 6-7

6.6 innerHTML、innerText、outerHTML、outerText 的兼容处理

Safari9：

```
> var div = document.createElement("div")
  var span = document.createElement("span")
  var text = document.createTextNode("test")
  span.appendChild(text)
  div.appendChild(span)
  console.log("innerHTML",div.innerHTML)
  console.log("innerText",div.innerText)
  console.log("outerHTML",div.outerHTML)
  console.log("outerText",div.outerText)
  innerHTML – "<span>test</span>"
  innerText – "test"
  outerHTML – "<div><span>test</span></div>"
  outerText – "test"
```

图 6-8

我们首先从简单的 innerText 啃起。虽然标准浏览器有一个很相似的 textContent 来实现此功能，但它与 innerText 又有稍微的区别。

（1）textContent 会获取所有元素的 content，包括<script>和<style>元素。
（2）innerText 不会获取 display:none 的元素的 content，而 textContent 会。
（3）innerText 会触发 reflow，而 textContent 不会。
（4）innerText 返回值会被格式化，而 textContent 不会。

在 firefox 下兼容它们，基本上是使用 Range 对象搞定：

```
var p = typeof HTMLElement !== 'undefine' && HTMLElement.prototype
if (!('outerHTML' in p)) {
    p.__defineSetter__('outerHTML', function (s) {
        var r = this.ownerDocument.createRange()
        r.setStartBefore(this)
        var df = r.createContextualFragment(s)
        this.parentNode.replaceChild(df, this)
        return s
    });
    p.__defineGetter__('outerHTML', function () {
        var a = this.attributes, str = '<' + this.tagName, i = 0;
        for (; i < a.length; i++) {
            if (a[i].specified) {
                str += ' ' + a[i].name + '=' + JSON.stringify(a[i].value)
            }
        }
        if (!this.canHaveChildren)
            return str + ' />'
        return str + '>' + this.innerHTML + '</' + this.tagName + '>'
    })

    p.__defineGetter__('canHaveChildren', function () {
        return !/^(area|base|basefont|col|frame|hr|img|br|input|isindex|link|meta|param)$/
        i.test(this.tagName)
    })
}

if (!('innerText' in p)) {
    p.__defineSetter__('innerText', function (sText) {
```

```
            var parsedText = document.createTextNode(sText)
            this.innerHTML = ""
            this.appendChild(parsedText)
            return parsedText
        })
        p.__defineGetter__('innerText', function () {
            var r = this.ownerDocument.createRange()
            r.selectNodeContents(this)
            return r.toString()
        })
    }
    
    if (!('outerText' in p)) {
        p.__defineSetter__("outerText", function (sText) {
            var parsedText = document.createTextNode(sText)
            this.parentNode.replaceChild(parsedText, this)
            return parsedText
        })
        p.__defineGetter__('outerText', function () {
            var r = this.ownerDocument.createRange()
            r.selectNodeContents(this)
            return r.toString()
        })
    }
}
```

如果想兼容 XML，还可以使用以下方法：

```
function outerHTML(el) { //主要是用于 XML
    switch (el.nodeType + '') {
        case '1':
        case '9':
            return "xml" in el ? el.xml : new XMLSerializer().serializeToString(el)
        case '3':
            return el.nodeValue
        case '8':
            return '<!--'+ el.nodeValue+'-->'
        default:
            return ''
    }
}

function innerHTML(el) { //主要是用于 XML
    for (var i = 0, c, ret = []; c = el.childNodes[i++];) {
        ret.push(outerHTML(c))
    }
    return ret.join("")
}

function getText() {
    //获取某个节点的文本，如果此节点为元素节点，则取其 childNodes 的所有文本
    return function getText(nodes) {
        for (var i = 0, ret = '' node; node = nodes[i++];) {
            // 处理的文本节点与 CDATA 的内容
            if (node.nodeType === 3 || node.nodeType === 4) {
```

```
                    ret += node.nodeValue       //取得元素节点的内容
                } else if (node.nodeType !== 8) {
                    ret += getText(node.childNodes)
                }
            }
            return ret
        }
    })()
```

6.7 模板容器元素

随着前端模板或 MVVM 的流行,我们需要一些元素作为容器或作为模板的载体。最常见的是,使用 script/textarea 来存放模板代码,然后使用 innerHTML/value 属性来获取模板内容进行解析和拼装。

```
<script type="text/x-template" id="tpl">
  <h1><%=data.title%></h1>
  <p><%=data.content%></p>
</script>
<script>
  var htmlTpl = document.getElementById("tpl").innerHTML;
  tplEngine(htmlTpl, {
    title: "This is title",
    content: "This is content"
  });
</script>
```

本章节主要比较现有模板容器元素的优缺点,及介绍 HTML5 新出品的 template 元素。

`<script>`,我们通过取其 text 属性,并改写其 type 属性为一个浏览器不认识的 MIME 值,它的内容就不会执行。它的优势是天然不显示。缺点是不能套嵌出现 script 标签。

`<noscript>`,在浏览器普遍支持 JavaScript 的情况下,作为模板容器算是为它找到一份副业。但它有严重的兼容性问题,因此建议只用于 IE9+。具体表现为 IE7、IE8 使用 innerText、innerHTML 都无法得其内容,IE9 只能用 innerText。下面是 avalon1.4 时的兼容方法:

```
var rnoscript = /<noscript.*?>(?:[\s\S]+?)<\/noscript>/img
function getNoscriptText(el) {
    //IE9~IE11 与 Chrome 的 innerHTML 会得到转义的内容,它们的 innerText 可以
    if (el.textContent && /\S+/.test(el.textContent)) {
        return el.textContent
    }
    //IE7~IE8 innerText,innerHTML 都无法取得其内容, IE6 能取得其 innerHTML
    if (IEVersion === 6 || IEVersion > 8 || window.netscape) {
        return el.innerHTML
    }
    //IE7、IE8 需要用 AJAX 请求得到当前页面进行抽取
    var xhr = getXHR()
    xhr.open("GET", location, false)
    xhr.send(null)
    var noscripts = DOC.getElementsByTagName("noscript")
    var array = (xhr.responseText || "").match(rnoscripts) || []
```

```
        var n = array.length
        for (var i = 0; i < n; i++) {
            var tag = noscripts[i]
            if (tag) {
                //IE6~IE8 中 noscript 标签的 innerHTML,innerText 是只读的
                tag.style.display = "none"
                tag.textContext = (array[i].match(rnoscriptText) || ["", " "])[1]
            }
        }
        return el.textContent
}
```

<textarea>，这个也很常用，但有两个缺点，一是天然不隐形；二是需要额外的设置 display: none，并且内容不能再套<textarea>。

<xmp>，这是一个很老很特殊的标签，语义为 example，示例。据说后来被<pre>标签取代而废止，实际上，目前所有的浏览器都是支持的。但是，其跟<pre>标签不能划等号。<pre>里面有个<img>标签，它会转换为一个元素节点作为孩子。而<xmp>里面无法加多个标签，里面只有一个文本节点作为独子。由于是文本节点，因此里面的 img、script 标签不会发出请求，也不存在套嵌问题。<xmp>是旧时代作为模板容器的最佳选择，缺点只有一个，天然不隐形。

<template>最早是 Chrome 为了支持 polymer 项目，自己实现的一个新元素。相比上面那些元素，拥有以下优势。

（1）元素本身是天然隐形，不需要设置 display: none。

（2）元素可以放在任意位置。

（3）比 xmp 更加激进，它里面一个节点也没有。但通过访问 content 属性，你能得到其文档碎片对象；访问 innerHTML，可以得到之前的用户设置的内容。由于没有节点，这样就不影响 querySelectorAll 的效率。

（4）template 元素可以继续套 template 元素。里面的 img、script 节点不会发出请求，里面的 style 元素不会影响外面的样式。

唯一不济的是，它的兼容性不够好，如图 6-9 所示。

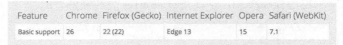

图 6-9

6.8 iframe 元素

iframe 是一个古老的标签，在 IE3 时已经存在了。由于它是用作镶嵌另一个页面到主页面，因此肯定与一般的元素不同，创建起来也不是一般的消耗资源，并且消耗连接数。但它却是一个物超所值的东西，有了它，我们可以无障碍地实现无缝刷新，通过保存历史模拟 onhashchange，安全地加载第三方资源与广告，实现富文本编辑器、文件上传，用它搞定 IE6~IE7 的 select bug，在 iframe 里做特征侦测……HTML5 为它添加了 3 个属性，让它变得更强大。

6.8 iframe 元素

由于 iframe 太古老，因此相关的兼容性问题及对应的 hack 不在少数，本节就特意详细地讲解它。

首先是样式问题。

（1）想要隐藏 iframe 那个很粗的边框时，我们需要用到 frameBorder 属性，例如使用 Dreamweaver 可以生成如下代码。

```
<iframe frameborder=0 src='xxxx' width='xxx' height='xxx'></iframe>
```

换成 JavaScript，需要这样写：

```
var iframe = document.createElement('iframe');
iframe.frameBorder=0;//Firefox 和 IE 均有效，相当于 CSS 中的"border:0 none"
```

（2）去掉 iframe 中的滚动条：

```
iframe.scrolling = "no";
```

（3）设置 iframe 透明，需要分两步走。

① iframe 自身设置 allowTransparency 属性为 true（但设置了 allowTransparency=true 就遮不住 select）。

② iframe 中的文档，background-color 或 body 元素的 bgColor 属性必须设置为 transparent。

具体代码如下。

```
// 1. 包含 iframe 页面的代码。
<body bgColor="#eeeeee"> <iframe allowTransparency="true" src="transparent.htm"></iframe>
// 2. transparent.htm 页的代码。
<body bgColor="transparent">
```

然后是获取 iframe 中的各种重要对象。

（1）获取 iframe 中的 window 对象。

```
function getIframeWindow(node) {
    return node.contentWindow;
}
```

（2）获取 iframe 中的文档对象。

```
function getIframeDocument(node) { //w3c || IE
    return node.contentDocument || node.contentWindow.document;
}
```

判定页面是否在 iframe 里面。

```
window.onload = function() {
    alert(window != window.top)
    alert(window.frameElement !== null);
    alert(window.eval !== top.eval)
}
```

判定 iframe 是否加载完毕。

```
if (iframe.addEventListener) {
    iframe.addEventListener("load", callback, false);
} else {
    iframe.attachEvent("onload", callback)
}
```

不过，如果是动态创建 iframe 时，webkit 系统浏览器可能会出现二次触发 onload 事件的问题。

```
<div id="times">0</div>
<script>
    window.onload = function(){
       var c = document.getElementById("times");
       var iframe = document.createElement("iframe");
       iframe.onload = function(){ c.innerHTML = ++c.innerHTML }

       document.body.appendChild(iframe);
       iframe.src = "http://www.***.com/rubylouvre"
    }
</script>
```

估计 Safari 和 Chrome 在 appendChild 之后就进行第一次加载，并且在设置 src 之前加载完毕，所以触发了两次。如果在插入 body 之前给 iframe 随便设置一个 src（除了空值），间接加长第一次加载，那么也只触发了一次。不设置或空值的 src 相当于链接到"about:blank"（空白页）。

动态创建 iframe 时，如果想用到 name 属性，用 document.createElement("iframe")创建再设置它的 name 属性，IE6、IE7 是无法辨识此值的。

```
window.onload = function(){
    var iframe = document.createElement("iframe");
    iframe.name = "xxx";
    document.body.appendChild(iframe);
    iframe.src = "http://www.***.com/rubylouvre/"
    alert(frames["xxx"]);//undefined
     alert(document.getElementsByName("xxx").length)//0
}
```

因此我们需要针对 IE6、IE7，使用 IE 特有的创建元素时连属性一起创建的方式实现。

```
if ("1"[0]) {//IE6、IE7 这里返回 undefined,于是跑到第二个分支
    var iframe = document.createElement("iframe");
    iframe.name = name;
} else {
    iframe = document.createElement('<iframe name="' + name + '">');
}
```

iframe 与父窗口共享 history，基于它我们可以解决 Ajax 的后退按钮问题。里面的细节非常多，这里就不展开了，github 上有两个著名的项目，可以帮你解决工作的绝大多数问题。

在 github.com 网站搜索 browserstate/history.js。

在 github.com 网站搜索 devote/HTML5-History-API。

清空 iframe 内容，不保留历史的写法：

```
iframeWindow.location.replace('about:blank');
```

IE6 中 iframe.src="about:blank"在 https 协议下会出现问题，需要用 javascript:false 修正，虽然速度非常慢。

6.9 总结

节点操作是驱动页面变动的核心，围绕它的 API 多如牛毛。本章挑出来的东西只是九牛一毛，想深入还需要经常浏览 MSDN，MDN 等网站。对不同浏览器的私有 API 的掌握程度，直接决定了你解决兼容性问题的思路与水准。大家在日常开发中一点点积累吧，如图 6-10 所示。

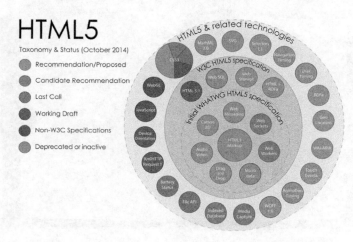

图 6-10

HTML5 带来一系列新 API，让 DOM 编程更加丰富多彩，而本章乃致全书也不能涵盖这所有内容，因此大家需要时刻留意浏览器厂商的官网。

第 7 章 数据缓存模块

数据缓存系统最早应该是 jQuery 1.2 引入的,它是用于关联操作对象和与之相关的数据的一种机制。在 DOM 中,我们通常操作的数据有 3 种,元素节点、文档对象与 window 对象。那时 jQuery 的事件系统完全照搬 DE "大牛人" 的 addEvent.js,而 addEvent 在实现上有个缺憾,它把事件的回调都放到 EventTarget 之上,这会引发循环引用,如果 EventTarget 是 window 对象,又会引发全局污染。有了数据缓存系统,除了规避这两个风险外,我们还可以有效地保存不同方法产生的中间变量,而这些变量会对另一个模块的方法有用,解耦方法间的依赖。对于 jQuery 来说,它的事件克隆乃至后来的队列实现都离不开缓存系统。

7.1 jQuery 的第 1 代缓存系统

jQuery1.2 在 core 模块新增了两个静态方法,data 与 removeData。data 不用说,与 jQuery 其他方法一样,读写结合。jQuery 的缓存系统是把所有数据都放在 $.cache 仓库之上,然后为每个要使用缓存系统的元素节点、文档对象与 window 对象都分配一个 UUID。UUID 的属性名为一个随机的自定义属性，"jQuery" + (new Date()).getTime()，值为整数，从零递增。但 UUID 总要附于一个对象上，如果那个对象是 window，岂不是全局污染吗？因此 jQuery 内部判定它是 window 对象时，映射为一个叫 windowData 的空对象，然后 UUID 加在它之上。有了 UUID，我们在首次访问缓存系统时，会在$.cache 对象开辟一个空对象（缓存体），用于放置与目标对象有关的东西。这有点像"银行开户"，UUID 的值就是"存折"。removeData 则会删掉不再需要保存数据，如果到最后，数据删光了，它也没有任何键值对应，则成为空对象，jQuery 就会从$.cache 中删掉此对象，并从目标对象移除 UUID。

```
//jQuery1.2.3
var expando = "jQuery" + (new Date()).getTime(), uuid = 0, windowData = {};
jQuery.extend({
    cache: {},
    data: function( elem, name, data ) {
        elem = elem == window ? windowData :elem;
        //对 window 对象做特别处理
        var id = elem[ expando ];
        if ( !id ) //如果没有 UUID 则新设一个
            id = elem[ expando ] = ++uuid;
        //如果没有在$.cache 中开户，则先开户
        if ( name && !jQuery.cache[ id ] )
            jQuery.cache[ id ] = {};

        // 第 3 个参数不为 undefined 时，为写操作
        if ( data != undefined )
            jQuery.cache[ id ][ name ] = data;
        //如果只有 1 个参数，则返回缓存对象，2 个参数则返回目标数据
        return name ? jQuery.cache[ id ][ name ] :  id;
    },

    removeData: function( elem, name ) {
        elem = elem == window ? windowData :  elem;
        var id = elem[ expando ];
        if ( name ) {//移除目标数据
            if ( jQuery.cache[ id ] ) {
                delete jQuery.cache[ id ][ name ];
                name = "";

                for ( name in jQuery.cache[ id ] )
                    break;
                //遍历缓存体，如果不为空，那 name 会被改写，如果没有被改写，则!name 为 true
                //从而引发再次调用此方法，但这次是只传一个参数，移除缓存体
                if ( !name )
                    jQuery.removeData( elem );
            }
        } else {
            //移除 UUID，但 IE 下对元素使用 delete 会抛错
            try {
                delete elem[ expando ];
            } catch(e){
                if ( elem.removeAttribute )
                    elem.removeAttribute( expando );
```

```
            }//注销账户
            delete jQuery.cache[ id ];
        }
    }
})
```

jQuery 在 1.2.3 版本中添加了两个同名的原型方法 data 与 removeData，目的是方便链式操作与集化操作，并在 data 中添加了 getData、setData 的自定义事件的触发逻辑。

在 jQuery 1.3 中，数据缓存系统终于独立成一个模块 data.js（内部开发时的划分），并添加了两组方法，分别是命名空间上的 queue 与 dequeue 和原型上的 queue 与 dequeue。queue 的目的很明显，就是缓存一组数据，为动画模块服务。dequeue 是从一组数据中删掉一个。

```
//jQuery1.3
jQuery.extend({
    queue: function( elem, type, data ) {
        if ( elem ){
            type = (type || "fx") + "queue";
            var q = jQuery.data( elem, type );
            if ( !q || jQuery.isArray(data) )//确保储存的是一个数组
                q = jQuery.data( elem, type, jQuery.makeArray(data) );
            else if( data )//然后往这个数据加东西
                q.push( data );
        }
        return q;
    },
    dequeue: function( elem, type ){
        var queue = jQuery.queue( elem, type ),
        fn = queue.shift();//然后删掉一个，早期它是放置动画的回调，删掉它就调用一下
        // 但没有做是否为函数的判定，估计也没有写到文档中，为内部使用
        if( !type || type === "fx" )
            fn = queue[0];
        if( fn !== undefined )
            fn.call(elem);
    }
})
```

fx 模块 animate 方法的调用示例如下。

```
//each 是并行处理多个动画,queue 是一个接一个处理多个动画
this[ optall.queue === false ? "each" : "queue" ](function(){ /*略*/})
```

在元素上添加自定义属性，还会引发一个问题。如果我们对这个元素进行拷贝，就会将此属性也复制过去，导致两个元素都有相同的 UUID 值，出现数据被错误操作的情况。jQuery 早期的复制节点实现非常简单，如果元素的 cloneNode 方法不会复制事件，就使用 cloneNode，否则使用元素的 outerHTML 或父节点的 innerHTML，用 clean 方法解析一个新元素出来。但 outerHTML 与 innerHTML 都会将属性写在里面，因此需要用正则把它们清除掉。

```
//jQuery1.3.2 core.js clone 方法
var ret = this.map(function(){
    if ( !jQuery.support.noCloneEvent && !jQuery.isXMLDoc(this) ) {
        var html = this.outerHTML;
```

```
            if ( !html ) {
                var div = this.ownerDocument.createElement("div");
                div.appendChild( this.cloneNode(true) );
                html = div.innerHTML;
            }

            return jQuery.clean([html.replace(/ jQuery\d+="(?:\d+|null)"/g, "").replace
(/^\s*/, "")])[0];
        } else
            return this.cloneNode(true);
});
```

在jQuery 1.4中，我们发现它对 **object**、**embed**、**applet** 这3种元素进行了特殊处理，缘由这3个元素是用于加载外部资源的，比如flash、silverlight、media play、realone player、window自带的日历组件、颜色选择器等。在旧版本IE中，元素节点只是COM的包装，一旦引入这些资源后，它就会变成那种资源的实例。一旦这资源是由VB等语言写的，由于VM有严格的访问控制，不能随便给对象添加新属性与方法，就会遇到抛错的可能。因此jQuery做出一个决定，对于这3种元素，就不为它们缓存数据。jQuery在内部弄了一个叫noData的对象，专门放置它们的tagName。

```
noData: {
    "embed": true,
    "object": true,
    "applet": true
},
//代码防御
if ( elem.nodeName && jQuery.noData[elem.nodeName.toLowerCase()] ) {
    return;
}
```

jQuery1.4还对$.data进行了改进，允许第二个参数为对象，方便储存多个数据。UUID对应的自定义属性expando也放进命名空间之下了。queue与dequeue方法被剥离成一个新模块。

jQuery1.43带来3项改进。

首先是添加 changeData 自定义方法，不过这套方法没有什么销量，只是产品经理的自恋吧。

其次，检测元素节点是否支持添加自定义属性的逻辑被独立成一个叫 acceptData 的方法。因为jQuery团队发现当 object 标签加载 flash 资源时，它还是可以添加自定义属性的，于是决定对这种情况网开一面。IE在加载 flash 时，需要对 object 指定一个叫 classId 的属性，值为 **clsid:D27CDB6E-AE6D-11cf-96B8-444553540000**，因此检测逻辑就变得非常复杂，由于data、removeData都要用到，独立出来可有效节省比特。

最后HTML5对人们随便添加自定义属性的行为做出回应，新增一种叫 data-* 的缓存机制。当用户设置的属性以 data- 开头，它们会被保存到元素节点的 dataset 对象上。于是jQuery团队又有一个主意，允许人们通过设置 data-* 来配置UI组件，于是他们对 data-* 进行如下增强：当用户第一次访问此元素节点，会遍历它所有 data- 开头的自定义属性（为了照顾旧版本IE，不能直接遍历 dataset），把它们放到jQuery的缓存体中。那么当用户取数据时，会先从缓存系统中获取，没有再使用 setAttribute 访问"data-"自定义属性。但HTML5的缓存系统非常弱，只能保存字符串（这当然是出于循环引用的考量），于是jQuery会将它们还原为各种数据类型，如"null""false" "true"变成null、false、true,符合数字格式的字符串会转换成数字,如果它是以{开头 以}结尾则尝试转成一个对象。

```
//jQuery1.43 $.fn.data
rbrace = /^(?:\{.*\}|\[.*\])$/;
if ( data === undefined && this.length ) {
    data = jQuery.data( this[0], key );
    if ( data === undefined && this[0].nodeType === 1 ) {
        data = this[0].getAttribute( "data-" + key );

        if ( typeof data === "string" ) {
            try {
                data = data === "true" ? true :
                    data === "false" ? false :
                    data === "null" ? null :
                    !jQuery.isNaN( data ) ? parseFloat( data ) :
                    rbrace.test( data ) ? jQuery.parseJSON( data ) :
                    data;
            } catch( e ) {}

        } else {
            data = undefined;
        }
    }
}
```

jQuery 在 1.42 版已经打败了 Prototype.js,导致用户量暴增。它的重点改为提升性能,进入 FBUG 阶段(用户多,相当于免费的测试员就越多,测试覆盖面就越大),所以 jQuery1.5 也带来了 3 项改进。

首先是改进了 expando。原来 expando 是基于时间截,现在是版本号加随机数。因此用户可能在一个页面引入多个版本的 jQuery。

其次,是否有此数据的逻辑被抽出成一个 hasData 方法,处理 HTML5 的"data-*"属性也被抽出成一个私有方法 dataAttr。它们都是为了逻辑显得更清晰。

最后是 dataAttr 使用了 JSON.parse。由于这个 JSON 可能是 JSON2.js 引入的,而 JSON2.js 有个非常糟糕的地方,就是为一系列原生类型添加了 toJSON 方法,导致 for in 循环判定是否为空对象出错。jQuery 被逼搞了个 isEmptyDataObject 方法做处理。

jQuery 的数据缓存系统本来就是为事件系统服务而分化出来的,到后来,它是内部众多模块的基础设施。换言之,它是供框架自己内部使用的,但一旦它公开到文档中,不可避免地,用户会使用 data 方法来保存他们在工作业务中用到的数据。因此,这两类数据可能就有互相覆盖的危险。私有数据(框架使用的)与用户数据(用户自己使用的),你不能设置一个优先级来阻止它们的互相覆盖,因为没有阻止私有数据,可能框架的一些部件就不能运作,比如事件系统在每个元素的缓存体上设置的 events 对象。而你让用户设置的数据莫名其妙不能生效,这也是无法让人接受的。因此早期 jQuery 作出的让步是,框架使用的私有数据的属性名会尽可能的生僻复杂,尽量减少重名的可能,比如__class__、__change__、_submit_attached、_change_attached。

但当 jQuery UI 越来越庞大时,它们对数据缓存的依赖也愈发严重。同样的压力也来自普通用户。当 jQuery 成为世界级的著名框架后,用户数据与私有数据发生冲突的机率也就大大增加。

jQuery1.5 对缓存体进行改造。原来就是一个对象，现在什么数据都往里面抛，它就在这个缓存体内开辟了一个子对象，键名为随机的 `jQuery.expando` 值，如果是私有数据就存到里面去。但 events 私有数据为了向前兼容起见，还是直接放到缓存体之上。至于，如何区分私有数据，非常简单，直接在 data 方法添加第 4 个参数，真值时为私有数据。removeData 时也相应提供第 3 个参数，用于删除私有数据。还新设了一个 _data 方法，专门用于操作私有数据。图 7-1 就是缓存体的结构图。

```
var cache = {
    jQuery14312343254:{/*放置私有数据*/},
    events: {/*放置事件名与它对应的回调列表*/}
    /*这里放置用户数据*/
}
```

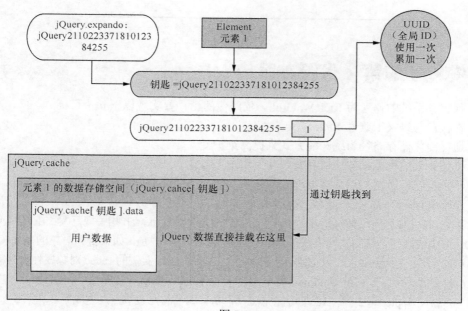

图 7-1

jQuery1.7 对缓存体做了改进，系统变量便放置在 data 对象中，为此判定缓存体为空也要做相应的改进，现在要跳过 toJSON 与 data，新结构如下。

```
var cache = {
    data:{/*放置用户数据*/}
    /*这里放置私有数据*/
}
```

jQuery 1.8 曾添加了一个叫 **deleteIds** 的数组，用于重用 UUID，但昙花一现。UUID 的值从 jQuery 1.8 起就不用 jQuery.uuid 了，改用 jQuery.guid 递增生成。现在光是缓存系统就是一个庞大家族，如图 7-2 所示。

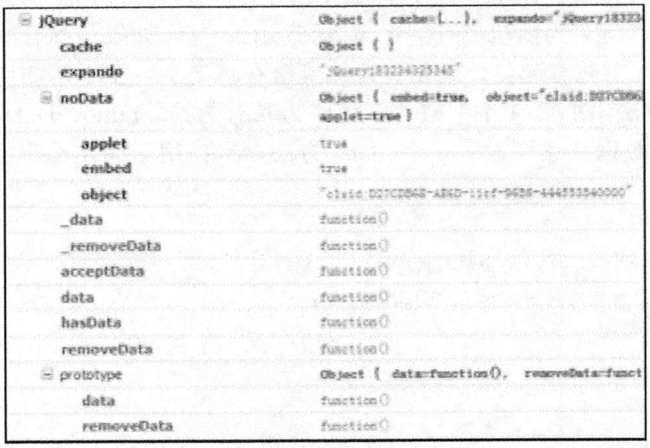

第 7 章 数据缓存模块

图 7-2

7.2 jQuery 的第 2 代缓存系统

第 2 代缓存系统的作者为 Rick Waldron。依照他的话，要实现以下 6 个目标。
（1）在接口与语义上兼容 1.9.x 分支。
（2）通过简化储存路径为统一的方式来提高维护性。
（3）使用相同的机制来实现"私有"与"用户"数据。
（4）不再把私有数据与用户数据混在一起。
（5）不再在用户对象上添加自定义属性。
（6）方便以后可以平滑地利用 WeakMap 对对象进行升级（WeakMap 相关规范大致在 2014 年完成）。

jQuery 第 2 代缓存系统的实现方法是 **valueOf 重写**！具体原理是，如果目标对象的 valueOf 传入一个特殊的对象，那么它就返回一个 UUID，然后通过 UUID 在 Data 实例的 cache 对象属性上开辟缓存体。这样一来，我们就不用区分它是 window 对象，还是使用 windowData 来做替身了。另外，我们也不用顾忌 embed、object、applet 这 3 种在 IE 下可能无法设置私有属性的元素节点，达成第 2 和第 5 个目标。

在第 1 代缓存系统中，每个缓存体的结构为一个拥有 data 对象属性的对象，data 对象属性里面放用户数据，而缓存体的其他键值用于对应私有数据。第 2 代则在框架内部添加了一个 Data 类，它的实例有一个 cache 属性，私有数据与用户数据分别由一个 Data 实例来维护，这就达成第 3 和第 4 个目标。

```
function Data() {
    this.cache = {};
}

Data.uid = 1;

Data.prototype = {
    locker: function(owner) {
        var ovalueOf,
        //owner 为元素节点、文档对象、window 对象
```

7.2 jQuery 的第 2 代缓存系统

```javascript
        //由于浏览器的差异性，首先我们检测一下它们 valueOf 方法有没有被重写
        //我们通过觉得此 3 类对象的构造器进行原型重写的成本过大，只能对每一个实例的 valueOf 方法进行重写
        //检测方式为传入 Data 类，如果是返回"object"说明没有被重写，返回"string"则是被重写
        //这个字符串就是我们上面所说的 UUID，用于在缓存仓库上开辟缓存体
        unlock = owner.valueOf(Data);
        //这里的重写使用了 Object.defineProperty 方法，因为在这个版本 jQuery 不打算往下兼容 IE6～IE8
        //Object.defineProperty 的第 3 个参数为对象，如果不显示设置 enumerable、writable、configurable，
        //则会默认为 false。这也正如我们所期待的那样，我们不再希望人们来遍历它，重写它，再次动它的配置
        //这个过程被 jQuery 称之为开锁，通过 valueOf 这扇大门，进入到仓库
        if(typeof unlock !== "string") {
            unlock = jQuery.expando + Data.uid++;
            ovalueOf = owner.valueOf;

            Object.defineProperty(owner, "valueOf", {
                value: function(pick) {
                    if(pick === Data) {
                        return unlock;
                    }
                    return ovalueOf.apply(owner);
                }

            });
        }
        //接下来就是开辟缓存体
        if(!this.cache[unlock]) {
            this.cache[unlock] = {};
        }

        return unlock;
    },
    set: function(owner, data, value) {
        //写方法
        var prop, cache, unlock;
        //得到 UUID 与缓存体
        unlock = this.locker(owner);
        cache = this.cache[unlock];
        //如果传入 3 个参数，第 2 个为字符串，那么直接在缓存体上添加新的键值对
        if(typeof data === "string") {
            cache[data] = value;
            //如果传入 2 个参数，第 2 个为对象
        } else {
            //如果缓存体还没有添加过任何对象，那么直接赋值，否则使用 for in 循环添加新键值对
            if(jQuery.isEmptyObject(cache)) {
                cache = data;
            } else {
                for(prop in data) {
                    cache[prop] = data[prop];
                }
            }
        }
        this.cache[unlock] = cache;

        return this;
```

```
    },
    get: function(owner, key) {
        //读方法
        var cache = this.cache[this.locker(owner)];
        //如果只有一个参数，则返回整个缓存体
        return key === undefined ? cache : cache[key];
    },
    access: function(owner, key, value) {
        //决定是读方法或是写方法，然后做相应操作
            if (key === undefined ||
                ((key && typeof key === "string") && value === undefined)) {
            return this.get(owner, key);
        }
        this.set(owner, key, value);
        return value !== undefined ? value : key;
    },
    remove: function(owner, key) {
        //略，与第 1 代差不多
    },
    hasData: function(owner) { //判定此对象是否缓存了数据
        return !jQuery.isEmptyObject(this.cache[this.locker(owner)]);
    },
    discard: function(owner) { //删除它的用户数据与私有数据
        delete this.cache[this.locker(owner)];
    }
};
var data_user, data_priv;

function data_discard(owner) {
    data_user.discard(owner);
    data_priv.discard(owner);
}

data_user = new Data();
data_priv = new Data();
```

接下来就简单了，暴露给用户调用的方法都只是一个空壳，用来转交给 data_user、date_priv 这两个实例对象处理，并且私有数据的处理再也不通过用户数据的渠道了。

```
jQuery.extend({
    // UUID
    expando: "jQuery" + ( core_version + Math.random() ).replace( /\D/g, "" ),

    //用于向前兼容
    acceptData: function() {
        return true;
    },

    hasData: function( elem ) {//判定是否缓存了数据
        return data_user.hasData( elem ) || data_priv.hasData( elem );
    },

    data: function( elem, name, data ) {//读写用户数据
```

```
        return data_user.access( elem, name, data );
    },
    removeData: function( elem, name ) {//删除用户数据
        return data_user.remove( elem, name );
    },
    _data: function( elem, name, data ) {//读写私有数据
        return data_priv.access( elem, name, data );
    },
    _removeData: function( elem, name ) {//删除私有数据
        return data_priv.remove( elem, name );
    }
});
```

重写 valueOf 这一招的确漂亮，因此任何非纯空对象都有 valueOf 方法，然后通过闭包保存用于关联缓存仓库的 UUID。但闭包也意味着特吃内存，这是此系统的最大缺憾。

7.3 jQuery 的第 3 代缓存系统

jQuery 第 3 代是基于 Object.defineProperty，并且为了兼容 jQuery 1.9，只改动 **Data** 对象，外部 API 一律不动，如表 7-1 所示。

表 7-1

	开创缓存空间	添加数据	获取数据	删除数据	读写数据	判定存在性
2	locker	set	get	remove	access	hasData
3	cache	set	get	remove	access	hasData

```
function Data() {
    this.expando = jQuery.expando + Data.uid++;
}
Data.uid = 1;
Data.prototype = {
    cache: function( owner ) {
        // 从目标对象（可能是元素节点、window、document）
        //访问一个特殊的属性，判定其否为一个对象
        var value = owner[ this.expando ];
        if ( !value ) {
            value = {}
            // 目标只能是上面提到的 3 种对象才进入此分支
            if ( acceptData( owner ) ) {

                //如果是节点类型（为了兼并 IE）
                if ( owner.nodeType ) {
                    owner[ this.expando ] = value;
                } else {
                    //在 window 上创建一个不可遍历的对象属性
                    Object.defineProperty( owner, this.expando, {
                        value: value,
```

```
                        configurable: true
                    } )
                }
            }
        }
        return value;
    },
    set: function( owner, data, value ) {
        var prop,
            cache = this.cache( owner );

        //如果是 3 个参数的情况
        if ( typeof data === "string" ) {
            cache[ jQuery.camelCase( data ) ] = value;
        } else {
            // 如果是 2 个参数
            for ( prop in data ) {
                cache[ jQuery.camelCase( prop ) ] = data[ prop ];
            }
        }
        return cache;
    },
    get: function( owner, key ) {
        //与第 2 代相仿
    },
    access: function( owner, key, value ) {
        //与第 2 代相仿
    },
    remove: function( owner, key ) {
        //与第 2 代相仿
    },
    hasData: function( owner ) {
        var cache = owner[ this.expando ];
        return cache !== undefined && !jQuery.isEmptyObject( cache );
    }
};
```

jQuery 为了照顾老旧版本，之前承诺的 WeakMap 方案一直没有上架，不能不说是遗憾。如果直接上 WeakMap，jQuery 的数据缓存系统可就精简许多。

7.4 有容量限制的缓存系统

上面提到的 jQuery 数据缓存系统是纯粹为 DOM 服务的，当我们的框架出现分层架构，就需要另一种缓存系统了。因为页面上的节点数量总在可控范围，所以不会有将缓存系统撑死的情况。但如果要保持的是普通 JavaScript 对象，就不一定了。如果这个是前后通吃的框架，并且它的缓存系统要为上百万用户服务时，就更需要加限制。

一个简单的带容量限制的缓存系统可以短成这样。

```
function createCache(size) {
    var keys = []
```

7.4 有容量限制的缓存系统

```
    function cache( key, value ) {
        // 避开 IE6～IE8 的 toString 和 valueOf 方法，
        // 及 cache 本身的 name、length 属性
        if ( keys.push( key + " " ) > size) {
            delete cache[ keys.shift() ];
        }
        return (cache[ key + " " ] = value);
    }
    return cache;
}

var cache = createCache(100)
cache("aaa", "bbb")
```

此缓存体完全相信是 jQuery 的哈希寻找算法实现的，当一个缓存体的键值对数量非常庞大，要命中一个键名就可能很花时间。于是我们需要求助 Least Recently User、Least Recently User2、Two Queues、Adaptive Replacement Cache 等缓存算法。

其实从实用性与行数来考虑，上面这些算法，就数 LRU 最受青睐。下面给出 avalon 的现役缓存系统，其核心是一个链表与 hashmap。

```
function LRU(maxLength) {
    this.size = 0
    this.limit = maxLength
    this.head = this.tail = void 0
    this._keymap = {}
}

var p = LRU.prototype

p.put = function (key, value) {
    var entry = {//创建一个结点
        key: key,
        value: value
    }
    this._keymap[key] = entry
    if (this.tail) {//调整链表
        this.tail.newer = entry
        entry.older = this.tail
    } else {
        this.head = entry
    }
    this.tail = entry
    if (this.size === this.limit) {
        this.shift()
    } else {
        this.size++
    }
    return value
}

p.shift = function () {
    var entry = this.head
```

```
        if (entry) {
            this.head = this.head.newer
            this.head.older =
                    entry.newer =
                    entry.older =
                    this._keymap[entry.key] = void 0
            delete this._keymap[entry.key]
        }
}
p.get = function (key) {
        var entry = this._keymap[key]
        if (entry === void 0)
            return
        if (entry === this.tail) {
            return entry.value
        }
        // HEAD--------------TAIL
        //    <.older   .newer>
        // <--- add direction --
        //    A  B  C  <D>  E
        if (entry.newer) {
            if (entry === this.head) {
                this.head = entry.newer
            }
            entry.newer.older = entry.older // C <-- E.
        }
        if (entry.older) {
            entry.older.newer = entry.newer // C. --> E
        }
        entry.newer = void 0 // D --x
        entry.older = this.tail // D. --> E
        if (this.tail) {
            this.tail.newer = entry // E. <-- D
        }
        this.tail = entry
        return entry.value
}

module.exports = LRU
//=======

var a = new Cache(100)
a.put("aaa","bbb")
console.log(a.get("aaa"))
```

7.5 本地存储系统

上面提到的缓存系统都是基于内存的，当页面跳转时就什么都没有了。因此我们需要将数据序列化到本地，方便下次打开时再使用。传统方式是使用 cookie，但 cookie 问题很多。

（1）cookie 数量和长度的限制。每个 domain 最多只能有 20 条 cookie，每个 cookie 长度有 4096 字节的限制。尽管在当今新的浏览器和客户端设备版本中，支持 8192 字节的 Cookie 大小已愈发常见。

（2）用户能配置为禁用 cookie。

（3）cookie 每次随 HTTP 事务一起发送，占用带宽。

（4）潜在的安全风险。cookie 可能会被篡改，用户可能会操纵其计算机上的 cookie，这意味着会对安全性造成潜在风险或者导致依赖于 cookie 的应用程序失败。另外，虽然 cookie 只能被发送到客户端的域访问，但是历史上的黑客已经发现从用户计算机上的其他域访问 cookie 的方法。您可以手动加密或解密 cookie，但这需要额外的编码，并且加密或解密需要耗费一定的时间进而影响应用程序的性能。

为弥补 cookie 缺陷，浏览器厂商又推出了其他方案，如图 7-3 所示。

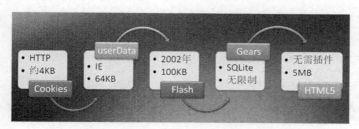

图 7-3

userData 是 IE 的东西，"垃圾"。现在用的最多的是 Flash 吧，空间是 Cookie 的 25 倍，基本够用。再之后 Google 推出了 Gears，虽然没有限制，但不爽的地方就是要装额外的插件（没具体研究过）。到了 HTML5 把这些都统一了，官方建议是每个网站 5MB，非常大了，就存些字符串，足够了。比较诡异的是，居然所有支持的浏览器目前都采用的 5MB，尽管有一些浏览器可以让用户设置，但对于网页制作者来说，目前的形势就 5MB 来考虑是比较妥当的，如图 7-4 所示。

图 7-4

IE 在 8.0 的时候就支持了，非常出人意料。不过需要注意的是，IE、Firefox 测试的时候需要把文件上传到服务器上（或者 localhost），直接点开本地的 HTML 文件，是不行的。

localStorage 的缺点。

（1）localStorage 大小限制在 500 万字符左右，各个浏览器不一致。

（2）localStorage 在隐私模式下不可读取。

（3）localStorage 本质是在读写文件，数据多的话会比较慢（Firefox 会一次性将数据导入内存，想想就觉得吓人）。

（4）localStorage 不能被爬虫爬取，不要用它完全取代 URL 传参，瑕不掩瑜。

以上问题皆可避免，所以我们的关注点应该放在如何使用 localStorage。

localStorage 的 API：

```
function getLocalStorage() {
    //现在的一些浏览器有一种功能叫无痕浏览，
    //此模式 localStorage 会被禁用了,但对象还在,此调用其方法时会抛异常
    if (window.localStorage) {
        try {
            localStorage.setItem("key", "value");
            localStorage.removeItem("key");
            return localStorage
        } catch (e) {
        }
    }
}
var db = getLocalStorage()
if (db) {
    db.setItem('author', 'jasonling')
    db.setItem('company', 'Tencent')
    db.setItem('introduction', 'A code lover !')
    alert(localStorage['author'])
    alert(db.getItem('company'))
    //删除
    db.removeItem('company')
    alert(db.getItem('company'))
    //当然也可以用 db.setItem('company', '');来删除一个值，但这样删不彻底。
    //清除
    db.clear()
    alert(localStorage['author']) //undefined
}
```

下面我们讲解一下 store.js 这个库。它是一个兼容所有浏览器的 localStorage 适配器，不需要借助 cookie 或者 Flash。store.js 会根据浏览器自动选择使用 localStorage 或者 userData 来实现本地存储功能如表 7-2 所示。

表 7-2

get	getAll	set	has	remove	clear	forEach
获取	获取所有	添加	存在性	移除	清空	遍历

```
"use strict"

module.exports = (function () {
    // Store.js
    var store = {},
        win = (typeof window != 'undefined' ? window : global),
        doc = win.document,
        localStorageName = 'localStorage',
        scriptTag = 'script',
        storage

    store.disabled = false
```

7.5 本地存储系统

```javascript
    store.version = '1.3.20'
    //定义接口（空实现，即便浏览器不支持 userData 与 localStorage 也不会报错）
    store.set = function(key, value) {}
    store.get = function(key, defaultVal) {}
    store.has = function(key) { return store.get(key) !== undefined }
    store.remove = function(key) {}
    store.clear = function() {}
    store.transact = function(key, defaultVal, transactionFn) {
        if (transactionFn == null) {
            transactionFn = defaultVal
            defaultVal = null
        }
        if (defaultVal == null) {
            defaultVal = {}
        }
        var val = store.get(key, defaultVal)
        transactionFn(val)
        store.set(key, val)
    }
    store.getAll = function() {
        var ret = {}
        store.forEach(function(key, val) {
            ret[key] = val
        })
        return ret
    }
    store.forEach = function() {}
    //内部方法
    store.serialize = function(value) {
        return JSON.stringify(value)
    }
    //内部方法
    store.deserialize = function(value) {
        if (typeof value != 'string') { return undefined }
        try { return JSON.parse(value) }
        catch(e) { return value || undefined }
    }

    // 判定 localStorage 是否可用，包括禁用的情况
    function isLocalStorageNameSupported() {
        try { return (localStorageName in win && win[localStorageName]) }
        catch(err) { return false }
    }
    //使用 localStorage 实现本库
    if (isLocalStorageNameSupported()) {
        storage = win[localStorageName]
        //添加（如果存在同名数据会覆盖）
        store.set = function(key, val) {
            if (val === undefined) { return store.remove(key) }
            storage.setItem(key, store.serialize(val))
            return val
        }
        //获取，可以设置备用值
```

```javascript
        store.get = function(key, defaultVal) {
            var val = store.deserialize(storage.getItem(key))
            return (val === undefined ? defaultVal : val)
        }
        //移除
        store.remove = function(key) { storage.removeItem(key) }
        //清空
        store.clear = function() { storage.clear() }
        //遍历
        store.forEach = function(callback) {
            for (var i=0; i<storage.length; i++) {
                var key = storage.key(i)
                callback(key, store.get(key))
            }
        }
    //如果浏览器支持 addBehavior，说明也支持 userData
    } else if (doc && doc.documentElement.addBehavior) {
        var storageOwner,
            storageContainer
        //userData 的宿主对象为一个元素节点，
        //使用 userData 后，IE 会重写该节点的 getAttribute 方法，只支持一个参数
        //而 getAttribute 在 IE6～IE8 要获取 A 标签的完整路径，需要用到其第 2 个参数
        //为了不影响现有节点，我们可以用 ActiveXObject(htmlfile)
        //创建一个看不见的 HTML 文档，在里面创建一个 div。

        //userData 还要指定路径，这时我们使用 /favicon.ico 这个神奇的地址，即便返回 404 也不会产生危害
        try {
            storageContainer = new ActiveXObject('htmlfile')
            storageContainer.open()
            storageContainer.write('<'+scriptTag+'>document.w=window</'+scriptTag+'>
            <iframe src="/favicon.ico"></iframe>')
            storageContainer.close()
            storageOwner = storageContainer.w.frames[0].document
            storage = storageOwner.createElement('div')
        } catch(e) {

            storage = doc.createElement('div')
            storageOwner = doc.body
        }
        var withIEStorage = function(storeFunction) {
            return function() {
                var args = Array.prototype.slice.call(arguments, 0)
                args.unshift(storage)
                storageOwner.appendChild(storage)
                storage.addBehavior('#default#userData')
                storage.load(localStorageName)
                var result = storeFunction.apply(store, args)
                storageOwner.removeChild(storage)
                return result
            }
        }
```

```javascript
        // IE7 对键名有特殊要求，我们需要转译一下
        var forbiddenCharsRegex = new RegExp("[!\"#$%&'()*+,/\\\\:;<=>?@[\\]]^`{|}~]", "g")
        var ieKeyFix = function(key) {
            return key.replace(/^d/, '___$&').replace(forbiddenCharsRegex, '___')
        }
        //设置
        store.set = withIEStorage(function(storage, key, val) {
            key = ieKeyFix(key)
            if (val === undefined) { return store.remove(key) }
            storage.setAttribute(key, store.serialize(val))
            storage.save(localStorageName)
            return val
        })
        //添加
        store.get = withIEStorage(function(storage, key, defaultVal) {
            key = ieKeyFix(key)
            var val = store.deserialize(storage.getAttribute(key))
            return (val === undefined ? defaultVal : val)
        })
        //移除
        store.remove = withIEStorage(function(storage, key) {
            key = ieKeyFix(key)
            storage.removeAttribute(key)
            storage.save(localStorageName)
        })
        //清空
        store.clear = withIEStorage(function(storage) {
            var attributes = storage.XMLDocument.documentElement.attributes
            storage.load(localStorageName)
            for (var i=attributes.length-1; i>=0; i--) {
                storage.removeAttribute(attributes[i].name)
            }
            storage.save(localStorageName)
        })
        store.forEach = withIEStorage(function(storage, callback) {
            var attributes = storage.XMLDocument.documentElement.attributes
            for (var i=0, attr; attr=attributes[i]; ++i) {
                callback(attr.name, store.deserialize(storage.ge
                tAttribute(attr.name)))
            }
        })
    }

    try {
        var testKey = '__storejs__'
        store.set(testKey, testKey)
        if (store.get(testKey) != testKey) { store.disabled = true }
        store.remove(testKey)
    } catch(e) {
        store.disabled = true
```

```
    }
    store.enabled = !store.disabled

    return store
}())
```

隐私模式下可以采用 window.name 模拟 localStorage 的方式处理,因为 window.name 在载入新页面或刷新后,其值依然是上次页面设置的值。

7.6 总结

本章节讲解了两种存储系统,基于内存的与基于本地储存的,它们间可以相互转换相互支撑,是我们构建 Web APP 的基石。

第 8 章　样式模块

样式模块大致分为两大块，精确获取样式值与设置样式、精确是用于修饰获取的。由于样式分为外部样式、内部样式与行内样式，再加个 important 对选择器权重的干扰，我们实际很难看到元素是应用了哪些样式规则。因此样式模块，80%的比重在于获取这一块，像 offset、滚动条也归入这一块。

大体上，我们在标准浏览器下是使用 getComputedStyle，IE6～IE8 下使用 currentStyle 来获取元素的精确样式。不过 getComputedStyle 并不挂在元素上，而是 window 的一个 API，它返回一个对象，可以选择使用 getPropertyValue 方法传入连字符风格的样式名取得其值，或者属性法+驼峰风格的样式名去取值，但考虑到 currentStyle 也是使用属性法+驼峰风格，我们就统一使用后者。

```
var getStyle = function(el, name) {
    if (el.style) {
        name = name.replace(/\-(\w)/g, function(all, letter) {
            return letter.toUpperCase();
        });
        if (window.getComputedStyle) {
            //getComputedStyle 的第二个伪类是用于对付伪类的，如滚动条，placeholder，
            //但 IE9 不支持，因此我们只管元素节点，上面的 el.style 过滤掉了
```

```
                return el.ownerDocument.getComputedStyle(el, null)[ name ]
            } else {
                return el.currentStyle[ name ];
            }
        }
    }
```

设置样式则更没难度，直接 el.style[name] = value 搞定。

但框架要考虑的东西很多，如兼容性、易用性、扩展性。

（1）样式名要同时支持连字符风格（CSS 的标准风格）与驼峰风格（DOM 的标准风格）。

（2）样式名要进行必要的处理，如 float 样式与 CSS3 带私有前缀的样式（易用性的考虑）。

（3）设置样式时，对于长度宽度可以考虑直接处理数值，由框架智能补上"px"单位（易用性的考虑）。

（4）对个别样式的特殊处理，如 IE 下的 z-index、opacity、user-select、background-position、top、left（扩展性的考虑，这里要引入插件机制或适配器机制）。

本章将围绕 avalon 的 css 模块展开，涵盖的内容大致相当于 jQuery 的 css、offset、demensions 模块，或相当于 EXT4 的 Element.style、Element.scroll、Element.position 模块。

8.1 主体架构

avalon 处理样式相关的方法如图 8-1 所示。

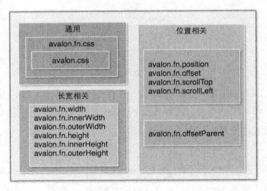

图 8-1

那些位于 avalon.fn 中的为原型方法，暴露给一般用户使用。其中 avalon.fn.css 是最重要的方法，但 avalon.fn.css 只是一个空壳，它实现的是 avalon.css 的封装，只是对传参做初步分解。

```
avalon.fn.css = function (name, value) {
    if (avalon.isPlainObject(name)) {
        //如果是传入一个对象，那么进入批量 set 操作
        for (var i in name) {
            avalon.css(this, i, name[i])
        }
    } else {
```

```
        var ret = avalon.css(this, name, value)
    }
    return ret !== void 0 ? ret : this
}
```

avalon.css 会对参数进一步分解，首先对属性名（通过 avalon.cssName）进行转换，然后根据参数的类型与个数，进入 3 个分支处理，如图 8-2 所示。

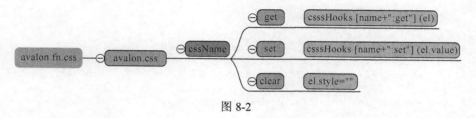

图 8-2

```
avalon.css = function (node, name, value) {
    //读写删除元素节点的样式
    if (node instanceof avalon) {
        node = node[0]// 取得元素节点
    }
    var prop = avalon.camelize(name), fn
    name = avalon.cssName(prop) || prop
    //获取样式(value 为布尔表示去掉单位,返回纯数值)
    if (value === void 0 || typeof value === 'boolean') {
        fn = cssHooks[prop + ':get'] || cssHooks['@:get']
        if (name === 'background') {
            name = 'backgroundColor'
        }
        var val = fn(node, name)
        return value === true ? parseFloat(val) || 0 : val
    } else if (value === '') { //清除样式
        node.style[name] = ''
    } else { //设置样式
        if (value == null || value !== value) {
            return
        }
        if (isFinite(value) && !avalon.cssNumber[prop]) {
            value += 'px'//添加单位
        }
        fn = cssHooks[prop + ':set'] || cssHooks['@:set']
        fn(node, name, value)
    }
}
```

里面用到 avalon.cssName 及 avalon.cssHooks，一个是样式名转换函数，另一个是适配器对象，用于添加各种样式的设置或获取钩子方法。目前没有一个浏览器（包括 Chrome）在没有钩子方法的情况下，能顺列操作所有样式。

avalon.cssHooks 有两个默认通用方法，即 cssHooks['@:get']、cssHooks['@:set']。为实现它们，在 IE 下都要大费周章，因为在旧式 IE 中，有 3 个地方可以存放样式值，需要交替利用它才能得到

第 8 章 样式模块

样式的精确值，而现代浏览器下，只要一个 getComputedStyle 方法就行了。

```javascript
cssHooks['@:set'] = function (node, name, value) {
    try {
        //node.style.width = NaN;node.style.width = 'xxxxxxx';
        //node.style.width = undefine 在旧式 IE 下会抛异常
        node.style[name] = value
    } catch (e) {
    }
}
if (window.getComputedStyle) {
    cssHooks['@:get'] = function (node, name) {
        if (!node || !node.style) {
            throw new Error('getComputedStyle 要求传入一个节点 ' + node)
        }
        var ret, styles = getComputedStyle(node, null)
        if (styles) {
            ret = name === 'filter' ? styles.getPropertyValue(name) : styles[name]
            if (ret === '') {
                ret = node.style[name] //其他浏览器需要我们手动取内联样式
            }
        }
        return ret
    }
} else {
    var rnumnonpx = /^-?(?:\d*\.)?\d+(?!px)[^\d\s]+$/i
    var rposition = /^(top|right|bottom|left)$/
    var ralpha = /alpha\([^)]*\)/i
    var ie8 = !!window.XDomainRequest
    var salpha = 'DXImageTransform.Microsoft.Alpha'
    var border = {
        thin: ie8 ? '1px' : '2px',
        medium: ie8 ? '3px' : '4px',
        thick: ie8 ? '5px' : '6px'
    }
    cssHooks['@:get'] = function (node, name) {
        //取得精确值，不过它有可能是带 em、pc、mm、pt、%等单位
        var currentStyle = node.currentStyle
        var ret = currentStyle[name]
        if ((rnumnonpx.test(ret) && !rposition.test(ret))) {
            //①保存原有的 style.left, runtimeStyle.left,
            var style = node.style,
                left = style.left,
                rsLeft = node.runtimeStyle.left
            //②由于③处的 style.left = xxx 会影响到 currentStyle.left,

            //因此把它 currentStyle.left 放到 runtimeStyle.left,
            //runtimeStyle.left 拥有最高优先级，不会 style.left 影响
            node.runtimeStyle.left = currentStyle.left
            //③将精确值赋给到 style.left，然后通过 IE 的另一个私有属性 style.pixelLeft
            //得到单位为 px 的结果
            style.left = name === 'fontSize' ? '1em' : (ret || 0)
            ret = style.pixelLeft + 'px'
```

```
            //④还原 style.left, runtimeStyle.left
            style.left = left
            node.runtimeStyle.left = rsLeft
        }
        if (ret === 'medium') {
            name = name.replace('Width', 'Style')
            //border width 默认值为 medium,即使其为 0'
            if (currentStyle[name] === 'none') {
                ret = '0px'
            }
        }
        return ret === '' ? 'auto' : border[ret] || ret
    }
}
```

8.2 样式名的修正

不是所有样式名都是直接用正则简单处理一下就行，这里存在 3 个陷阱，float 对应的 JavaScript 属性存在兼容性问题、CSS3 大爆炸时带来的私有前缀以及 IE 的私有前缀不合流问题。

float 是一个关键字，因此不能直接用，IE 这边给的替换品是 styleFloat，W3C 是 cssFloat。

CSS3 给 Web 开发带来了革命性的影响，以前很多需要 JavaScript 才能实现的复杂效果，现在使用 CSS3 就能简单实现。但，标准制定总是滞后于浏览器厂商的实现，只要有一个浏览器实现一个很酷的效果，其他浏览器也跟风。浏览器厂商也有先见之明，不确定自己的实现与 W3C 最后定案的效果是否一致，于是私有前缀便产生了。不过私有前缀是由来已久的东西，并不是 CSS3 在这概念被炒热时才出来的，比如-ms-是 IE8 时代就存在、-khtml-就更早了。现在私有前缀在各浏览器定义如表 8-1 所示。

表 8-1

浏览器	IE	Firefox	Chrome	Safari	Opera	Konqueror
前缀	-ms-	-moz-	-webkit-	-webkit-	-o-	-khtml-

2013 年年初，Google 嫌 webkit 内核太臃肿，决定自己单干，取名为 blink，并在 Chrome28 起使用此内核。不过为了减轻用户负担，还是使用-webkit-做前缀。目前，使用-webkit-前缀的有 Opera、Safari、Chrome 三家。

上述的这些前缀加上样式名再驼峰化就是真正可用的样式名（对那些试验性样式来说）了，比如-ms-transform -> MsTransform、-webkit-transform -> WebkitTransform、-o-transform -> Otransform、-moz-transform -> MozTransform。但试验性样式迟早会退出舞台的，它们会卸掉前缀重新亮相，比如 FF17 就直接可用 transform。但光是这样是不够的，还有第 3 个问题，IE 下-ms-transform 对应的 JavaScript 属性名为 msTransform，因此这个正则就非常复杂。我们要动用一个函数通过特性侦测手段获取它。在 avalon，它叫 cssName，在 jQuery 叫做 vendorPropName。由于特性侦测是 DOM 操作，消耗很大，因此获取后就应缓存起来，避免重复检测，这个对象在 avalon 称之为 cssMap。下面是对应的源码。

```
var camelize = avalon.camelize
var root = document.documentElement
var prefixes = ['', '-webkit-', '-o-', '-moz-', '-ms-']
var cssMap = {
    'float': window.Range ? 'cssFloat' : 'styleFloat'
}
avalon.cssName = function (name, host, camelCase) {
    if (cssMap[name]) {
        return cssMap[name]
    }
    host = host || root.style || {}
    for (var i = 0, n = prefixes.length; i < n; i++) {
        camelCase = camelize(prefixes[i] + name)
        if (camelCase in host) {
            return (cssMap[name] = camelCase)
        }
    }
    return null
}
```

prefixes 的顺序设置得相当有技巧。""表示没有私有前缀，此样式已经标准化，故排在最前面。wekbit 是最多浏览器使用的，因此排第 2。"-o-"是最小众的，因此排末尾。其他两个夹中间。

我们通过上面的函数，只需传入一个参数，就可以得到真正可用的样式名了。

8.3 个别样式的特殊处理

现在我们来展示 cssHooks 的价值所在。它是专门用于对付那些有兼容性问题、不按常规出牌的奇葩样式。cssHooks 为一个普通的对象，它每个属性名都以 xxx+":set"或 xxx+":get"命名，值为处理函数。

8.3.1 opacity

在开始之前，我们先了解一下 CSS 是怎么进行的吧，毕竟 JavaScript 设置透明度只是把这过程由死态变成动态。Firefox 和 webkit 系浏览器的古老版本的透明度设置如下。

```
.opacity{
    -moz-opacity: 0.5;
    -khtml-opacity: .5;
}
```

有资料表明 Firefox 在 0.9 版本中声明废弃此样式，反正笔者在 Firefox3.6.24 与 Firefox16 中测试，-moz-opacity:已经没有效果了。现在标准浏览器的透明度设置（包括 IE9）如下。

```
.opacity {
    opacity:.5
}
```

opacity 会同时让背景与内容透明，如果想内容不透明，就要用 rgba 与 hsla。不过它们是一种样式值的格式，并不是样式，不列入我们的讨论范围。

旧版本 IE 的透明度设置，依赖于私有的滤镜 **DXImageTransform.Microsoft.Alpha**。

```
.opacity {
    filter: progid:DXImageTransform.Microsoft.Alpha(opacity=40);
}
```

不过这个太长了，IE 又提供了一个简短的，也是现在主流的在 IE 设置透明度的方式。

```
.opacity {
    filter: alpha(opacity=40)
}
```

在 IE8，开始推广 -ms- 私有前缀，透明滤镜的写法变成如下。

```
.opacity {
    -ms-filter: "progid:DXImageTransform.Microsoft.Alpha(opacity=40)";
    /*IE8 专用，必须用引号括起*/
}
```

对于 IE6 和 IE7 还需要注意一点：为了使得透明设置生效，元素必须是"有布局"。一个元素可以通过使用一些 CSS 属性来使其被布局，有如 width 和 position。关于微软专有的 hasLayout 属性详情，以及如何触发它，大家可以网上搜索一下。

了解这些，我们在框架中实现它们就很简单了。由于 opacity 已经被标准浏览器所支持，我们的重心落在旧版本 IE 中。

先实现获取透明度，IE 是使用滤镜实现透明的，不同的 IE 版本其滤镜的定义方式也不同，但相同点也很好找，就是透明值总是跟在 opactity= 之后。因此我们写一个正则将它们截取出来，然后转换为数字除以 100。如果此元素没有使用透明滤镜，直接返回 "1" 好了。

```
//cssHooks 的钩子函数方法详见第 1 节，依次传入元素节点，样式名，样式值
var ropactiy = /(opacity|\d(\d|\.)*)/g
cssHooks['opacity:get'] = function (node) {
    var match = node.style.filter.match(ropactiy) || []
    var ret = false
    for (var i = 0, el; el = match[i++];) {
        if (el === 'opacity') {
            ret = true
        } else if (ret) {
            return (el / 100) + ''
        }
    }
    return '1'  //确保返回的是字符串
}
```

设置透明度就有点麻烦，首先用户传入的是 0~1 的数值，我们应用于滤镜需要放大 100 倍。在 IE6、IE7 中，我们需要判定元素有没有 **hasLayout**，若没有，使用 zoom=1 让其 hasLayout。在 IE7、IE8 中，如果透明度为 100，会让文本模糊不清，需要清掉透明滤镜，这时我们就遇到一个问题了，一个元素上可能设置了多个滤镜，不能简单用 el.style.filter = ""清掉，这要用正则把单个滤镜分割出来，把当中的透明滤镜去掉。如果滤镜在 0~99，我们设置透明度有个窍门，如果已经存在透明滤镜，直接找到其滤镜对象，改其 alpha 值就行了，否则就需要小心翼翼拼字符串啦！

第 8 章 样式模块

```
var ralpha = /alpha\(([^)]*)\)/i
cssHooks['opacity:set'] = function (node, name, value) {
        var style = node.style
        var opacity = isFinite(value) && value <= 1 ? 'alpha(opac
    ity=' + value * 100 + ')' : ''
        var filter = style.filter || '';
        style.zoom = 1
        //不能使用以下方式设置透明度
        //node.filters.alpha.opacity = value * 100
        style.filter = (ralpha.test(filter) ?
            filter.replace(ralpha, opacity) :
            filter + ' ' + opacity).trim()
        if (!style.filter) {
            style.removeAttribute('filter')
        }
    }
```

8.3.2 user-select

CSS3 有一个叫 user-select 的样式，用于控制文本内容的可选择性。比如，拖动时，会出现文字被选中的状况，分散用户的注意力，这里就可以尝试使用此属性。在标准浏览器下，由于$.cssName 的存在，一下子就找到可使用的样式名。而在旧版本 IE 中，没有这样的样式，是使用 unselectable 属性代替。不过由于 unselectable 不具继承性，加之子元素是位于父元素的上面，因此光是设置当前元素是不行的，要把它及其所有子孙都设置，具体代码如下。

```
cssHooks[ "userSelect:set" ] = function(node, name, value) {
    var allow = /none/.test(value) ? "on" : "",
        e, i = 0, els = node.getElementsByTagName('*');
    node.setAttribute('unselectable', allow);
    while ((e = els[ i++ ])) {
        switch (e.tagName.toLowerCase()) {
            case 'iframe' :
            case 'textarea' :
            case 'input' :
            case 'select' :
                break;
            default :
                e.setAttribute('unselectable', allow);
        }
    }
};
```

8.3.3 background-position

在旧版本 IE 中，IE 只支持 backgroundPositionX 与 backgroundPositionY，不支持 background Position，而在 FF 早期的版本中（3.0 之前），FF 只支持 backgroundPosition，不支持 backgroundPositionX 与 backgroundPositionY。它们俩总是对着干的。不过，FF 加入了 Chrome 引发的版本号竞赛，FF3 已经很少人用了，我们还是照顾好 IE6、IE7 就行了。实现很简单，分别取 backgroundPositionX 与 backgroundPositionY，然后把它们合在一起就是 backgroundPosition。

```
cssHooks[ "backgroundPosition:get" ] = function( node, name, value ) {
    var style = node.currentStyle;
    return style.backgroundPositionX +" "+style.backgroundPositionX
};
```

8.3.4 z-index

z-index 并不是一个难以理解的属性，但它却因错误的假设而使很多初级的开发人员陷入混乱。混乱发生的原因是 z-index 只能工作在被明确定义了 absolute、fixed 或 relative 这 3 个定位属性的元素中，它会让元素沿 z 轴进行排序（z 轴的起点为其父节点所在的层，终点为屏幕）。如果为正数，则离用户更近，为负数则表示离用户更远。想象这样一个场合，一个相对定位的父节点，然后里面有 N 个绝对定位的子元素。如果没有指定 z-index，它们的显示方式是按照出现的先后顺序排列（nextElementSibling 会在 previousElementSibling 之上）；如果有就按 z-index 排列，如果是负数，标准浏览器下会表现为元素排在其父节点的背后。当然，实际上元素的层叠顺序涉及更多东西，比如 **stacking context** 概念、IE 下的 select 元素的 bug、z-index 为负时的浏览器差异等，如图 8-3 所示。

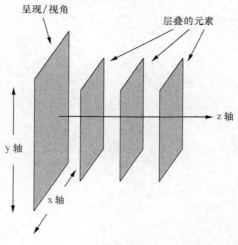

图 8-3

z-index 在下拉菜单、tooltip、灯箱效果、相册与拖动等中经常被使用。为了让目标控件排在最前面，我们需要得知它们的 z-index，然后有目的地改 z-index 或重排元素（将目标元素移出 DOM 树再插入父元素内部的最后一个元素之后）。

想获取 z-index，这里得应对一个特殊情况，目标元素没有被定位，需要往上回溯其祖先定位元素。如果找到，就返回定位祖先的 z-index 值。如果最后都没找到，就返回 0。

```
cssHooks["zIndex:get"] = function(node) {
    while (node.nodeType !== 9) {
        //即使元素定位了，但如果 zindex 设置为"aaa"这样的无效值，浏览器都会返回 auto
        //如果没有指定 zindex 值，IE 会返回数字 0，其他返回 auto
```

```
            var position = getter(node, "position") || "static";
            if (position !== "static") {
                // <div style="z-index: -10;"><div style="z-index: 0;"></div></div>
                var value = parseInt(getter(node, "zIndex"), 10);
                if (!isNaN(value) && value !== 0) {
                    return value;
                }
            }
            node = node.parentNode;
        }
        return 0;
    };
```

8.3.5 盒子模型

在开始讲元素的尺寸位置时，我们先了解一下 CSS 盒子模型，如果没有这知识储备，后面就进行不下去。我们可以把页面上每一个元素节点看成一个装了东西的盒子，盒子里面的内容到盒子边框之间的距离即填充（padding），盒子本身有边框（border），用来放置子元素或文本的区域叫 content，盒子边框与其他盒子之间还存在边界（margin），为了把盒子装饰得五彩缤纷，而不只是一个死板的矩形，它还有背景颜色与背景图片。为了方便渲染，它们都会于不同的层上，如图 8-4 所示。

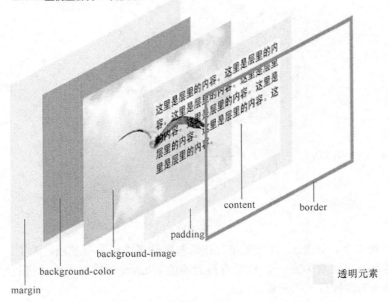

图 8-4

上面显示了各属性在 z 轴的层次关系：边界->背景颜色->背景图片->边框->填充->内容区。
从 3D 模型中，我们还可以得出以下结论。
（1）背景颜色、背景图片和边框之间是无法设置空白的。
（2）背景图片在背景颜色之上，也就是说背景图片可以覆盖背景色。

（3）元素背景指的是 content 和 padding 区域。

在 CSS3 中，它引进了 border-shodaw，能把元素打扮得更加惊艳，轻易实现纸张卷边效果。如果元素的第一个元素为 inset，那么它就是内阴影，否则为外阴影。此外 CSS 2.1 还有一个虚线框——outline。那么盒子模型的立体层次就变成：边界->虚线框->外阴影->背景颜色->背景图片->内阴影->影边框->填充->内容区，如图 8-5 所示。

在 FF15 下，从元素的 3D 图，可以直接看到它们之间的层叠关系。

不过真正影响布局的还是那几个，margin、border、padding、content。在早期，存在两种盒子模型，它决定着 width、height 的计算公式。W3C 的盒子模型，亦即后来的 content-box，内容区的宽即为 el.style.width；IE 在怪异模式的盒子模型，亦即后来的 border-box，内容区的宽是

图 8-5

未知的，要用 width–左右边框宽–左右填空宽。这就导致 IE 的盒子总比 W3C 的 smat。从设计与计算的角度，尤其是百分比设置宽高，IE 的盒子模型更为合理，符合人们的常识。因此 W3C 后来搞了个 box-sizing 的 CSS3 新属性来搪塞人们的疑问。box-sizing 在 W3C 规范中，拥有 3 种值，content-box、padding-box、border-box，宽高的计算起点由它们的名字决定。

8.3.6 元素的尺寸

由于元素的高与宽的取法都是一样的，笔者这里只拿宽来讲解。参照 jQuery 的行为，width 是指内容区的宽。一般情况下，我们可以使用 getComputedStyle 精确得到元素的宽，但如果元素的 display 为 none，或元素的祖先的 dispaly 为 none，又或者元素脱离了 DOM 树，getComputedStyle 就无能为力了。旧版本 IE 那边也差不多。并且浏览器在非 content-box 模式下，el.currentSyle.width 或 getComputedStyle(el, null).width 得到的值是整个盒子的宽，不是内容区的宽（FF 好像是例外），因此我们需要另辟蹊径。

首先要把隐藏元素显示出来。如果元素是隐藏的，它的 offsetWidth 为 0，但这不能作为判定元素是隐藏的充分条件，因为用户可能直接设置 width: 0px。这时，我们需要判定它的 display 值是否为 none。

```
function showHidden(node, array) {
    if (node.offsetWidth <= 0) { //opera.offsetWidth 可能小于 0
        if (rdisplayswap.test(cssHooks['@:get'](node, 'display'))) {
            var obj = {
                node: node
            }
            for (var name in cssShow) {
                obj[name] = node.style[name]
                node.style[name] = cssShow[name]
            }
            array.push(obj)
        }
```

```
            var parent = node.parentNode
            if (parent && parent.nodeType === 1) {
                showHidden(parent, array)
            }
        }
    }
```

接下来，我们还要判定元素的盒子模型。IE 在怪异模式下，盒子模式为 border-box，如果不支持 box-sizing，那么大家都是 content-box，否则根据 box-sizing 值进入裁剪。裁剪什么呢？裁剪 IE 带来的好东西 offsetWidth，现在它已被标准浏览器良好支持，并列入规范。

我们先做一个实验：

```
<!DOCTYPE HTML>
<html>
    <head>
        <title>contentbox by 司徒正美</title>
        <meta http-equiv="Content-Type" content="text/html; charset=UTF-8">
        <style type="text/css">
            body,html{
                height:100%;
                background:gray;
            }
            #parent {
                background: red;
                width:300px;
                height:300px;
                border:1px solid greenyellow;
            }
            #son{
                width:100px;
                height:100px;
                background-color:blue;
                padding:20px;
                margin:15px;
                overflow:hidden;
                border:5px solid yellow;
            }
        </style>
        <script>
            window.onload = function() {
                var el = document.getElementById("son");
                console.log(el.offsetWidth);
                console.log(window.getComputedStyle(el, null).width);
            }
        </script>
    </head>
    <body>
        <div id="parent">
            <div id="son"> </div>
        </div>
    </body>
</html>
```

我们可以在 firebug 中看到 son 元素的盒子模型的具体参数与结构，如图 8-6 所示。

8.3 个别样式的特殊处理

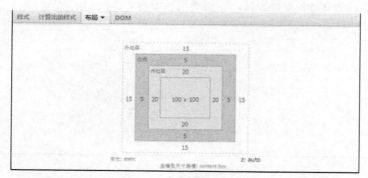

图 8-6

我们也可以在 IE8+ 的开发人员工具中看到类似的信息，如图 8-7 所示。

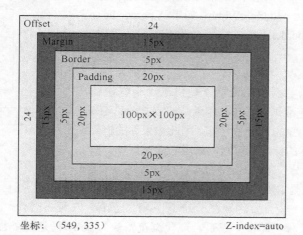

图 8-7

控制台输出为 150px，100px，我们可以从出推导出这样一个公式：

offsetWidth = borderWidth + paddingWidth + width

如果我们在 div#son 的样式添加多一行样式规则：

```
box-sizing:border-box;
-moz--sizing:border-box;
```

这时，红色方块就会比刚才的显示得小很多（Firefox 在 15 版中依然显示错误）。控制台输出（100px，100px）（Firefox15 为（100px，50px）），如图 8-8 所示。

offsetWidth = borderWidth + paddingWidth + width，这公式依然有效。

在笔者写本节时，只有 Firefox 支持 padding-box。修改上面的实验代码，在 firebug 中看到控制台输出为 110px，60px，如图 8-9 所示。

因此取元素内容的宽使用上面公式最合算不过，完全不受盒子模型影响。在 jQuery 的 dimensions 模块中，又提供两个只读方法 innerWidth、outerWidth 用于取得 padding-box、border-box 与 margin-box

的宽。不过，依赖 outerWidth 进行加减，一点难度也没有。

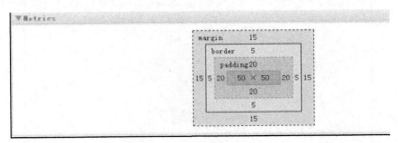

图 8-8

不过设置元素内容区的宽就麻烦了，在非 content-box 中，它完全是一个间接值，一个不存在的属性。如果是 padding-box，我们要将用户传入值加上 padddingWidth；如果是 border-box，再在刚才的基础上加上 borderWidth。最后，在我们日常工作中，还有两个尺寸非常重要——窗口的大小与页面的大小，它们都是只读。为了方便起见，我们都把它们交由本模块处理。

先看窗口的宽。以前网景浏览器就提供了一个好用的只读属性 innerWidth，标准浏览器一脉相承，都有这东西，IE9 也支持它，W3C 草稿已在 2011 年收录它。因此如果你的框架只支持 IE9+ 与较新版本的标准浏览器，只用它取窗口宽。旧版本 IE，我们可以要区分一下它是否处于怪异模式。

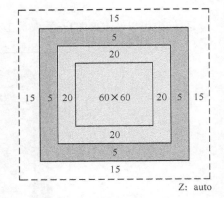

图 8-9

怪异模式实质上就是 IE6 之前的模式。除了盒子模型的计算范围不一样外，另一个重要区别在于 body 标签的解释。在远古时代，body 元素是最顶层的可视元素，而 HTML 元素保持隐藏。然后，现代浏览器认为 body 只是一个普通的块状元素，HTML 则是包含整个浏览器窗口的可视元素。

IE 又发明一套叫 clientXXX 的属性，用于取得元素的可视区的尺寸，它是不包含滚动条以及被隐藏的部分。因此窗口的宽可以这样取：

```
windowWidth = window.innerWidth || document.documentElement.clientWidth || document.body.clientWidth
```

不过，实际上 jQuery 与 avalon 等框架都不打算支持怪异模式。怪异模式涉及许多东西，还有许多不可预测的怪异行为，而且殃及页面所有元素的盒子模型，不像 box-sizing 那样可以对单个元素进行设置。因此，上面的代码可以简化成这样：

```
windowWidth = document.documentElement.clientWidth
```

如果你的框架是手机框架，可以放胆去用 innerWidth，即：

```
windowWidth = window.innerWidth
```

再看页面的宽，即文档的宽。一旦出现横向滚动条，我们就要考虑加上被隐藏的部分。标准浏

8.3 个别样式的特殊处理

览器又有一套叫 outerXXX 的属性,但那是取浏览器的尺寸的,因此不能像 innerWidth 那样照样画葫芦。IE 在此又亲切地为我们奉上另两套叫 scrollXXX、offsetXXX 的属性,标准浏览器继续照抄不误,但又抄得不好,留下兼容性问题。

offsetWidth

IE、Opera 认为 offsetWidth = clientWidth +滚动条+边框。

NS、FF 认为 offsetWidth 是网页内容实际宽度,可以小于 clientWidth。

scrollWidth

IE、Opera 认为 scrollWidth 是网页内容实际宽度,可以小于 clientWidth。

NS、FF 认为 scrollWidth 是网页内容宽度,不过最小值是 clientWidth。

你想想世界上有这么浏览器,谁知道它们又是怎么想的。因此直接把这些属性放在一起,取最大值吧。

```
var pageWidth = Math.max( document.documentElement.scrollWidth,
document.documentElement.offsetWidth, document.documentElement.clientWidth,
document.body.scrollWidth, document.body.offsetWidth);
```

document.body.clientWidth 肯定是最小的,不用比较。

在 Firefox 中还提供了 window.scrollMaxX 这样一个属性,它与 window.innerWidth 相加,恰好等于页面的宽度。不过 MDC 警告说它们之和不等于页面宽,可能是之前版本的问题吧。

在 webkit 系浏览器,它们直接在 document 中添加 width/height 属性,很方便。

```
var cssShow = {
    position: 'absolute',
    visibility: 'hidden',
    display: 'block'
}

var rdisplayswap = /^(none|table(?!-c[ea]).+)/
function showHidden(node, array) {
//...
}
avalon.each({
    Width: 'width',
    Height: 'height'
}, function (name, method) {
    var clientProp = 'client' + name,
        scrollProp = 'scroll' + name,
        offsetProp = 'offset' + name
    cssHooks[method + ':get'] = function (node, which, override) {
        var boxSizing = -4
        if (typeof override === 'number') {
            boxSizing = override
        }
        which = name === 'Width' ? ['Left', 'Right'] : ['Top', 'Bottom']
        var ret = node[offsetProp] // border-box 0
```

第 8 章　样式模块

```
        if (boxSizing === 2) { // margin-box 2
            return ret + avalon.css(node, 'margin' + which[0], true) + avalon.css(node,
            'margin' + which[1], true)
        }
        if (boxSizing < 0) { // padding-box -2
            ret = ret - avalon.css(node, 'border' + which[0] + '
            Width', true) - avalon.css(node, 'border' + which[1] + 'Width', true)
        }
        if (boxSizing === -4) { // content-box -4
            ret = ret - avalon.css(node, 'padding' + which[0], t
            rue) - avalon.css(node, 'padding' + which[1], true)
        }
        return ret
    }
    cssHooks[method + '&get'] = function (node) {
        var hidden = [];
        showHidden(node, hidden);
        var val = cssHooks[method + ':get'](node)
        for (var i = 0, obj; obj = hidden[i++]; ) {
            node = obj.node
            for (var n in obj) {
                if (typeof obj[n] === 'string') {
                    node.style[n] = obj[n]
                }
            }
        }
        return val
    }
    avalon.fn[method] = function (value) { //会忽视其 display
        var node = this[0]
        if (arguments.length === 0) {
            if (node.setTimeout) { //取得窗口尺寸
                return node['inner' + name] ||
                    node.document.documentElement[clientProp] ||
                    node.document.body[clientProp]
                    //IE6 下前两个分别为 undefined,0
            }
            if (node.nodeType === 9) { //取得页面尺寸
                var doc = node.documentElement
                //FF chrome    html.scrollHeight< body.scrollHeight
                //IE 标准模式 : html.scrollHeight> body.scrollHeight
                //IE 怪异模式 : html.scrollHeight 最大等于可视窗口多一点?
                return Math.max(node.body[scrollProp], doc[scrol
                lProp], node.body[offsetProp], doc[offsetProp], doc[clientProp])
            }
            return cssHooks[method + '&get'](node)
        } else {
            return this.css(method, value)
        }
    }
    avalon.fn['inner' + name] = function () {
        return cssHooks[method + ':get'](this[0], void 0, -2)
    }
    avalon.fn['outer' + name] = function (includeMargin) {
        return cssHooks[method + ':get'](this[0], void 0, include
```

```
        eMargin === true ? 2 : 0)
    }
})
```

8.3.7 元素的显隐

想让元素在页面上看不见有许多办法,但我这里只讲 display。display 为 none 时,它不占有物理空间,附近的元素就可以顺势向它的位置挪过去,比如手风琴效果,下拉效果都依赖于它。因此这种隐藏方式非常有用。在许多情况下,它是没有什么好说的,显示就设置 block,隐藏就是 none,切换就是根据它原来的状态决定显隐。

但不是所有元素直接用 block 就能搞定,像 thead、tbody、tr 等具有特定默认 display 值的元素,它们一旦设置了 block,表格就会面目全非。

```html
<!DOCTYPE HTML>
<html>
    <head>
        <title>display by 司徒正美</title>
        <meta http-equiv="Content-Type" content="text/html; charset=UTF-8">
        <style type="text/css">
            body,html{
                height:100%;
                background:gray;
            }
            #parent {
                background: red;
                width:300px;
                height:300px;
            }
            #son{
                width:100px;
                height:100px;
                background:blue;
                padding:20px;
                margin:15px;
                display:none;
                border:5px solid yellow;
            }
        </style>
        <script>
            window.onload = function(){
                var el = document.getElementById("son")
                el.style.display= ""

            }
        </script>
    </head>
    <body>
        <div id="parent">
            <div id="son"> </div>
        </div>
    </body>
</html>
```

第 8 章 样式模块

我们必须赋以正确的 display 值才能让它生效。问题是，如何界定这个"正确"。单单是块状元素设置 block，内联元素设置 inline，让它们显示是不行的。这还引进了一个问题，如何区分它是块状元素或内联元素。对于不断增长的 HTML5 元素种类，hash 法也不可靠。而且增长的不单是元素种类，还有 display 值的类型。

在老旧的 CSS 1 规范中，display 值仅包括：block、inline、list-item、none。在 CSS 2.1 规范中，它已经扩张到如下这么多值：inline、block、list-item、run-in、inline-block、table、inline-table、table-row-group、table-header-group、table-footer-group、table-row、table-column-group、table-column、table-cell、table-caption、none、inherit。CSS3 引入更强大的布局模型 Flexible Box，对 display 增加 ruby、ruby-base、ruby-text、ruby-base-group、ruby-text-group、flex、grid 等值（注，新添值不太稳定，一切以 W3C 上的最新草稿为准）。

不过有些元素，我们可以肯定它们的默认样式值，对于一些特别的元素就需要实时去取了。为了取得干净的默认 display 属性，我们需要在 iframe 沙箱中去取。

```
var none = 'none'
function parseDisplay(elem, val) {
    //用于取得此类标签的默认display值
    var doc = elem.ownerDocument
    var nodeName = elem.nodeName
    var key = '_' + nodeName
    if (!parseDisplay[key]) {
        var temp = doc.body.appendChild(doc.createElement(nodeName))
        if (avalon.modern) {
            val = getComputedStyle(temp, null).display
        } else {
            val = temp.currentStyle.display
        }
        doc.body.removeChild(temp)
        if (val === none) {
            val = 'block'
        }
        parseDisplay[key] = val
    }
    return parseDisplay[key]
}
```

我们通过 toggle 方法设置元素是否显示或隐藏。

```
function toggle(node, show){
        var display = node.style.display, value
        if (show) {
            if (display === none) {
                if (!value) {
                    node.style.display = ''
                }
            }
            if (node.style.display === '' && avalon(node).css('display') === none &&
                // fix firefox bug,必须挂到页面上
                avalon.contains(node.ownerDocument, node)) {
```

```
            value = parseDisplay(node)
        }
    } else {
        if (display !== none) {
            value = none
        }
    }
    if (value !== void 0) {
        node.style.display = value
    }
}
```

8.3.8 元素的坐标

元素的坐标就是指其 top 与 left 值。node.style 恰逢有这两个属性，但它只有被定位了才有效，否则即使在 IE9、FF15、Chrome23、Opera12 等浏览器下都返回 auto。幸好，即使一个元素没有被定位，它的 offsetTop、offsetLeft 也是有效的，它们是相对于 offsetParent 的距离。我们一级级向上累加，就能得到相对页面的坐标，亦有人称之为元素的绝对坐标。

```
function offset(node) {
    var left = node.offsetLeft,
        top = node.offsetTop;
    do {
        left += node.offsetLeft;
        top += node.offsetTop;
    } while (node = node.offsetParent);
    return {
        left: left,
        top: top
    }
}
```

此外，相对于可视区的坐标也很实用，比如让弹出窗口居中对齐。以前实现这个计算量非常巨大，自从 IE 的 getBoundingClientRect 方法被发掘出来后，简直是小菜一碟。更令人高兴的是，它现在也被标准浏览器普遍接受，并列入 W3C 标准，无兼容性之忧。此方法能获取页面中某个元素（border-box）的左、上、右和下分别相对浏览器视窗的位置。它返回一个 Object 对象，该对象肯定有这样 4 个属性：top、left、right、bottom，标准浏览器下可能还多出 width、height 这两个属性。这里的 top、left 和 CSS 中的理解很相似，width、height 是元素自身的宽高。但是 right、bottom 和 CSS 中的理解有点不一样，right 是指元素右边界距窗口最左边的距离，bottom 是指元素下边界距窗口最上面的距离，如图 8-10 和图 8-11 所示。

微软的 MSDN《Measuring Element Dimension and Location with CSSOM in Internet Explorer 9》给出另一个更具体的图，标著更多 CSSOM 各种属性。示例页面中拥有一个相对定位的红色元素。蓝色元素是红色元素的父节点，它是用于演示各种盒子，如 content-box、padding-box、border-box、margin-box 以及 offsetTop（这是属于蓝色元素的，换言之，它是蓝色元素的 offsetParent）。viewport 是个黑色虚框，为 html 标签。蓝色元素还拥有滚动条，方便我们观察 clientTop 与 scrollTop 或者 clientHeight 与 scrollHeight 的差异。getBoundingClientRec 中的 top 与 bottom 也在图 8-12 中显示出来。

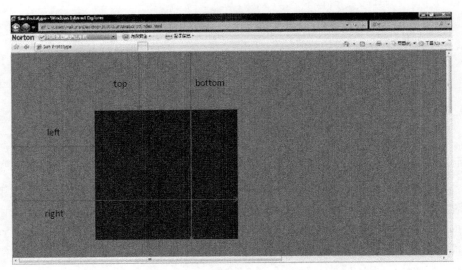

图 8-10

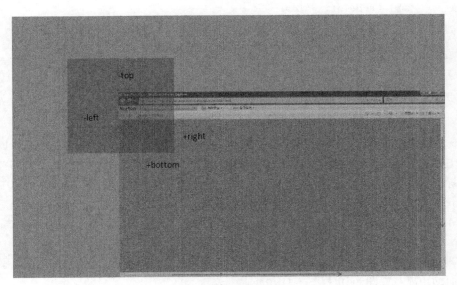

图 8-11

http://msdn.microsoft.com/en-us/library/ms530302%28VS.85%29.aspx

getBoundingClientRect 的支持情况如表 8-2 所示。

表 8-2

浏览器	Chrome	Firefox (Gecko)	IE	Opera	Safari
支持	1.0	3.0 (1.9)	4.0	(Yes)	4.0

8.3 个别样式的特殊处理

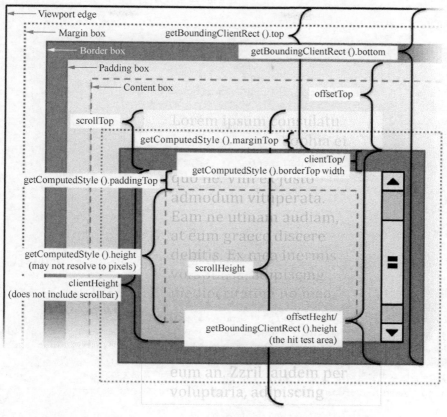

图 8-12

因此我们也可以很方便地利用它求出相对于页面的距离，将它相对于可视区的距离加上滚动距离就行了。

```
var rect =this.getBoundingClientRect()
var top = rect.top+document.documentElement.scrollTop;
var left = rect.left+document.documentElement.scrollLeft;
```

到目前为止，我们只是把所有用到的知识介绍一遍，就像 W3C 文案那样总是完美而不实用，我们还要考虑浏览器兼容性呢。有了兼容性，上面简洁的公式就要改得非常臃肿丑陋才可以用。

那真正的解法是如何的呢？首先，我们判定它是否在 DOM 树上，不在直接返回（0，0）。否则取得元素在可视区的距离加上滚动距离然后减去浏览器的边框。因此，计算可视区距离与滚动距离时都已经包含浏览器的边框。而浏览器的边框即最顶层的可视元素的边框，在标准模式下，顶层可视元素为 html，怪异模式下为 body。计算滚动距离也是这样，需要选好顶层可视元素。由于 Windows8 与 IE10 的发布，加速了旧版本 IE 的淘汰，像 jQuery 与 avalon 已经不考虑支持怪异模式。各位可以参考自己公司的客户组成斟酌一下是否支持怪异模式。

第 8 章　样式模块

```
avalon.fn.offset = function () { //取得距离页面左右角的坐标
    var node = this[0],
        box = {
            left: 0,
            top: 0
        }
    if (!node || !node.tagName || !node.ownerDocument) {
        return box
    }
    var doc = node.ownerDocument,
        body = doc.body,
        root = doc.documentElement,
        win = doc.defaultView || doc.parentWindow
    if (!avalon.contains(root, node)) {
        return box
    }
    //我们可以通过 getBoundingClientRect 来获得元素相对于 client 的 rect
    if (node.getBoundingClientRect) {
        box = node.getBoundingClientRect() // BlackBerry 5, iOS 3 (original iPhone)
    }
    //chrome/IE6: body.scrollTop, firefox/other: root.scrollTop
    var clientTop = root.clientTop || body.clientTop,
        clientLeft = root.clientLeft || body.clientLeft,
        scrollTop = Math.max(win.pageYOffset || 0, root.scrollTop, body.scrollTop),
        scrollLeft = Math.max(win.pageXOffset || 0, root.scrollLeft, body.scrollLeft)
    // 把滚动距离加到 left、top 中去
    // IE 一些版本中会自动为 HTML 元素加上 2px 的 border，我们需要去掉它
    // http://msdn.microsoft.com/en-us/library/ms533564(VS.85).aspx
    return {
        top: box.top + scrollTop - clientTop,
        left: box.left + scrollLeft - clientLeft
    }
}
```

　　我们再来取元素相对于其 offsetParent 的位置，亦有人称之为元素的相对坐标。要取得此值，我们先要确定其 offsetParent。根据 W3C 给出的规律，元素是这样寻找其 offsetParent 的。如果元素被移出 DOM 树或 display 为 none；作为 HTML 或 BODY 元素，或其 position 的精确值为 fixed 时，返回 null。否则分两种情况，当 position 为 absolute、relative 的元素的 offsetParent 时，它总是为其最近的已定位的祖先，没有找最近的 td、th 元素，再没有返回 body；当 position 为 static 的元素的 offsetParent 时，则是先找最近的 td、th、table 元素，再没有返回 body。但现实中，Firefox 在 position 为 fixed 返回 body；在 IE6～IE8 下，会增加一条规则，先寻找离元素最近的设置有能激活 hasLayout 的祖先元素。

　　假若依据这个规律，我们在太多情况下会得到 offsetParent 为 null，导致无法计算。我们看 jQuery 是怎么做的。jQuery 也有个 offsetParent 方法，它是将选中元素的所有"offsetParent"收集起来，重新包装为 jQuery 对象返回。而这个"offsetParent"的定义被它修改了。浏览器认为 offsetParent 最高只能取到 body，而且存在为 null 的情况；jQuery 则认为元素的 offsetParent 的 position 必须为

relative 或 absolute,否则继续回上寻找另一个被定位的祖先,没有返回 html。另外,jQuery 认为 position:fixed 的元素也有 offsetParent,就是当前可视区。

为了让大家有个直观的认识,还是建一个 HTML 页面。

```html
<!DOCTYPE HTML>
<html id="html">
    <head>
        <title>offsetParent by 司徒正美</title>
        <meta http-equiv="Content-Type" content="text/html; charset=UTF-8">
        <style type="text/css">
            body,html{
                height:100%;
                background:orange;
            }
            body{
                margin:20px;
            }
            #parent {
                position: relative;
                width:250px;
                height:250px;
                margin:20px;
                background:aqua;
                border:20px solid red;
                padding:20px;
            }
            #son {
                position: absolute;
                width:150px;
                height:150px;
                margin:20px;
                background:fuchsia;
                border:20px solid blue;
                padding:2px;
            }
        </style>
    </head>
    <body id="body">
        <div id="parent">
            <div id="son"></div>
        </div>
    </body>
</html>
```

从盒子模型的角度来看,相对于 offsetParent 的距离,是指此元素的 margin-box 的左上角到 offsetParent 的 content-box 的左上角的距离。由于 offsetParent、getBoundingClientRect 等都是由 IE 首先提出来的,因此盒子都以 border-box 为计算单元,我们需要减少 offsetParent 的左边框与元素的左边界的宽,如图 8-13 所示。

因此 x 轴距离的计算公式如下。

```
X = node[clientLeft] - offsetParent[client_left] -
offsetParent[borderLeftWidth] - node[marginLeftWidth]
```

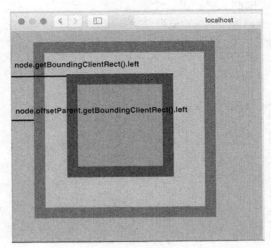

图 8-13

整个方法实现如下。

```
avalon.fn.position = function () {
    var offsetParent, offset,
        elem = this[0],
        parentOffset = {
            top: 0,
            left: 0
        }
    if (!elem) {
        return parentOffset
    }
    if (this.css('position') === 'fixed') {
        offset = elem.getBoundingClientRect()
    } else {
        offsetParent = this.offsetParent() //得到真正的 offsetParent
        offset = this.offset() // 得到正确的 offsetParent
        if (offsetParent[0].tagName !== 'HTML') {
            parentOffset = offsetParent.offset()
        }
        parentOffset.top += avalon.css(offsetParent[0], 'borderTopWidth', true)
        parentOffset.left += avalon.css(offsetParent[0], 'borderLeftWidth', true)

        // Subtract offsetParent scroll positions
        parentOffset.top -= offsetParent.scrollTop()
        parentOffset.left -= offsetParent.scrollLeft()
    }
    return {
        top: offset.top - parentOffset.top - avalon.css(elem, 'marginTop', true),
        left: offset.left - parentOffset.left - avalon.css(elem, 'marginLeft', true)
    }
}
avalon.fn.offsetParent = function () {
    var offsetParent = this[0].offsetParent
```

```
        while (offsetParent && avalon.css(offsetParent, 'position') === 'static') {
            offsetParent = offsetParent.offsetParent;
        }
        return avalon(offsetParent || root)
}
```

有了 position 方法，我们就可以正确计算出 top、left 样式值了。我们继续在 cssHooks 对象添加钩子函数。

```
'top,left'.replace(avalon.rword, function (name) {
    cssHooks[name + ':get'] = function (node) {
        var computed = cssHooks['@:get'](node, name)
        return /px$/.test(computed) ? computed :
            avalon(node).position()[name] + 'px'
    }
})
```

8.4 元素的滚动条的坐标

这是浏览器一组非常重要的属性，因此光是浏览器本身就提供了多个方法来修改它们，比如挂在 window 下的 scroll、scrollTo、scrollBy 方法以及挂在元素下的 scrollLeft、scrollTop、scrollIntoView 方法。jQuery 在 css 模块就提供了 scrollLeft、scrollTop 来修改或读取元素或窗口的滚动坐标，在 animation 模块，更是允许它以更平滑的方式来挪动它们。EXT 更是用整一个模块来满足用户对滚动条的各种需求。

修改 top、left 来挪动元素有一个坏处，可能遮在某些元素之上，而修改 scrollTop、scrollLeft 不会。这里我们还是仿照 jQuery 那样，把这两个方法取名为 scrollTop、scrollLeft。对于一般的元素节点，读写它们没有什么难点，因为元素上就有这两个属性了。我们只需集中精力对付最外面的滚动条，也称浏览器的滚动条，位于最顶层的可视元素之上。设置时，我们要用到 window 中的 scrollTo 方法，里面传入你要滚到的坐标。读取时，我们尝试使用 pageXOffset、pageYOffset 这组属性，标准浏览器从网景时代就支持了，IE 则直接取 html 元素的 scrollLeft, scrollTop 属性，因为笔者也不打算支持怪异模式。想支持怪异模式的朋友，可以继续尝试从 body 元素中取相关属性。

```
//生成 avalon.fn.scrollLeft, avalon.fn.scrollTop 方法
avalon.each({
    scrollLeft: 'pageXOffset',
    scrollTop: 'pageYOffset'
}, function (method, prop) {
    avalon.fn[method] = function (val) {
        var node = this[0] || {},
            win = getWindow(node),
            top = method === 'scrollTop'
        if (!arguments.length) {
            return win ? (prop in win) ? win[prop] : root[method] : node[method]
        } else {
            if (win) {
                win.scrollTo(!top ? val : avalon(win).scrollLeft(), top ? val : avalon(win).scrollTop())
```

```
            } else {
                node[method] = val
            }
        }
    }
})

function getWindow(node) {
    return node.window && node.document ? node : node.nodeType === 9 ? node.defaultView ||
node.parentWindow : false;
}
```

8.5 总结

本章通过一个强大的适配器对象（钩子对象），使得我们的 css 方法具有强大的扩展性，进而解决了各种样式的读写问题。

第 9 章　属性模块

　　本章所讲的属性在英文中分别称之为 property 与 attribute。property 是 DOM 对象自身就拥有的属性，而 attribute 是我们通过设置 HTML 标签而给之赋予的特性。笔者在 stackoverflow 上找到如下的回答，或者会更加接近于真正的答案：

　　http://stackoverflow.com/questions/258469/what-is-the-difference-between-attribute-and-propertyThese words existed way before Computer Science came around.

　　Attribute is a quality or object that we attribute to someone or something. For example, the scepter is an attribute of power and statehood.

　　Property is a quality that exists without any attribution. For example, clay has adhesive qualities; or, one of the properties of metals is electrical conductivity. Properties demonstrate themselves though physical phenomena without the need attribute them to someone or something. By the same token, saying that someone has masculine attributes is self-evident. In effect, you could say that a property is owned by someone or something.

　　To be fair though, in Computer Science these two words, at least for the most part, can be used interchangeably - but then again programmers usually don't hold degrees in English Literature and do not write or care much about grammar books :).

　　最关键的两句话。

　　（1）attribute（特性），是我们赋予某个事物的特质或对象。

第 9 章 属性模块

（2）property（属性），是早已存在的不需要外界赋予的特质。

但这还是比较绕口，因此本书通过加点定语来解决它们，也切合本章的标题。attribute 就叫自定义属性，property 则叫固有属性。

9.1 元素节点的属性

通常我们把对象的非函数成员叫做属性。对于元素节点来说，其属性大体分成两大类，固有属性与自定义属性（特性）。固有属性一般遵循驼峰命名风格，拥有默认值，并且无法删除。自定义属性是用户随意添加的键值对，由于元素节点也是一个普通的 JavaScript 对象，没有什么严格的访问操作，因此命名风格林林总总，值的类型也乱七八糟。但是随意添加属性显然不够安全，比如引起循环引用什么的。因此，浏览器提供了一组 API 来供人们操作自定义属性，即 setAttribute、getAttribute、removeAttribute。当然还有其他 API，不过这是标准套装，只有在 IE6、IE7 那样糟糕的环境下，我们才求助于其他 API，一般情况下这 3 个足矣。我们通称它们为 DOM 属性系统。DOM 属性系统对属性名会进行小写化处理，属性值会统一转字符串。

```
var el = document.createElement("div")
el.setAttribute("xxx", "1")
el.setAttribute("XxX", "2")
el.setAttribute("XXx", "3")
console.log(el.getAttribute("xxx"))
console.log(el.getAttribute("XxX"))
```

IE6、IE7 会返回 "1"，其他浏览器返回 "3"。在前端的世界，我们真是走到哪都能碰到兼容性问题。这只是冰山一角，IE6、IE7 在处理固有属性时要求进行名字映射，比如 class 变成 className、for 变成 htmlFor。对于布尔属性（一些只返回布尔的属性），浏览器间的差异更大，具体如表 9-1 所示。

```
<input type="radio"  id="aaa">
<input type="radio"  checked id="bbb">
<input type="radio"  checked="checked" id="ccc">
<input type="radio"  checked="true" id="ddd">
<input type="radio"  checked="xxx" id="eee">

"aaa,bbb,ccc,ddd,eee".replace(/\w+/g,function( id ){
    var elem = document.getElementById( id )
    console.log(elem.getAttribute("checked"));
})
```

表 9-1

	#aaa	#bbb	#ccc	#ddd	#eee
IE7	false	true	true	true	true
IE8	""	"checked"	"checked"	"checked"	"checked"
IE9	null	""	"checked"	"true"	"xxx"
FF15	null	""	"checked"	"true"	"xxx"
Chrome23	null	""	"checked"	"true"	"xxx"

因此框架很有必要提供一些 API 来屏蔽这些差异性。但在 IE6 统治时期，这个需求并不明显，因为 IE6、IE7 不区分固有属性与自定义属性。setAttribute 与 getAttribute 在当时的人看来只是一个语法糖，用 `el.setAttribute("innerHTML","xxxx")` 与用 `el.innerHTML = "xxx"` 效果一样，而且后者更方便。即使早期应用那么广泛的 Prototype.js，提供属性操作 API 也非常贫乏，只有 identify、readAttribute、writeAttribute、hasAttribute、classNames、hasClassName、addClassName、removeClassName、toggleClassName 与 $F 方法。Prototype.js 也察觉到固有属性与自定义属性在 DOM 属性系统的差异，在它的内部，搞了个 `Element._attributeTranslations`。然而，Prototype.js 这个属性系统内部还是优先使用 el[name]方式来操作属性，而不是 set/getAttribute（接下来的章节，笔者会分析它是如何实现的）。

jQuery 早期的 attr 方法，其行为与 Prototype 一模一样。只不过 jQuery1.6 之前，是使用 attr 方法同时实现了读、写、删掉这 3 种操作。从易用性来说，不区分固有属性与自定义属性，由框架自动内部处理应该比 attr、prop 分家更容易接受。那么是什么逼迫 jQuery 这样做的呢？这是因为选择器引擎。

jQuery 是最早以选择器为向导的类库。它最开始的选择器引擎是 Xpath 式，后来换成 Sizzle，以 CSS 表达式风格来选取元素。在 CSS2.1 中引入了属性选择器[aaa=bbb]，IE7 也开始残缺支持。Sizzle 当然毫不含糊地实现了这语法。属性选择器是最早突破类名与 ID 的限制求取元素的。为了显摆它的强大，设计者让它拥有多种形态，满足人们各种匹配需要。比如，它可以只写属性名 [checked]，那么上例中的后四个元素都选中。[checked=true]选中第四个元素，[checked=xxx]选中第五个元素，其中 true 与 xxx 都是用户在标签的预设值，而一字不差地取回这个预设值的工作也只有 getAttribute 才能做到。根据标准，setAttribute 是应该返回用户设置的字符串。而 el[xxx]这样的取法就不一定了，比如 el.checked 就返回布尔值，表示两种状态。这种通过状态取元素的方式就不归属性选择器管了，CSS3 又新设了个状态伪类满足人们的需求。

此外，属性还能以[name^=value]、[name*=value]、[name$=value]等更精致的方式来甄选元素，而这一切都建立在获取用户预设值的基础上。因此 jQuery 下了很大决心，把 prop 从 attr 切割出来。虽然为了满足用户的向前兼容需求，又"偷偷"地让 attr 做了 prop 的事，但以此为契机，jQuery 团队挖掘出更多兼容性问题与相应解决方案。元素内部撑起整个属性系统的 attributes 类数组属性也从幕后走到前台，为世人所知。浏览器经过这么多年的发展，谁也说不清某个元素节点拥有多少个属性。for..in 循环也不行，因为它对不可遍历的属性无能为力。在 IE6、IE7 中，attributes 会包含上百个特性节点，不管你是用 setAttribute 定义的属性，还是以 el[xxx]=yyy 的定义的属性，还是没有定义的属性。可惜到 IE8 与其他浏览器中，你只看到寥寥可数的几个特性节点，称为显式属性（specified attribute）。

显式属性就是被显式设置的属性，分两种情况，一种是写在标签内的 HTML 属性，一种是通过 setAttribute 动态设置的属性。这些属性不分固有还是自定义，只要设置了，就出现在 attributes 中。在 IE6、IE7 中，我们也可以通过特性节点的 specified 属性判定它是否被显式设置了。在 IE8 或其他浏览器中，我们想判定一个属性是否为显式属性，可以直接用 hasAttribute API 判定。

```
var isSpecified = !"1"[0] ? function(el, attr){
    return el.hasAttribute(attr)
```

第9章 属性模块

```
    } : function(el, attr){
        var val = el.attributes[attr]
        return !!val && val.specified
    }
```

此外，HTML5 对属性进行了更多的分类，打包到不同的对象中去。dataset 对象装载着所有以 data- 开头的自定义属性。classList 装载着元素的所有类名，并且提供一套 API 来操作它们。formData 装载着所有要提供到后台的数据，以表单元素的 name 值与 value 值构成的不透明对象。尽管如此，还是有大量属性是没有编制的，它们代表着元素的各种状态以及与其他元素的联结。正因为如此，它们的值才五花八门，如 uniqueNumber、tabIndex、colspan、rowspan 为整数，designMode、unselectable、autocomplete 的值不是 on 就是 off，iframe 通过 frameborder 的值（是 0 还是 1）决定是否显示边框，通过 scrolling 的值（是 yes 还是 no）决定是否显示滚动条，表单元素的 form 属性总是指向其外围的表单对象，表单元素的 checked、disabled、readOnly 等属性总是返回布尔值……

面对如此庞杂的属性，主流框架也纷纷建立了对应的模块来整治它。在 jQuery 中有 attributes 模块，YUI3 是 dom-class、dom-attrs 模块，dojo 是 dom-attr、dom-prop、dom-class 模块。从内容来看，类名都被单独提出来处理，在 jQuery 中，表单元素的 value 也被单独提出来处理。Prototype.js 虽然没有划分出来，但对付一般属性有 readAttribute 与 writeAttribute，ID 有 identify，表单元素的 value 有 $F，类名更是对应多个方法，这个阵营与 jQuery 的属性模块一模一样。在 1.5 版之前，Prototype.js 的属性模块一直是 jQuery 属性模块的蓝本。

9.2 如何区分固有属性与自定义属性

在 jQuery、mass Framework 中，提供两组方法来处理它们。但用户首先要知道他正在处理的东西是何物。虽然我们可以在以下链接查到每个元素拥有什么方法与属性，但显然不是每个人都那么勤奋。

http://msdn.microsoft.com/library/ms533029%28v=VS.85%29.aspx

我们需要做些实验找出其规律，从这些规律中，我们可以找到区分固有属性与自定义属性的方案。

```html
<!doctype html>
<html lang="en">
  <head>
    <meta charset="utf-8" />
    <meta content="IE=8" http-equiv="X-UA-Compatible"/>
    <title>如何区分属性与特性 by 司徒正美</title>
    <script type="text/javascript">
      var test = function(){
        var a = document.getElementById("test");
        a.setAttribute("title", "title");
        a.setAttribute("title2", "title2");
        alert(a.parentNode.innerHTML);
      }
    </script>
  </head>
  <body>
```

```
    <p><strong id="test">司徒正美</strong></p>
    <p><button type="button" onclick="test()">点我,进行测试</button></p>
  </body>
</html>
```

IE8 下打印出:

```
<STRONG id=test title=title title2="title2">司徒正美</STRONG>
```

Firefox15、Chrome23、IE9 下打印出:

```
<strong title2="title2" title="title" id="test">司徒正美</strong>
```

再将 a.setAttribute("title", "title"); a.setAttribute("title2", "title2") 这两行改成 a.title = "title"; a.title2 = "title2"。

IE8 下打印出:

```
<STRONG id=test title=title title2="title2">司徒正美</STRONG>
```

Firefox15、Chrome23、IE9 下打印出:

```
<strong title2="title2" title="title" id="test">司徒正美</strong>
```

经过观察,旧版本 IE 下固有属性,如 title、id 是不带引号的,自定义属性是带引号的,但在标准浏览器下,我们无法区分,否决此方案。

在元素中有一个 attributes 属性,里面有许多特性节点,这些特性节点在 IE 下有一种名为 expando 的布尔属性,可以判定它是否为自定义属性。但在标准浏览器下没有此属性,否决此方案。

```
function isAttribute(attr, host){ //仅有 IE
   var attrs = host.attributes;
   return attrs[attr] && attrs.expando == true
}
```

我们再换一个角度来看,如果是固有属性,以 el[xxx] = yyy 的形式赋值,再用 el.getAttribute() 来取值,肯定能取到东西,但自定义属性就不一样。

```
var a = document.getElementById("test");
a.title = 222
console.log(a.getAttribute("title"))        //"222"
console.log(typeof a.getAttribute("title")) //"string"

a.setAttribute("custom", "custom")
console.log(a.custom)           //undefined
console.log(typeof a.custom)    //"undefined"
```

不过要注意 IE6、IE7 下的特例:

```
a.setAttribute("innerHTML","xxx")
console.log(a.innerHTML)            //"xxx"
```

即使如此,我们也可以轻松绕过这个陷阱,建一个干净的同类型元素作为测试样本就行了。

```
var a = document.createElement("div")
console.log(a.getAttribute("title"))
```

第 9 章　属性模块

```
console.log(a.getAttribute("innerHTML"))
console.log(a.getAttribute("xxx"))
console.log(a.title)
console.log(a.innerHTML)
console.log(a.xxx)
```

IE6、IE7 下返回""、""、null、""、""、undefined。IE8、IE9、Chrome23、FF15 和 Opera12 下返回 null、null、null、""、""、undefined。

因此我们可以推导出这样一个方法，回答我们这一节的标题。

```
function isAttribute(attr, host){
    //有些属性是特殊元素才有的，需要用到第二个参数
    host = host || document.createElement("div");
    return host.getAttribute(attr) === null && host[attr] === void 0
}
```

9.3　如何判定浏览器是否区分固有属性与自定义属性

经过社区的努力，现在大家都知道 IE6、IE7 不区分固有属性与自定义属性。这带来的结果是，对某个固有属性进行 setAttribute，我们不需要名字映射就能生效。但如果想通过浏览器嗅探法来识别 IE6、IE7，是远远不够的，因为用户可能使用旧版的标准浏览器上网。另外，我们也不得不考虑国内可恶的加壳 IE 浏览器。因此我们最好是通过特征侦测来判定浏览器是否支持此特性。

mootools 与 jQuery 各自使用了两种截然不同的方法来判定。mootools 以属性法设置一个自定义属性，然后通 getAttribute 去取，看是不是等于预设值，是就证明它不区分固有属性与自定义属性。jQuery 则是先用 setAttribute 去设置 className，然后看它是当作固有属性还是自定义属性，如果是自定义属性，用 el.className 是取不到值的，具体如表 9-2 所示。

```
var el = document.createElement("div")
el.random = 'attribute';               //mootools
console.log(el.getAttribute("random") != 'attribute')

el.setAttribute("className", "t");     //jQuery
console.log(el.className !== "t")
```

表 9-2

	IE6	IE7	IE8	FF9	FF15	Chrome23
Mootools	false	false	false	true	true	true
jQuery	false	false	true	true	true	true

要看哪个更精确，只需要 IE8 浏览器就行了。IE8 大肆重写内核，是为了区分固有属性与自定义属性的，因为 el.className 应该返回 undefined，导致结果为 true，因此 jQuery 获胜。jQuery 把这个特性称之为 getSetAttribute，意即 get/SetAttribute 没有 bug；mass Framework 称之为 attrInnateName，意即不需要名字映射用原名就可以取值。它们都位于 supports 模块中。

9.4 IE 的属性系统的 3 次演变

微软在 IE4（1997 年）添加 setAttribute、getAttribute API。当时，DOM 标准（1998 年）还没有出来呢！而它的对手 NS6 到 2000 年才难产出来。

早期的 DOM API 于微软来说，只是它已有的一些方法的再包装，这些包装方法无法与它原来的那一套相媲美。在标准浏览器，我们是通过 `document.getElementById("xxx")` 来取元素节点，而在 IE 下，这些带 ID 的元素节点自动就映射成一个个全局变量，直接 xxx 就拿到元素节点了，很便捷，或者使用 `document.all[ID]` 来取，无论哪种都比标准的短；又如 getElementsByTagName，IE 下有 `document.all.tags()` 方法，此方法直到 IE9 还有效。而 `setAttribute("xxx","yyy")` 与 `var ret = getAttribute("xxx")` 只不过是 `el.xxx = "yyy"` 与 `var ret = el.xxx` 的另一种操作形式罢了。明白这一点我们就立即理解 IE 下这两个 API 的一些奇怪行为了。

`el.setAttribute("className","aaa")` 是可行的，但 `el.setAttribute("class","aaa")` 失败，因为我们可以用 className 修改类名，但不能用 class。

`el.setAttribute("innerHTML","<p>test</p>")` 是可行的，因为我们可以用 innerHTML 添加内容。

`element.setAttribute("style", "background-color: #fff; color: #000;")` 失败，因为 style 在 IE 下是个对象，`"background-color: #fff; color: #000;"` 只能作为它的 cssText 属性的值。

DOM level 1 隔年就制定出来了。setAttribute/getAttribute 并没有微软想象得那么简单，它早期规定 getAttribute 必须也返回字符串，就算不存在也是空字符串。到后来，setAttribute/getAttribute 会对属性名进行小写化处理。用 getAttribute 去取没有显式设置的固有属性时，返回默认值（多数时候它为 null 或空字符串）；对于没有显式设置的自定义属性，则返回 undefined。于是微软傻了眼，第一次改动就是匆匆忙忙支持小写化处理，并在 getAttribute 方法添加第二参数，以实现 DOM1 的效果。

getAttribute 的第二个参数有 4 个预设值：0 是默认，照顾 IE 早期的行为；1 属性名区分大小写；2 取出源代码中的原字符串值（注，IE5～IE7 对动态创建的节点没效，IE5～IE8 对布尔属性无效）；4 用于 href 属性，取得完整路径。

第二次演变是区分固有属性与自定义属性，取类名再也不用 className 了。布尔属性则遵循一个奇怪的规则，只要是显式设置了就返回与属性名同名的字符串，没有则返回空字符串。笔者相信早期的标准浏览器也是这样做的。但标准浏览器很快就变脸了，统一返回用户的预设值。IE8 变得两边都不讨好，尽管它一心想与标准保持一致，标榜自己才是最标准的。比如，它在当时还推出了 Object.defineProperty、querySelector、postMessage 等具有革命意义的新 API，但它们都与 W3C 争吵完的结果有出入。

第三次演变，不再对属性值进行干预，用户设什么就返回什么，忠于用户的决定。对于这尘埃落定的方案，IE9 终于与标准吻合了。这也说明 IE 这种慢吞吞的大版本发布方式已经落伍了，虽然大家都对 FF 的版本有微词，但人家却保住了与 Chrome "叫板" 的地位。

综观 IE 的属性系统的 "悲剧"，都因为微软总想抢占先机，而又与标准同步太慢所致。

9.5 className 的操作

我们操作一个属性通常只有 3 个选择：设置、读取、删除。但 className 有点特殊，它的值是可以用空格隔开，分为多个类名。因此对类名的操作变成读取、添加、删减。在"上代王者"Prototype.js，就已经把人们想要的类名操作总结出来。

```
//Prototype 1.7
  classNames: function(element) {
    return new Element.ClassNames(element);
  },

  hasClassName: function(element, className) {
    if (!(element = $(element))) return;
    var elementClassName = element.className;
    return (elementClassName.length > 0 && (elementClassName == className ||
      new RegExp("(^|\\s)" + className + "(\\s|$)").test(elementClassName)));
  },

  addClassName: function(element, className) {
    if (!(element = $(element))) return;
    if (!Element.hasClassName(element, className))
      element.className += (element.className ? ' ' : '') + className;
    return element;
  },

  removeClassName: function(element, className) {
    if (!(element = $(element))) return;
    element.className = element.className.replace(
      new RegExp("(^|\\s+)" + className + "(\\s+|$)"), ' ').strip();
    return element;
  },
  toggleClassName: function(element, className) {
    if (!(element = $(element))) return;
    return Element[Element.hasClassName(element, className) ?
      'removeClassName' : 'addClassName'](element, className);
  },
```

除了这些外，还提供了一个 Element.ClassNames 类，用于直接操作类名。这不禁让笔者想起 HTML5 提供的 classList。Prototype.js 基本定格了所有类名的操作方式，比如 toggleClassName，这种切换方法，纷纷被其他框架抄去。如果我们把上述方法名的 Name 去掉，就是 jQuery 的那一套方法名，虽然 YUI、EXT、dojo 都是这么叫，如表 9-3 所示。

表 9-3

框架	方法
MochiKit	hasElementClass addElementClass removeElementClass toggleElementClass setElementClass swapElementClass
Ten	hasClassName addClassName removeClassName

9.5 className 的操作

续表

框架	方法
jQuery、avalon	hasClass addClass removeClass toggleClass
YUI3、mass、kissy	hasClass addClass removeClass toggleClass replaceClass
dojo1.8	containsClass addClass removeClass toggleClass replaceClass
EXT4	containsClass addClass removeClass toggleClass replaceClass
RightJS	hasClass addClass removeClass toggleClass radioClass setClass getClass

由此可见，这套 API 在业内已被认可，如果我们写框架时，命名最好不要与它们出入太大。我们亦可以把 Prototype.js 的实现精简一下，变成一些工具函数，在不引入类库时使用。

```
var getClass = function(ele) {
    return ele.className.replace(/\s+/," ").split(" ");
};

var hasClass =function(ele,cls){
    return -1 < (" "+ele.className+" ").indexOf(" "+cls+" ");
}

var addClass = function(ele,cls) {
    if (!this.hasClass(ele,cls))
        ele.className += " "+cls;
}

var removeClass = function(ele,cls) {
    if (hasClass(ele,cls)) {
        var reg = new RegExp('(\\s|^)'+cls+'(\\s|$)');
        ele.className=ele.className.replace(reg," ");
    }
}

var clearClass = function(ele,cls) {
    ele.className = ""
}
```

最后我们看一下 avalon 是如何实现这些方法的。avalon 首先实现了一个伪 ClassList 对象，方便我们在框架里面操作元素的 classList。classList 是 HTML5 提供的最酷特性，它拥有 add、remove、contains（相当于 hasClass）、toggle 等方法，因此我们完全可以用它来实现上面那套方法。

```
var rnowhite = /\S+/g
var fakeClassListMethods = {
    _toString: function () {
        var node = this.node
        var cls = node.className
        var str = typeof cls === 'string' ? cls : cls.baseVal
        var match = str.match(rnowhite)
        return match ? match.join(' ') : ''
    },
    _contains: function (cls) {
        return (' ' + this + ' ').indexOf(' ' + cls + ' ') > -1
    },
```

```javascript
        _add: function (cls) {
            if (!this.contains(cls)) {
                this._set(this + ' ' + cls)
            }
        },
        _remove: function (cls) {
            this._set((' ' + this + ' ').replace(' ' + cls + ' ', ' '))
        },
        __set: function (cls) {
            cls = cls.trim()
            var node = this.node
            if (typeof node.className === 'object') {
                //SVG 元素的 className 是一个对象 SVGAnimatedString { baseVal='', animVal=''},
                //只能通过 set/getAttribute 操作
                node.setAttribute('class', cls)
            } else {
                node.className = cls
            }
        } //toggle 存在版本差异,因此不使用它
}

function fakeClassList(node) {
    if (!('classList' in node)) {//IE10 才支持 classList
        node.classList = {
            node: node
        }
        for (var k in fakeClassListMethods) {
            node.classList[k.slice(1)] = fakeClassListMethods[k]
        }
    }
    return node.classList
}
```

有了这个对象,我们实现 addClass 系列就是切水果那么简单了。

```javascript
'add,remove'.replace(avalon.rword, function (method) {
    avalon.fn[method + 'Class'] = function (cls) {
        var el = this[0] || {}
        //https://developer.mozilla.org/zh-CN/docs/Mozilla/Firefox/Releases/26
        if (cls && typeof cls === 'string' && el.nodeType === 1) {
            cls.replace(rnowhite, function (c) {
                fakeClassList(el)[method](c)
            })
        }
        return this
    }
})

avalon.fn.mix({
    hasClass: function (cls) {
        var el = this[0] || {}
        return el.nodeType === 1 && fakeClassList(el).contains(cls)
    },
    toggleClass: function (value, stateVal) {
        var isBool = typeof stateVal === 'boolean'
```

```
            var me = this
            String(value).replace(rnowhite, function (c) {
                var state = isBool ? stateVal : !me.hasClass(c)
                me[state ? 'addClass' : 'removeClass'](c)
            })
            return this
    }
})
```

有了以上这 4 个方法，就能应付所有关于类名的需求。

9.6 Prototype.js 的属性系统

无论哪个框架类库，早年都是将它们混在一起操作。杰出的代表是 Prototype.js 的 readAttribute、writeAttribute 与 jQuery 的 attr。我们先来看 Prototype.js 的伟大遗产吧。

（1）名字映射的发明。

（2）href,src 的 IE 处理。

（3）getAttributeNode 的发掘。

（4）事件钩子的处理。

（5）布尔属性的处理。

（6）style 属性的 IE 处理。

```
// Prototype.js 1.61
readAttribute = function(element, name) {
    element = $(element);
    if (Prototype.Browser.IE) {
        var t = Element._attributeTranslations.read;
        if (t.values[name])
            return t.values[name](element, name);
        if (t.names[name])//如果要进行名字映射
            name = t.names[name];
        if (name.include(':')) {//如果 XML 属性
            return (!element.attributes || !element.attributes[name]) ? null :
                element.attributes[name].value;
        }
    }
    return element.getAttribute(name);
}
```

Prototype.js 认为总是 IE 在拖后腿，只对 IE 进行调教就行了。处理方式与 IE 的属性系统演变史一样，对属性名的名字映射、属性值进行忠实用户的字符串还原。于是搞出 Element._attributeTranslations 对象，它有两大块，一是 read 对象用于 readAttribute，二是 write 对象用于 writeAttribute，然后每部分都有 names 映射列表与 values 函数集。

```
Element._attributeTranslations = (function() {
    //判定浏览器是否支持用 class 代替 className
    var classProp = 'className',
        forProp = 'for',
```

```
                el = document.createElement('div');
el.setAttribute(classProp, 'x');

if (el.className !== 'x') {
    el.setAttribute('class', 'x');
    if (el.className === 'x') {
        classProp = 'class';
    }
}
el = null;
//判定浏览器是否支持用 for 代替 htmlFor
el = document.createElement('label');
el.setAttribute(forProp, 'x');
if (el.htmlFor !== 'x') {
    el.setAttribute('htmlFor', 'x');
    if (el.htmlFor === 'x') {
        forProp = 'htmlFor';
    }
}
el = null;

return {
    read: {
        names: { //名字映射
            'class': classProp,
            'className': classProp,
            'for': forProp,
            'htmlFor': forProp
        },
        values: {//钩子函数对象
            //处理普通自定义属性
            _getAttr: function(element, attribute) {
                return element.getAttribute(attribute);
            },
            //处理 src,href 等路径相关的属性
            _getAttr2: function(element, attribute) {
                return element.getAttribute(attribute, 2);
            },
            //处理 ID 相关的固有属性
            _getAttrNode: function(element, attribute) {
                var node = element.getAttributeNode(attribute);
                return node ? node.value : "";
            },
            //处理事件 onXXX
            _getEv: (function() {
            //...略
                return f;
            })(),
            //处理 readOnly, disable 等布尔属性
            _flag: function(element, attribute) {
                return $(element).hasAttribute(attribute) ?
                    attribute : null;
            },
            //处理样式
```

```
                    style: function(element) {
                        return element.style.cssText.toLowerCase();
                    },
                    //处理title
                    title: function(element) {
                        return element.title;
                    }
                }
            }
        }
    })();
```

上面是读方法的处理,接着是写方法。

```
Element._attributeTranslations.write = {
    names: Object.extend({
        cellpadding: 'cellPadding',
        cellspacing: 'cellSpacing'
    }, Element._attributeTranslations.read.names),
    values: {
        checked: function(element, value) {
            element.checked = !!value;
        },
        style: function(element, value) {
            element.style.cssText = value ? value : '';
        }
    }
};

Element._attributeTranslations.has = {};
// 处理不规则的属性名转换
$w('colSpan rowSpan vAlign dateTime accessKey tabIndex ' +
        'encType maxLength readOnly longDesc frameBorder').each(function(attr) {
    Element._attributeTranslations.write.names[attr.toLowerCase()] = attr;
    Element._attributeTranslations.has[attr.toLowerCase()] = attr;
});
```

从读方法的代码可看到,对于 for、class 的映射,它是使用特性侦测来实现的。然后对不同的属性,采取不同的方法取值,其实就是一个适配器。Element._attributeTranslations.values 就是个 bug 发掘器,发现绝大部分的 bug,以后 jQuery 的工作就是进行改良与深挖。

IE6~IE8 表示 URL 的属性会有一些返回补全的改过编码的路径,如 action、background、BaseHref、cite、codeBase、data、dynsrc、href、longDesc、lowsrc、pluginspage、profile、src、url 与 vrml。但一般框架只处理 href、src,处理方式很简单,即将 getAttriubte 的第二个参数设为 2。

```
<a href="index.html">home</a>
<script>
var link = document.getElementsByTagName('a')[0];
link.getAttribute('href')
link.getAttribute('href',2) //"index.html";
</script>
```

至于编码的情况就更复杂了,我们可以使用<a href="${链接 1}"作为实验样本,如表 9-4 所示。

第 9 章 属性模块

表 9-4

	href	getAttribute("href")	getAttribute("href", 2)
IE6	转绝对，不编码	转绝对，不编码	正常
IE7	转绝对，汉字不编码，特殊符号编码	转绝对，汉字不编码，特殊符号编码	正常
IE8	转绝对，汉字不编码，特殊符号编码	正常	正常
Firefox 3.0+	转绝对，全部编码	正常	正常
Chrome 2.0	转绝对，全部编码	正常	正常
Safari 4.0	转绝对，汉字编码，特殊符号不编码	正常	正常
Opera 10.0	转绝对，汉字编码，特殊符号不编码	正常	正常

其中，"正常"的意思是，得到 href 属性里原始链接，不自动转绝对地址，汉字和符号都不编码。

在 IE6、IE7 中，form 元素用 getAttribute 取属性值，可能得到它辖下的 ID 值或 name 值相同的表单元素。在 Prototype.js 下，只处理比较常见的 action 属性。下面的例子，在 IE6、IE7 下都是返回元素节点。

```
<form action="#" >
        <input id="name" >
        <input id="action" >
        <input name="id"  >
        <input name="length"  >
        <input id="xxx" >
        <input id="yyy" >
</form>

var el = document.getElementsByTagName("form")[0]
alert(el.getAttribute("action"))
alert(el.getAttribute("id"))
alert(el.getAttribute("name"))
alert(el.getAttribute("length"))
alert(el.getAttribute("xxx"))
alert(el.getAttribute("yyy"))
```

Prototype.js 于是发掘到 getAttributeNode 方法。当然也可以用 attriubtes[xxx]方法，只要得到特性节点就好办了。

对于事件钩子，Prototype.js 可谓是费力来修改回调的 toString。不过在此之前，它还判定元素是否支持事件。如果 Prototype.js 的作者再多做些测试，其实 getAttributeNode 与 attriubtes[xxx]方式也能取到正确值。

对于布尔属性，Prototype.js 是用_flag 内部方法去取的。如果 el[xxx]是返回 true 的情况，直接返回与属性同名的字符串，否则返回字符串。这是一个没有办法的办法，因为对于布尔属性，IE6～IE8 都无法取得用户预设值，无论是 getAttribute 的第二个参数方式，还是 getAttributeNode 方法、attributes[xxx]方式以及 outerHTML 的字符串裁剪方式。后来标准浏览器改变游戏规则了，对于真值的布尔属性不再返回同名字符串，假值不再返回空字符串，忠于用户输入。于是，Prototype.js

的 readAttribute 方法在不同浏览器中的返回值就不同了。jQuery 做出的处理是，编写了一个正则，用于匹配布尔属性，统一所有浏览器在真值的情况下返回同名字符串，假值返回 undefined。

```
rboolean = /^(?:autofocus|autoplay|async|checked|controls|defer|disabled|hidden|loop
|multiple|open|readonly|required|scoped|selected)$/i
```

但谁也无法保证，这正则已经囊括所有布尔属性，而且大多数布尔只对个别元素有效，因此这是晕招。不过比起 Prototype.js 已是很大进步，后者只处理表单元素的几个特定属性：disabled、checked、readonly、multiple。

IE 处理 style 属性，即统一转换它的 cssText 属性，这个所有框架都一样。

在写入属性值时，Prototype.js 察觉到属性有两种形态。一种是存在于 HTML 标签内的，不区分大小写，不过现在浏览器都统一将它们小写化。对于存在多个字母个数与排列顺序相同但大小写不同的元素，标准浏览器会做合并处理，只保留第一个属性。DOM 形态是区分大小写，并且对保留字进行回避，如著名的 class、for，有的是两个单词组成，需要转换成驼峰风格，有的则完全是没有规则。正如英语单词的单复数转换，一开始没有规范，大家都照抄网景的，然后又搞些独创的属性，经过这么多的发展，我们一个小小映射能应对 90%的特殊情况就是谢天谢地了。

Prototype.js 列出了 15 个需要映射的情况，而 jQuery 的只有 12 个，其中 encoding 这映射在标准浏览器中还不会出现。这一数字在 mass Framework 飙升了 36 个，算是目前兼容较全面的。

Prototype.js 干这活的对象为 Element._attributeTranslations.write.names，一共处理以下属性：accessKey、cellPadding、cellSpacing、className、colSpan、dateTime、encType、frameBorder、htmlFor、longDesc、maxLength、readOnly、rowSpan、tabIndex、vAlign。

jQuery 干这活的对象为$.propFix，一共处理以下属性：cellPadding、cellSpacing、className、colSpan、colSpan、contentEditable、encoding、frameBorder、htmlFor、rowSpan、rowSpan、useMap。

mass Framework 干这活的对象为$.propMap，一共处理以下属性：acceptCharset、accessKey、allowTransparency、bgColor、cellPadding、cellSpacing、ch、chOff、className、codeBase、codeType、colSpan、contentEditable、dateTime、defaultChecked、defaultSelected、defaultValue、encoding、frameBorder、htmlFor、httpEquiv、isMap、longDesc、marginHeight、marginWidth、maxLength、noHref、noResize、noShade、readOnly、rowSpan、tabIndex、useMap、vAlign、vSpace、valueType。

Prototype.js 的 writeAttribute 方法是在 Prototype.js 1.6 中出现的，决定了传入 null 与 false 属性值进行删除操作的游戏规则，但是被 jQuery 1.6 抄去了。然而事实上，传入 false 消去当前布尔属性的效果，也只有 removeAttribute 一途，这是聪明的做法。但至于把它应用到固有属性，就需慎重考虑了。反过来想，正因为 Prototype.js 想用一个 API 同时处理固有属性与自定义属性，才导致删除操作也不得不保持一致。jQuery 追随 Prototype.js 的步伐，于是掉进同一个陷阱。

```
//Prototype.js1.61
writeAttribute = function(element, name, value) {
    element = $(element);
    var attributes = {}, t = Element._attributeTranslations.write;
    if (typeof name == 'object')
        attributes = name;
    else
        attributes[name] = Object.isUndefined(value) ? true : value;
```

```
    for (var attr in attributes) {
        name = t.names[attr] || attr;
        value = attributes[attr];
        if (t.values[attr])
            name = t.values[attr](element, value);
        if (value === false || value === null)
            element.removeAttribute(name);
        else if (value === true)
            element.setAttribute(name, name);
        else
            element.setAttribute(name, value);
    }
    return element;
}
```

9.7 jQuery 的属性系统

早期的 jQuery 针对当时如日中天的 Prototype.js 提出了一个重要的口号：它更小。笔者还是希望能带来一点启迪。jQuery 的属性系统也是经年累月，量变引发质变的结果。

```
// jQuery1.01
attr: function(elem, name, value){
        var fix = {
            "for": "htmlFor",
            "class": "className",
            "float": "cssFloat",
            innerHTML: "innerHTML",
            className: "className",
            value: "value",
            disabled: "disabled"
        };

        if ( fix[name] ) {
            if ( value != undefined ) elem[fix[name]] = value;
            return elem[fix[name]];
        } else if ( elem.getAttribute ) {
          if ( value != undefined ) elem.setAttribute( name, value );
          return elem.getAttribute( name, 2 );
        } else {
            name = name.replace(/-([a-z])/ig,function(z,b){return b.toUpperCase();});
            if ( value != undefined ) elem[name] = value;
            return elem[name];
        }
},
```

这个方法然后不断膨胀，加入从 Prototype.js 发掘出来的特殊属性处理，以及社区提交的补丁。到 jQuery 1.5.2，这个 attr 方法已经接近一百行的规模。于是 jQuery 1.6 模块，在 jQuery 1.5 中的 CSS 模块想出了好方法后，把 cssHooks 适配器机制移值过来，解决了扩展的难题。

在 jQuery 1.6 中存在 4 个适配器，从单词直译过来，就是钩子：formHooks、attrHooks、propHooks、valHooks。formHook 是在 attr 方法中对付旧版本 IE 的 form 元素用的。到 jQuery 1.6.1，增加一个 boolHooks 对付布尔属性。到 jQuery 1.6.3，人们发现 IE 大多数情况使用 getAttriubteNode 就能取

到正确值，因此对 formHooks 重构一下，更名为 nodeHooks，便形成今天 jQuery 的属性系统，如图 9-1 所示。

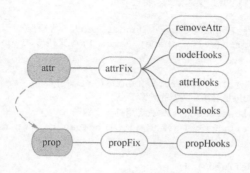

图 9-1

新生的 prop 方法异常简单，复杂性都移到钩子。古老的 attr 方法则无比复杂，兼任读、写、删除 3 职。由于 IE 的情况不得不动用到 3 个钩子，钩子只处理有问题的属性，不处理一般情况。

```
//jquery1.83
prop: function( elem, name, value ) {
    var ret, hooks, notxml, nType = elem.nodeType;

    if ( !elem || nType === 3 || nType === 8 || nType === 2 ) {
        return;//跳过注释节点、文本节点、特性节点
    }

    notxml = nType !== 1 || !jQuery.isXMLDoc( elem );
    if ( notxml ) {//如果是 HTML 文档的元素节点
        name = jQuery.propFix[ name ] || name;
        hooks = jQuery.propHooks[ name ];
    }

    if ( value !== undefined ) {//写方法
        if ( hooks && "set" in hooks && (ret = hooks.set( elem, value, name )) !== undefined ) {
            return ret;//处理特殊情况

        } else {//处理通用情况
            return ( elem[ name ] = value );
        }

    } else {//读方法
        if ( hooks && "get" in hooks && (ret = hooks.get( elem, name )) !== null ) {
            return ret;//处理特殊情况
        } else {//处理通用情况
            return elem[ name ];
        }
    }
},
attr: function( elem, name, value ) {
```

```
        var ret, hooks, notxml, nType = elem.nodeType;

        if ( !elem || nType === 3 || nType === 8 || nType === 2 ) {
            return;//跳过注释节点、文本节点、特性节点
        }
        if ( typeof elem.getAttribute === "undefined" ) {
            return jQuery.prop( elem, name, value );//文档与window,只能使用prop
        }

        notxml = nType !== 1 || !jQuery.isXMLDoc( elem );
        if ( notxml ) {//如果是HTML文档的元素节点
            name = name.toLowerCase();//决定用哪一个钩子
            hooks = jQuery.attrHooks[ name ] || ( rboolean.test( name ) ? boolHook : nodeHook );
        }

        if ( value !== undefined ) {
            if ( value === null ) {//模仿Prototype.js,移除属性
                jQuery.removeAttr( elem, name );

            } else if ( hooks && notxml && "set" in hooks &&
                (ret = hooks.set( elem, value, name )) !== undefined ) {
                return ret;//处理特殊情况

            } else {//处理通用情况
                elem.setAttribute( name, value + "" );
                return value;
            }

        } else if ( hooks && notxml && "get" in hooks && (ret = hooks.get( elem, name )) !== null ) {
            return ret;//处理特殊情况

        } else {//处理通用情况
            ret = elem.getAttribute( name );
            return ret === null ? undefined :  ret;
        }
    },
```

每个钩子的结构也不一样，propHooks、attrHooks里面是以属性命名的对象，里面可能存在get方法、set方法或两者都有。boolHooks、nodeHooks则只有set、get两个方法，如图9-2所示。

钩子在所有特殊情况下都命中的结构图。目前在Firefox下命中最少，在IE6、IE7命中最多。

jQuery对属性系统的主要贡献是发明更多兼容性问题与解决方法，具体如下。

（1）tabindex的取值问题。tabindex默认情况下只对表单元素与链接有效，对于这些元素没有显式设置会返回0，对于像DIV这样普通元素返回-1，但IE都是返回0。jQuery对此做了统一。

（2）Safari下，option元素的selected取值问题，必须向上访问一下select元素才得到结果。

（3）表单元素的value属性的操作。由于表单元素种类够多，存在严重的兼容性问题，jQuery为此下了很大工夫让我们write less，do more！

但jQuery的属性系统也存在明显的缺憾，具体如下。

（1）名字映射是一种穷举机制，但jQuery也有待完善，让attrFix、propFix都没有尽责。

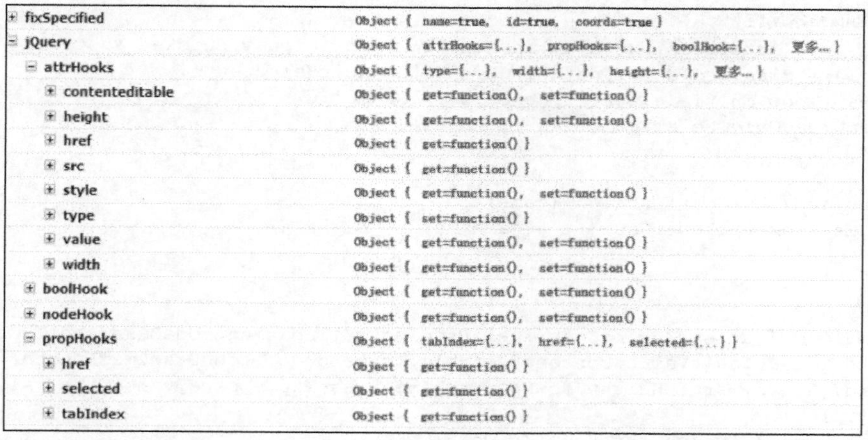

图 9-2

（2）对布尔属性的判定存在硬编码，准确率极低。

（3）它添加了一个与 removeAttr 对称的 removeProp 方法，但里面的实现用到 delete 操作符，在 chrome 真的是把固有属性从原型中删掉，导致下次赋值时出错。

（4）nodeHooks 是使用 getAttributeNode 实现的，虽然能应对所有自定义属性，但判定某些固有属性是否为显式属性时，却不得不使用 fixSpecified 补漏洞。可惜 fixSpecified 对象作为一种穷举机制，在吝惜类库体积的 jQuery 中注定水土不服。

（5）因为旧版本 IE7 不能修改表单元素的 type 属性，就阻止我们在所有浏览器修改 type，这种行为很难服众。比如密码域的 replaceholder 模拟、苹果应用上那些人性化的掩码，就需要我们修改 type。

接着下来重点介绍 avalon 的实现，它在 jQuery 的属性系统上做了大量改进，克服了以上缺点。

9.8 avalon 的属性系统

avalon 的属性系统其实是供其 ms-attr 指令内部使用的，能同时处理 HTML 元素节点、VML 元素节点及 SVG 元素节点。其中 VML 读写属性时使用经典的'el.xxx = yyy'来处理，而 SVG 则必须使用 set/getAttribute 方法。

在 avalon 内部有 3 个模块来实现属性系统。首先是 propMap 模块，它提供一个对象，用于名字映射，如图 9-3 所示。

```
https://github.com/RubyLouvre/avalon/tree/2.1.6/src/dom/attr
var propMap = {//不规则的属性名映射
    'accept-charset': 'acceptCharset',
    'char': 'ch',
    charoff: 'chOff',
    'class': 'className',
    'for': 'htmlFor',
    'http-equiv': 'httpEquiv'
}
```

第 9 章 属性模块

```
//所有已知的布尔属性
var bools = ['autofocus,autoplay,async,allowTransparency,checked,controls',
    'declare,disabled,defer,defaultChecked,defaultSelected,',
    'isMap,loop,multiple,noHref,noResize,noShade',
    'open,readOnly,selected'
].join(',')

bools.replace(/\w+/g, function (name) {
    propMap[name.toLowerCase()] = name
})

//驼峰名
var anomaly = ['accessKey,bgColor,cellPadding,cellSpacing,codeBase,codeType,colSpan',
    'dateTime,defaultValue,contentEditable,frameBorder,longDesc,maxLength'+
    'marginWidth,marginHeight,rowSpan,tabIndex,useMap,vSpace,valueType,vAlign'
].join(',')
anomaly.replace(/\w+/g, function (name) {
    propMap[name.toLowerCase()] = name
})

module.exports = propMap
```

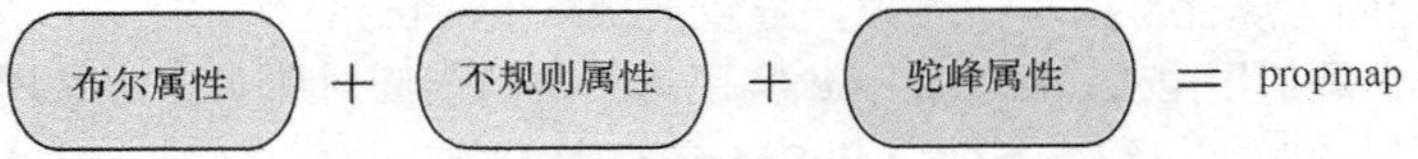

布尔属性 + 不规则属性 + 驼峰属性 = propmap

图 9-3

然后是判定元素是否 VML，之前也给出过。

```
function isVML(src) {
    var nodeName = src.nodeName
    return nodeName.toLowerCase() === nodeName && src.scopeName && src.outerText === ''
}
module.exports = isVML
```

最后是 attrUpdate 模块，里面只有一个函数。

```
var propMap = require('./propMap')
var isVML = require('../html/isVML')
var rsvg =/^\[object SVG\w*Element\]$/
var ramp = /&amp;/g

function attrUpdate(node, vnode) {
    if (!node || node.nodeType !== 1 ) {
        return
    }
    vnode.dynamic['ms-attr'] = 1
    var attrs = vnode['ms-attr']
    for (var attrName in attrs) {
        var val = attrs[attrName]
        // 处理路径属性
        /* istanbul ignore if*/
        if (attrName === 'href' || attrName === 'src') {
            if (!node.hasAttribute) {
                val = String(val).replace(ramp, '&')
```

9.8 avalon 的属性系统

```
                //处理 IE67 自动转义的问题
            }
            node[attrName] = val
            /* istanbul ignore if*/
            if (window.chrome && node.tagName === 'EMBED') {
                var parent = node.parentNode
                             //#525 chrome1-37 下 embed 标签动态设置 src 不能发生请求
                var comment = document.createComment('ms-src')
                parent.replaceChild(comment, node)
                parent.replaceChild(node, comment)
            }
            //处理 HTML5 data-*属性
        } else if (attrName.indexOf('data-') === 0) {
            node.setAttribute(attrName, val)

        } else {
            var propName = propMap[attrName] || attrName
            if (typeof node[propName] === 'boolean') {
                node[propName] = !!val

                //布尔属性必须使用 el.xxx = true|false 方式设值
                //如果为 false, IE 全系列下相当于 setAttribute(xxx,''),
                //会影响到样式,需要进一步处理
            }

            if (val === false) {//移除属性
                node.removeAttribute(propName)
                continue
            }
            //SVG 只能使用 setAttribute(xxx, yyy), VML 只能使用 node.xxx = yyy ,
            //HTML 的固有属性必须 node.xxx = yyy

            var isInnate = rsvg.test(node) ? false :
                    (!avalon.modern && isVML(node)) ? true :
                    attrName in node.cloneNode(false)
            if (isInnate) {
                node[propName] = val + ''
            } else {
                node.setAttribute(attrName, val)
            }
        }
    }
}

module.exports = attrUpdate
```

图 9-4 已经涉及 MVVM 的高阶内容了。attrUpdate 为一个视图刷新函数，node 为真实元素节点，vnode 为虚拟节点。虚拟节点可以理解为一个普通的 JS 对象就行了，它用来描述某个节点的结构与内容，但比真实节点是轻量多。vnode 上有一个 ms-attr 属性，它或许是一个对象，也或许不存在。此对象大概如下。

```
vnode["ms-attr"]= {
    title: "aaa",
```

```
    ddd: false,
    eee: true
}
```

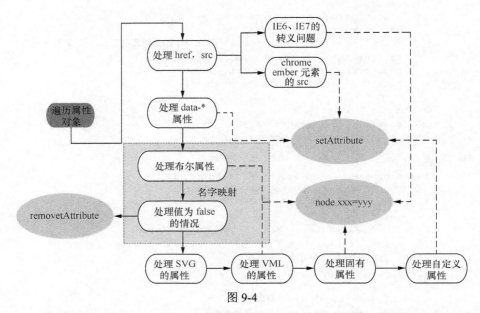

图 9-4

当某一个属性的值为 false 时，表示我们要移除此属性，其他操作则进行写操作。avalon 内部没有对普通属性的读操作，因此在 MVVM 中，这个不太常用。

9.9 value 的操作

上一节说 avalon 内部没有对普通属性的读操作，但对于 value 就不能蒙混过关了，因为 value 属性是要提交到后台的。由于其重要性，于是我们单独拿出来讲解。

value 属性，一般而言，只有表单元素的 value 才对我们有用。问题是，表单元素的种类非常多，每一个取法与赋值各有不同，因此我们最好在内部使用一个适配器来实现它。有关表单元素取 value 值与大部分浏览器的兼容性问题被 jQuery 发现并消灭了，avalon 只是在字节上做压缩处理。

下面分别描述每个表单元素的情况。

select 元素，它的 value 值就是其被选中的 option 孩子的 value 值。不过，select 有两种形态，一种 type 为 select-one，另一种为 select-multiple，就是当用户显式设置了 multiple 属性。在多选形态下，我们可以在 Windows 系统下按住 Ctrl 键进行多选，Mac 系统下按住 Command 键进行多选。

option 元素，它的 value 值可以是 value 属性的值，亦可以是其中间的文本，换言之是 innerText。当用户没有显式设置 value 属性时，它就取 innerText，不过这个 innerText 要用 text 属性来取，就像 script 标签那样。可能有人会问，为什么不用 innerHTML 呢？因为这个 option 元素的 text 属性比

9.9 value 的操作

innerHTML 多做了一个 trim 操作，去掉两边的空白（旧版本 IE 的 innerHTML 会做 trim 操作，标准浏览器不会）。那么如何判定它是显示设置了 value 属性呢？这将在 10.1 节中提到，元素节点有个 attribute 属性，它是个类数组对象，里面是一个个对象，每个对象拥有 value、name、specified、ownerElement 等一大堆属性，我们判定 specified 是否为 true 就行了。IE8 与其他浏览器，我们还可以使用 hasAttribute 方法来判定。

button 元素，它的取值情况与 option 元素有点类似但又不尽然。在 IE6、IE7 中，它是取元素的 innerText，到 IE8 时它才与其他浏览器保持一致，取 value 属性的值。不过在标准浏览器下，button 标签只有当其为提交按钮，并且点击它时，才会提交其自身的 value 值。我们应该统一返回其 value 值。

checkbox、radio 在设置 value 时，应该考虑对 checked 属性的修改。

因此为了对应这么多奇怪情况，我们又需要引入钩子对象，像上一章的 cssHooks 那样，弄一个 valHooks。

```
avalon.fn.val = function (value) {
    var node = this[0]
    if (node && node.nodeType === 1) {
        var get = arguments.length === 0
        var access = get ? ':get' : ':set'
        var fn = valHooks[getValType(node) + access]
        if (fn) {
            var val = fn(node, value)
        } else if (get) {
            return (node.value || '').replace(/\r/g, '')
        } else {
            node.value = value
        }
    }
    return get ? val : this
}
```

里面有一个 getValType 方法，用来告诉我们接着下来该调用什么钩子方法。

```
function getValType(elem) {
    var ret = elem.tagName.toLowerCase()
    return ret === 'input' && /checkbox|radio/.test(elem.type) ? 'checked' : ret
}
```

接着逐个击破。

首先 option 元素的 value 值，如果用户没有写 value 属性，会取其 innerText 作 value 值的。

```
var roption = /^<option(?:\s+\w+(?:\s*=\s*(?:"[^"]*"|'[^']*'|[^\s>]+))?)*\s+value[\s=]/i
valHooks['option:get'] = avalon.msie ? function (node) {
        //在 IE11 及 W3C，如果没有指定 value，那么 node.value 默认为 node.text（存在 trim 作），但
        //IE9、IE10 则是取 innerHTML（没 trim 操作）
        //specified 并不可靠，因此通过分析 outerHTML 判定用户有没有显示定义 value
        return roption.test(node.outerHTML) ? node.value : node.text.trim()
    } : function (node) {
        return node.value
    }
```

然后是 select 元素的 value 值的处理,它会同步底下的 option 元素。

```javascript
valHooks['select:get'] = function (node, value) {
    var option, options = node.options,
        index = node.selectedIndex,
        getter = valHooks['option:get'],
        one = node.type === 'select-one' || index < 0,
        values = one ? null : [],
        max = one ? index + 1 : options.length,
        i = index < 0 ? max : one ? index : 0
    for (; i < max; i++) {
        option = options[i]
        //IE6~9 在 reset 后不会改变 selected,需要改用 i === index 判定
        //我们过滤所有 disabled 的 option 元素,但在 safari5 下,
        //如果设置 optgroup 为 disable,那么其所有孩子都 disable
        //因此当一个元素为 disable,需要检测其是否显式设置了 disable 及其父节点的 disable 情况
        if ((option.selected || i === index) && !option.disabled &&
                (!option.parentNode.disabled || option.parentNode.tagName !== 'OPTGROUP')
                ) {
            value = getter(option)
            if (one) {
                return value
            }
            //收集所有 selected 值组成数组返回
            values.push(value)
        }
    }
    return values
}
valHooks['select:set'] = function (node, values, optionSet) {
    values = [].concat(values) //强制转换为数组
    var getter = valHooks['option:get']
    for (var i = 0, el; el = node.options[i++]; ) {
        if ((el.selected = values.indexOf(getter(el)) > -1)) {
            optionSet = true
        }
    }
    if (!optionSet) {
        node.selectedIndex = -1
    }
}
```

radio 与 checkbox 的处理如下。

```javascript
//checkbox 的 value 默认为 on,唯有 Chrome 返回空字符串
if (!support.checkOn) {
    valHooks["checked:get"] = function(node) {
        return node.getAttribute("value") === null ? "on" : node.value;
    };
}
//处理单选框、复选框在设值后 checked 的值
valHooks["checked:set"] = function(node, name, value) {
```

```
    if (Array.isArray(value)) {
        return node.checked = !!~value.indexOf(node.value);
    }
}
```

9.10 总结

自定义属性与固有属性的区别如下。
（1）元素节点在创建时，就拥有 property，而自定义属性则是后来添加的。
（2）在 W3C 规范中，只有在 HTML 标签定义的属性才会出现在元素的 attributes 对象，这些属性又叫显式属性。
（3）自定义属性在初始化时同步同名的固有属性。
（4）自定义属性的值都是字符串。
（5）大多数情况下，我们修改自定义属性时，会同步固有属性，但修改固有属性时，不会影响自定义属性。

第 10 章　PC 端的事件系统

事件系统是很大的一块，因为我们与 PC 之间的交互行为就存在各种形式，比如我们可以通过键盘进行交互，鼠标进行交互，或者直接触摸屏幕进行交互。此外，即便你什么也不做，PC 也单方面告诉你现在是处于某种状态，如页面的 DOM 树构建完毕会抛出一个事件，所有资源加载完毕也会抛出一个事件，图片加载成功或失败也会抛出事件，CSS3 动画开始或结束也会抛出事件，甚至一个元素插入 DOM 树或移出 DOM 树，它的某个属性值发生改变了，现在都有对应的事件抛出来了。所有事件的设计还是很一致的，都有一个参数，为一个事件对象，会告诉你事件源在哪里，它是什么事件。

在 PC 端，事件只有些许兼容性问题，浏览器已经提供好"弹药"，我们只需要稍作改造就可以用。而在移动端，所有能用的事件都需要合成出来。这也是本书将它们将分开来说的缘故。

告诉大家一个技巧，后端遇到复杂的问题都是中间再加一层，而我们处理事件的兼容问题，则是再包一个函数。外包一个处理函数，这点类似于 AOP，将重复的部分抽取出来（如事件对象的标准化处理，this 对象的绑定，频繁调度事件的函数节流处理……），这个编程技巧以后我们会经常用到。

PC 端常用事件一览，如图 10-1 所示。

第 10 章 PC 端的事件系统

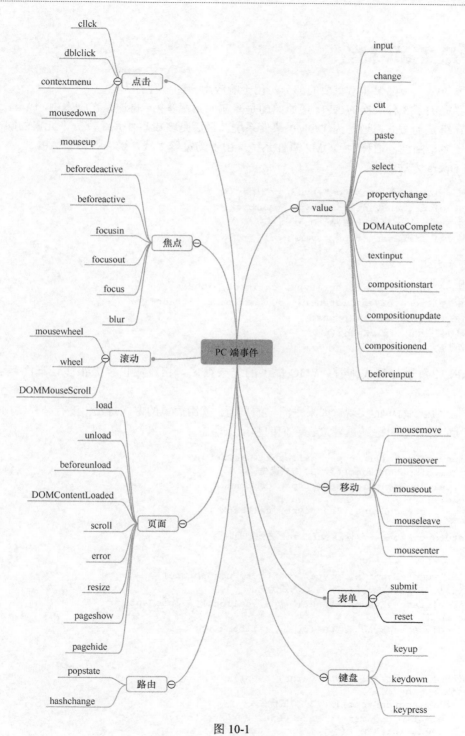

图 10-1

10.1 原生 API 简介

事件系统是一个框架非常重要的部分,用于响应用户的各种行为。

浏览器提供了 3 种层次的 API。最原始的是写在元素标签内。再次是在脚本中,以 `el.onXXX=function` 绑定的方式,通称为 DOM0 事件系统。最后是多投事件系统,一个元素的同一类型事件可以绑定多个回调,通称为 DOM2 事件系统。由于浏览器大战,现存在两套 API。

IE 与 Opera 方法如下。

绑定事件:`el.attachEvent("on"+type, callback)`
卸载事件:`el.detachEvent("on"+type, callback)`
创建事件:`document.createEventObject()`
派发事件:`el.fireEvent(type, event)`

W3C 方法如下。

绑定事件:`el.addEventListener(type, callback, [phase])`
卸载事件:`el.removeEventListener(type, callback, [phase])`
创建事件:`el.createEvent(types)`
初始化事件:`event.initEvent()`
派发事件:`el.dispatchEvent(event)`

从 API 的数量与形式来看,W3C 提供的复杂很多,相对应也强大很多,下面笔者会逐一详述。

首先呈上几个简单的实现。如果是简单的页面,就用简单的方式打发,没有必要动用框架。不过,事实上,整个事件系统就建立在它们的基础上。

```
function addEvent(el, type, callback, useCapture ){
    if(el.dispatchEvent){//W3C 方式优先
        el.addEventListener( type, callback, !!useCapture );
    }else {
        el.attachEvent( "on"+type, callback );
    }
    return callback;//返回 callback 方便卸载时用
}
function removeEvent(el, type, callback, useCapture){
    if(el.dispatchEvent){//W3C 方式优先
        el.removeEventListener( type, callback, !!useCapture );
    }else {
        el.detachEvent( "on"+type, callback );
    }
}
function fireEvent(el, type, args, event){
    args = args || {}
    if(el.dispatchEvent){//W3C 方式优先
        event = document.createEvent("HTMLEvents");
        event.initEvent(type, true, true );
```

```
    }else {
        event = document.createEventObject();
    }
    for(var i in args)   if(args.hasOwnProperty(i)){
        event[i] = args[i]
    }
    if(el.dispatchEvent){
        el.dispatchEvent(event);
    }else{
        el.fireEvent('on'+type,event)
    }
}
```

这 3 个方法也经常出现于各种笔试中，因此大家要切记。

10.2　onXXX 绑定方式的缺陷

onXXX 既可以写在 HTML 标签内，也可以独立出来，作为元素节点的一个特殊属性来处理。不过作为一种古老的绑定方式，它很难预测到后来人对这方面的扩展。

总结起来有以下不足。

（1）onXXX 对 DOM3 新增事件或 FF 某些私有实现无法支持，主要有以下事件：

```
DOMActivate
DOMAttrModified
DOMAttributeNameChanged
DOMCharacterDataModified
DOMContentLoaded
DOMElementNameChanged
DOMFocusIn
DOMFocusOut
DOMMouseScroll
DOMNodeInserted
DOMNodeInsertedIntoDocument
DOMNodeRemoved
DOMNodeRemovedFromDocument
DOMSubtreeModified
MozMousePixelScroll
```

不过稍安勿躁，上面的事件就算是框架，也只用到 DOMContentLoaded 与 DOMMouseScroll。DOMContentLoaded 用于检测 DomReady，DOMMouseScroll 用于在 FF 模拟其他浏览器的 mousewheel 事件。

（2）onXXX 只允许元素每次绑定一个回调，重复绑定会冲掉之前的绑定。

（3）onXXX 在 IE 下回调没有参数，在其他浏览器下回调的第一个参数是事件对象。

（4）onXXX 只能在冒泡阶段可用。

10.3　attachEvent 的缺陷

attachEvent 是微软在 IE5 添加的 API，Opera 也支持。对于 onXXX 方式，它可以允许同一元素同种事件绑定多个回调，也就是所谓的多投事件机制。但它带来的麻烦只多不少，存在以下几点缺陷。

（1）IE 下只支持微软系的事件，DOM3 事件一概不能用。

（2）IE 下 attachEvent 回调中的 this 不是指向被绑定元素，而是 window！

（3）IE 下同种事件绑定多个回调时，回调并不是按照绑定时的顺序依次触发的！

（4）IE 下 event 事件对象与 W3C 的存在太多差异了，有的无法对上号，比如 currentTarget。

（5）IE 还是只支持冒泡阶段（如图 10-2 所示）。

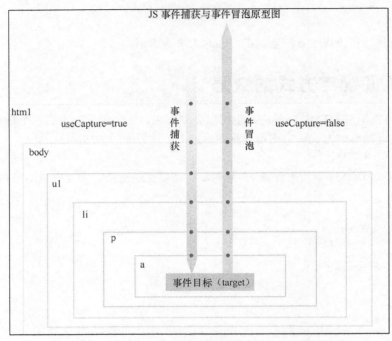

图 10-2

不过 IE 还是不断进步的。

```
<!DOCTYPE html>
<html>
    <head>
        <title></title>
        <meta http-equiv="Content-Type" content="text/html; charset=UTF-8">
        <script>
            window.attachEvent("onload", function(e) {
                alert(e);
            });
        </script>
    </head>
    <body>
        <div>TODO write content</div>
    </body>
</html>
```

IE6、IE7 的效果如图 10-3 所示。
IE8 的效果如图 10-4 所示。
IE9 的效果如图 10-5 所示。

图 10-3

图 10-4

图 10-5

　　从一开始不知弹出什么东西，到现在明确这是一个事件对象，IE 的确是在不断进步。不过，W3C 的事件系统已经是大势所趋，微软也 hold 不住，从 IE9 起支持 W3C 那一套 API，这对我们实现事件代理非常有帮助！

10.4　addEventListener 的缺陷

　　W3C 这一套 API 也不是至善至美，毕竟标准总是滞后于实现，剩下的那 4 个标准浏览器各有自己的算盘，它们之间亦有不一致的地方。

　　（1）新事件非常不稳定，可能还没有普及开就被废弃。在早期的 Sizzle 选择器引擎中，有这么几句：

```
document.addEventListener("DOMAttrModified", invalidate, false);
document.addEventListener("DOMNodeInserted", invalidate, false);
document.addEventListener("DOMNodeRemoved", invalidate, false);
```

现在这 3 个事件都被废弃了（准确来说，所有变动事件都完蛋了），FF14 与 Chrome18 开始用 MutationObserver 代替它。

　　（2）Firefox 既不支持 focusin、focus 事件，也不支持 DOMFocusIn、DOMFocusOut，直到现在也不愿意用 mousewheel 代替 DOMMouseScroll。Chrome 不支持 mouseenter 与 mouseleave。

　　因此不要以为标准浏览器就肯定会实现 W3C 钦定的标准事件，它们也有抗旨的时候，所以特征侦测必不可少。最可恨的是国内一些浏览器套用 webkit 内核，为了 "超越" 本版浏览器的 HTML5 跑分（HTML5test.com），竟然实现了一些无用的空接口来骗过特征侦测，因此必要时，我们还得使用非常麻烦的功能侦测来检测浏览器是否支持此事件。

　　（3）CSS3 给私有实现添加自定前缀标识的坏习惯也漫延到一些与样式息息相关的事件名上。比如 transitionend 事件名，这个后缀名与大小写混合成 5 种形态，相当棘手。

　　（4）第 3 个参数 useCapture 只有非常新的浏览器中才是可选项，比如 FF6 或之前版本是必选的，为安全起见，请确保第 3 个参数为布尔值。第 4 个参数听说是 FF 专有实现，允许跨文档监听事件。第 5 个参数？的确存在于第 5 参数，不过它只存在于 Flash 语言的同名方法中。现在前端工程师还是要求助于 Flash，就作为一个知识点收下吧。有的面试官会跨界考这种东西。在 Flash 下，

addEventListener 的第 4 个参数用于设置该回调执行时的顺序，数字大的优先执行，第 5 个参数用来指定对侦听器函数的引用是弱引用还是正常引用。

（5）事件对象成员的不稳定。

W3C 那套是从浏览器厂商抄来的，人家都用了这么久，难免与标准不一致。

FF 下 event.timeStamp 返回 0 的问题，这个 bug，2004 年就有人提交了，直到 2011 年才被修复。

```
https://bugzilla.mozilla.org/show_bug.cgi?id=238041
```

Safari 下 event.target 可能是返回文本节点。

event.defaultPrevented、event.isTrusted 与 stopImmediatePropagation 的可用性很低，它们属于 DOM3 event 规范。

defaultPrevented 属性是用于确定事件对象有没有调用 preventDefault 方法。之前标准浏览器都统一用 getPreventDefault 方法来干这事，在 jQuery 源码中，你会发现它是用 isDefaultPrevented 方法来做。不过，isDefaultPrevented 的确曾列入 W3C 草稿，可参见这里：

```
http://www.w3.org/TR/2003/WD-DOM-Level-3-Events-20030331/ecma-script-binding.html
```

isTrusted 属性用于表示当前事件是否是由用户行为触发（比如说真实的鼠标点击触发一个 click 事件），还是由一个脚本生成的（使用事件构造方法，比如 event.initEvent）。

stopImmediatePropagation 用于阻止当前事件的冒泡行为并且阻止当前事件所在元素上的所有相同类型事件的事件处理函数的继续执行。IE9+全部实现（但是，IE9、IE10 的 event.isTrusted 有 bug。link.click()后返回的也是 true）。

Chrome5～Chrome17 部分实现（event.isTrusted 未支持）。Safari5 才部分实现（event.isTrusted 未支持）。

Opera10、Opera11 部分实现（stopImmediatePropagation 以及 event.isTrusted 未实现，而仅仅实现了 defaultPrevented）。

Opera12 部分实现（stopImmediatePropagation 仍然未实现，但实现了 e.isTrusted）。

Firefox1.0～Firefox5，未实现 stopImmediatePropagation 和 defaultPrevented，仅仅实现了 event.isTrusted。isTrusted 在成为标准前，是 Firefox 的私有实现。

Firefox6～Firefox10，仅未实现 stopImmediatePropagation。Firefox11，终于实现了 stopImmediatePropagation。

（6）标准浏览器没有办法模拟像 IE6～IE8 的 propertychange 事件。

虽然标准浏览器有 input、DOMAttrModified、MutationObserver，但比起 propertychange 都弱爆了。propertychange 可以监听多种属性变化，而不单单是 value 值，另外它不区分 attribute 和 property，因此你无论是通过 el.xxx = yyy，还是 el.setAttribute(xxx, yyy)都接触过此事件。具体可参阅下面这篇博文。

```
http://www.cnblogs.com/rubylouvre/archive/2012/05/26/2519263.html
```

10.5 handleEvent 与 EventListenerOptions

浏览器是不断进化的，其他语言验证过的好东西会不断移植过来，像 stopImmediatePropagation

原来就是 Flash 的 API。本节介绍的 handleEvent 也是出于 Flash。

一般来说，我们是这样使用 addEventListener 的：

```
dom.addEventListener(type, handler, true/false)
```

handler 是一个函数，浏览器会为它传入一个事件对象。

DOM2（**IE9＋支持**）开始支持另一种形式，handle 为一个对象，里面有一个 handleEvent 方法。

```
var events = {
    attr: 222,
    handleEvent: function(event) {
        console.log(this.attr)//222
        switch (event.type) {
          case 'touchstart': this.touchstart(event); break;
          case 'touchmove': this.touchmove(event); break;
          case 'touchend': touchend(event); break;
        }
    },
    touchstart:function(event){
    },
    touchmove:function(event){
    },
    touchend:function(event){
    }
}
document.getElementById('elementID').addEventListener('touchstart',events,false);
document.getElementById('elementID').addEventListener('touchmove',events,false);
document.getElementById('elementID').addEventListener('touchend',events,false);
```

这样写有两个好处。

（1）将所有事件回调都集中一个对象上，方便共享信息。比如上面例子中的 attr，由于 this 直接指向这个对象，我们就直接可以通过 e.target.attr 访问到它的值。

（2）动态改变事件处理器，通过 e.type 或其他信息调度相关的回调，不用先 remove 再 add。

2016 年，firefox 开始支持 DOM 4 的 **EventListenerOptions**：

```
dom.addEventListener(type, handler, EventListenerOptions);
```

EventListenerOptions 里面有 3 个可选配置项，如果不写，默认都为 false。

（1）capture，与之前一样，决定冒泡或捕获。

（2）passive，为 true 时，会将回调里面的 e.preventDefault()操作无效化！

（3）once，为 true 时，此事件回调会只执行一次就自动解绑！

https://www.webreflection.co.uk/blog/2016/04/17/new-dom4-standards

这个兼容性很差，Chrome49 与 Firefox49 才开始支持。

10.6 Dean Edward "大神" 的 addEvent.js 源码分析

这是 Prototype 时代早期出现的一个事件系统，jQuery 事件系统的源头，亮点如下：

(1) 有意识地屏蔽 IE 与 W3C 在阻止默认行为与事件传播的接口差异。
(2) 处理 IE 执行回调时的顺序问题。
(3) 处理 IE 的 this 的指向问题。
(4) 没有平台检测代码,因为是使用最通用原始的 onXXX 构建。
(5) 完全跨浏览器(包括 IE4 和 NS4)。
(6) 使用 UUID 来管理事件回调。

```
http://dean.edwards.name/weblog/2005/10/add-event/
function addEvent(element, type, handler) {
    //回调添加 UUID,方便移除
    if (!handler.$$guid)
        handler.$$guid = addEvent.guid++;
    //元素添加 events,保存所有类型的回调
    if (!element.events)
        element.events = {};
    var handlers = element.events[type];
    if (!handlers) {
        //创建一个子对象,保存当前类型的回调
        handlers = element.events[type] = {};
        //如果元素之前以 onXXX = callback 的方式绑定过事件,则成为当前类别第一个被触发的回调
        //问题是这回调没有 UUID,只能通过 el.onXXX = null 移除
        if (element["on" + type]) {
            handlers[0] = element["on" + type];
        }
    }
    //保存当前的回调
    handlers[handler.$$guid] = handler;
    //所有回调统一交由 handleEvent 触发
    element["on" + type] = handleEvent;
}

addEvent.guid = 1;//UUID
//移除事件,只要从当前类别的储存对象 delete 就行
function removeEvent(element, type, handler) {
    if (element.events && element.events[type]) {
        delete element.events[type][handler.$$guid];
    }
}
function handleEvent(event) {
    var returnValue = true;
    //统一事件对象阻止默认行为与事件传统的接口
    event = event || fixEvent(window.event);
    //根据事件类型,取得要处理回调集合,由于 UUID 是纯数字,因此可以按照绑定时的顺序执行
    var handlers = this.events[event.type];
    for (var i in handlers) {
        this.$$handleEvent = handlers[i];
        //根据返回值判定是否阻止冒泡
        if (this.$$handleEvent(event) === false) {
            returnValue = false;
        }
```

10.6 Dean Edward "大神"的 addEvent.js 源码分析

```
    }
    return returnValue;
}

//对 IE 的事件对象做简单的修复
function fixEvent(event) {
    event.preventDefault = fixEvent.preventDefault;
    event.stopPropagation = fixEvent.stopPropagation;
    return event;
};
fixEvent.preventDefault = function() {
    this.returnValue = false;
};
fixEvent.stopPropagation = function() {
    this.cancelBubble = true;
};
```

不过在 Dean Edward 对应博文的评论中就可以看到许多指正与有用的 patch。比如说，既然所有的修正都冲着 IE 去，那么标准浏览器直接使用 addEventListener 就行。有的还提到在 iframe 中点击事件时，事件对象不对的问题，提交以下有用补丁：

```
event = event || fixEvent(((this.ownerDocument || this.document || this).parentWindow || window).event);
```

其中第 54 条回复，直接导致了 jQuery 数据缓存的系统的产生。为了避免交错引用产出的内存泄漏，建议元素就分配一个 UUID，所有回调都放到一个对象中储存。

```
function addEvent(element, type, handler) {
    if (!handler.$$guid)
        handler.$$guid = addEvent.guid++;
    //每个元素都分配一个 UUID，用于访问它们的所有回调
    if (!element.$$guid)
        element.$$guid = addEvent.guid++;
    if (!addEvent.handlers[element.$$guid])
        addEvent.handlers[element.$$guid] = {};
    //每个元素的回调都分类储存在不同的 hash 中
    var handlers = addEvent.handlers[element.$$guid][type];
    if (!handlers) {
        handlers = addEvent.handlers[element.$$guid][type] = {};
        if (element["on" + type]) {
            handlers[0] = element["on" + type];
        }
    }
    handlers[handler.$$guid] = handler;
    element["on" + type] = handleEvent;
}
addEvent.guid = 1;
// 放置所有回调的仓库
addEvent.handlers = {};
```

但随着时间的推移，使用者发现 onXXX 在 IE 存在不可消弥的内存泄漏。因此你翻看 jQuery 早期的版本，1.01 版本是照抄 Dean Edward 的，从 1.1.3.1 版本开始吸收上面提到的第 54 条回复的

建议，元素只分配一个 UUID，回调集中储放的方式了，并使用 attachEvent/remove EventListener 绑定事件——每个元素只绑定一次，然后所有回调都在类似 handleEvent 的函数中调用。不过这是后话，无损 Dean Edward 的光辉形象，他的 addEvent 在当时可是有着划时代的意义。无入侵式 JavaScript 只有在这样键壮的事件系统出现后才能得到迅猛发展。

10.7 jQuery 的事件系统

jQuery 的事件模块发端于 Dean Edward 的 addEvent，然后它不断吸收社区的插件与补丁，发展成为非常成熟的事件系统。其中不得不提的是其事件代理与事件派发机制。

早在 2007 年，Brandon Aaron 为 jQuery 写了一个划时代的插件叫 livequery，它可以监听后来插入的元素的事件。比如，一个表格，我们为 tr 元素绑定 mouseover/mouseout 事件时，只有十行，然后我们又动态添加了 20 行，这 20 个 tr 元素也同样能执行 mouseover/mouseout 回调。魔术在于，它并没有把事件侦探器绑定在 tr 元素上，而是绑定最顶层的 document 上，然后通过事件冒泡，取得事件源，判定它是否匹配用户给定的 CSS 表达式，才执行用户回调。

如果一个表格有 100 个 tr 元素，每个都要绑定 mouseover/mouseout 事件，改成事件代理的方式，可以节省 99 次绑定，这优化很好，更何况它能监听将来添加的元素，因此立马被吸收到 jQuery1.3 中去，成为它的 live 方法。再把一些明显的 bug 修复了，jQuery1.32 成为受欢迎的版本，与后来的 jQuery1.42 都是里程碑式！不过话说回来，live 方法需要对某些不冒泡的事件做些处理，比如一些表单事件，有的只冒泡到 form，有的冒泡到 document，有的压根不冒，如表 10-1 所示。

表 10-1

	IE6	IE8	FF3.6	Opera10	Chrome4	Safari4
submit	form	form	document	document	document	document
reset	form	form	document	document	form	form
change	不冒泡	不冒泡	document	document	不冒泡	不冒泡
click	document	document	document	document	document	document
select	不冒泡	不冒泡	document	document	不冒泡	不冒泡

对于 focus、blur、change、submit、reset、select 等不会冒泡的事件，在标准浏览器中，我们可以设置 addEventListener 的最后一个参数为 true 轻松搞定。IE 就有点麻烦了，要用 focusin 代替 focus，focusout 代替 blur，selectstart 代替 select。change、submit 与 reset 就复杂了，必须利用其他事件来模拟，还要判断事件源的类型，selectedIndex、keyCode 等相关属性，这课题最后由一个叫 reglib 的库搞定。reglib 的作者还写了一篇很著名的博文《Goodbye mouseover, hello mouseenter》，来推广微软系的两个事件 mouseenter 与 mouseleave。正如你们今天看到那样，jQuery 全面接纳了它们。

live 方法带来的全新体验是空前的，但毕竟要冒泡到最顶层，对 IE 还是有点坎坷，有时还会失灵。最好能指定父节点，一个绑定时已经存在的父节点，这样就不用费力了。当时有 3 篇博文提

10.7　jQuery 的事件系统

出相近的方案，它们给出的接口一篇比一篇接近 John Resig 接纳的方案。

比如最后那篇博文，它已经是这个样子：

```
$("div").delegate( 'click', 'span', function( event ){
        $( this ).toggleClass('selected');
        return false;
});
```

并提出对应解除代理的 API——undelegate。而 jQuery1.42 在 2010 年 2 月 19 日推出时，也是这两个接口，前两个参数只调换一下：

```
$("div").delegate( "span","click", function( event ){
        $( this ).toggleClass('selected');
        return false;
});
```

正所谓"众人拾柴火焰高"，jQuery 的强大不无道理。在 jQuery 1.8 中，它又吸收 dperini / nwevents 的点子，改进其事件代理，大大提高代理性能。

先看一下其主要接口，如图 10-6 所示。

其中 bind、unbind、one、trigger、toggle、hover、ready 一开始就有。

tirggerHandler 是 jQuery 1.23 增加的，内部依赖于 trigger，只对当前匹配元素的第一个有效，不冒泡不触发默认行为。

live 与 die 是 jQuery 1.3 增加的，用于事件代理，统一由 document 代理。

delegate 与 undelegate 是 jQuery 1.42 增加的，允许指定代理元素的事件代理，它内部是利用 live、die 实现的。

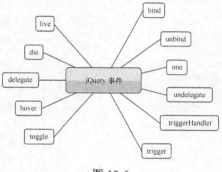

图 10-6

on 与 off 是 jQuery 1.7 增加的，目的是统一事件接口。bind、one、live、delegate 直接由 on 衍生，unbind、die、undelegate 直接由 off 衍生。

hover 用于模拟 css 的 hover 效果，内部依赖于 mouseenter 与 mouseleave。

ready 可以看作为 load 事件的增强版，获取最早的 DOM 可用时机后立即执行各种 DOM 操作。

toggle 是 click 的加强版，每次点击都执行不同的回调并切换到下一个（jQuery 2.0 被废弃）。

trigger 与 triggerHandler 是 jQuery 的 fireEvent 实现。

此外，jQuery 还有 25 个以事件类型命名的快捷方法，当传参数个数为 2 时表现为绑定事件，个数为 0 表现为派发事件，如图 10-7 所示。

图 10-8 是 jQuery 的事件流程，大家可以稍微了解一下。

jQuery 的事件系统是前 MVVM 时代，最强大的事件系统，具有高扩展性、高性能、功能丰富的优点。这个直到 React 的事件系统出现才被超越，MVVM 时代的事件系统已经倾向于内部使用事件代理来绑定一切事件回调，从而获得更高的性能。

第 10 章　PC 端的事件系统

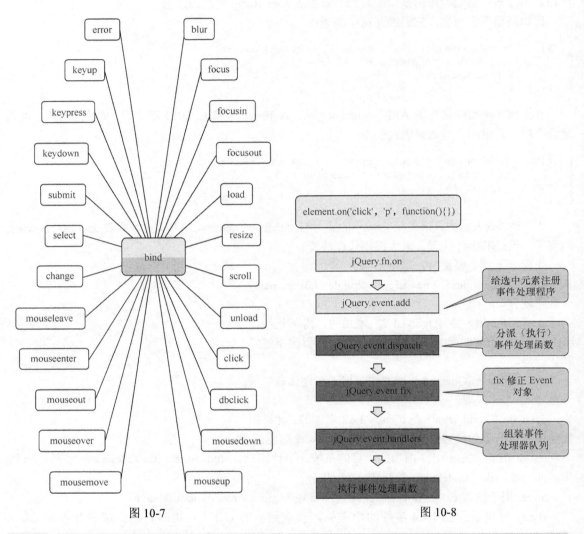

图 10-7　　　　　　　　　　　　　　图 10-8

10.8　avalon2 的事件系统

　　avalon2 的事件系统最代表未来的发展方向，企图通过事件代理绑定一切可能的事件。它的两个基础方法与 jQuery 一样，分别叫做 bind、unbind，里面也采取之前 cssHooks、valHooks 一样的钩子对象来对付兼容性问题。但不同的是，它还使用了缓存机制。在 avalon 中没有实现专门的数据缓存系统，因此这个缓存系统只是一个普通的 javascript 对象，但够用就可以了。此外，还有 UUID 系统，但只用于元素节点，我们是通过 setAttribute 来添加的，因此没有对付 ember、object、avalon 的事件系统主要由 avalon.bind、avalon.ubind 这两个方法组成。先说 avalon.bind，它与业界常见的 addEvent 方法一样，拥有 3 个参数。

10.8 avalon2 的事件系统

（1）el：绑定事件的对象。
（2）type：事件的类型，可以是自定义事件。
（3）fn：事件回调，第一个参数总是事件对象，并且拥有 type 与 target 属性。

然后 avalon 拥有 3 个专门辅助事件系统的对象（或叫哈希），用于修正最初传入的事件名、回调及存放地点。

（1）bubbleEvents：存储所有能冒泡的事件类型，并且针对不同浏览器有所增删，键名为事件名，值为 true。

（2）eventHooks:：用于处理特殊事件，键名为事件名，值为一个钩子函数，要求将初始参数传进去，最后返回一个新回调。比如滚轮，mouseenter/leave 等难缠的事件就需要在钩子方法中处理。

（3）eventListeners：存放回调函数，如果原事件是命中 eventHooks，那么存放的是新回调。键名是 uuid，它位于回调的上面。

然后将事件名＋uuid 存放到元素节点的 avalon-events 属性中，以逗号隔开。如果此事件能冒泡，那么也在 html 的 delegate-events 属性值中加上对应事件名，如图 10-9 所示。

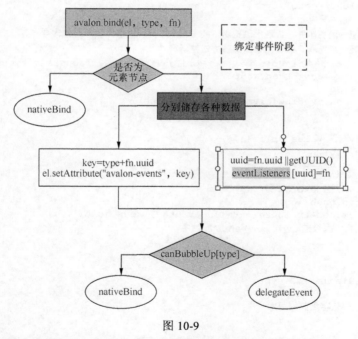

图 10-9

最后根据事件能否冒泡，决定将回调绑定到根节点还是当前元素上。

```
var canBubbleUp = avalon.bubbleEvents = require('./bubbleEvents')

if (!W3C) {
    delete canBubbleUp.change
    delete canBubbleUp.select
}
var uuid = 1
```

```
var eventHooks = avalon.eventHooks
var focusBlur = {
    focus: true,
    blur: true
}
/*绑定事件*/
avalon.bind = function (elem, type, fn) {
    if (elem.nodeType === 1) {
        var value = elem.getAttribute('avalon-events') || ''
        var uuid = fn.uuid || (fn.uuid = ++uuid)
        var hook = eventHooks[type]
        if(hook){
            type = hook.type || type
            if (hook.fix) {
                fn = hook.fix(elem, fn)
                fn.uuid = uuid
            }
        }
        var key = type + ':' + uuid
        avalon.eventListeners[fn.uuid] = fn
        if (value.indexOf(type + ':') === -1) {
        //同一种事件只绑定一次
        //对于能冒泡的事件，或现代浏览器下的 focus, blur 事件使用事件代理
        //因为现代浏览器可以使用事件捕获方法监听事件
            if (canBubbleUp[type] || (avalon.modern && focusBlur[type])) {
                delegateEvent(type)
            } else {
                nativeBind(elem, type, dispatch)
            }
        }
        var keys = value.split(',')
        if (keys[0] === '') {
            keys.shift()
        }
        if (keys.indexOf(key) === -1) {
            keys.push(key)
            elem.setAttribute('avalon-events', keys.join(','))
            //将令牌放进 avalon-events 属性中
        }
    } else {
        nativeBind(elem, type, fn)
    }
    return fn //兼容之前的版本
}
```

nativeBind 就是本章最开始的 addEvent，只是对 attachEvent 与 addEventListener 进行简单的封装。

```
function delegateEvent(type) {
    var value = root.getAttribute('delegate-events') || ''
    if (value.indexOf(type) === -1) {
        var arr = value.match(avalon.rword) || []
        arr.push(type)
        root.setAttribute('delegate-events', arr.join(','))
```

```
            nativeBind(root, type, dispatch, !!focusBlur[type])
        }
    }
```

delegeteEvent 内部也是调用 dispatch 事件，只是把绑定地点换成根节点。

dispatch 事件做了 3 件事情，解决兼容性问题。

（1）对原生事件对象进行再封装，解决事件对象的方法名与属性名不一致问题，并且针对某些特殊事件（比如 IE 有 Chrome 没有的 `mouseenter/leave` 事件和 Firefox 不支持的 `mousewheel` 事件），我们在这里**事件冒充**（用 mouseover 事件冒充 mouseenter 事件）。

（2）通过 event.target 得到事件源对象，从而访问到 avalon-events 属性值，然后根据 event.type 得到所有相对 UUID，再从 eventListeners 得到回调。这些步骤通过 collectHandlers 私有方法处理。

（3）遍历所有回调，根据事件冒泡与事件返回值，设置一些分支，实现 stopPropagation 与 stopImmediatePropagation（如图 10-10 和图 10-11 所示）。

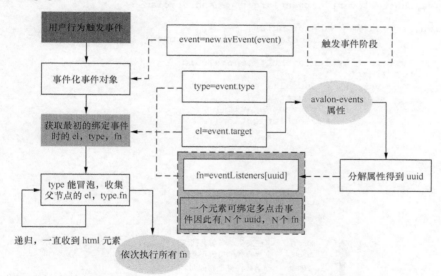

图 10-10

```
var typeRegExp = {}
function collectHandlers(elem, type, handlers) {
    var value = elem.getAttribute('avalon-events')
    if (value && (elem.disabled !== true || type !== 'click')) {
        var uuids = []
        var reg = typeRegExp[type] || (typeRegExp[type] = new RegExp("\\b"+type +
'\\:([^,\\s]+)', 'g'))
        value.replace(reg, function (a, b) {
            uuids.push(b)
            return a
        })
        if (uuids.length) {
            handlers.push({
                elem: elem,
                uuids: uuids
            })
```

```
            }
        }
        elem = elem.parentNode
        if (elem && elem.getAttribute && canBubbleUp[type]) {
            collectHandlers(elem, type, handlers)
        }
    }
    function dispatch(event) {
        event = new avEvent(event)
        var type = event.type
        var elem = event.target
        var handlers = []
        collectHandlers(elem, type, handlers)
        var i = 0, j, uuid, handler
        //这里会模拟整个冒泡过程及当用户在回调里调用了 stopPropagation 与 stopImmediatePropagation
        //方法时,会改变事件的 cancelBubble、isImmediatePropagationStopped 属性,如何中断冒泡的
        while ((handler = handlers[i++]) && !event.cancelBubble) {
            var host = event.currentTarget = handler.elem
            j = 0
            while ((uuid = handler.uuids[ j++ ]) &&
                   !event.isImmediatePropagationStopped) {

                var fn = avalon.eventListeners[uuid]
                if (fn) {
                    var ret = fn.call( elem, event)
                    if(ret === false){
                        event.preventDefault()
                        event.stopPropagation()
                    }
                }
            }
        }
    }
```

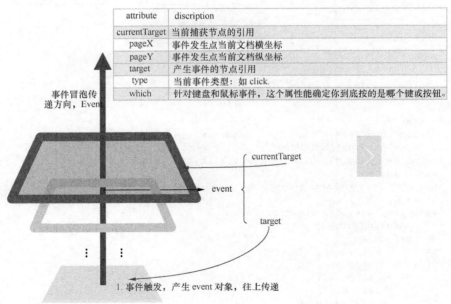

attribute	discription
currentTarget	当前捕获节点的引用
pageX	事件发生点当前文档横坐标
pageY	事件发生点当前文档纵坐标
target	产生事件的节点引用
type	当前事件类型:如 click.
which	针对键盘和鼠标事件,这个属性能确定你到底按的是哪个键或按钮。

图 10-11

10.8 avalon2 的事件系统

至于怎样标准化事件对象，所有框架的想法都趋于一致，就是将 srcElement 改成 target 并修正停止事件传播与阻止默认行为这两个 API，加上 timeStamp 与 originalEvent 属性。像 Opera 与 Chrome，它们是同时支持两套 API 的。

```
function avEvent(event) {
    if (event.originalEvent) {
        return this
    }
    for (var i in event) {
        if (!(ypeof event[i] !== 'function') ){
            this[i] = event[i]//不复制事件
        }
    }
    if (!this.target) {
        this.target = event.srcElement
    }
    this.timeStamp = new Date() - 0
    this.originalEvent = event
}
avEvent.prototype = {
    preventDefault: function () {
        var e = this.originalEvent
        this.returnValue = false
        if (e) {
            e.returnValue = false
            if (e.preventDefault) {
                e.preventDefault()
            }
        }
    },
    stopPropagation: function () {
        var e = this.originalEvent
        this.cancelBubble = true
        if (e) {
            e.cancelBubble = true
            if (e.stopPropagation) {
                e.stopPropagation()
            }
        }
    },
    stopImmediatePropagation: function () {
        var e = this.originalEvent
        this.isImmediatePropagationStopped = true
        if (e.stopImmediatePropagation) {
            e.stopImmediatePropagation()
        }
        this.stopPropagation()
    }
}
```

我们再看一下如何删除事件。由于我们的事件名与回调都可以在 avalon-events 属性值中得到，主要删掉里面的 UUID，那么当点击事件发生时，就不会进入我们的用户回调中。同理，如果将事件名删掉，那么这个元素的所有点击回调就不会触发。进一步，我们把 avalon-events

这个属性都删掉，所有事件回调就不会触发。当然为节约内存起见，最好也把 avalon.eventListeners 中的回调也删掉，这样不用操作 detachEvent/removeEventListeners 就能卸载事件。

```javascript
avalon.unbind = function (elem, type, fn) {
    if (elem.nodeType === 1) {
        var value = elem.getAttribute('avalon-events') || ''
        switch (arguments.length) {
            case 1:
                nativeUnBind(elem, type, dispatch)
                elem.removeAttribute('avalon-events')
                break
            case 2:
                value = value.split(',').filter(function (str) {
                    return str.indexOf(type + ':') === -1
                }).join(',')

                elem.setAttribute('avalon-events', value)
                break
            default:
                var search = type + ':' + fn.uuid
                value = value.split(',').filter(function (str) {
                    return str !== search
                }).join(',')
                elem.setAttribute('avalon-events', value)
                delete avalon.eventListeners[fn.uuid]
                break
        }
    } else {
        nativeUnBind(elem, type, fn)
    }
}
```

10.9 总结

  事件是我们与页面交互的重要渠道，因此浏览器提供了琳琅满目的事件给我们使用，熟练掌握各种事件是一个高级 JSer 的标志。虽然事件存在巨大的差异性，但经过先人的奋斗，最终提炼出了现在这种基于 UUID 的事件系统解决方案，而为了提高性能，又发明了事件代理这套机制。UUID＋事件代理，必将成为 MVVM 实现事件绑定的主流方式。

  最后，重要的事说 3 次。事件系统必须有 UUID！必须有 UUID！必须有 UUID！有了 UUID，以后手动触发事件或删除事件，就可以绕过浏览器的那些繁杂琐碎的 API 了。由于浏览器的删除事件必须传入原来的回调，因此对不注意保存引用的普通前端来说，这个以后删除几乎不可能。而手动触发事件，光是几十 initXXXEvent，createEvent 的组合就搞晕你了。这也是本章直接忽略如何手动触发事件的原因。

第 11 章　移动端的事件系统

移动端事件不同于 PC 端，许多 PC 端事件在移动端是不可用的，需要综合多个原始事件模拟出某一个可用的事件。究其原因，是由于最早在移动端发迹的 iOS 给我们带来各种各样的奇葩 bug 或怪异设定，安卓也无脑照抄但又抄不好，以致于带来更多 bug。

最大的难题：触屏交互 300ms 延迟。在 2007 年苹果准备发布首款 iPhone 时，他们的工程师需要解决如何让用户在手机上浏览那些为 PC 大屏幕设备而设计的网页，那时候的网页并没有响应式设计，并且都是使用 px 作为字体和元素尺寸的单位。因此用户在使用 iPhone 浏览网页时体验非常糟糕，不是字体过小，就是页面只显示一部分。于是苹果工程师想到了一个办法，那就是如今大家习以为常的双击放大页面，再次双击恢复页面功能。有了这个设计之后，PC 端的 dblclick 事件被废除掉了。

网页中难免有大量链接，如果我们在移动设备中访问网页时点击到某个链接，如何区分用户是想打开该链接还是放大页面呢？而且移动设备屏幕较小，容易出现误操作。因此苹果工程师就想到让所有的点击事件延迟一下，以判断用户是否再次点击屏幕来判断用户的操作。不过，这个处理方式只是为了方便开发者，完全没有考虑到用户的感受。并且随着响应式设置的流行，我们完全可以在设计之初就避免上述误点击的问题。因此，旧有的点击延迟便成为众矢之的，第一个针对此问题的库就是 faskclick。

此外，智能手机上的交互基本上是通过手指^touch 进行的，要用一个手指或多个手指的动作来表述自己的意见，显然不能只靠点击，于是出现了划动（swipe）、拖动（drag）、缩放（pinch）。由于点击事件不可用，于是人们搞出一个同义事件 tap。本章主要围绕这几种事件展开。

avalon 的事件系统基本上是以 iOS 手势事件为蓝本改进而来。其中由于 tap 事件需要大费周章的模拟 PC 上的点击效果，因此独立出来。

本章介绍到的源代码都可以在以下链接找到：

```
https://github.com/RubyLouvre/avalon2/tree/master/src
https://github.com/RubyLouvre/avalon2/tree/master/component/gesture
```

11.1 touch 系事件

在移动端上许多事件都是使用这两种事件合成出来的，包含 iOS2.0 软件的 iPhone 3G 发布时，也包含了一个新版本的 Safari 浏览器。

该移动版 Safari 提供了一些与触摸（touch）操作相关的新事件。后来，Android 上的浏览器也实现了相同的事件。触摸事件会在用户手指放在屏幕上面时、在屏幕上滑动时或从屏幕上移开时触发。具体来说，有以下几个触摸事件。

- touchstart：一根或多根手指开始触摸屏幕时触发。
- touchmove：一根或多根手指在屏幕上移动时触发。在这个事件发生期间，调用 preventDefault() 可阻止滚动及文字选中。
- touchend：当手指从屏幕上移开时触发。
- touchcancel：触摸意外取消时触发。比如你一直长按不动，或者手指划出屏幕，或者触摸过程中打入电话，系统就会自动调度此事件。

上面这几个事件都会冒泡，也都可以取消。虽然这些触摸事件没有在 DOM 规范中定义，但它们却是以兼容 DOM 的方式实现的。因此，每个触摸事件的 event 对象都提供了在鼠标事件中常见的属性：bubbles、cancelable、view、detail、altKey、shiftKey、ctrlKey 和 metaKey，但你会发现所有表示坐标的属性不见了，如图 11-1 所示。

这些坐标属性被放到一个叫 Touch 的对象上，而它们又分属于 touches、targetTouches、changeTouches 对象上。

- touches：当前屏幕上所有触摸点列表。
- targetTouches：绑定事件的元素节点或对象上的所有触摸点列表。
- changeTouches：绑定事件的元素节点或对象上发生了改变的触摸点列表。

每个 Touch 对象包含下列属性。

- clientX：触摸目标在视口中的 x 坐标。
- clientY：触摸目标在视口中的 y 坐标。
- identifier：表示触摸的唯一 ID。
- pageX：触摸目标在页面中的 x 坐标。
- pageY：触摸目标在页面中的 y 坐标。
- screenX：触摸目标在屏幕中的 x 坐标。
- screenY：触摸目标在屏幕中的 y 坐标。
- target：触摸的 DOM 节点坐标。

在一些新浏览器，Touch 对象甚至包括了它们的移动距离，旋转角度如图 11-2 所示。

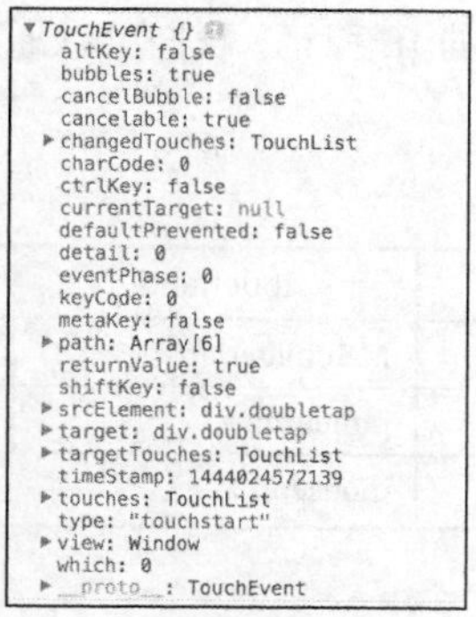

图 11-1

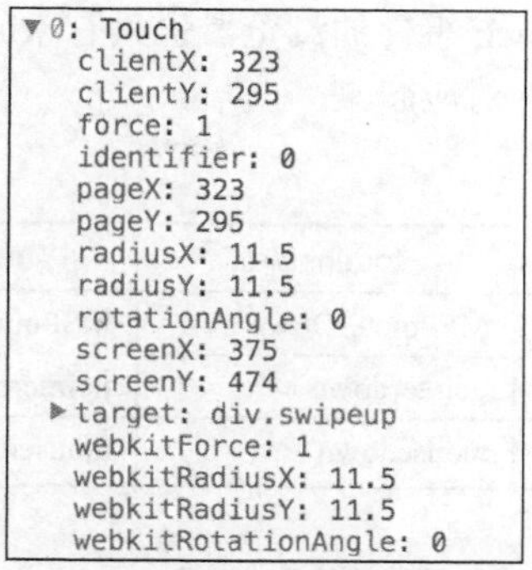

图 11-2

值得注意的是，如果我们想获取触摸点的信息，最好一直使用 changeTouches，并且在 touchend 事件中 touches 及 targetTouches 的长度为零。

从行为上来看，touch 事件与鼠标事件非常相似，当我们点击某一个元素时，它们几乎都会同时发生，其执行顺序如下。

（1）touchstart。

（2）mouseover。

（3）mousemove。

（4）mousedown。

（5）mouseup。

（6）click。

（7）touchend。

当然顺序不一定对的，移动端的兼容性问题比 IE6 更让人头痛，我只能保证 touchstart、mousedown、mouseup、click 这 4 个的顺序。在一些不支持 touch 事件的浏览器上，有的库想用鼠标事件来模拟各种触屏事件，其实这样做非常不好。首先鼠标事件响应非常慢，其次无法摸拟多点触摸。

网上提供关于 touch 事件与鼠标事件的比较，如图 11-3 所示。

	touchstart	touchend	mousedown	mouseclick	mouseup
电脑	1	80	7	85	84
手机	1	30	389	392	394

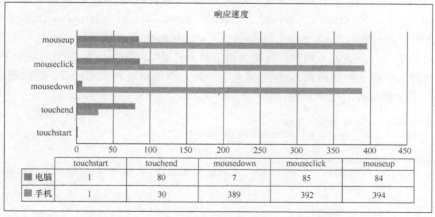

图 11-3

其实不支持 touch 事件的浏览器也只有 winphone 下的 IE 而已，我们可以通过表 11-1 所示的两组事件与 touch 事件对应起来。

表 11-1

标准事件名	touchstart	touchmove	touchend	touchcancel
IE9-10	MSPointerDown	MSPointerMove	MSPointerUp	MSPointerCancel
IE11	pointerdown	pointermove	pointerup	pointercancel
模拟事件	mousedown	mousemove	mouseup	

11.2 gesture 系事件

iOS 2.0 中的 Safari 还引入了一组手势事件。当两个手指触摸屏幕时就会产生手势，手势通常会改变显示项的大小，或者旋转显示项。有 3 个手势事件，分别如下。

（1）**gesturestart**：当一个手指已经按在屏幕上面时，另一个手指也触摸屏幕时触发。
（2）**gesturechange**：当触摸屏幕的任何一个手指的位置发生变化时，触发。
（3）**gestureend**：当任何一个手指从屏幕上面移开时，触发。

只有两个手指都触摸到屏膜的接收容器时才会触发这些事件。在一个元素上设置事件处理程序，意味着两个手指必须同时位于该元素的范围之内，才能触发手势事件（这个元素就是目标）。由于这些事件冒泡，所以将事件处理程序放在文档上也可以处理所有手势事件。此时，事件的目标就是两个手指都位于其范围内的那个元素。

触摸事件和手势事件之间存在某种关系。当一个手指放在屏幕上时，会触发 touchstart 事件。如果另一个手指又放在了屏幕上，则会先触发 gesturestart 事件。如果另一个手指又放在了屏幕上，则会先触发 gesturestart 事件，随后触发基于该手指的 touchstart 事件。如果一个或两个手指在屏幕上滑动，将会触发 gesturechange 事件，但只要有一个手指移开，就会触发 gestureend 事件，紧接着又会触发基于该手指的 touchend 事件。

与触摸事件一样，每个手势事件的 event 对象都包含着标准的鼠标事件属性：bubbles、cancelable、view、clientX、clientY、screenX、screenY、detail、altKey、shiftKey、ctrlKey 和 metaKey。此外，还包含两个额外的属性：rotation 和 scale。其中，rotation 属性表示手指变化引起的旋转角度，负值表示逆时针旋转，正值表示顺时针旋转（该值从 0 开始）。而 scale 属性表示两个手指间距的变化情况（例如向内收缩会缩短距离），这个值从 1 开始，并随距离拉大而增长，随距离缩减而减小。

下面是使用手势事件的一个示例。

```
function handleGestureEvent(event) {
    var output = document.getElementById("output");
    switch(event.type) {
        case "gesturestart":
            output.innerHTML = "Gesture started (rotation=" + event.ratation +",scale="
            + event.scale + ")";
            break;
        case "gestureend":
            output.innerHTML += "<br>Gesture ended (rotation+" + event.rotation +
```

```
            ",scale=" + event.scale + ")";
            break;
        case "gesturechange":
            output.innerHTML += "<br>Gesture changed (rotation+=" + event.rotation +
            ",scale+" + event.scale + ")";
            break;
    }
}
document.addEventListener("gesturestart", handleGestureEvent, false);
document.addEventListener("gestureend", handleGestureEvent, false);
document.addEventListener("gesturechange", handleGestureEvent, false);
```

最后判定一下浏览器是否支持触屏事件了。

```
var isIOS = /iP(ad|hone|od)/.test(navigator.userAgent)
var IE11touch = navigator.pointerEnabled
var IE9_10touch = navigator.msPointerEnabled
var w3ctouch = (function() {
    var supported = isIOS || false
    try {
        var div = document.createElement("div")
        div.ontouchstart = function() {
            supported = true
        }
        var e = document.createEvent("TouchEvent")
        e.initUIEvent("touchstart", true, true)
        div.dispatchEvent(e)
    } catch (err) {
    }
    div = div.ontouchstart = null
    return supported
})()
var touchSupported = !!(w3ctouch || IE11touch || IE9_10touch)
```

11.3　tap 系事件

　　tap 事件完全是因为那 300ms 延迟催生出来的产物。PC 上点击事件拥有的类型与效果，它也应该全部拥有。比如说，点击事件分单击（click）、双击（dblclick），这个也分单击（tap）、双击（double）。此外，还存在一种叫长按（hold 或 longtap）的事件。毕竟双击在移动端有特殊任务在身，于是许多双击的任务转交给长按了。

　　点击事件在上传域上点击，会弹出上传菜单；如果碰到 label 元素时，会让其 for 属性对应的目标元素选中；点击提交按钮时，会提交表单。这些行为，使用模拟出来的 tap 事件是无法实现的，这时，我们需要手动创建一个真正的 click 或 mousedown 事件，来实现这些效果。还有要忽略快速触摸而触发的无效点击事件，阻止不想要的放大效果。这一切，在著名的 fastclick 中都总结好了，因此我们后人在实现 tap 事件时，基本遵循它的源码进行改良。

　　说了这么多，让我们上代码吧。首先要判定当前设备，我们的代码有许多分支是针对不同的版本的 iOS 或安卓进行打补丁。

```javascript
var ua = navigator.userAgent.toLowerCase()
function iOSversion() {
    if (/iPad|iPhone|iPod/i.test(ua) && !window.MSStream) {
        if ("backdropFilter" in document.documentElement.style) {
            return 9
        }
        if (!!window.indexedDB) {
            return 8;
        }
        if (!!window.SpeechSynthesisUtterance) {
            return 7;
        }
        if (!!window.webkitAudioContext) {
            return 6;
        }
        if (!!window.matchMedia) {
            return 5;
        }
        if (!!window.history && 'pushState' in window.history) {
            return 4;
        }
        return 3;
    }
    return NaN;
}

var deviceIsAndroid = ua.indexOf('android') > 0
var deviceIsIOS = iOSversion()
```

这是来自 overflowstack 的代码，使用特征侦测来区分 iOS 的版本。

接下来，我们需要对 touchstart、touchmove、touchend、touchcancel 进行封装，通过监听整个触摸流程，然后判定其中触摸点的个数，触摸点是否发生移动、移动速度、移动方向及按下时间等，创建出 tap、swipe、pinch 等一系列自定义事件。

上面的代码及接着下来的代码都是来源于 avalon。它们都是基于上一章的 avalon 事件系统。由于它非常简单于便于移植，大家可以搬到自己的框架中去。

```javascript
var Recognizer = avalon.Recognizer = {
    pointers: {},
    start: function (event, callback) {
        for (var i = 0; i < event.changedTouches.length; i++) {
            var touch = event.changedTouches[i]
            var pointer = {
                startTouch: mixTouchAttr({}, touch),
                startTime: Date.now(),
                status: 'tapping',
                element: event.target
            }
            Recognizer.pointers[touch.identifier] = pointer;
            callback(pointer, touch)
```

11.3 tap 系事件

```
        }
    },
    move: function (event, callback) {
        for (var i = 0; i < event.changedTouches.length; i++) {
            var touch = event.changedTouches[i]
            var pointer = Recognizer.pointers[touch.identifier]
            if (!pointer) {
                return
            }

            if (!("lastTouch" in pointer)) {
                pointer.lastTouch = pointer.startTouch
                pointer.lastTime = pointer.startTime
                pointer.deltaX = pointer.deltaY = pointer.duration = pointer.distance = 0
            }

            var time = Date.now() - pointer.lastTime

            if (time > 0) {

                var RECORD_DURATION = 70
                if (time > RECORD_DURATION) {
                    time = RECORD_DURATION
                }
                if (pointer.duration + time > RECORD_DURATION) {
                    pointer.duration = RECORD_DURATION - time
                }

                pointer.duration += time;
                pointer.lastTouch = mixTouchAttr({}, touch)

                pointer.lastTime = Date.now()

                pointer.deltaX = touch.clientX - pointer.startTouch.clientX
                pointer.deltaY = touch.clientY - pointer.startTouch.clientY
                var x = pointer.deltaX * pointer.deltaX
                var y = pointer.deltaY * pointer.deltaY
                pointer.distance = Math.sqrt(x + y)
                pointer.isVertical = !(x > y)

                callback(pointer, touch)
            }
        }
    },
    end: function (event, callback) {
        for (var i = 0; i < event.changedTouches.length; i++) {
            var touch = event.changedTouches[i],
                id = touch.identifier,
                pointer = Recognizer.pointers[id]

            if (!pointer)
                continue

            callback(pointer, touch)
```

```javascript
                    delete Recognizer.pointers[id]
                }
        },
        fire: function (elem, type, props) {
            if (elem) {
                var event = document.createEvent('Events')
                event.initEvent(type, true, true)
                avalon.mix(event, props)
                elem.dispatchEvent(event)
            }
        },
        add: function (name, recognizer) {
            function move(event) {
                recognizer.touchmove(event)
            }

            function end(event) {
                recognizer.touchend(event)

                document.removeEventListener('touchmove', move)
                document.removeEventListener('touchend', end)
                document.removeEventListener('touchcancel', cancel)

            }

            function cancel(event) {
                recognizer.touchcancel(event)
                document.removeEventListener('touchmove', move)
                document.removeEventListener('touchend', end)
                document.removeEventListener('touchcancel', cancel)

            }

            recognizer.events.forEach(function (eventName) {
                avalon.eventHooks[eventName] = {
                    fn: function (el, fn) {
                        if (!el.getAttribute('data-' + name)) {
                            el.setAttribute('data-' + name, '1')
                            el.addEventListener('touchstart', function (event) {
                                recognizer.touchstart(event)

                                document.addEventListener('touchmove', move)
                                document.addEventListener('touchend', end)
                                document.addEventListener('touchcancel', cancel)

                            })
                        }
                        return fn
                    }
                }
            })
        }
    }
```

11.3 tap 系事件

```
var touchkeys = ['screenX', 'screenY', 'clientX', 'clientY', 'pageX', 'pageY']
// 复制 touch 对象上的有用属性到固定对象上
function mixTouchAttr(target, source) {
    if (source) {
        touchkeys.forEach(function (key) {
            target[key] = source[key]
        })
    }
    return target
}
```

从下往上看，我们添加一个系列的自定义事件是通过 avalon.Recognizer.add 方法实现的。比如说，tap 与 click 是一个系列，doubletap 与 longtap 是一个系列，swipeleft、swiperight、swipeup、swipedown 是一个系列……之所以把 tap 与 doubletap、longtap 分开，缘由有二。一是 tap 多是来自 fastclick 的源码，而 doubletap、longtap 则是来自 zepto、hammer 的实现。二是基于模板化及常用与否，将它们分开可以满足某些挑剔的人群。许多人不想加入不太常用的 doubletap、longtap。在移动端上，jQuery 完全是落伍了，其官方出品的 jQuery-mobile 沦落为二流产品，不过它的一个 TouchSwipe-Jquery 插件则非常好用（见 GitHub 网站）。

add 方法的本质是为上一章介绍的 eventHooks 对象添加钩子函数。钩子函数内部的组织形式其实与实现拖动差不多，都是元素上绑定 touchstart 事件，当它被触发时，在全局上添加 touchmove、touchend、touchcancel 事件。其中这 4 个事件再在回调里面调用各体系添加的 touchstart、touchmove、touchend、touchcancel 方法。整个 add 方法的流程如图 11-4 所示。

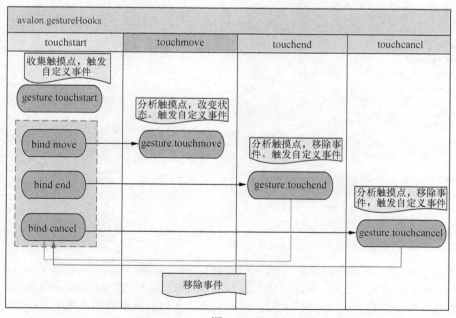

图 11-4

接下来我们分析一下 Recognizer 中其他方法与属性的含义。

pointers 是放置触摸点的信息,其键名为 Touch 对象的 identifier 属性。它里面包含了触摸的时间(startTime)、位置信息(startTouch,通过 mixTouchArr 得到)、状态(status)与事件源元素(element)。这些数据在移动过程还会继续添加与修正。

start 方法,是用于获取触摸点,及执行对应回调。

move 方法,是修正触摸点的信息,如果时间距 touchstart 时间过去了 70ms,那么我们就修正 duration、lastTime、distance、lastTouch 等属性,并判定其是否在垂直移动。不过垂直与否,其实也不太准确,只是看它在垂直方向或水平方向哪一个移动距离远一些。执行 more 方法时会执行相应回调。

end 方法,主要是清除触摸点及执行相应回调。

fire 方法,是触发自定义事件。这个在上一章已经提到了。这里使用最稳妥的 document.createEvent('Events') 来创建自定义事件。

好了,有了这主体框架,我们就可以通过 add 方法为它添加 tap、swipe 等事件了。我们可以将 tap 相关的内容独立成一个 JS 文件,如 touch.tap.js,里面组织模块的形式可以选用 AMD、CMD、CommonJS……

```
var supportPointer = !!navigator.pointerEnabled || !!navigator.msPointerEnabled
//root 为 document.documentElement
if (supportPointer) { // 支持 pointer 的设备可用样式来取消 click 事件的 300 毫秒延迟
    root.style.msTouchAction = root.style.touchAction = 'none'
}
var tapRecognizer = {
    events: ['tap', 'click'],
    touchBoundary: 10,
    tapDelay: 200,
    /**
    needClick(),
    needFocus(),
    fixTarget()
    focus(),
    updateScrollParent()
    touchHasMoved(),
    findControl(),
    findType(),
    sendClick(),
    */
    touchstart: function (event) {},
    touchmove: function (event) {},
    touchend: function (event) {},
    touchcancel: function () {}
}
Recognizer.add("tap", tapRecognizer)
```

如果读过 fastclick 的读者,就会发现其中 needClick、needFocus、findControl、sendClick 与 fastclick 的内部方法很像。不错,本模块是大量参考 fastclick 编写的。touchBoundary 表示某一触摸点的移动距离,如果它在某一方向移动超过 10px,我们就将它当成其他事件了。tapDelay 表示两次点击事件应该相隔多长时间,短于这个我们就忽略掉后面那个。

11.3 tap 系事件

我们还是顺着 touchstart、touchmove、touchend、touchend 的顺序看起，如果其中涉及其他方法，再读那些方法。

```
touchstart: function (event) {
    //忽略多点触摸
    if (event.targetTouches.length !== 1) {
        return true
    }
    //修正事件源对象
    var targetElement = tapRecognizer.fixTarget(event.target)
    var touch = event.targetTouches[0]
    if (deviceIsIOS) {
        // 判断是否是点击文字，进行选择等操作，如果是，不需要模拟click
        var selection = window.getSelection();
        if (selection.rangeCount && !selection.isCollapsed) {
            return true
        }
        var id = touch.identifier
        //当 alert 或 confirm 时，点击其他地方，会触发touch事件，identifier相同，此事件应该被忽略
        if (id && isFinite(tapRecognizer.lastTouchIdentifier) &&
            tapRecognizer.lastTouchIdentifier === id) {
            event.preventDefault()
            return false
        }

        tapRecognizer.lastTouchIdentifier = id

        tapRecognizer.updateScrollParent(targetElement)
    }
    //收集触摸点的信息
    tapRecognizer.status = "tapping"
    tapRecognizer.startTime = Date.now()
    tapRecognizer.element = targetElement
    tapRecognizer.pageX = touch.pageX
    tapRecognizer.pageY = touch.pageY
    // 如果点击太快，阻止双击带来的放大收缩行为
    if ((tapRecognizer.startTime - tapRecognizer.lastTime) < tapRecognizer.tapDelay) {
        event.preventDefault()
    }
},
```

touchstart 主要是收集情报。由于是点击事件，因此我们只处理一个触摸点的情况，发现有两个或两个以上的指头在屏幕上，应该立即返回。然后找到正确的事件源对象，再然后处理 iOS 上的各种怪事，然后往上看一下其祖先元素是否存在滚动条，保持此祖先及滚动位置，方便以后作比较。最后是收集触摸点的相关信息与阻止双击。这里面用到两个私有方法 fixTarget 与 updateScrollParent。

```
fixTarget: function (target) {
    if (target.nodeType === 3) {
        return target.parentNode
    }
    if (window.SVGElementInstance && (target instanceof SVGElementInstance)) {
        return target.correspondingUseElement;
```

第 11 章　移动端的事件系统

```
        }
        return target
    },
    updateScrollParent: function (targetElement) {
        //如果事件源元素位于某一个有滚动条的祖父元素中,那么保持其 scrollParent 与 scrollTop 值
        var scrollParent = targetElement.tapScrollParent
        if (!scrollParent || !scrollParent.contains(targetElement)) {
            var parentElement = targetElement;
            do {
                if (parentElement.scrollHeight > parentElement.offsetHeight) {
                    scrollParent = parentElement;
                    targetElement.tapScrollParent = parentElement
                    break;
                }
                parentElement = parentElement.parentElement
            } while (parentElement);
        }
        if (scrollParent) {
            scrollParent.lastScrollTop = scrollParent.scrollTop
        }
    },
```

touchmove 的目标很单一,判定其是发生移动,移动了就改变其状态,清空事件源元素。

```
touchmove: function (event) {
    if (tapRecognizer.status !== "tapping") {
        return true
    }
    // 如果事件源元素发生改变,或者发生了移动,那么就取消触发点击事件
    if (tapRecognizer.element !== tapRecognizer.fixTarget(event.target) ||
        tapRecognizer.touchHasMoved(event)) {
        tapRecognizer.status = tapRecognizer.element = 0
    }
},
touchHasMoved: function (event) {
    // 判定是否发生移动,其阈值是 10px
    var touch = event.changedTouches[0],
        boundary = tapRecognizer.touchBoundary
    return Math.abs(touch.pageX - tapRecognizer.pageX) > boundary ||
        Math.abs(touch.pageY - tapRecognizer.pageY) > boundary
},
```

其中 needFocus、needClick、focus、findControl 方法是精华,是人们经过千万次调试总结出来的。

```
needClick: function (target) {
    //判定是否使用原生的点击事件,否则使用 sendClick 方法手动触发一个人工的点击事件
    switch (target.nodeName.toLowerCase()) {
        case 'button':
        case 'select':
        case 'textarea':
            if (target.disabled) {
                return true
            }
```

```javascript
            break;
        case 'input':
            // IOS6 pad 上选择文件，如果不是原生的 click，弹出的选择界面尺寸错误
            if ((deviceIsIOS && target.type === 'file') || target.disabled) {
                return true
            }

            break;
        case 'label':
        case 'iframe':
        case 'video':
            return true
    }

    return false
},
needFocus: function (target) {
    switch (target.nodeName.toLowerCase()) {
        case 'textarea':
        case 'select': //实测 android 下 select 也需要
            return true;
        case 'input':
            switch (target.type) {
                case 'button':
                case 'checkbox':
                case 'file':
                case 'image':
                case 'radio':
                case 'submit':
                    return false
            }
            //如果是只读或 disabled 状态,就无须获得焦点了
            return !target.disabled && !target.readOnly
        default:
            return false
    }
},
focus: function (targetElement) {
    var length;
    //在 iOS7 下，对一些新表单元素(如 date、datetime、time、month)调用 focus 方法会抛错，
    //幸好的是,我们可以改用 setSelectionRange 获取焦点，将光标挪到文字的最后
    var type = targetElement.type
    if (deviceIsIOS && targetElement.setSelectionRange &&
            type.indexOf('date') !== 0 && type !== 'time' && type !== 'month') {
        length = targetElement.value.length
        targetElement.setSelectionRange(length, length)
    } else {
        targetElement.focus()
    }
},
findControl: function (labelElement) {
    // 获取 label 元素所对应的表单元素
    // 可以能过 control 属性、getElementById，或用 querySelector 直接找其内部第一表单元素实现
    if (labelElement.control !== undefined) {
```

```
        return labelElement.control
    }
    if (labelElement.htmlFor) {
        return document.getElementById(labelElement.htmlFor)
    }

    return labelElement.querySelector('button, input:not([type=hidden]), keygen, meter, output, progress, select, textarea')
},
```

此外还有一个 sendClick 方法，有些时候我们不得不使用原生的点击事件，比如我们点击了 submit 按钮要提交表单，这是自定义事件所无能为力的。不过有些时候，光是 click 事件又不顶用，需要用到 mousedown 事件，于是我们又分化出 findType 这个辅助方法。

```
findType: function (targetElement) {
    // 安卓 chrome 浏览器上，模拟的 click 事件不能让 select 打开，故使用 mousedown 事件
    return deviceIsAndroid && targetElement.tagName.toLowerCase() === 'select' ?
        'mousedown' : 'click'
},
sendClick: function (targetElement, event) {
    // 在 click 之前触发 tap 事件
    Recognizer.fire(targetElement, 'tap', {
        fastclick: true
    })
    var clickEvent, touch
    //某些安卓设备必须先移除焦点，之后模拟的 click 事件才能让新元素获取焦点
    if (document.activeElement && document.activeElement !== targetElement) {
        document.activeElement.blur()
    }

    touch = event.changedTouches[0]
    // 手动触发点击事件,此时必须使用 document.createEvent('MouseEvents')来创建事件
    // 及使用 initMouseEvent 来初始化它
    clickEvent = document.createEvent('MouseEvents')
    clickEvent.initMouseEvent(tapRecognizer.findType(targetElement), true, true, window,
    1, touch.screenX,
    touch.screenY, touch.clientX, touch.clientY, false, false, false, false, 0, null)
    clickEvent.fastclick = true
    targetElement.dispatchEvent(clickEvent)
},
```

最后是 touchcancel 方法，就是做一些清空工作。

```
touchcancel: function () {
    tapRecognizer.startTime = tapRecognizer.element = 0
}
```

11.4 press 系事件

tap 系事件可谓最复杂，为了解决 300ms 延迟而伪造的点击事件，需要模拟一切与真实 click

11.4 press 系事件

事件相关的行为。但这一步迈过去，剩下的路就好走了。现在我们看双击与长按，如图 11-5 所示。

我们可以使用一个 touch.press.js 文件独立放置它的代码，由于大量功能使用了 Recognizer.start、Recognizer.move、Recognizer.end 方法进行复用了，代码量比较少，我们就一气呵成，全部贴上来吧。

图 11-5

```
var pressRecognizer = {
    events: ['longtap', 'doubletap'],
    cancelPress: function (pointer) {
        clearTimeout(pointer.pressingHandler)
        pointer.pressingHandler = null
    },
    touchstart: function (event) {
        Recognizer.start(event, function (pointer, touch) {
            pointer.pressingHandler = setTimeout(function () {
                if (pointer.status === 'tapping') {
                    Recognizer.fire(event.target, 'longtap', {
                        touch: touch, touchEvent: event
                    })
                }
                pressRecognizer.cancelPress(pointer)
            }, 500)
            if (event.changedTouches.length !== 1) {
                pointer.status = 0
            }
        })
    },
    touchmove: function (event) {
        Recognizer.move(event, function (pointer) {
            if (pointer.distance > 10 && pointer.pressingHandler) {
                pressRecognizer.cancelPress(pointer)
                if (pointer.status === 'tapping') {
                    pointer.status = 'panning'
                }
            }
        })
    },
    touchend: function (event) {
        Recognizer.end(event, function (pointer, touch) {
            pressRecognizer.cancelPress(pointer)
if (pointer.status === 'tapping') {
    pointer.lastTime = Date.now()
            if (pressRecognizer.lastTap && pointer.lastTime - pressRecognizer.
            lastTap.lastTime < 300) {
                Recognizer.fire(pointer.element, 'doubletap', {
                    touch: touch,
                    touchEvent: event
                })
            }

            pressRecognizer.lastTap = pointer
        }
```

```
            })
        },
        touchcancel: function (event) {
            Recognizer.end(event, function (pointer) {
                pressRecognizer.cancelPress(pointer)
            })
        }
    }
Recognizer.add('press', pressRecognizer)
```

首先看长按是怎么实现，在 touchstart 中，我们默认每个触摸点（pointer）的状态为 tapping，如果同时存在两个触摸点，我们就置为 0。此时我们为触摸点添加一个 setTimeout 回调，过期时间为 500ms，有的库也使用 750ms，在它们之间为妥。只要在这时间它没有 clearTimeout，就会自动触发长按事件。touchmove 回调就是检测触摸点是否发生位移，发生了就 clearTimeout，并改变状态。在 touchend 中，我们也会 clearTimeout，说明这个触摸行为过短了。此外，还判定两次触摸行为是否少于 300ms，是就触发双击事件。

如果大家会 avalon，可以使用以下页面进行测试。

```
<html lang="en">
    <head>
        <meta charset="UTF-8">
        <title>touch</title>
        <script src="dist/avalon.mobile.js"></script>
        <meta id="viewport" name="viewport" content="initial-scale=1.0,user-scalable=no,
            minimum-scale=1.0, maximum-scale=1.0">
        <style>
            .longtap{
                width:200px;
                height:200px;
                overflow: hidden;
                display: inline-block;
                background: rosybrown
            }
            .doubletap{
                width:200px;
                height:200px;
                overflow: hidden;
                display: inline-block;
                background:gold;
            }

        </style>
    </head>
    <body ms-controller="test">

        <div class="longtap" ms-on-longtap="press">

        </div>
        <div class="doubletap" ms-on-doubletap="press">
            //双击
        </div>
```

```
            <script type="text/javascript">
                var vm = avalon.define({
                    $id: "test",
                    press: function (e) {
                        console.log(e.type)
                        this.innerHTML = e.type + " " + (new Date - 0)
                    }
                })
            </script>
        </body>
</html>
```

注意,在长按过程中,可能触发系统右键菜单,可以使用以下方式禁用掉。

```
element.addEventListener("MSHoldVisual", function(e) { e.preventDefault() }, false)
element.addEventListener("contextmenu", function(e) { e.preventDefault() }, false)
```

11.5 swipe 系事件

swipe 意即划动,要用速度感,因此其限制条件之一是速度,主流的限制速度是 0.65px/ms。此外,划动只要一个手指头就够了,还有划动要有距离。而这所有要素,我们已经在 Recognizer.start、Recognizer.move、Recognizer.end 方法进行复用了,因此其代码量也比较少。最难的是方向的判定,要用到一些数学知识,如图 11-6 所示。

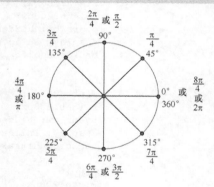

图 11-6

我们可以使用一个 touch.press.js 文件独立放置它的代码。其主体结构如下:

```
var swipeRecognizer = {
    events: ['swipe', 'swipeleft', 'swiperight', 'swipeup', 'swipedown'],
    getAngle: function (x, y) {
        var r = Math.atan2(y, x) //radians
        var angle = Math.round(r * 180 / Math.PI) //degrees
    },
    getDirection: function (startPoint, endPoint) {
        var angle = swipeRecognizer.getAngle(startPoint, endPoint)
        if ((angle < -45) && (angle > -135)) {
            return "up"
        } else if ((angle >= 45) && (angle < 315)) {
            return "down"
        } else if ((angle > -45) && (angle <= 45)) {
            return "right"
        } else{
            return "left"
        }
    },
    touchstart: function (event) {
```

第 11 章 移动端的事件系统

```
    },
    touchmove: function (event) {
    },
    touchend: function (event) {
    }
}
swipeRecognizer.touchcancel = swipeRecognizer.touchend
Recognizer.add('swipe', swipeRecognizer)
```

如果大家会 avalon，可以使用以下页面进行测试。

```
<!DOCTYPE html>
<html lang="en">
    <head>
        <meta charset="UTF-8">
        <title>touch</title>
        <script src="../../dist/avalon.mobile.js"></script>
        <meta id="viewport" name="viewport" content="initial-scale=1.0,user-scalable=no,
            minimum-scale=1.0, maximum-scale=1.0">
        <style>
            .swipeleft{
                width:200px;
                height:200px;
                overflow: hidden;
                display: inline-block;
                background:aqua;
            }
            .swiperight{
                width:200px;
                height:200px;
                overflow: hidden;
                display: inline-block;
                background:khaki;
            }
            .swipeup{
                width:200px;
                height:200px;
                overflow: hidden;
                display: inline-block;
                background:blueviolet;
            }
            .swipedown{
                width:200px;
                height:200px;
                overflow: hidden;
                display: inline-block;
                background:lawngreen;
            }

        </style>
    </head>
    <body ms-controller="test">
        <h1>swipe</h1>
        <div class="swipeleft" ms-on-swipeleft="swipe">
            left
```

```
        </div>
        <div class="swiperight" ms-on-swiperight="swipe">
            right
        </div>
        <div class="swipeup" ms-on-swipeup="swipe">
            up
        </div>
        <div class="swipedown" ms-on-swipedown="swipe">
            down
        </div>
        <script type="text/javascript">

            var vm = avalon.define({
                $id: "test",
                swipe: function (e) {
                    console.log(e.type)
                    this.innerHTML = e.type + " " + (new Date - 0)
                }
            })

        </script>
    </body>
</html>
```

11.6 pinch 系事件

这个事件也叫缩放（scale），主要涉及两个行为 pinchin（缩小，向里捏合，两只手指的距离越来越近）和 pinchout（也叫 spread，放大，向外扩张，两只手指的距离越来越远）。从描述来看，就涉及两个触摸点。此外，为了方便我们在开始或结束时处理些事情，我们通常把这家族扩展为 5 个事件：pininstart、pinch、pinchin、pinchout、pinchend。此类事件经常用于查看图片，如图 11-7 所示。我们可以使用一个 touch.pinch.js 文件独立放置它的代码。其主体结构如下：

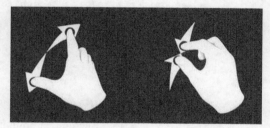

图 11-7

```
var pinchRecognizer = {
    events: ['pinchstart', 'pinch', 'pinchin', 'pinchuot', 'pinchend'],
    getScale: function (x1, y1, x2, y2, x3, y3, x4, y4) {
        return Math.sqrt((Math.pow(y4 - y3, 2) + Math.pow(x4 - x3, 2)) / (Math.pow(y2 -
        y1, 2) + Math.pow(x2 - x1, 2)))
    },
    getCommonAncestor: function (arr) {
        var el = arr[0], el2 = arr[1]
        while (el) {
            if (el.contains(el2) || el === el2) {
                return el
            }
            el = el.parentNode
```

```
            }
            return null
        },
        touchstart: function (event) {},
        touchmove: function (event) {},
        touchend: function (event)    {}
}
pinchRecognizer.touchcancel = pinchRecognizer.touchend

Recognizer.add('pinch', pinchRecognizer)
```

这里涉及两个辅助方法，第一个是求放缩比，路思是计算前后这两点的距离的比率，第二个是求两个触摸点的最近公共祖先。

```
touchstart: function (event) {
    var pointers = Recognizer.pointers
    Recognizer.start(event, avalon.noop)
    var elements = []
    for (var p in pointers) {
        if (pointers[p].startTime) {
            elements.push(pointers[p].element)
        } else {
            delete pointers[p]
        }
    }
    pointers.elements = elements
    if (elements.length === 2) {
        pinchRecognizer.element = pinchRecognizer.getCommonAncestor(elements)
        Recognizer.fire(pinchRecognizer.getCommonAncestor(elements), 'pinchstart', {
            scale: 1,
            touches: event.touches,
            touchEvent: event
        })
    }
},
```

接下来的 touchstart 回调中，我们需要触发 pinchstart 方法。我们在公共的 Recognizer.start 方法中已经将所有触摸点储存在 Recognizer.pointers 对象上，这时我们将它转换成一个数组，判定个数是否为 2。默认的放缩比 scale 为 1。

```
touchmove: function (event) {
    if (pinchRecognizer.element && event.touches.length > 1) {
        var position = [],
            current = []
        for (var i = 0; i < event.touches.length; i++) {
            var touch = event.touches[i];
            var gesture = Recognizer.pointers[touch.identifier];
            position.push([gesture.startTouch.clientX, gesture.startTouch.clientY]);
            current.push([touch.clientX, touch.clientY]);
        }

        var scale = pinchRecognizer.getScale(position[0][0], position[0][1], position[1][0], position[1][1], current[0][0], current[0][1], current[1][0], current[1][1]);
        pinchRecognizer.scale = scale
```

11.6 pinch 系事件

```
        Recognizer.fire(pinchRecognizer.element, 'pinch', {
            scale: scale,
            touches: event.touches,
            touchEvent: event
        })

        if (scale > 1) {
            Recognizer.fire(pinchRecognizer.element, 'pinchout', {
                scale: scale,
                touches: event.touches,
                touchEvent: event
            })
        } else {
            Recognizer.fire(pinchRecognizer.element, 'pinchin', {
                scale: scale,
                touches: event.touches,
                touchEvent: event
            })
        }
    }
    event.preventDefault()
},
```

touchmove 回调比较复杂，我们需要在里面区分放大或是缩小。我们需要取得当前两个指头的坐标，也就是 pageX、pageY。然后一共 4 个点、8 个参数放进 getScale 方法里计算放缩比。然后根据放缩比，选择触发 pinchin、pinchout 事件。为了方便一些懒人，我们也提供了 pinch 事件。最后的 **event.preventDefault()** 是为了阻止文本被选择。

```
touchend: function (event) {
    if (pinchRecognizer.element) {
        Recognizer.fire(pinchRecognizer.element, 'pinchend', {
            scale: pinchRecognizer.scale,
            touches: event.touches,
            touchEvent: event
        })
        pinchRecognizer.element = null
    }
    Recognizer.end(event, avalon.noop)
}
```

touchend 回调则比较简单，放缩比是上一个 touchmove 回调中保留下来的，直接用到 pinchend 事件上。最后做一些清除工作。

如果大家会 avalon，可以使用以下页面进行测试。

```
<!DOCTYPE html>
<html lang="en">
    <head>
        <meta charset="UTF-8">
        <title>touch</title>
        <script src="../../dist/avalon.mobile.js"></script>
        <meta id="viewport" name="viewport" content="initial-scale=1.0,user-scalable=no,
            minimum-scale=1.0, maximum-scale=1.0">
        <style>
```

```
                .pinch{
                    width:230px;
                    height:230px;
                    overflow: hidden;
                    display: inline-block;
                    background:red;
                }
            </style>
    </head>
    <body ms-controller="test">
        <h1>pinch, pinchstart, pinchend, pinchin, pinchout</h1>
        <div class="pinch"
            ms-on-pinchstart='pinch'
            ms-on-pinchend='pinch'
            ms-on-pinch="pinch"
            ms-on-pinchin="scale"
            ms-on-pinchout="scale">
            <p>{{a}}</p>
            <p>{{b}}</p>
        </div>
        <script type="text/javascript">
            var vm = avalon.define({
                $id: "test",
                a: "",
                b: "",
                pinch: function (e) {
                    vm.a = e.type
                },
                scale: function (e) {
                    vm.b = e.type + " " + e.scale
                    if ("transform" in this.style) {
                        this.style.transform = 'scale(' + e.scale + ')';
                    } else {
                        this.style.webkitTransform = 'scale(' + e.scale + ')';
                    }

                }
            })
        </script>
    </body>
</html>
```

11.7 拖放系事件

这个其实与 PC 端的实现原理差不多，在鼠标（手指）放下时，收集坐标，移动时，得到改变距离，加上最开始的 top、left 样式值上，就能拖动目标元素了。不过在移动端上，我们还可以使用 transform 样式实现。此类事件应该是最常用的事件了，各种弹出层的拖曳，菜单的排序，游戏元素的移动……如图 11-8 所示。

角度的计算，如图 11-9 所示。

我们可以使用一个 touch.drag.js 文件独立放置它的代码。其代码如下：

11.7 拖放系事件

图 11-8

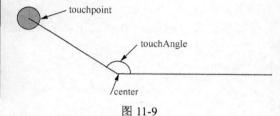

图 11-9

```
var Recognizer = avalon.gestureHooks
var dragRecognizer = {
    events: ['dragstart', 'drag', 'dragend'],
    touchstart: function (event) {
        Recognizer.start(event, avalon.noop)
    },
    touchmove: function (event) {
        Recognizer.move(event, function (pointer, touch) {
            var extra = {
                deltaX: pointer.deltaX,
                deltaY: pointer.deltaY,
                touch: touch,
                touchEvent: event,
                isVertical: pointer.isVertical
            }
            if ((pointer.status === 'tapping') && pointer.distance > 10) {
                pointer.status = 'panning'
                Recognizer.fire(pointer.element, 'dragstart', extra)
            } else if (pointer.status === 'panning') {
                Recognizer.fire(pointer.element, 'drag', extra)
            }
        })

        event.preventDefault();
    },
    touchend: function (event) {
        Recognizer.end(event, function (pointer, touch) {
            if (pointer.status === 'panning') {
                Recognizer.fire(pointer.element, 'dragend', {
                    deltaX: pointer.deltaX,
                    deltaY: pointer.deltaY,
                    touch: touch,
                    touchEvent: event,
                    isVertical: pointer.isVertical
                })
            }
        })
        Recognizer.pointers = {}
    }
}
```

```
dragRecognizer.touchcancel = dragRecognizer.touchend

Recognizer.add('drag', dragRecognizer)
```

大体结构与 swipe 差不多,许多工作交由 Recognizer.start、Recognizer. move、Recognizer.end 复用了。

如果大家会 avalon,可以使用以下页面进行测试。

```html
<!DOCTYPE html>
<html lang="en">
    <head>
        <meta charset="UTF-8">
        <title>touch</title>
        <script src="../../dist/avalon.mobile.js"></script>
        <meta id="viewport" name="viewport" content="initial-scale=1.0,user-scalable=no,
            minimum-scale=1.0, maximum-scale=1.0">
        <style>
            .drag{
                width:200px;
                height:200px;
                overflow: hidden;
                display: inline-block;
                background:aqua;
            }
        </style>
    </head>
    <body ms-controller="test">
        <h1>drag,dragstart,dragend</h1>
        <div class="drag"
            ms-on-dragstart="dragstart"
            ms-on-drag="drag"
            ms-on-dragend="dragend">
            <p>{{a}}</p>
            <p>{{b}}</p>
            <p>{{c}}</p>
        </div>

        <script type="text/javascript">
    var dx = 0, dy = 0;

    var vm = avalon.define({
        $id: "test",
        a: "",
        b: "",
        c: "",
        dragstart: function (e) {
            vm.a = e.type
            vm.c = " "
        },
        drag: function (e) {
            var x = dx + e.deltaX
            var y = dy + e.deltaY
            var offx = x + "px";
            var offy = y + "px";
            vm.b = offx + " drag " + offy
```

```
                if ("transform" in this.style) {
                    this.style.transform = "translate3d(" + offx + "," + offy + ",0)";
                } else {
                    this.style.webkitTransform = "translate3d(" + offx + "," + offy + ",0)";
                }
            },
            dragend: function (e) {
                vm.a = " "
                dx = e.touch.pageX
                dy = e.touch.pageY
                vm.c = e.type
            }
        })

    </script>
  </body>
</html>
```

11.8 rotate 系事件

旋转在移动端也非常常用，它是以手指所在的元素的中心为圆心，手指在它的某一边缘，然后拖动它实现旋转。它可以说是拖拽事件的变种。在本书中的旋转事件是单指头的，在网上也流行另一种实现，以 hammer.js 为首，双指头实现旋转。

宣传活动页面经常见的抽奖转盘（见图 11-10）。

图 11-10

我们可以使用一个 touch.rotate.js 文件独立放置它的代码。其代码如下。

```
var rotateRecognizer = {
    events: ['rotate', 'rotatestart', 'rotateend'],
```

第 11 章 移动端的事件系统

```
    getAngle180: function (p1, p2) {
        // 角度，范围在{0°~180°}，用来识别旋转角度
        var agl = Math.atan((p2.pageY - p1.pageY) * -1 / (p2.pageX - p1.pageX)) * (180 / Math.PI)
        return parseInt((agl < 0 ? (agl + 180) : agl), 10)
    },
    rotate: function (event, status) {
    },
    touchstart: function (event) {
        var pointers = Recognizer.pointers
        Recognizer.start(event, avalon.noop)
        var finger
        for (var p in pointers) {
            if (pointers[p].startTime) {
                if (!finger) {
                    finger = pointers[p]
                } else {//如果超过一个指头就中止旋转
                    return
                }
            }
        }
        rotateRecognizer.finger = finger
        var el = finger.element
        var docOff = avalon(el).offset()
        rotateRecognizer.center = {//求得元素的中心
            pageX: docOff.left + el.offsetWidth / 2,
            pageY: docOff.top + el.offsetHeight / 2
        }
        rotateRecognizer.startAngel = rotateRecognizer.getAngle180(rotateRecognizer.center, finger.startTouch)
    },
    touchmove: function (event) {
        Recognizer.move(event, avalon.noop)
        rotateRecognizer.rotate(event)
    },
    touchend: function (event) {
        rotateRecognizer.rotate(event, "end")
        Recognizer.end(event, avalon.noop)
    }
}
rotateRecognizer.touchcancel = rotateRecognizer.touchend

Recognizer.add('rotate', rotateRecognizer)
```

这里单独将 rotate 方法挑出来详细讲。我们先看一下 touchstart 回调，它的作用是判定当前是否只有一个触摸点，并求出元素的中心，这时就可以得到其初始角度。

```
rotate: function (event, status) {
    var finger = rotateRecognizer.finger
    var endAngel = rotateRecognizer.getAngle180(rotateRecognizer.center, finger.lastTouch)
    var diff = rotateRecognizer.startAngel - endAngel
    var direction = (diff > 0 ? 'right' : 'left')
    var count = 0;
    var __rotation = ~~finger.element.__rotation
    while (Math.abs(diff - __rotation) > 90 && count++ < 50) {
        if (__rotation < 0) {
            diff -= 180
        } else {
            diff += 180
        }
```

11.8 rotate 系事件

```
        }
        var rotation = finger.element.__rotation = __rotation = diff
        rotateRecognizer.endAngel = endAngel
        var extra = {
            touch: event.changedTouches[0],
            touchEvent: event,
            rotation: rotation,
            direction: direction
        }
        if (status === "end") {
            Recognizer.fire(finger.element, 'rotateend', extra)
            finger.element.__rotation = 0
        } else if (finger.status === 'tapping' && diff) {
            finger.status = "panning"
            Recognizer.fire(finger.element, 'rotatestart', extra)
        } else {
            Recognizer.fire(finger.element, 'rotate', extra)
        }
    },
```

rotate 需要计算当前是往哪个方向旋转,或者说是顺时针还是逆时针。此外还有一个循环,将太大的角度进行收缩,比如 370°相当于 10°。最后将这角度放到元素的一个属性上。这个属性在移动时一定被重写,直到旋转结束。

如果大家会 avalon,可以使用以下页面进行测试。

```
<!DOCTYPE html>
<html lang="en">
    <head>
        <meta charset="UTF-8">
        <title>touch</title>
        <script src="../../dist/avalon.mobile.js"></script>
        <meta id="viewport" name="viewport" content="initial-scale=1.0,user-scalable=no,
            minimum-scale=1.0, maximum-scale=1.0">
        <style>
            .rotate{
                width:200px;
                height:200px;
                overflow: hidden;
                display: inline-block;
                background:aqua;
                border-radius: 100px;
            }

        </style>
    </head>
    <body ms-controller="test">
        <h1>drag,dragstart,dragend</h1>
        <div class="rotate"
            ms-on-rotate="rotate"
            ms-on-rotatestart="rotatestart"
            ms-on-rotateend="rotateend"
            >
            <p>000000</p>
            <p>111111</p>
            <p>222222 {{a}}</p>
            <p>333333 {{b}}</p>
            <p>{{c}}</p>
        </div>
```

```
        <script type="text/javascript">
    var vm = avalon.define({
        $id: "test",
        a: "",
        b: "",
        c: "",
        rotatestart: function (e) {
            vm.a = e.type
            vm.b = vm.c = ""
        },
        rotateend: function (e) {
            vm.a = e.type
            vm.b = e.direction
        },
        rotate: function (e) {
            var a = e.rotation
            vm.c = "旋转了" + a + " 度"
            this.style.webkitTransform = 'rotate(' + a + 'deg)';
        }
    })
        </script>
    </body>
</html>
```

11.9 总结

由于苹果早期的设计失误及人们对交互要求的提高，因此如你们所见，这些事件都是合成事件。它们都是根据那 4、5 个事件开发出来的，在某一阶段得到触摸点的个数，触摸轨迹，识别为某一个自定义事件。因此大家如果想开发自己的手势库，必须有识别器的意识，这样就能节省大量的代码。此外，本章没有提及如何兼容微软平台的事件，不过本人认为微软提供的原生事件比 touch 系事件好用得多，大家也可以模拟微软的思路开发手势库。

最后奉上一些链接让大家参考一下：

http://blogs.msdn.com/b/ie/archive/2012/06/20/go-beyond-pan-zoom-and-tap-using-gesture-events.aspx https://msdn.microsoft.com/en-us/library/windows/apps/hh441180.aspx

严格来说，手机上的事件分三大类。

（1）触屏事件：通过触摸，手势进行触发（如手指点击，缩放）。

（2）运动事件：通过加速器进行触发（如手机晃动）。

（3）远程控制事件：通过其他远程设备触发（如耳机控制按钮）但除了触屏事件，其他两个，设备不支持就无法通过单纯的 JS 手段模拟了。因此本章就只介绍触屏事件。

第 12 章 异步模型

浏览器环境与后端的 Node.js 存在着各种消耗巨大或堵塞线程的行为，对于 JavaScript 这样单线程的东西唯一的解耦方法就是提供异步 API。异步 API 是怎么样的呢？简单来说，它是不会立即执行的方法。比方说，一个长度为 1000 的数组，在 for 循环内，可能不到几毫秒就执行完毕，若在后端的其他语言，则耗时更少。但有时候，我们不需要这么快的操作，我们想在页面上能用肉眼看到它执行的每一步，那就需要异步 API。还有些操作，比如加载资源，你想快也快不了，它不可能一下子提供给你，你必须等待，但你也不能一直干等下去什么也不干，得允许我们跳过这些加载资源的逻辑，执行下面的代码。于是浏览器首先搞出的两个异步 API，就是 setTimeout 与 setInterval。后面开始出现各种事件回调，它只有用户执行了某种操作后才触发。再之后，就更多，XMLHttpRequest、postMessage、WebWorkor、setImmediate、requestAnimationFrame 等（见图 12-1）。

这些东西都有一个共同的特点，就是拥有一个回调函数，描述一会儿要干什么。有的异步 API 还提供了对应的中断 API，比如 clearTimeout、clearInterval、clearImmediate、cancelAnimationFrame。

早些年，我们就是通过 setIimeout 或 setInterval 在网页上实现动画的。这种动画其实就是通过这些异步 API 不断反复调用同一个回调实现的，回调里面是对元素节点的某些样式进行很小范围的改动。

随着 iframe 的挖掘与 XMLHttpRequest 的出现，无缝刷新让用户驻留在同一个页面上的时间越来越长，许多功能都集成在同一个页面。为实现这些功能，我们就得从后端加载数据与模板，来拼装这些新区域。这些加载数据与模板的请求可能是并行的，可能是存在依赖的。只有在所有数据与模板都就绪时，我们才能顺利拼接出 HTML 子页面插入到正确的位置上。面对这些复杂的流程，人们不得不发明一些新模式来应对它们。最早被发明出来的是"回调地狱"（callback hell），这应该是一个技能。事实上，几乎 JavaScript 中的所有异步函数都用到了回调，连续执行几个异步函数的结果就是层层嵌套的回调函数以及随之而来的复杂代码。因此有人说，回调就是程序员的 goto 语句。

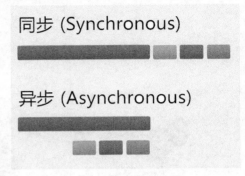

图 12-1

此外，并不是每一个工序都是一帆风顺的，如果有一个出错了呢，对于 JavaScript 这样单线程的语言，往往是致命的，必须 try...catch，但 try...catch 语句只能捕捉当前抛出的异常，对后来执行的代码无效。

```
function throwError() {
    throw new Error('ERROR');
}
try {
    setTimeout(throwError, 3000);
} catch (e) {
    alert(e);//这里的异常无法捕获
}
```

这些就是本章所要处理的课题。不难理解，domReady、动画、Ajax 在骨子里都是同一样东西，假若能将它们抽象成一个东西，显然是非常有用的。

12.1 setTimeout 与 setInterval

首先我们得深入学习一下这两个 API。一般的书籍只是简单介绍它们的用法，没有对它们内在的一些隐秘知识进行描述。它们对我们创建更有用的异步模型非常有用。

（1）如果回调的执行时间大于间隔时间，那么浏览器会继续执行它们，导致真正的间隔时间比原来的大一点。

（2）它们存在一个最小的时钟间隔，在 IE6～IE8 中为 15.6ms，后来精准到 10ms，IE10 为 4ms，其他浏览器相仿。我们可以通过以下函数大致求得此值。

```
function test(count, ms) {
    var c = 1;
```

12.1 setTimeout 与 setInterval

```
        var time = [new Date() * 1];
        var id = setTimeout(function () {
            time.push(new Date() * 1);
            c += 1;
            if (c <= count) {
                setTimeout(arguments.callee, ms);
            } else {
                clearTimeout(id);
                var tl = time.length;
                var av = 0;
                for (var i = 1; i < tl; i++) {
                    var n = time[i] - time[i - 1];
                    //收集每次与上一次相差的时间数
                    av += n;
                }
                alert(av / count); // 求取平均值
            }
        }, ms);
    }
    winod.onload = function () {
        var id = setTimeout(function () {
            test(100, 1);
            clearTimeout(id);
        }, 3000);
    }
```

具体如表 12-1 所示。

表 12-1

Firefox 3.6.3	Firefox 18.1	Chrome 10.53	Chrome 23	Opera 12.41	Safari 5.01	IE 8	IE 10
15.59	3.98	3.92	3.6	4.01	4.12	15.91	3.91

但上面的数据很难与官方给出的数值一致，因为它太容易受外部因素影响，比如电池快没电了，同时打开的应用程序太多了，导致 CPU 忙碌，这些都会让它的数值偏高。

如果嫌旧版本 IE 的最短时钟间隔太大，我们或许有办法改造一下 setTimeout，利用 image 死链时立即执行 onerror 回调的情况进行改造。

```
var orig_setTimeout = window.setTimeout;
window.setTimeout = function (fun, wait) {
    if (wait < 15) {
        orig_setTimeout(fun, wait);
    } else {
        var img = new Image();
        img.onload = img.onerror = function () {
            fun();
        };
        img.src = "data:,foo";
    }
};
```

（3）有关零秒延迟，此回调将会放到一个能立即执行的时段进行触发。JavaScript 代码大体上是自顶向下执行，但中间穿插着有关 DOM 渲染、事件回应等异步代码，它们将组成一个队列，零秒延迟将会实现插队操作。

（4）不写第二参数，在 IE、Firefox 中，浏览器自动配时间，第一次配可能给个很大数字，100ms 上下，往后会缩小到最小时钟间隔，Safari、Chrome、Opera 则多为 10ms 上下。在 Firefox 中，setInterval 不写第二参数，会当作 setTimeout 处理，只执行一次。

```
window.onload = function() {
    var a = new Date - 0;
    setTimeout(function() {
        alert(new Date - a);
    });
    var flag = 0;
    var b = new Date,
        text = ""
    var id = setInterval(function() {
        flag++;
        if (flag > 4) {
            clearInterval(id)
            console.log(text)
        }
        text += (new Date - b + " ");
        b = new Date
    })
}
```

（5）标准浏览器与 IE10 都支持额外参数，从第 3 个参数起，作为回调的传参传入！

```
setTimeout(function() {
    alert([].slice.call(arguments));
}, 10, 1, 2, 4);
IE6～IE9 可以用以下代码模拟。
if (window.VBArray && !(document.documentMode > 9)) {
    (function(overrideFun) {
        window.setTimeout = overrideFun(window.setTimeout);
        window.setInterval = overrideFun(window.setInterval);
    })(function(originalFun) {
        return function(code, delay) {
            var args = [].slice.call(arguments, 2);
            return originalFun(function() {
                if (typeof code == 'string') {
                    eval(code);
                } else {
                    code.apply(this, args);
                }
            }, delay);
        }
    }
    );
}
```

（6）setTimeout 方法的时间参数若为极端值（如负数、0、或者极大的正数），则各浏览器的处理会出现较大差异，某些浏览器会立即执行。

12.2 Promise 诞生前的世界

在 Promise 被引进到 JavaScript 世界时，人们通常用以下 3 个手段解决异步问题。

12.2.1 回调函数 callbacks

广义上回调函数的定义为：一个通过函数指针调用的函数。如果你把函数的指针（地址）作为参数传递给另一个函数，当这个指针被用为调用它所指向的函数时，我们就说这是回调函数。回调函数不是由该函数的实现方直接调用，而是在特定的事件或条件发生时由另外的一方调用的，用于对该事件或条件进行响应。

在 JavaScript 中，回调函数具体的定义为：函数 A 作为参数（函数引用）传递到另一个函数 B 中，并且这个函数 B 执行函数 A，我们就说函数 A 叫做回调函数。如果没有名称（函数表达式），就叫做匿名回调函数。因此 callback 不一定用于异步，一般同步（阻塞）的场景下也经常用到回调，比如要求执行某些操作后执行回调函数。

一个同步（阻塞）中使用回调的例子，目的是在 func1 代码执行完成后执行 func2。

```
function a(callback) {
    callback();
}

function b() {
    console.log('hello callback');
}

a(b); // 注意 b() 作为参数传递给 a() 的时候是不需要带括号的
```

浏览器最早内置的 setTimeout 与 setInteval 就是基于回调的思想实现的，Node.js 的异步 API，都是通过回调实现。

回调是实现异步最朴素的方式。回调函数的优点是简单、容易理解和部署，缺点是不利于代码的阅读和维护，各个部分之间高度耦合，流程会很混乱，而且每个任务只能指定一个回调函数。

12.2.2 观察者模式 observers

观察者模式又叫做发布订阅模式，它定义了一种一对多的关系，让多个观察者对象同时监听某一个主题对象，这个主题对象的状态发生改变时就会通知所有观察者对象。它是由两类对象组成，主题和观察者。主题负责发布事件，同时观察者通过订阅这些事件来观察该主题，发布者和订阅者是完全解耦的，彼此不知道对方的存在，两者仅仅共享一个自定义事件的名称。

在 Node.js 中通过 EventEmitter 实现了原生对于这一模式的支持。浏览器中 window、document 与元素节点自带的事件机制就是基于观察者模式实现的。事实上，我们遍历一下元素节点的原型链，就发现它们的一个原型对象叫做 EventTarget！

```
function PubSub() {
    this.handlers = {};
```

```javascript
        }
        PubSub.prototype = {
            // 订阅事件
            on: function(eventType, handler){
                var self = this;
                if(!(eventType in self.handlers)) {
                    self.handlers[eventType] = [];
                }
                self.handlers[eventType].push(handler);
                return this;
            },
            // 触发事件(发布事件)
            emit: function(eventType){
                var self = this;
                var handlerArgs = Array.prototype.slice.call(arguments,1);
                for(var i = 0; i < self.handlers[eventType].length; i++) {
                    self.handlers[eventType][i].apply(self,handlerArgs);
                }
                return self;
            },
            // 删除订阅事件
            off: function(eventType, handler){
                var currentEvent = this.handlers[eventType];
                var len = 0;
                if (currentEvent) {
                    len = currentEvent.length;
                    for (var i = len - 1; i >= 0; i--){
                        if (currentEvent[i] === handler){
                            currentEvent.splice(i, 1);
                        }
                    }
                }
                return this;
            }
        };

        var pubsub = new PubSub();
        var callback = function(data){
            console.log(data);
        };

        //订阅事件 A
        pubsub.on('A', function(data){
            console.log(1 + data);
        });
        pubsub.on('A', function(data){
            console.log(2 + data);
        });
        pubsub.on('A', callback);

        //触发事件 A
        pubsub.emit('A', '我是参数');
```

```
//删除事件 A 的订阅源 callback
pubsub.off('A', callback);

pubsub.emit('A', '我是第二次调用的参数');
```

运行结果（见图 12-2）。

如果将上例改一下。

```
function a(){
    pubsub.emit('b')
}
pubsub.on('b', function b() {
    console.log('hello callback');
})
```

图 12-2

观察者模式是 Gof 总结出来的经典设计模式，适应用性非常好，能对调用方与被调用方进行很好的解耦。我们可以用一个 pubsub 实例当作的软件的"消息中心"，了解存在多少信号、每个信号有多少订阅者，从而监控程序的运行。

12.2.3 事件机制 listeners

这个类似于观察者模式。

```
function a(){
    a.emit('b')
}
var pubsub = new PubSub();
for(var i in a){
    a[i] = pubsub[i]
}
a.handlers = {}
//数据自己保存，不共存
a.on('b', function b() {
    console.log('hello callback');
})
```

它的好处是，当目标对象被删除时，不会给整个系统残留一些无用的负担。

观察者模式与事件机制都是适用监听多次同类型的异步行为，不适用于一次性的异步行为。

12.3 JSDeferred 里程碑

Deferred 是当今最著名的异步模型之一。它原来是 Python 的 Twisted 框架中的一个类，后来被 Mochikit 框架引进来，再后来又被 dojo 抄去。但那时还一直默默无名，直到 JSDeferred 诞生。JSDeferred 在日本火了几年，人们着手构建 CommonJS 时，直接以它为蓝图，推出 Promise 规范。Promise 规范又存在 A、B、C、D、E 多个样本，这都拜那些实现了 Promise 库的作者所赐，他们都是基于自己的库推出来的。先有实现后有规范，与 W3C 那帮人的作风相反，反正谁也不服谁。最近，这些 Promise 库越来越多，最后选取大家认同的几条重新制定出来。这个时期大概拖上几年，因此 jQuery 就中招了。它最先实现的 Deferred/Promise（jQuery 1.5，这是两个东西，其规范里只有一个东西）连 Promise A 也不算，后来不得不与 Promise A 靠近。但是 W3C 最近敲定的方案与 jQuery 1.9 的又差得太远。于是 jQuery 3 为了兼容浏览器内置 Promise，只能改大版本号，无法向下兼容。这就是 Promise 扼要的"血泪史"了，如图 12-3 所示。

Promise 发展历史中最重要的一块基石就是 JSDeferred，可以说 Promise/A+规范的制定则很大程度地参考了由日本 geek cho45 发起的 jsDeferred 项目，追本溯源地了解 jsDeferred 是十分有必要的。

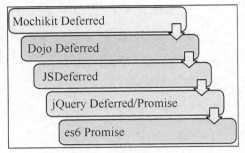

图 12-3

jsDeferred 的特点。

① 内部通过单向链表结果存储成功事件处理函数、失败事件处理函数和链表中下一个 Deferred 类型对象。

② Deferred 实例内部没有状态标识（也就是说 Deferred 实例没有自定义的生命周期）。

③ 由于 Deferred 实例没有状态标识，因此不支持成功/失败事件处理函数的晚绑定。

④ Deferred 实例的成功/失败事件是基于事件本身的触发而被调用的。

⑤ 由于 Deferred 实例没有状态标识，因此成功/失败事件可被多次触发，也不存在不变值作为事件处理函数入参的说法。

Promise/A 的特点。

① 内部通过单向链表结果存储成功事件处理函数、失败事件处理函数和链表中下一个 Promise 类型对象。

② Promise 实例内部有状态标识：pending（初始状态）、fulfilled（成功状态）和 rejected（失败状态），且状态为单方向移动"pending->fulfilled""pending->rejected"（也就是 Promse 实例存在自定义的生命周期，而生命周期的每个阶段具备不同的事件和操作）。

③ 由于 Promise 实例含状态标识，因此支持事件处理函数的晚绑定。

④ Promise 实例的成功/失败事件函数是基于 Promise 的状态而被调用的。

核心区别

Promises 调用成功/失败事件处理函数的两种流程。

① 调用 resolve/reject 方法尝试改变 Promise 实例的状态，若成功改变其状态，则调用 Promise 当前状态相应的事件处理函数（类似于触发 onchange 事件）。

② 通过 then 方法进行事件绑定，若 Promise 实例的状态不是 pending，则调用 Promise 当前状态相应的事件处理函数。

由上述可以知道 Promises 的成功/失败事件处理函数均基于 Promise 实例的状态而被调用，而非成功/失败事件。

jsDeferred 调用成功/失败事件处理函数的流程：

调用 call/fail 方法触发成功/失败事件，则调用相应的事件处理函数。

12.3 JSDeferred 里程碑

因此 jsDeferred 的是基于事件的。

下列内容均为大概介绍 API 接口，具体用法请参考官网。

1. 构造函数

`Deferred`，可通过 `new Deferred()` 或 `Deferred()` 两种方式创建 Deferred 实例。

```
var defer = Deferred();//或 new Deferred()
   //创建一个 Deferred 对象
 defer.next(function () {
    console.log('ok');
 }).error(function (text) {
    console.log(text);//=> test
 }).fail('test');
```

2. 实例方法

`Deferred.prototype.next(fn)`，绑定成功事件处理函数，返回一个新的 Deferred 实例。在没有调用 `Deferred.prototype.call` 前这个事件处理函数并不会执行。

```
var deferred = Deferred();
deferred.next(function (value) {
   console.log(value); // => aaa
}).call('aaa');
```

`Deferred.prototype.error(fn)`，绑定失败事件处理函数，返回一个新的 Deferred 实例。在没有调用 `Deferred.prototype.fail` 前这个事件处理函数并不会执行。

```
var deferred = Deferred();
deferred.error(function () {
   console.log('error');// => error
}).fail();
```

`Deferred.prototype.call(val*)`，触发成功事件，返回一个新的 Deferred 实例。

`Deferred.prototype.fail(val*)`，触发失败事件，返回一个新的 Deferred 实例。

3. 静态属性

`Deferred.ok`，默认的成功事件处理函数。

`Deferred.ng`，默认的失败事件处理函数。

`Deferred.methods`，默认的向外暴露的静态方法（供 `Deferred.define` 方法使用）。

```
Deferred.methods = ["parallel", "wait", "next", "call", "loop", "repeat", "chain"];
```

4. 静态方法

`Deferred.define(obj, list)`，暴露静态方法到 obj 上，无参的情况下 obj 是全局对象，侵入性极强，但使用方便。list 是一组方法，这组方法会同时注册到 obj 上。

`Deferred.call({Function} fn [, arg]*)`，创建一个 Deferred 实例并且触发其成功事件。

```
//无参，侵入式，默认全局对象，浏览器环境为 window
Deferred.define();
//静态方法入 next 被注册到了 window 下
next(function () {
    console.log('ok');
});
var defer = {};
//非侵入式，Deferred 的静态方法注册到了 defer 对象下
Deferred.define(defer);
defer.next(function () {
    console.log('ok');
});
```

Deferred.next({Function} fn)，创建一个 Deferred 实例并且触发其成功事件，其实就是无法传入参到成功事件处理函数的 Deferred.call()。

```
Deferred.define();
next(function () {
    console.log('ok');
});
console.log('hello,world!');// => 先输出
//上面的代码等同于下面的代码
call(function () {
    console.log('ok');
});
console.log('hello,world!');// => 先输出
```

Deferred.wait(sec)，创建一个 Deferred 实例，并等待 sec（秒）后触发其成功事件，下面的代码首先弹出"Hello,"，2 秒后弹出"World!"。

```
next(function () {
    alert('Hello,');
    return wait(2);//延迟 2s 后执行
}).
next(function (r) {
    alert('World!');
});
console.log('hello,world!');// => 先输出
```

Deferred.loop(n, fun)，循环执行 n 次 fun，并将最后一次执行 fun() 的返回值作为 Deferred 实例成功事件处理函数的参数，同样 loop 中循环执行的 fun() 也是异步的。

```
loop(3, function () {
    console.log(count);
    return count++;
}).next(function (value) {
    console.info(value);// => 2
});
//上面的代码也是异步的（无阻塞的）
console.info('aaa');
```

Deferred.parallel(dl[,fn]*)，把参数中非 Deferred 对象均转换为 Deferred 对象（通过 Deferred.next()），然后并行触发 dl 中的 Deferred 实例的成功事件。

12.3 JSDeferred 里程碑

当所有 Deferred 对象均调用了成功事件处理函数后,返回的 Deferred 实例则触发成功事件,并且所有返回值将被封装为数组作为 Deferred 实例的成功事件处理函数的入参。

parallel()强悍之处在于它的并归处理,它可以将参数中多次的异步最终并归到一起,这一点在 JavaScript ajax 嵌套中尤为重要,例如同时发送两条 ajax 请求,最终 parallel()会并归这两条 ajax 返回的结果。

parallel()进行了 3 次重载。
- parallel(fn[,fn]*),传入 Function 类型的参数,允许多个。
- parallel(Array),给定一个由 Function 组成的 Array 类型的参数。
- parallel(Object),给定一个对象,由对象中所有可枚举的 Function 构建 Deferred。

图 12-4 演示了 Deferred.parallel 的工作模型,它可以理解为合并了 3 次 ajax 请求。

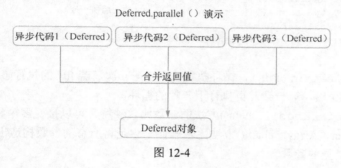

图 12-4

```
Deferred.define();
parallel(function () {
    //等待 2 秒后执行
    return wait(2).next(function () { return 'hello,'; });
}, function () {
    return wait(1).next(function () { return 'world!' });
}).next(function (values) {
    console.log(values);// =>   ["hello,", "world!"]
});
```

当 parallel 传递的参数是一个对象的时候,返回值则是一个对象。

```
parallel({
    foo: wait(1).next(function () {
        return 1;
    }),
    bar: wait(2).next(function () {
        return 2;
    })
}).next(function (values) {
    console.log(values);// =>   Object { foo=1, bar=2 }
});
```

和 jQuery.when()如出一辙。

Deferred.earlier(dl),当参数中某一个 Deferred 对象调用了成功处理函数,则终止参数中其他 Deferred 对象的触发的成功事件,返回的 Deferred 实例则触发成功事件,并且那个触发成功事件的函数返回值将作为 Deferred 实例的成功事件处理函数的入参。

注意：Deferred.earlier()并不会通过 Deferred.define(obj)暴露给 obj，它只能通过 Deferred.earlier()调用。

Deferred.earlier()内部的实现和 Deferred.parallel()大同小异，但值得注意的是参数，它接受的是 Deferred，而不是 parallel()的 Function。

- Deferred.earlier(Deferred[,Deferred]*)，传入 Deferred 类型的参数，允许多个。
- Deferred.earlier(Array)，给定一个由 Deferred 组成的 Array 类型的参数。
- Deferred.earlier(Object)，给定一个对象，由对象中所有可枚举的 Deferred 构建 Deferred。

```
Deferred.define();
Deferred.earlier(
    wait(2).next(function () { return 'cnblog'; }),
    wait(1).next(function () { return 'aaa' })//1s 后执行成功
).next(function (values) {
    console.log(values);// 1s 后 => [undefined, "aaa"]
});
```

Deferred.repeat(n, fun)，循环执行 fun 方法 n 次，若 fun 的执行事件超过 20 毫秒则先将 UI 线程的控制权交出，等一会儿再执行下一轮的循环。

Deferred.chain(args)，chain()方法的参数比较独特，可以接受多个参数，参数类型可以是：Function、Object、Array。chain()方法比较难懂，它是将所有的参数构造出一条 Deferred 方法链。例如 Function 类型的参数。

```
Deferred.define();
chain(
    function () {
        console.log('start');
    },
    function () {
        console.log('linkFly');
    }
);
//等同于
next(function () {
    console.log('start');
}).next(function () {
    console.log('linkFly');
});
```

它通过函数名来判断函数。

```
chain(
    //函数名!=error，则默认为 next
    function () {
        throw Error('error');
    },
    //函数名为 error
    function error(e) {
        console.log(e.message);
```

```
        }
);

//等同于
next(function () {
    throw Error('error');
}).error(function (e) {
    console.log(e.message);
});
```

也支持 Deferred.parallel()的方式。

```
chain(
        [
            function () {
                return wait(1);
            },
            function () {
                return wait(2);
            }
        ]
).next(function () {
    console.log('ok');
});

//等同于
Deferred.parallel([
    function () {
        return wait(1);
    },
    function () {
        return wait(2);
    }
]).next(function () {
    console.log('ok');
});
```

Deferred.connect(funo, options)，将一个函数封装为 Deferred 对象，其目的是融入现有的异步编程。

Deferred.connect()有两种重载。

- Deferred.connect(target,string)，把 target 上名为 string 指定名称的方法包装为 Deferred 对象。
- Deferred.connect(function,Object)，Object 至少要有一个属性：target。以 target 为 this 调用 function 方法，返回的是包装后的方法，该方法返回 Deferred 对象。

给包装后的方法传递的参数，会传递给所指定的 function。

```
var timeout = Deferred.connect(setTimeout, { target: window, ok: 0 });
timeout(1).next(function () {
    alert('after 1 sec');
});
//另外一种传参
var timeout = Deferred.connect(window, "setTimeout");
timeout(1).next(function () {
```

```
    alert('after 1 sec');
});
```

Deferred.retry(retryCount, funcDeferred, options)，调用 retryCount 次 funcDeffered 方法（返回值类型为 Deferred），直到触发成功事件或超过尝试次数为止。options 参数是一个对象，{wait:number}指定每次调用等待的秒数。

注意：Deferred.retry()并不会通过 Deferred.define(obj)暴露给 obj，它只能通过 Deferred.retry()调用。

```
Deferred.define();
Deferred.retry(3, function (number) {//Deferred.retry()方法是--i 的方式实现的
    console.log(number);
    return Deferred.next(function () {
        if (number ^ 1)//当 number!=1 的时候抛出异常，表示失败，number==1 的时候则让它成功
            throw new Error('error');
    });
}).next(function () {
    console.log('linkFly');//=>linkFly
});
```

Deferred.register(name, fn)，将静态方法附加 Deferred. prototype 上。

核心源码解读：

构造函数部分。

```
function Deferred () { return (this instanceof Deferred) ? this.init() : new Deferred() }
// 默认的成功事件处理函数
Deferred.ok = function (x) { return x };
// 默认的失败事件处理函数
Deferred.ng = function (x) { throw x };
Deferred.prototype = {
    // 初始化函数
    init : function () {
        this._next    = null;
        this.callback = {
            ok: Deferred.ok,
            ng: Deferred.ng
        };
        return this;
    }};
```

触发回调部分。

```
Deferred.prototype.call = function (val) { return this._fire("ok", val) };
Deferred.prototype.fail = function (err) { return this._fire("ng", err) };
Deferred.prototype._fire = function(okng, value){
    var next = "ok";
    try {
        // 调用当前 Deferred 实例的事件处理函数
        value = this.callback[okng].call(this, value);
    } catch (e) {
        next = "ng";
        value = e;
        if (Deferred.onerror) Deferred.onerror(e);
    }
```

```
        if (Deferred.isDeferred(value)) {
            // 若事件处理函数返回一个新 Deferred 实例,则将新 Deferred 实例的链表指针指向当前 Deferred
            // 实例的链表指针指向
            // 这样新 Deferred 实例的事件处理函数就会先与原链表中其他 Deferred 实例的事件处理函数被调用。
            value._next = this._next;
        } else {
            if (this._next) this._next._fire(next, value);
        }
        return this;
    };
```

添加回调部分。

```
Deferred.prototype.next = function (fun) { return this._post("ok", fun) };
Deferred.prototype._post = function (okng, fun) {
    // 创建一个新的 Deferred 实例,插入 Deferred 链表尾,并将事件处理函数绑定到新的 Deferred 上
    this._next = new Deferred();
    this._next.callback[okng] = fun;
    return this._next;
};
Deferred.next =
    Deferred.next_faster_way_readystatechange ||
    Deferred.next_faster_way_Image ||
    Deferred.next_tick ||
    Deferred.next_default;
```

Deferred.next 是 jsDeferred 最出彩的地方了,也是后续其他方法的实现基础,它的功能是创建一个新的 Deferred 对象,并且异步执行该 Deferred 对象的 call 方法来触发成功事件。针对运行环境的不同,它提供了相应的异步调用的实现方式并作出降级处理。

由浅入深,我们先看看使用 setTimeout 实现异步的 Deferred.next_default 方法(存在最小时间精度的问题)。

```
Deferred.next_default = function (fun) {
    var d = new Deferred();
    var id = setTimeout(function () { d.call() }, 0);
    d.canceller = function () { clearTimeout(id) };
    if (fun) d.callback.ok = fun;
    return d;
};
```

然后是针对 nodejs 的 Deferred.next_tick 方法。

```
Deferred.next_tick = function (fun) {
    var d = new Deferred();
    // 使用 process.nextTick 来实现异步调用
    process.nextTick(function() { d.call() });
    if (fun) d.callback.ok = fun;
    return d;
};
```

然后就是针对现代浏览器的 Deferred.next_faster_way_Image 方法。

```
Deferred.next_faster_way_Image = function (fun) {
    var d = new Deferred();
    var img = new Image();
```

```
    var handler = function () {
        d.canceller();
        d.call();
    };
    img.addEventListener("load", handler, false);
    img.addEventListener("error", handler, false);
    d.canceller = function () {
        img.removeEventListener("load", handler, false);
        img.removeEventListener("error", handler, false);
    };
    // 请求一个无效data uri scheme 导致马上触发load 或 error 事件
    // 注意：先绑定事件处理函数，再设置图片的src 是个良好的习惯。因为设置img.src 属性后就会马上发起
    // 请求，假如读的是缓存那有可能还未绑定事件处理函数，事件已经被触发了
    img.src = "data:image/png," + Math.random();
    if (fun) d.callback.ok = fun;
    return d;
};
```

根据 JSDeferred 官方的数据，用上这个后至少比原有的 setTimeout 异步方式快上 700%以上，如图 12-5 所示。

最后就是针对 IE5.5~IE8 的 Deferred.next_faster_way_readystatechange 方法。

环境	setTimeout	faster_way	%
Opera 9.5 (Mac)	80sec	1.7sec	4706%
Internet Explorer (Win), calc time	120sec	6sec	2000%
Safari 3.1 (Mac)	80sec	6sec	1300%
Google Chrome (Win)	31sec	2.4sec	1200%
Firefox 3.1b2 (Mac)	83sec	10sec	830%
Internet Explorer (Win)	120sec	17sec	700%

图 12-5

```
Deferred.next_faster_way_readystatechange = ((typeof window === 'object') && (location.
protocol == "http:") && !window.opera && /\bMSIE\b/.test(navigator.userAgent)) && function
(fun) {
    var d = new Deferred();
    var t = new Date().getTime();
    /* 原理：
                由于浏览器对并发请求数作出限制（IE5.5~IE8 为 2~3,IE9+和现代浏览器为 6），
                因此当并发请求数大于上限时，会让请求的发起操作排队执行，导致延时更严重了。
       实现手段：
                以 150 毫秒为一个周期，每个周期以通过 setTimeout 发起的异步执行作为起始，
                周期内的其他异步执行操作均通过 script 请求实现。
                （若该方法将在短时间内被频繁调用，可以将周期频率再设高一些，如 100 毫秒）
    */
    if (t - arguments.callee._prev_timeout_called < 150) {
        var cancel = false;
        var script = document.createElement("script");
        script.type = "text/javascript";
        // 采用无效data uri sheme 马上触发readystate 变化
        script.src   = "data:text/javascript,";
        script.onreadystatechange = function () {
            // 由于在一次请求过程中 script 的 readystate 会变化多次，因此通过 cancel 标识来保证仅调
            // 用一次 call 方法
            if (!cancel) {
                d.canceller();
                d.call();
            }
```

```
            };
            d.canceller = function () {
                if (!cancel) {
                    cancel = true;
                    script.onreadystatechange = null;
                    document.body.removeChild(script);
                }
            };
            // 不同于 img 元素，script 元素需要添加到 dom 树中才会发起请求
            document.body.appendChild(script);
        } else {
            arguments.callee._prev_timeout_called = t;
            var id = setTimeout(function () { d.call() }, 0);
            d.canceller = function () { clearTimeout(id) };
        }
        if (fun) d.callback.ok = fun;
        return d;
    };
```

图 12-6 粗略演示了 jsDeferred 的工作流程。

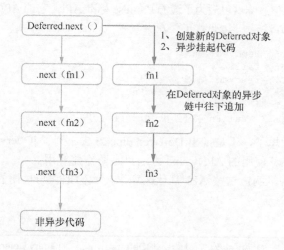

图 12-6

12.4 jQuery Deferred 宣教者

　　jQuery 的异步模型是从 jQuery 1.5 开始搞的，那时 Promise 还没有定稿，因此 jQuery 的 Promise 与现在的很不一样。它最底层是一个叫 Callbacks 的对象，实际上就是一个特殊的列表，可以轻松实现观察者的功能。然后 3 个 Callbacks 合成 1 个 Deferred，外加 1 个 when 函数，就是实现 JSDeferred 那种并归多个异步操作的效果。当时马上就投入 Ajax 模块的改造，立即让此模块难读十倍以上。

但推出以来，它一直被雪藏着，没有在文档中露脸，直到 jQuery1.52 正式独立成一个模块。Deferred 模块是当时最难读的代码，因为 Promise 本来就是一个很学术性的东西，接口没有固化一下，Deferred 那些 reject、resolve、then、pipe 方法名，让人摸不着头脑，如果把 reject 更名为 fireError，resolve 更名为 fireSuccess，其受众面更些。

如果深究 Deferred 的实现，它与 JSDeferred 差不多，将一个个异步操作封装成一个个对象，然后设法连在一起。为了保证外界不改变其状态，jQuery 更是使用闭包，将状态封闭起来，只有通过几个特别方法（resolve、reject）才能修改它。一旦修改，这个状态就不可更改。这也是就是 Promise 规范的要点之一。

由于先于 Promise 规范形成，它与真正 Promise 是有差异的。规范中，只有一个 Promise 对象。而 jQuery 是通过 Deferred 与 Promise 两个对象实现的。经常跑到你眼前的是 Deferred，它能同时添加各种回调与触发各种回调。此外，还有一个叫 promise 的对象，它是 Deferred 的某些 API 产生的对象，看起来能实现 jQuery 的链式操作。但 jQuery 的链式操作总是返回 jQuery 对象，而那些方法则是生成 promise 对象，它是一个只读的 Deferred，只能添加回调，不能触发回调执行。换言之，它们不能修改异步操作的状态。并且，同一个 Deferred 对象的链式操作 API 总是返回同一个 promise。John Resig 认为这样更节能，封装性更好。其实这违背了规范，Promise 规范要求链式操作 API 总是产生一个新的 Promise。由于时间的错位，我们不能责怪 John Resig，但意味着以后为了遵循 Promise 标准 API，它的 API 需要调整了。

最惨的 API 是 then 方法，一共调整了 3 次。

```
// version added: 1.5, removed: 1.8
deferred.then( doneFn, failFn )
// version added: 1.7, removed: 1.8
deferred.then( doneFn, failFn [, progressFn ] )
// version added: 1.8
deferred.then( doneFn [, failFn ] [, progressFn] )
```

后来连他们也不好意思了，于是推出 Deferred.pipe 方法。到了 jQuery3.0, Deferred.then 又再次反客为主，成为文档上推荐使用的 API，pipe 方法只是留作兼容用。

为了方便学习 jQuery，明白这些 API 是什么意思，我们把它与早期的 Deferred 库放在一起，就一目了然，如表 12-2 所示。

表 12-2

	jQuery.ajax	JSDeferred	jQuery Deferred	Promise
添加一个成功回调	addCallback	next	promise.done	then
添加一个失败回调	addErrback	error	promise.fail	then
添加一组回调	addBoth		promise.then	then
触发成功列队	callback	call	resolve/resolveWith	resolve
触发失败列队	errback	fail	reject/rejectWith	reject
取消	cancel	cancal		
询问当前状态	state			
并归结束	DeferedList	parallel	when	Promise.all

12.4 jQuery Deferred 宣教者

此外 jQuery 的还有几个特别的 API，如表 12-3 所示。

- 不改变当前状态的添加回调与触发回调 Promise/A+规范正在密谋将 progress 与 notify 它们标准化。
- 总是触发的回调，它们通过 always 方法添加，Promise/A+称之为 **finally**。

表 12-3

	jQuery.ajax	jQuery Deferred
添加一个成功回调	success	done
添加一个失败回调	error	fail
添加一个总是执行的回调	complete	always

此外，需要提一下 then 方法，它不等同于 Promise 的 then，并且它的实现一直在变，因此 jQuery 搞了一个 pipe 方法来取替 then。直到 jQuery 3.0，Deferred.then 才完全等价 Promise.then。

之前说过，jQuery 的 Deferred 是基于 3 个 Callbacks。我们粗略看一下其结构。

```
$.Deferred = function( func ) {
var tuples = [
  [ "notify", "progress", jQuery.Callbacks( "memory" ),
        jQuery.Callbacks( "memory" ), 2 ],
  [ "resolve", "done", jQuery.Callbacks( "once memory" ),
        jQuery.Callbacks( "once memory" ), 0, "resolved" ],
  [ "reject", "fail", jQuery.Callbacks( "once memory" ),
        jQuery.Callbacks( "once memory" ), 1, "rejected" ]
    ],
    state = "pending",
    promise = {
        state: function() {
            return state;
        },
        always: function() {
            deferred.done( arguments ).fail( arguments );
            return this;
        },
        "catch": function( fn ) {
            return promise.then( null, fn );
        },
        then: function(){
        },
        when: function(){
        },
        promsie: function(){
        }
    }
    var deferred = {}
    promise.promise( deferred );
    return deferred
}
```

第 12 章 异步模型

简单转换一下，其他相当于以下代码。

```
var resolveCb = jQuery.Callbacks("once memory");
var rejectCb  = jQuery.Callbacks("once memory");
var notifyCb  = jQuery.Callbacks("memory");

done         = resolveCb.add
resolveWith  = resolveCb.fireWith
resolve      = resolveCb.fireWith.bind(this)

fail         = rejectCb.add
rejectWith   = rejectCb.fireWith
reject       = rejectCb.fireWith.bind(this)

progress     = notifyCb.add
notifyWith   = notifyCb.fireWith
notify       = notifyCb.fireWith.bind(this)
```

Callbacks 合并 Deferred 后，其一些 API 还可以继续使用。

```
var dd = $.Deferred();
dd.done(function (name) {
    console.log(name, 1);
}).done(function (name) {
    console.log(name, 2);
});
dd.resolve('标准 API');
//其实就相当于以下代码
resolveCb.add(function (name) {
    console.log(name, 1);
}).add(function (name) {
    console.log(name, 2);
});

resolveCb.fire('残留 API');
```

当 Deferred 执行完 resolve 以后，同时会调用 rejectCb.disable 和 notifyCb.lock。当 Deferred 执行完 reject 以后，同时会调用 resolveCb.disable 和 notifyCb.lock。notifyCb 就是一个单纯的$.Callbacks，但是它的状态会受到 resolve/reject 的影响。

resolveCb 和 rejectCb 两者之间是相互限制的，一旦两者中的某一个 fire 了，另一个就会被 disable。通过这种方式来达到唯一状态。

最后看一下 jQuery Deferred 与 ES6 Promise 的区别，其实最开始浏览器厂商也打算抄 jQuery 的 API，最后被 CommonJS 那帮人压制住了，变成现在这个模型。

```
//jQuery
var deferred = $.Deferred();
var promise = deferred.promise();
//Promsie 浏览器早期内置版本
var deferred2 = Promise.defer();
var promise2= defered.promise;
//es6 标准化的 Promise
var promise3 = new Promise(function( resolve, reject){})
```

```
console.log(deferred, promise)
```

```
▼Object {}
  ▶always: function ()
  ▶done: function ()
  ▶fail: function ()
  ▶notify: function ()
  ▶notifyWith: function (context, args)
  ▶pipe: function (/* fnDone, fnFail, fnProgress */)
  ▶progress: function ()
  ▶promise: function (obj)
  ▶reject: function ()
  ▶rejectWith: function (context, args)
  ▶resolve: function ()
  ▶resolveWith: function (context, args)
  ▶state: function ()
  ▶then: function (/* fnDone, fnFail, fnProgress */)
  ▶ __proto__ : Object
▼Object {}
  ▶always: function ()
  ▶done: function ()
  ▶fail: function ()
  ▶pipe: function (/* fnDone, fnFail, fnProgress */)
  ▶progress: function ()
  ▶promise: function (obj)
  ▶state: function ()
  ▶then: function (/* fnDone, fnFail, fnProgress */)
  ▶ __proto__ : Object
```

由于 jQuery 的异步模型带了"太多私货",因此不再浪费笔墨研究它了,但它的确为大众接受 Promsie 做了许多前期宣传工作。当 Promsie 被浏览器内置时,前端开发人员已经用它得心应手了。

12.5 es6 Promise 第一个标准模型

Promise 在 2014 年 4 月率先被 Firefox 29 实现,紧接着 Chrome 32、微软 Edge 都支持原生 Promise。当然,在此之前,Node.js0.12 层已经直接支持,异步的需求在后端更为强劲。Promise 是 JavaScript 第一个标准的异步模型。受到这鼓舞,浏览器一些新 API 也使用 Promise 实现。

- Battery API。
- fetch API(XMLHttpRequest 的取代者)。
- ServiceWorder API。
- await/async 的内部实现。

Promise 是一个包含传递信息与状态的对象,拥有以下两个特点。

(1)对象的状态不受外界影响。Promise 对象代表一个异步操作,有 3 种状态:Pending(进行中)、Resolved(已完成,又称 Fulfilled)和 Rejected(已失败)。只有异步操作的结果,可以决定当前是哪一种状态,任何其他操作都无法改变这个状态,如图 12-7 所示。

(2)一旦状态改变,就不会再变,任何时候都可以得到这个结果。Promise 对象的状态改变,只有两种可能:从 Pending 变为 Resolved 和从 Pending 变为 Rejected。只要这两种情况发生,状态就凝固了,不会再变了,会一直保持这个结果。就算改变已经发生了,你再对 Promise 对象添加回调函数,也会立即得到这个结果。这与事件(Event)完全不同,事件的特点是,如果你错过了它,再去监听,是得不到结果的。

有了 Promise 对象,就可以将异步操作以同步操作的流程表达出来,避免了层层嵌套的回调函数。

Promise 在前端主要是解决 Ajax 的异步问题,主要有 3 种情况。

(1)由于 Ajax 是异步的,所有依赖 Ajax 返回结果的代码必需写在 Ajax 回调函数中。这就不可避免地形成了嵌套,Ajax 等异步操作越多,嵌套层次就会越深,代码可读性就会越差。

第 12 章 异步模型

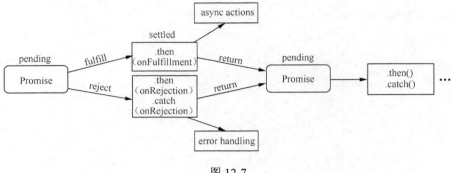

图 12-7

```
$.ajax({
    url: url,
    data: dataObject,
    success: function(){
    console.log("I depend on ajax result.");
    },
    error: function(){}
});

console.log("I will print before ajax finished.");
```

（2）我们向后端请求数据时，后端不能通过一个接口帮我们搞定，需要从 A 接口得到一部分数据，然后再根据 A 数据的某个属性再从 B 接口得到剩下的数据。更有甚者，还有取 C 接口、D 接口的，因此会造成 Ajax 的回调里套着另一个 Ajax，一层层下去就诞生著名的**回调地狱**问题，如图 12-8 所示。

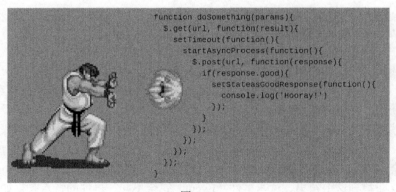

图 12-8

```
$.ajax({
    url: url1,
    success: function(data){
        $.ajax({
            url: url2,
            data: data,
```

12.5 es6 Promise 第一个标准模型

```
            success: function(data){
                $.ajax({
                    //...
                });
            }
        });
    }
});
```

（3）某个操作，必须等于前面两个 Ajax 回来才能执行。比如说，一个要请求模板，另一个要请求数据。这逼使程序员自己写计时器，回来一个就减1，等于0时执行最后的回调。

```
function loadImg(url, cb) {
    var img = new Image();
    img.src = url;
    img.onload = cb;
}

function loadImages(urlArr, afterAllLoadedFunc) {
    var count = urlArr.length;
    var loadedCount = 0;

    for (var i = count - 1; i >= 0; i--) {
        loadImg(urlArr[i], function () {
            loadedCount += 1;
            if (count === loadedCount) {
                afterAllLoadedFunc();
            }
        });
    }
}

loadImages(['./xx.jpg', './yy.jpg', './zz.jpg'], function () {
    alert('all imgs have been loaded');
});
```

精简一下，可以描述为。

（1）处理异步回调。
（2）多个异步回调的串行处理。
（3）多个异步回调的并行处理。

首先 Promise 的 API 是链式，所有同步的代码，可以写到其 then 方法中。

```
var promise = new Promise(function (resolve, reject) {
    console.log('begin do something');
    if (Math.random() * 10.0 > 5) {
        console.log(" run success");
        resolve();//正常执行
    } else {
        console.log(" run failed");
        reject();//发生异常时
    }
});
```

```
promise.then(function () {
    console.log(' resolve from promise');
}, function () {
    console.log(' reject from promise');
});
```

执行结果一:

```
begin do something
 run success
 resolve from promise
```

执行结果二:

```
begin do something
 run failed
 reject from promise
```

让值在多个回调里进行流水化处理。

```
function double(value) {
    return value * 2;
}
function increment(value) {
  return value+9
}
function output(value) {
    console.log(value);// => (1 + 9) * 2
}

var promise = Promise.resolve(1);
promise
    .then(increment)
    .then(double)
    .then(output)
    .catch(function(error){
        console.error(error);
    });
```

处理 Ajax 回调。

```
function get(url) {
  // Return a new promise.
  return new Promise(function(resolve, reject) {
    // Do the usual XHR stuff
    var req = new XMLHttpRequest();
    req.open('GET', url);

    req.onload = function() {
      // This is called even on 404 etc
      // so check the status
      if (req.status == 200) {
        // Resolve the promise with the response text
        resolve(req.response);
      }
      else {
        // Otherwise reject with the status text
```

```
        // which will hopefully be a meaningful error
        reject(Error(req.statusText));
      }
    };

    // Handle network errors
    req.onerror = function() {
      reject(Error("Network Error"));
    };

    // Make the request
    req.send();
  });
}

// Use it!
get('story.json').then(function(response) {
  console.log("Success!", response);
}, function(error) {
  console.error("Failed!", error);
});
```

多个异步回调的串行处理,直接在回调里面返回一个 Promise。

```
function Pro1(orderId){
    return new Promise(function(resolve, reject) {
        setTimeout(function(){
            var orderInfo = {
                orderId: orderId,
                productIds: ['123', '456']
            }
            resolve(orderInfo.productIds)
        }, 300)
    })
}
function Pro2(productIds){
    return new Promise(function(resolve, reject) {
        setTimeout(function(){
            var products = productIds.map(function(productId){
                return {
                    productId: productId,
                    name: '衣服'
                }
            })
            resolve(products)
        }, 300)
    })
}
//调用
Pro1('abc123')
.then(function(productIds){
    console.log('商品id',productIds)
    return Pro2(productIds)
})
```

```
.then(function(products){
    console.log('商品详情',products)
})
.catch(function(err){
    throw new Error(err)
})
```

多个异步回调的并行处理，使用 `Promise.all`，它需要接受多个 Promise 作为参数。

```
Promise.all([promise1, promise2]).then(function(results) {
    // Both promises resolved
})
.catch(function(error) {
    // One or more promises was rejected
});
```

如果使用 fetch 来请求数据，它返回的直接是带数据的 Promise。

```
var request1 = fetch('/users.json');
var request2 = fetch('/articles.json');

Promise.all([request1, request2]).then(function(results) {
    // Both promises done!
});
```

此外还有一个 `Promise.race`，它相当于 JSDeferred 的 earlier。只要有一个 Promise 的状态被改变，即被调用了 resolve 或 reject，它就会执行 Promise.race。

```
var req1 = new Promise(function(resolve, reject) {
    // A mock async action using setTimeout
    setTimeout(function() { resolve('First!'); }, 8000);
});
var req2 = new Promise(function(resolve, reject) {
    // A mock async action using setTimeout
    setTimeout(function() { resolve('Second!'); }, 3000);
});
Promise.race([req1, req2]).then(function(one) {
    console.log('Then: ', one);
}).catch(function(one, two) {
    console.log('Catch: ', one);
});

// From the console:
// Then: Second!
```

更多 API，可以到 MDN 上搜，总共就 reject、resolve、then、catch、all、race 这几个方法，与我们前几节学到的异步库的 API 大同小异，只是改个名而已。

下面我们来实现一下 Promise。Promise 是一个普通的 jS 函数，因此用 ES3 的语法也能将它实现出来，并运行于 IE6 这样旧版本的浏览器。

12.5.1 构造函数：Promise (executor)

Promise 是一个构造函数，它需要传入一个 executor 方法。

```
var nativePromise = window.Promise
if (/native code/.test(nativePromise)) {//判定浏览器是否支持原生 Promise
    module.exports = nativePromise
} else {
    var RESOLVED = 0
    var REJECTED = 1
    var PENDING = 2

    //实例化 Promise
    function Promise(executor) {
        this.state = PENDING
        this.value = undefined
        this.deferred = []
        var promise = this
        try {
            executor(function (x) {
                promise.resolve(x)
            }, function (r) {
                promise.reject(r)
            })
        } catch (e) {
            promise.reject(e)
        }
    }
    //略……
}
```

12.5.2　Promise.resolve/reject

提供另一种手段，快速实例化一个 Promise，并已经传入参数与触发 Promise 链的执行。

```
Promise.resolve = function (x) {
    return new Promise(function (resolve, reject) {
        resolve(x)
    })
}
Promise.reject = function (r) {
    return new Promise(function (resolve, reject) {
        reject(r)
    })
}
```

12.5.3　Promise.all/race

它们相当于 JSDeferred 的 parallel/earlier，用于数据处理的并发或竞争。它们都要求传一个 Promise 数组作为参数，然后返回一个新的 Promise。

```
Promise.all = function (iterable) {
    return new Promise(function (resolve, reject) {
        var count = 0, result = []
        if (iterable.length === 0) {
            resolve(result)
        }
        function resolver(i) {
```

```
            return function (x) {
                result[i] = x //收集所有结果
                count += 1
                //数量等于传参个数时才执行新生成的Promise
                if (count === iterable.length) {
                    resolve(result)
                }
            }
        }

        for (var i = 0; i < iterable.length; i += 1) {
            Promise.resolve(iterable[i]).then(resolver(i), reject)
        }
    })
}
```

Promise.race 只要有一个 promise 对象进入 FulFilled 或者 Rejected 状态的话，就会继续进行后面的处理。换言之，谁的异步时间最短，谁就会被处理。

```
Promise.race = function (iterable) {
    return new Promise(function (resolve, reject) {
        for (var i = 0; i < iterable.length; i += 1) {
            Promise.resolve(iterable[i]).then(resolve, reject)
        }
    })
}
```

12.5.4　Promise#then/catch

它的这两个原型方法都是用来添加回调，然后返回新的 Promise，伪装成 Promise。

```
var p = Promise.prototype
//构建Promise列队，并将要执行的函数与传参存储到最初的Promise.deferred数组中
p.then = function then(onResolved, onRejected) {
    var promise = this
    //onResolved, onRejected 用于接受上一个Promise的传参
    //它们返回的结果,用于resolve, reject 方法执行下一个Promise
    return new Promise(function (resolve, reject) {
        promise.deferred.push([onResolved, onRejected, resolve, reject])
        promise.notify()//执行回调
    })
}
//p.then 的语法糖
p.catch = function (onRejected) {
    return this.then(undefined, onRejected)
}
```

12.5.5　Promise#resolve/reject

这是框架自创的方法，用来改变 Promise 的状态，规范中没有。它们最终都调用 Promise#notify。

```
p.resolve = function resolve(x) {
    var promise = this
```

```
        if (promise.state === PENDING) {
            if (x === promise) {
                throw new TypeError('Promise settled with itself.')
            }

            var called = false
            try {
                var then = x && x['then']
                //如果是 Promise 或是 thenable 对象,
                //那么将执行后的结果继续传给现在这个 Promise resolve/rejcet
                if (x !== null && typeof x === 'object' && typeof then === 'function') {
                    then.call(x, function (x) {
                        if (!called) {
                            promise.resolve(x)
                        }
                        called = true

                    }, function (r) {
                        if (!called) {
                            promise.reject(r)
                        }
                        called = true
                    })
                    return
                }
            } catch (e) {
                if (!called) {
                    promise.reject(e)
                }
                return
            }
            promise.state = RESOLVED
            promise.value = x
            promise.notify()
        }
    }

    p.reject = function reject(reason) {
        var promise = this

        if (promise.state === PENDING) {
            if (reason === promise) {
                throw new TypeError('Promise settled with itself.')
            }

            promise.state = REJECTED
            promise.value = reason
            promise.notify()
        }
    }
```

12.5.6 Promsie#notify

内部实现,规范并不存在,用于执行用户回调。

```javascript
p.notify = function notify() {
    var promise = this
    //根据 Promise 规范,必须异步执行存储好的回调
    nextTick(function () {
        if (promise.state !== PENDING) {//确保状态是从 pending -> resloved/rejected
            while (promise.deferred.length) {
                var deferred = promise.deferred.shift(),
                    onResolved = deferred[0],
                    onRejected = deferred[1],
                    resolve = deferred[2],
                    reject = deferred[3]

                try {
                    if (promise.state === RESOLVED) {
                        if (typeof onResolved === 'function') {
                            resolve(onResolved.call(undefined, promise.value))
                        } else {
                            resolve(promise.value)
                        }
                    } else if (promise.state === REJECTED) {
                        if (typeof onRejected === 'function') {
                            resolve(onRejected.call(undefined, promise.value))
                        } else {
                            reject(promise.value)
                        }
                    }
                } catch (e) {
                    reject(e)
                }
            }
        }
    })
}
```

12.5.7 nextTick

内部实现,类似于 Node.js 的 nextTick 或 JSDeferred 的 next 方法,用于异步执行方法。为发掘最快的异步方法,github 上还有一个专门的库,叫 **asap**。

```
https://github.com/kriskowal/asap
```

这个库的作者还搞了另一个著名的 Promise 库,叫 Q。在标准 Promise 没有出来时,Q、when.js 与 bluebird 并驾齐驱,显赫一时。

```javascript
https://github.com/kriskowal/q
https://github.com/cujojs/when
https://github.com/petkaantonov/bluebird
/*视浏览器情况采用最快的异步回调*/
var nextTick = new function () {// jshint ignore:line
    var tickImmediate = window.setImmediate
    var tickObserver = window.MutationObserver
    if (tickImmediate) {
        return tickImmediate.bind(window)
    }
```

```
    var queue = []
    function callback() {
        var n = queue.length
        for (var i = 0; i < n; i++) {
            queue[i]()
        }
        queue = queue.slice(n)
    }

    if (tickObserver) {
        var node = document.createTextNode("avalon")
        new tickObserver(callback).observe(node, {characterData: true})
        var bool = false
        return function (fn) {
            queue.push(fn)
            bool = !bool
            node.data = bool
        }
    }

    return function (fn) {
        setTimeout(fn, 4) //标准浏览器的最小间隔数是 4
    }
}
```

（1）赋值：[[Result]]=reason，[[state]]=rejected。
（2）触发[[RejectReactions]]的操作。

触发[[FulfillReactions]]和触发[[RejectReactions]]实际就是遍历数组，执行所有的回调函数。

```
function reject(promise, reason) {
  if (promise._state !== PENDING) { return; }

  promise._state = REJECTED;
  promise._result = reason;

  asap(publish, promise);
}
```

这就完了，大概 210 行，实现标准 Promise 的所有方法。当然市面上还有其他 Promise 库，比如笔者刚才提到的那 3 个库。如果大家要在后端用 Promise，建议使用 bluebird。bluebird 有如下优点。

（1）速度最快。
（2）api 和文档完善，（对各个库支持都不错）。
（3）支持 generator 等未来发展趋势。
（4）github 活跃。
（5）能任意同化一个对象成为一个类 Promise 对象。

```
var Promise = require("bluebird");
var fs = Promise.promisifyAll(require("fs"));
```

```
fs.readFileAsync("myfile.json").then(JSON.parse).then(function (json) {
    console.log("Successful json");
}).catch(SyntaxError, function (e) {
    console.error("file contains invalid json");
}).catch(Promise.OperationalError, function (e) {
    console.error("unable to read file, because: ", e.message);
});
```

如果大家只想一个简单的 Promise，可以试上面的 mmPromise、ypromise、native-promise-only 或者这个靠名字吃饭的 es6-promise。

https://github.com/RubyLouvre/mmDeferred
https://github.com/yahoo/ypromise
https://github.com/getify/native-promise-only
https://github.com/stefanpenner/es6-promise

本节就到此为止，如果想深入理解 Promise，可以看一下 **native-promise-only** 的作者写的系列文章：

《[译]深入理解 Promise 五部曲：1. 异步问题》
《[译] 深入理解 Promise 五部曲：2. 控制权转换问题》
《[译] 深入理解 Promise 五部曲：3. 可靠性问题》
《[译] 深入理解 Promise 五部曲：4. 扩展问题》
《[译] 深入理解 Promise 五部曲：5. LEGO》

扩展阅读：

https://zhuanlan.zhihu.com/p/23312442
https://segmentfault.com/a/1190000005051034

12.6 es6 生成器过渡者

Generator Function（生成器函数）和 Generator（生成器）是 es6 引入的新特性，该特性早就出现在了 Python、C#等其他语言中。生成器本质上是一种特殊的迭代器。

Generator 函数本意是 iterator 生成器，函数运行到 yield 时退出，并保留上下文，在下次进入时可以继续运行。

生成器函数也是一种函数，语法上仅比普通 function 多了个星号，即 function*，在其函数体内部可以使用 yield 和 yield* 关键字。

```
function* foo1() { };
function *foo2() { };
function * foo3() { };

foo1.toString(); // "function* foo1() { }"
foo2.toString(); // "function* foo2() { }"
foo3.toString(); // "function* foo3() { }"
foo1.constructor; // function GeneratorFunction() { [native code] }
```

调用生成器函数会产生一个生成器（generator）。生成器拥有的最重要的方法是 next()，用来迭代。

```
function* foo() { };
var bar = foo();
bar.next(); // Object {value: undefined, done: true}
```

上面第 2 行的语句看上去是函数调用，但这时候函数代码并没有执行；一直要等到第 3 行调用 next 方法才会执行。next 方法返回一个拥有 value 和 done 两个字段的对象。

我们可以查阅 co 的源码，看如何判定什么是生成器与生成器函数的。

```
// https://github.com/tj/co/blob/master/index.js
function isGenerator(obj) {
  return 'function' == typeof obj.next && 'function' == typeof obj.throw;
}

function isGeneratorFunction(obj) {
  var constructor = obj.constructor;
  if (!constructor) return false;
  if ('GeneratorFunction' === constructor.name || 'GeneratorFunction' === constructor.displayName) return true;
  return isGenerator(constructor.prototype);
}
```

生成器函数的行为与普通函数并不相同，表现为如下 3 点。

（1）通过 new 运算符或函数调用的形式调用生成器函数，均会返回一个生成器实例。
（2）通过 new 运算符或函数调用的形式调用生成器函数，均不会马上执行函数体的代码。
（3）必须调用生成器实例的 next 方法才会执行生成器函数体的代码。

```
function *enumerable(msg){
    console.log(msg)
    var msg1 = yield msg + ' after '
    console.log(msg1)
    var msg2 = yield msg1 + ' after'
    try{
      var msg3 = yield msg2 + 'after'
      console.log('ok')
    }catch(e){
      console.log(e)
    }
    console.log(msg2 + ' over')
}

// 初始化迭代器
var enumerator = enumerable('hello')
var ret = enumerator.next() // 控制台显示 hello, ret 的值{value:'hello after',done:false}
ret =  enumerator.next('world') // 控制台显示 world, ret 的值{value:'world after',done:false}
ret = enumerator.next('game') // 控制台显示 game, ret 的值{value:'game after',done:false}
// 抛出异常信息
ret = enumerator.throw(new Error('test'))
//控制台显示 new Error('test')信息，然后显示 game over。ret 的值为{done:true}
```

12.6.1 关键字 yield

用于马上退出代码块并保留现场，当执行迭代器的 next 函数时，则能从退出点恢复现场并继续执行下去。一旦在 yield expression 处暂停，除非外部调用生成器的 next() 方法，否则生成器的代码将不能继续执行。

这使得可以对生成器的执行以及渐进式的返回值进行直接控制。

下面有两点需要注意。

（1）yield 后面的表达式将作为迭代器 next 函数的返回值。

（2）迭代器 next 函数的入参将作为 yield 的返回值（有点像运算符）。

针对上面的例子：

```
var ret = enumerator.next()// {value:'hello after',done:false}
enumerator.next('msg1 result');//这时候msg1 的值是 msg1 result;
```

12.6.2　yield*和 yield 的区别

yield*，一个可迭代对象，就相当于把这个可迭代对象的所有迭代值分次 yield 出去。

yield*，表达式本身的值就是当前可迭代对象迭代完毕时的那个返回值（也就是迭代器的迭代值的 done 属性为 true 时 value 属性的值）。

```
function* g1() {
   yield 2;
   yield 3;
   yield 4;
}

function* g2() {
   yield 1;
   yield* g1();
   yield 5;
}

var iterator = g2();
console.log(iterator.next()); // { value: 1, done: false }
console.log(iterator.next()); // { value: 2, done: false }
console.log(iterator.next()); // { value: 3, done: false }
console.log(iterator.next()); // { value: 4, done: false }
console.log(iterator.next()); // { value: 5, done: false }
console.log(iterator.next()); // { value: undefined, done: true }
```

返回值例子：

```
function* g4() {

   yield* [1, 2, 3];
   return "foo";
}
var result;
function* g5() {

result = yield* g4();
}
var iterator = g5();
console.log(iterator.next()); // { value: 1, done: false }
console.log(iterator.next()); // { value: 2, done: false }
```

```
console.log(iterator.next()); // { value: 3, done: false }
console.log(iterator.next()); // { value: undefined, done: true},
此时 g4() 返回了 { value: "foo", done: true }
console.log(result); // "foo"
```

yield 的本质是一个语法糖，底层的实现方式便是 CPS 变换 6。也就是说，yield 是可以用循环和递归重新实现的，根本用不着一定在 V8 层面实现。但笔者认为，纯 JavaScript 实现的"yield"会造成大量的堆栈消耗，在性能上毫无优势可言。从性能上考虑，V8 可以优化 yield 的编译，实现更高性能的转换。

12.6.3 异常处理

可以通过 throw 抛出异常，在外层直接 try catch。

```
function *foo() {

try {
    yield 2;
}
catch (err) {
    console.log( "foo caught: " + err );
}

yield; // pause

// now, throw another error
throw "Oops!";
}

function *bar() {

yield 1;
try {
    yield *foo();
}
catch (err) {
    console.log( "bar caught: " + err );
}
}
var it = bar();
it.next(); // { value:1, done:false }
it.next(); // { value:2, done:false }
it.throw( "Uh oh!" ); // will be caught inside foo()
// foo caught: Uh oh!
it.next(); // { value:undefined, done:true } --> No error here!
// bar caught: Oops!
```

使用生成器处理串联的异步请求，比 Promise 更爽快。

```
//es6 代码
let makeAjaxCall = (url) => {
    return new Promise((resolve, reject) => {
        // do some ajax
        resolve(result)
    })
}
```

```
makeAjaxCall('http://url1')
    .then(JSON.parse)
    .then((result) => makeAjaxCall('http://url2?q=${result.query}'))
    .then(JSON.parse)
    .then((result) => makeAjaxCall('http://url3?q=${result.query}'))
```

这是通过链式 API 将异步代码改为同步代码。

```
let makeAjaxCall = (url) => {
    // do some ajax
    iterator.next(result)
}

function* requests() {
    let result = yield makeAjaxCall('http://url1')
    result = JSON.parse(result)
    result = yield makeAjaxCall('http://url2?q=${result.query}')
    result = JSON.parse(result)
    result = yield makeAjaxCall('http://url3?q=${result.query}')
}

let iterator = requests()
iterator.next() // get everything start
```

如果改成生成器的方式，则更加直观。但是有没有办法将最后一个 next 调用呢？

```
let makeAjaxCall = (url) => {
    return new Promise((resolve, reject) => {
        // do some ajax
        resolve(result)
    })
}

let runGen = (gen) => {
    let it = gen()

    let continuer = (value, err) => {
        let ret

        try {
            ret = err ? it.throw(err) : it.next(value)
        } catch (e) {
            return Promise.reject(e)
        }

        if (ret.done) {
            return ret.value
        }

        return Promise
            .resolve(ret.value)
            .then(continuer)
            .catch((e) => continuer(null, e))
    }

    return continuer()
}

function* requests() {
```

```
    let result = yield makeAjaxCall('http://url1')
    result = JSON.parse(result)
    result = yield makeAjaxCall('http://url2?q=${result.query}')
    result = JSON.parse(result)
    result = yield makeAjaxCall('http://url3?q=${result.query}')
}

runGen(requests)
```

gen.next()方法获取第一个 promise（见图 12-9），如果迭代完毕，返回 promise 结束。如果迭代未完成，等待当前 promise 状态转化后，获取下一个 promise，然后递归调用即可。yield 的作用只是实现自动 promise 链式调用的接口，不用人为的书写 then 方法。这个也是 co 的设计思路！

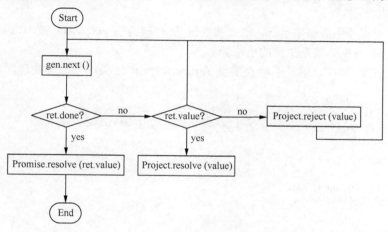

图 12-9

在本书写完之前，生成器的支持情况还是相当糟，需要通过编译来使用。此外，它本来的概念也太复杂，因此原定于 es7 的 async function 很快地推出来取替它。

12.7 es7 async/await 终极方案

Generator 的弊病是没有执行器，它本身就不是为流程控制而生的，所以 co 的出现只是解决了这个问题。

可是，你不觉得奇怪吗？为什么非要加个 co，才能好好的玩耍？为什么不能是直接就可以执行，并且效果和 co 一样的呢？

async/await 就是这样被搞出来的，很多人认为它是异步操作的终极解决方案。

await 的 3 种可能情况。

（1） await + async 函数。

（2） await + Promise。

（3） await + co（co 会返回 Promise，这样可以 Yieldable，但难度较大，适合老手）。

前 2 种是比较常用的，第 3 种 co 作为 promise 生成器，是一种 hack 的办法。

我们比较一下 await 与生成器的用法。

第 12 章 异步模型

```
function* gen() {
  var r1 = yield $.get('url1');
  var r2 = yield $.get('url2');
  var r3 = yield $.get('url3');
  console.log(r1, r2, r3);
}
```

然后，我们需要写一个启动器来启动这个函数。而采用 async 写，代码如下。

```
async function gen() {
var r1 = await $.get('url1'); var r2 = await $.get('url2');
var r3 = await $.get('url3');
console.log([r1, r2, r3].join('\n')); }
gen(); // 直接运行即可
```

直接运行，无须写生成器来运行，而代码仅仅是 * 改为 async, yield 改为 await 而已。

所以本质上讲，async 就是生成的语法糖。

多任务处理有个"坑"，就是不能直接在 forEach、map 之类的方法里处理，否则会报错或者得到错误的结果。

```
unction sleep(t) {
  return new Promise(resolve => setTimeout( _ => { resolve(+new Date) }, t))
}
async function run() {
  // 顺序
  let a = await sleep(100)
  let b = await sleep(200)

  // 并发1
  let c = await Promise.all([sleep(100), sleep(200), sleep(300)])

  // 并发2
  let d = await Promise.all([100, 200, 300].map(t => sleep(t)))

  // 并发3
  let list = [sleep(100), sleep(200), sleep(300)]
  let e = []
  for (let fn of list) {
    e.push(await fn)
  }

  console.log(
    '',
    'a:', a, '\n',
    'b:', b, '\n',
    'c:', c, '\n',
    'd:', d, '\n',
    'e:', e, '\n'
  )
}

run()

// a: 1468317737179
// b: 1468317737384
// c: [ 1468317737485, 1468317737589, 1468317737688 ]
```

```
// d: [ 1468317737792, 1468317737890, 1468317737989 ]
// e: [ 1468317738094, 1468317738193, 1468317738293 ]
```

异常处理

Node.js 里关于异常处理有一个约定，即同步代码采用 try/catch，非同步代码采用 error-first 方式。对于 async 函数来说，它的 await 语句是同步执行的，所以最正常的流程处理是采用 try/catch。语句捕获，和 generator/yield 是一样的。下面的代码所展示的是通用性的做法。

```
try {
  console.log(await asyncFn());
} catch (err) {
  console.error(err);
}
```

async/await 总结如下。

（1）async 函数语义上非常好，让异步编程更加的同步了。
（2）async 不需要启动器，它本身具备执行能力，不像 Generator。
（3）async 函数的异常处理采用 try/catch 和 Promise 的错误处理，非常强大。
（4）await 接 Promise，Promise 自身就足够应对所有流程了。
（5）await 释放 Promise 的组合能力，外加 Promise 的 then，基本无敌。

Node.js 中同样近似于 async/await 方式的还有 asyncawait 库，它不依赖 generator 而是依赖于 node-fiber，看名字大概就是 Node 里的一个纤程的实现吧。

```
https://github.com/yortus/asyncawait
```

12.8 总结

ES6 的 Generator 本意是为了计算而设计的迭代器，但 tj 觉得它可以用于流程控制，于是就有了 co，co 的历史可以说经历了目前所有的流程控制方案，而且由于支持 Generator 和 yield 就导致 yieldable。

yieldable 本来是没有这个词的，因为在 Generator 里可以是 yield 关键词，而 yield 后面接的有 5 种可能，故而把这些可以 yield 接的方式成为 yieldable，即可以 yield 接的。

（1）Promises。
（2）Thunks (functions)。
（3）array (parallel execution)。
（4）objects (parallel execution)。
（5）Generators and GeneratorFunctions。

这里笔者把 co 和 promise 做了简单的关联，同时区分 Yieldable 里的并行和顺序执行处理方式，以便大家能够更好地理解 co 和 Yieldable，如图 12-9 所示。

- 顺序执行
  - Promises
  - Thunks
- 并行

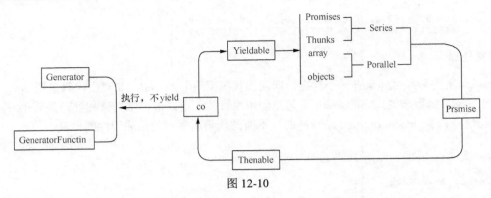

图 12-10

- array
- objects

无论是哪种，它们其实都可以是 Promise，而既然是 Thunk 对象，它们就可以 thenable，而 co v4.6 版本的执行的返回值就是 Promise，至此完成了左侧闭环。至于 Generator 和 GeneratorFunction 就要从 yield 和 yield* 讲起，在 koa 1.x 和 2.x 里有明显的应用。

最关键的是，Generator 是用来计算的迭代器，它是过渡性的产物。yiedable 足够强大，只是学习成本稍高，理解起来也有些难度。

综上所述，可以得出以下结论。

（1）Async 函数是趋势。

（2）Async 和 Generator 函数里都支持 promise，所以 promise 是必须会的。

（3）Generator 和 yield 异常强大，不过不会成为主流，所以学会基本用法和 promise 就好了，没必要所有的都必须会。

（4）co 作为 Generator 执行器是不错的，它更好的是当做 Promise 包装器，通过 Generator 支持 yieldable，最后返回 Promise。

经过 Callbacks, Promise, Generator, async/await，JS 精英们终于造出了一种基于共享内存模型的伪线程模型，如图 12-10 所示。

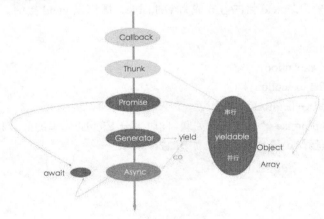

图 12-11

第13章 数据交互模块

前端与后端进行交互的方式有许多种,比如直接通过地址栏请求页面、script 节点加载脚本以及 XMLHttpRequest 对象进行更可控的数据加载。尤其是 XMLHttpRequest 对象,它带来的 Ajax 无缝刷新,直接焕发 JavaScript 的"第 2 春",让前端向富应用发展。在许多框架与类库中,作者都是把基于 script 节点的 JSONP 作为 Ajax 的补充,放在一起的。本章也不例外,还会介绍一下基于 iframe 的文件上传。

13.1 Ajax 概览

```
var xhr = new (self.XMLHttpRequest || ActiveXObject)("Microsoft.XMLHTTP")
xhr.onreadystatechange = function() {//先绑定事件后 open
    if (this.readyState === 4 && this.status === 200) {
        var div = document.createElement("div");
        div.innerHTML = this.responseText;
        document.body.appendChild(div);
    }
}
xhr.open("POST", "/ajax", true);
//必须,用于让服务器端判断 request 是 Ajax 请求(异步)还是传统请求(同步)
xhr.setRequestHeader("X-Requested-With", "XMLHttpRequest");
xhr.send("key=val&key1=val2");
```

这是一个完整的 Ajax 程序,包括跨平台取得 XMLHttpRequest 对象,绑定事件回调,判定处理状态,发出请求,设置首部,以及在 POST 请求时,通过 send 方法发送数据。上面 7

个步骤每一步都有兼容性问题或易用性处理。如果是跨域请求，IE8 可能比 XDomainRequest 更为方便。

13.2 优雅地取得 XMLHttpRequest 对象

　　Ajax 的核心就是 XMLhttpRequest 对象，以前，人们还花大精力用 iframe 来模拟它，但现在可以不管了。在 IE5 时，微软用一个 ActiveXObject 对象来加载数据，并且在数据返回时不会导致地址栏跳转和页面刷新。除此以外，微软的 ActiveXObject 还可以做许多事情，比如创建一个 HTML 页面或 XML 文档，解析 XSLT，外挂 Windows 的日历，拖动条什么。因此要知道这个 ActiveXObject 是干什么用，必须传参。像 XMLhttpRequest 这样重要的对象，在其发展过程中，一直面临外界的剧烈竞争，因此它也不断升级，这些版本号与名字连在一起，组成参数传入 ActiveXObject 才能正确生成 XMLhttpRequest。但它们之间没有什么规则，Msxml2.XMLHTTP.6.0、Msxml2.XMLHTTP.5.0、Msxml2.XMLHTTP.4.0、Msxml2.XMLHTTP.3.0、Msxml2.XMLHTTP、Microsoft.XMLHTTP，逐个试验（这取决于用户有没有打补丁与操作系统自带的版本）。

　　毋庸置疑，越新的版本功能越多，因此我们在试验时，把最新的版本放在前面。可能微软最后也发觉这用户体验太差了，也学标准浏览器那样，直接提供一个 XMLHttpRequest 对象给你 new，然后内部总是对应当前可用的最新版本。

　　IE7 这个决定是明智的，但 IE7 在 IE 的发展史，是个半成品，这个 XMLHttpRequest 对象也一样不好用。它不支持本地 file 协议，会出现拒绝访问，需要倒退到 ActiveXObject 对象。如果服务器不发送任何 header 来禁止浏览器进行缓存的话，IE7 的 XMLHttpRequest 对象可能会缓存和重用对 GET 请求的响应。使用以下的解决方式仍然会出现该问题：使用 POST 方法、使用随机的查询串（加时间戳等）、配置并使服务器发送某些缓存的指令。注意：单独使用一个非随机的查询串并不能阻止浏览器进行缓存。此外，IE7 的 XMLHTTPRequest 对象与标准浏览器的出入还是很大，人家有 prototype，有 onbort、onload、onerror 方法。它还不是一个 JavaScript 对象，是 MSXML2.XMLHTTP.3.0 的外壳。

　　如果我们查看一下各大类库的源码，发现它们并没有全部逐一试验。

```
//********************jQuery1.4a2******************
xhr: function(){
  return window.ActiveXObject ?
    new ActiveXObject("Microsoft.XMLHTTP") :
    new XMLHttpRequest();
},
//********************mootools1.2.4*****************
Browser.Request = function(){
  return $try(function(){
    return new XMLHttpRequest();
  }, function(){
    return new ActiveXObject('MSXML2.XMLHTTP');
  }, function(){
    return new ActiveXObject('Microsoft.XMLHTTP');
  });
};
```

13.2 优雅地取得 XMLHttpRequest 对象

```
//***********************prototype1.61rc2******************
getTransport: function() {
  return Try.these(
  function() {return new XMLHttpRequest()},
  function() {return new ActiveXObject('Msxml2.XMLHTTP')},
  function() {return new ActiveXObject('Microsoft.XMLHTTP')}
) || false;
},
```

Microsoft.XMLHTTP 是最早的版本，Msxml2.XMLHTTP 是 IE6 的，但打了补丁后自然有 Msxml2.XMLHTTP.3.0 和 Msxml2.XMLHTTP.4.0，Msxml2.XMLHTTP.5.0 不是给浏览器使用的，属于旁支，存在一定的兼容问题。其中 5.0 是为 office 所开发的，甚至带有一些特性是后来的 6.0 所没有的（如 xml 数字加密）。

MSXML 4.0 is a separate download that was released by Microsoft in October 2001. The latest or current service pack release of MSXML 4.0 is available through the Microsoft Web site. MSXML 4.0 must be installed separately and is not currently included with other Microsoft products. MSXML 4.0 installs side-by-side with earlier versions of MSXML without affecting any existing functionality.

MSXML 5.0 for Microsoft Office Applications is only available with current versions of Microsoft Office. MSXML 5.0 for Microsoft Office Applications installs side-by-side with earlier versions of MSXML without affecting any existing functionality.

Msxml2.XMLHTTP.6.0 是已知 ActiveXObject 系的 XMLHttpRequest 对象的最高版本。可能大家在网上还看到 Msxml2.XMLHTTP.7.0，很遗憾，那只是以讹传讹，笔者用 IE8 测试并不存在这个版本。

根据 IE blog 的建议，应该仅使用 6.0 和 3.0，不要使用旧的 microsoft.xmlhttp，那它也应该出现在上面的数组中。此外还有一个 MSXML2.XMLHTTP.2.6，但不知为什么，总之，如果你的浏览器打了某些升级补丁，new ActiveXObject（"Msxml2.XMLHTTP"）调用的是 2.6 或 3.0 版本，非常混乱。此后的版本，才正确对应它的版本号。因此上面没有列举 Msxml2.XMLHTTP.2.6 与 Msxml2.XMLHTTP.3.0 的必要，都给 Msxml2.XMLHTTP 代表了。

因此我们要检测的 ActiveXObject 的 ProgID 收窄为 Msxml2.XMLHTTP.6.0、Msxml2.XMLHTTP.3.0、Msxml2.XMLHTTP 与 Microsoft.XMLHTTP4 个。

```
function xhr() {
  if(!xhr.cache){
    var fns = [
      function () { return new XMLHttpRequest(); },
      function () { return new ActiveXObject('Msxml2.XMLHTTP'); },
      function () { return new ActiveXObject('Microsoft.XMLHTTP'); },
    ];
    for (var i = 0,n=fns.length; i < n; i++) {
      try {
        fns[i]();
        xhr.cache = fns[i];
        break;
      }catch(e){}
    }
    return xhr.cache();
  }else{
```

```
        return xhr.cache();
    }
}
var xhrObject = xhr();//调用
alert(xhrObject) //[object XMLHttpRequest]
```

凭心而论，上面的方法已经很高效了，只判定了一次，然后缓存生成方式。但有没有更优雅的设计呢？

因为即便我们缓存了生成方式，每次还要判断一下 xhr.cache 的值。这时用惰性函数处理，这是一种覆写自身的模式。

```
var xhr = function() {
  var fns = [
    function () { return new XMLHttpRequest(); },
    function () { return new ActiveXObject('Msxml2.XMLHTTP'); },
    function () { return new ActiveXObject('Microsoft.XMLHTTP'); },
  ];
  for (var i = 0,n=fns.length; i < n; i++) {
    try {
      fns[i]();
      xhr = fns[i];//注意这里，覆写自身
      break;
    }catch(e){}
  }
  return xhr()
}
```

我们再认真思考一下，既然我们是写框架，那么这些检测其实是放在 IIFE 里面，因此基本不用覆写，检测好哪个可用，就把它加到命名空间上就好了。最后的版本就出来了，使用 new Function、eval，反正只用一次，耗不了多少性能。

```
window.$ = window.$ = {}
var s = ["XMLHttpRequest", "ActiveXObject('Msxml2.XMLHTTP.6.0')",
    "ActiveXObject('Msxml2.XMLHTTP.3.0')", "ActiveXObject('Msxml2.XMLHTTP')"];
if (!"1"[0]) {//判定IE67
    s[0] = location.protocol === "file:" ? "!" : s[0];
}
for (var i = 0, axo; axo = s[i++]; ) {
    try {
        if (eval("new " + axo)) {
            $.xhr = new Function("return new " + axo);
            break;
        }
    } catch (e) {
    }
}
```

13.3 XMLHttpRequest 对象的事件绑定与状态维护

最早的 XMLHTTPRequest 对象只有 onreadystatechange 方法，然后被标准浏览器抄来，在易用

13.3 XMLHttpRequest 对象的事件绑定与状态维护

性上进行增强。首先将 XMLHTTPRequest 改造成一个事件派发者（EventDispatcher）。很早以前，浏览器只有 3 种原生的事件派发者，window 对象、文档对象与元素节点。既然是事件派发者，就有 addEventListener、removeEventListener、dispatchEvent 等多投事件 API，IE 到 9.0 才支持 W3C 那套，因此它的 XMLHTTPRequest 也在 IE9 才有 addEventListener 这些 API。

早些年，W3C 的大旗一直是 Firefox 在扛，许多 API 都是 Firefox 搞出来的，在漫长的 Firefox3.X 时代，onload、onerror、onabort、onprogress 这 4 个方法首先被搞出来。其他标准浏览器只是跟进。微软在 IE8 才为 XDomainRequest 添加 onerror、onload、onprogress、ontimeout 这几个事件，或许觉得过期事件非常有用，IE8 为 XMLHTTPRequest 多加个 ontimeout 事件，IE9 又加个 onabort 事件。

Firefox 在 3.6 开始支持用 XMLHttpRequest 上传二进制文件，为此搞出 FileReader 对象，此对象所支持的事件类型与后来的 XMLHTTPRequest2 的一模一样（onabort、onerror、onload、onloadend、onloadstart、onprogress）。其中 onloadend 与 jQuery ajax 的 complete 回调一模一样，无论成功与错误都会触发，用于收尾工作非常适合。IE10 终于把这些事件一口气实现了，如表 13-1 所示。

表 13-1

事件	描述
loadstart	在请求开始时触发
progress	在请求发送或接收数据期间，在服务器指定的时间间隔触发
abort	在请求被取消时触发，例如，在调用 abort()方法时
error	在请求失败时触发
load	在请求成功完成时触发
timeout	在指定的时间段已经结束时触发
loadend	在请求完成时触发，无论请求是成功还是失败
readystatechange	在 XHR 对象的 readyState 值发生改变时触发

从实现角度来看，由于 IE6～IE8 的 XMLHTTPRequest 无法进展原型，我们需要用包裹的方式创建一个伪 XMLHTTPRequest 对象，在它里面操作原生对象。对于事件绑定，为了对同一种事件绑定多个回调，我们需要继承一个自定义事件对象，换言之，一个观察者模式的东西。loadstart 就是在一开头执行，没什么难度，成功与失败我们可以判定 status 状态码，ontimeout 可以用 setTimeout 实现，onabort 就是一个开关，loadend 就是在回调里肯定会执行的方法。最麻烦是 onprogress，在标准浏览器中我们可以通过事件对象的 loaded 与 total 属性轻易计算得进度，IE 在 readyState==3 时 Content-Length 的值并不可靠。

至于请求是成功还是失败，IE 就要在 readystatechange 回调中查看 status 值与转换目标类型是否成功。

2xx 状态与表示从缓存中直接取出的 304 可以看是成功，但浏览器还是有一些例外情况需要我们注意。IE（非原生的 XHR 对象）中会将 204 设置为 1223，Opera 会在取得 204 时将 status 设置为 0，而 Safari 3 之前的版本会将 status 设置为 undefined。最终验证请求是否成功的代码将会是：

```
var ok = ( xhr.status >= 200 && xhr.status < 300 ) ||
 xhr.status === 304 || xhr.status === 1223 || xhr.status === 0
```

IE 的 1223 请求算是一个著名的 bug，在各大类库的 bugstack 中都有介绍。

```
XMLHTTPRequest implementation in MSXML HTTP (at least in IE 8.0 on Windows XP SP3+) does
not handle HTTP responses with status code 204 (No Content) properly; the `status' property
has the value 1223.
dojo - http://trac.dojotoolkit.org/ticket/2418
prototype
https://prototype.lighthouseapp.com/projects/8886/tickets/129-ie-mangles-http-respons
e- status-code-204-to-1223
YUI - http://developer.yahoo.com/yui/docs/connection.js.html (handleTransactionResponse)
JQuery - http://bugs.jquery.com/ticket/1450
ExtJS - http://www.sencha.com/forum/showthread.php?85908-FIXED-732-Ext-doesn-t-normalize-
IE-s-crazy-HTTP-status-code-1223
```

IE 下甚至会返回 5 位数的状态码，下面是 WinInet 错误代码。

```
http://support.microsoft.com/kb/193625
```

另外，Firefox 在本地使用 XMLHttpRequest 时，成功时 status 为 0。由于很少在本地发请求，因此主流框架没有对它加以处理。这个当作常识，自己留意一下吧。

13.4 发送请求与数据

XMLHTTPRequest 对象发送请求是使用 open 方法，在这之前请先绑定好各种事件回调。

语法如下：

```
open(method, url, async, username, password)
```

method 参数是用于请求的 HTTP 方法。值包括 GET、POST、PUT、DELETE 和 HEAD。有的浏览器还允许你自定义 method，不过要求全是大写，比如 IE6、Firefox3～Firefox19、Chrome、Opera。

url 参数是请求的主体。大多数浏览器实施了一个同源安全策略，并且要求这个 URL 与包含脚本的文本具有相同的主机名和端口。在 GET 请求，我们需要将参数转换成 querystring 的形式放在问号后面。

async 参数指示请求使用应该异步地执行。如果这个参数是 false，请求是同步的，后续对 send() 的调用将阻塞，直到响应完全接收。如果这个参数是 true 或省略，请求是异步的，且通常需要一个 onreadystatechange 事件句柄。

username 和 password 参数是可选的，为 url 所需的授权提供认证资格。如果指定了，它们会覆盖 url 自己指定的任何资格。

发送数据要用 send 方法，网上通常教我们在 POST 请求时发送 querystring。后来增加了 FormData、ArrayBuffer、Blob、Document 这几种数据类型。FormData 是一个不透明的对象，无法序列化，但能简化人工提交数据的过程。以前，我们点击按钮提交表单，浏览器会自动将这个表单的所有 disabled 为 false 的 input、texteara、select、button 元素的 name 与 value 抽取出来，变成一个 querystring。当我们用 Ajax 提交时，这个过程就成为人工的。jQuery 把它抽象成一个 serialize 方法，代码量不是少数。而 FormData 直接可以 new 一个实例出来，我们只需遍历表单元素，用 append

方法传入其 name 与 value 就行了。

```
var formdata = new FormData();
formdata.append("name", "司徒正美");
formdata.append("blog", "http://www.cnblogs.com/rubylouvre/");
```

更简捷的方式，它本来就可以用 **getFormData** 生成，并得到此表单的所有数据。

```
var formobj = document.getElementById("form");
var formdata = formobj.getFormData()
```

它也可以用传参方法填充内容。

```
var formobj = document.getElementById("form");
var formdata = new FormData(formobj);
```

最后就是提交。

```
var xhr = new XMLHttpRequest();
xhr.open("POST", "http://ajaxpath");
xhr.send(formData);
```

如果是 document，就自己生成一个 XML 对象发上去吧，但我们没有好的手段辨识浏览器是否支持 send(document)。对于其他新数据，一般来说，只要它们的构造器是出现在全局作用域下的，浏览器就已经同步好 send 方法了。

在标准浏览器支持二进制的过程中，无节操地实现了各种各样的对象。有的只是昙花一现，很快被废弃掉，如 BlobBuilder。剩下的还有 Blob、File、FileReader、FileWriter、BlobURL 及庞大的 TypedArray 家族。

下面是发送 ArrayBuffer 与 Blob 的例子。

```
var myArray = new ArrayBuffer(512);
var longInt8View = new Uint8Array(myArray);
for (var i = 0; i < longInt8View.length; i++) {
    longInt8View[i] = i % 255;
}
var xhr = new XMLHttpRequest;
xhr.open("POST", url, false);
xhr.send(myArray);
var xhr = new XMLHttpRequest();
xhr.open("POST", url, true);
var blob = new Blob(['abc123'], {type: 'text/plain'});
xhr.send(blob);
```

Firefox 很早以前还实现了一个私有的 sendAsBinary，可直接发送二进制数据。Chrome 可以用以下方法模拟。

```
XMLHttpRequest.prototype.sendAsBinary = function(datastr) {
    var bb = new WebKitBlobBuilder();
    var data = new ArrayBuffer(1);
    var ui8a = new Uint8Array(data, 0);
    for (var i in datastr) {
        if (datastr.hasOwnProperty(i)) {
            var chr = datastr[i];
```

```
            var charcode = chr.charCodeAt(0);
            var lowbyte = (charcode & 0xff);
            ui8a[0] = lowbyte;
            bb.append(data);
        }
    }
    var blob = bb.getBlob();
    this.send(blob);
}
```

13.5 接收数据

早期 XMLHTTPRequest 对象拥有两种接收数据的属性，responseText 对应解码后的字符串（默认解码为 utf-8），responseXML 对应一个 XML 文档，IE 还支持第 3 种，responseBody 对应未解码的二进制数据。JSON 传输格式兴起后，我们会对 responseText 进行加工，用 JSON.parse 得到 JSON 数据。至于后端返回什么类型的数据，在项目开发过程，这个有对应文档看，如果比较悲催，我们还可以通过 getResponseHeader("Content-Type")得知。

随着浏览器着手对二进制的支持，它新增的 responseType 和 response 属性，告知浏览器我们希望返回什么格式的数据。

responseType，在发送请求前，根据您的数据需要，将 xhr.responseType 设置为"text"、"arraybuffer"、"blob"或"document"。请注意，设置（或忽略）xhr.responseType =，会默认将响应设为"text"。

response 成功发送请求后，xhr 的响应属性会包含 DOMString、ArrayBuffer、Blob 或 Document 形式（具体取决于 responseType 的设置）的请求数据。

方法一：

```
适用范围：Chrome8~Chrome24、Firefox6~Firefox18、IE10。
var BlobBuilder = window.MozBlobBuilder || window.WebKitBlobBuilder || window.MSBlob
Builder || window.BlobBuilder
if (!BlobBuilder) {
    console.log("BlobBuilder 已被废弃")
}
var xhr = new XMLHttpRequest();
var img = document.getElementById("img")
xhr.open('POST', 'image.jpg', true);
xhr.setRequestHeader("X-Requested-With", "XMLHttpRequest");
xhr.responseType = 'arraybuffer';
xhr.onload = function(e) {
    if (this.status === 200) {
        var bb = new BlobBuilder();
        bb.append(this.response);
        var blob = bb.getBlob('image/jpeg');
        img.src = blob;
    }
};
xhr.send();
```

13.5 接收数据

方法二：

```
//适用范围：Chrome19+、Firefox6、IE10、Opera12、Safari5
var xhr = new XMLHttpRequest();
var img = document.getElementById("img");
xhr.open('POST', 'image.jpg', true);
xhr.setRequestHeader("X-Requested-With", "XMLHttpRequest");
xhr.responseType = 'blob';
//https://developer.mozilla.org/zh-CN/docs/DOM/window.URL.createObjectURL
window.URL = window.URL || window.webkitURL;
img.addEventListener("DOMNodeRemoved", function() {
    window.URL.revokeObjectURL(img.src);
});
xhr.onload = function(e) {
    if (this.status === 200) {
        var blob = this.response;
        img.src = window.URL.createObjectURL(blob);
    }
}
xhr.send();
```

方法三：

```
//适用范围：Chrome10+、Firefox6、IE10、Opera11.60
var xhr = new XMLHttpRequest();
xhr.open('POST', '/path/to/image.jpg', true);
xhr.setRequestHeader("X-Requested-With", "XMLHttpRequest");
xhr.responseType = 'arraybuffer';
xhr.onload = function(e) {
    if (this.status == 200) {
        var uInt8Array = new Uint8Array(this.response);
        var i = uInt8Array.length;
        var binaryString = new Array(i);
        while (i--) {
            binaryString[i] = String.fromCharCode(uInt8Array[i]);
            }
        var data = binaryString.join('');
        var base64 = window.btoa(data);
        document.getElementById("img").src = "data:image/jpeg;base64," + base64;
        }
};
xhr.send();
```

方法四：

```
//适用范围：支持 overrideMimeType 与 btoa 的浏览器
var xhr = new XMLHttpRequest();
xhr.open('POST', 'image.jpg', true);
xhr.setRequestHeader("X-Requested-With", "XMLHttpRequest");
//重写了默认的 MIME 类型，强制浏览器将该响应当成纯文本文件来对待，使用一个用户自定义的字符集
//这样就是告诉了浏览器，不要去解析数据，直接返回未处理过的字节码
xhr.overrideMimeType('text/plain; charset=x-user-defined');
xhr.onload = function(e) {
    if (this.status == 200) {
        var responseText = xhr.responseText;
        var responseTextLen = responseText.length;
```

```
            var binary = ''
            for (var i = 0; i < responseTextLen; i += 1) {
                //扔掉的高位字节(f7)
                binary += String.fromCharCode(responseText.charCodeAt(i) & 0xff);
            }
            var base64 = window.btoa(binary);
            document.getElementById("img").src = "data:image/jpeg;base64," + base64;
        }
    };
    xhr.send();
```

btoa 其实就是一个 encodeBase64 方法。如果浏览器不支持，可以自己实现一个，让适用范围更广。

```
(function () {
var chars =
'ABCDEFGHIJKLMNOPQRSTUVWXYZabcdefghijklmnopqrstuvwxyz0123456789+/'.split('');
    window.bota = window.btoa || function(str) {
        if (/[^\u0000-\u00ff]/.test(str)) {
            throw new Error('encodeBase64 : INVALID_CHARACTER_ERR');
        }
        var hash = chars;
        var i = 2;
        var len = str.length;
        var output = [];
        var link;
        var mod = len % 3;
        len = len - mod;
        for (; i < len; i += 3) {
            output.push(
                    hash[(link = str.charCodeAt(i - 2)) >> 2],
                    hash[((link & 3) << 4 | ((link = str.charCodeAt(i - 1)) >> 4))],
                    hash[((link & 15) << 2 | ((link = str.charCodeAt(i)) >> 6))],
                    hash[(link & 63)]
                    );
        }
        if (mod) {
            output.push(
                    hash[(link = str.charCodeAt(i - 2)) >> 2],
                    hash[((link & 3) << 4 | ((link = str.charCodeAt(i - 1)) >> 4))],
                    link ? hash[(link & 15) << 2] + '=' : '=='
                    );
        }
        return output.join('');
    }
})()
```

下面讲解如何对付旧版本 IE。IE 支持两种脚本语言，JavaScript 与 VBScript。JavaScript 不能做的事，VBScript 可以殿后。整个思路是参照方式 4，搞一个类似的 Uint8Array 的东西出来。

你可以使用以下两种方式创建一个 VBS 的转换函数。

```
(function() {
    function vbs () {
        /*
Function BinaryToArray(binary)
```

```
        Dim length,array()
        length = LenB(binary) - 1
        ReDim array(length)
        For i = 0 To length
            array(i) = AscB(MidB(binary, i + 1, 1))
        Next
        BinaryToArray = array
    End Function
            */
    }
    var str = vbs.toString();
    execScript(str.slice(str.indexOf("*") + 1, str.lastIndexOf("*")), "VBScript");
})();
(function() {
    var str =
            'Function BinaryToArray(binary)\r\n\
                Dim oDic\r\n\
                Set oDic = CreateObject("scripting.dictionary")\r\n\
                length = LenB(binary) - 1\r\n\
                For i = 1 To length\r\n\
                    oDic.add i, AscB(MidB(binary, i, 1))\r\n\
                Next\r\n\
                BinaryToArray = oDic.Items\r\n\
            End Function'
    execScript(str, "VBScript");
})();
```

第一种是使用多行注释实现 heredocument，但不防压缩。第二种为了保持格式漂亮加入了许多空白，注意不能去掉后面的换行符，否则解释错误。通过 BinaryToArray 方法得到一个数字数组，但它是一个 VBScript 对象，我们需要把它放到 VBArray 构造器内，转换为真正的 JavaScript 数组。剩下的处理就是一样的了。

```
var xhr = new XMLHttpRequest();
xhr.open('POST', 'image.jpg', true);
xhr.setRequestHeader("X-Requested-With", "XMLHttpRequest");
xhr.onload = function(e) {
    if (this.status === 200) {
        var byteArray = new VBArray(BinaryToArray(this.responseBody)).toArray();
        var n = byteArray.length;
        var binary = '';
        for (var i = 0; i < n; i++) {
            //扔掉的高位字节(f7)
            binary += String.fromCharCode(byteArray[i] & 0xff);
        }
        var base64 = window.btoa(binary);
        document.getElementById("img").src = "data:image/jpeg;base64," + base64;
    }
};
xhr.send();
```

13.6 上传文件

这个与前面提到的传送数据有点相似，不过它与 input[type=file] 结合得更紧密。

假设页面上有一个 ID 为 upload 的上传域与一个 ID 为 progress 的用于显示进度的 SPAN 元素，那么使用 XMLHTTPRequest2 来上传文件是这样实现的：

```javascript
window.addEventListener("load", function() {
    var el = document.querySelector('#file');
    var progress = document.querySelector('#progress');
    el.addEventListener('change', function() {
        var file = this.files[0];
        if (file) {
            var xhr = new XMLHttpRequest();
            xhr.upload.addEventListener('progress', function(e) {
                //处理兼并性问题，不同版本其名字不一样
                var done = e.position || e.loaded, total = e.totalSize || e.total;
                progress.innerHTML = (Math.floor(done / total * 1000) / 10) + "%";
            });
            xhr.addEventListener('load', function() {
                progress.innerHTML = "上传成功";
            });
            xhr.open('PUT', '/upload', true);
            xhr.setRequestHeader('X-Requested-With', 'XMLHttpRequest');
            xhr.setRequestHeader('X-File-Name', encodeURIComponent(file.fileName || file.name));
            xhr.setRequestHeader('Content-Type', 'application/octet-stream');
            xhr.send(file);
        }
    })
});
```

如果文件很大，我们利用文件对象的 slice 方法切割一下，分块上传。

```javascript
window.addEventListener("load", function() {
    var el = document.querySelector('#file');
    var progressBar = document.querySelector('#progress');
    function upload(name, index, file, total) {
        var xhr = new XMLHttpRequest();
        xhr.addEventListener('load', function() {
            progressBar.innerHTML = "100% 上传成功";
        });
        xhr.open('PUT', '/upload', true);
        xhr.setRequestHeader('X-Requested-With', 'XMLHttpRequest');
        xhr.setRequestHeader('X-File-Index', index);
        xhr.setRequestHeader('X-File-total', total);
        xhr.setRequestHeader('X-File-Name', encodeURIComponent(name));
        xhr.setRequestHeader('Content-Type', 'application/octet-stream');
        xhr.send(file);
    }
    el.addEventListener('change', function() {
        var blob = this.files[0];
        var meanSize = 512 * 1024; // 1MB chunk sizes.
        var totleSize = blob.size;
        var start = 0, end = 0;
        var i = 0;
        var name = blob.fileName || blob.name;
```

```
            var total = Math.ceil(totleSize / meanSize)
            while (start < totleSize) {
                if ('mozSlice' in blob) {
                    var chunk = blob.mozSlice(start, end);
                } else if ("webkitSlice" in blob) {
                    chunk = blob.webkitSlice(start, end);
                } else {
                    chunk = blob.slice(start, end);
                }
                upload(name, i, chunk, total);
                i++
                start = end;
                end = start + meanSize;
            }
        });
    })
```

至于旧式 IE，那就没有办法了，需要用到 iframe 或 flash。不过专业的上传组件都是混用多种上传手段，非常庞大，笔者这里不就展开了。这里稍微列出笔者所知道的成熟方案，如图 13-1 所示。

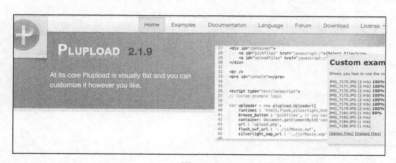

图 13-1

13.7 jQuery.ajax

Ajax 的底层实现都是浏览器提供的，所以任何基于 API 上面的框架或者库，都只是说对于功能的灵活与兼容维护性做出最优的扩展。

ajax 请求的流程：

（1）通过 new XMLHttpRequest 或其他的形式（指 IE）生成 Ajax 的对象 xhr。
（2）通过 xhr.open(type, url, async, username, password)的形式建立一个连接。
（3）通过 setRequestHeader 设定 xhr 的请求头部（request header）。
（4）通过 send(data)请求服务器端的数据。
（5）执行在 xhr 上注册的 onreadystatechange 回调处理返回数据。

这几步之中，我们开发者可能会遇到如下的问题。

（1）跨域处理。

（2）将返回的原始数据转换为想要的格式。

（3）Ajax 乱码问题。

（4）页面缓存。

（5）HTTP 状态的纠正与维护。

（6）不同平台兼容。

jQuery 主要就是解决上面这问题，之后就在这个基础之上进行扩展 jQuery 2.0.3 版的 Ajax 部分，源码大概有 1200 多行，主要针对 Ajax 的操作进行了一些扩展，使之更加灵活。

jQuery 在 1.5 中对 Ajax 模块的重写，增加了几个新的概念

Ajax 模块提供了 3 个新的方法用于管理、扩展 Ajax 请求，分别是。

（1）前置过滤器 jQuery. ajaxPrefilter。

（2）请求分发器 jQuery. ajaxTransport。

（3）类型转换器 ajaxConvert。

除此之后还重写了整个异步队列处理，加入了 deferred，可以将任务完成的处理方式与任务本身解耦合。使用 deferreds 对象，多个回调函数可以被绑定在任务完成时执行，甚至可以在任务完成后绑定这些回调函数。这些任务可以是异步的，也可以是同步的。

1. 链式反馈 done 与 fail

```
$.ajax({
    url: "script.php",
    type: "POST",
    data: {
        id: menuId
    },
    dataType: "html"
}).done(function(msg) {
    $("#log").html(msg);
}).fail(function(jqXHR, textStatus) {
    alert("Request failed: " + textStatus);
});
```

2. 分离异步与同步处理

```
var ajax = $.ajax({
    url: "script.php",
    type: "POST",
    data: {
        id: menuId
    },
    dataType: "html"
}).fail(function(jqXHR, textStatus) {
    alert("Request failed: " + textStatus);
});


//同步还在执行代码，这个函数有可能在 Ajax 结束前调用
```

```
dosomething()
//同步还在执行代码,这个函数有可能在 Ajax 结束前调用
dosomething()

//异步还在等在成功响应
ajax.done(function(msg) {
    $("#log").html(msg);
})
```

不再被限制到只有一个成功,失败或者完成的回调函数了。相反这些随时被添加的回调函数被放置在一个先进先出的队列中。

3. 同时执行多个 Ajax 请求

```
function ajax1() {
    return $.get('1.htm');
}

function ajax2() {
    return $.get('2.htm');
}

$.when(ajax1(), ajax2())
    .then(function() {
        //成功
    })
    .fail(function() {
        //失败
    });
```

显而易见,deferred 对象就是 jQuery 的回调函数解决方案,它解决了如何处理耗时操作的问题,对那些操作提供了更好的控制,以及统一的编程接口。

jqXHR 对象

从 jQuery 1.5 开始,$.ajax()返回 XMLHttpRequest(jqXHR)对象,该对象是浏览器的原生的 XMLHttpRequest 对象的一个超集。用于屏蔽各种不同传输对象的差异,比如说,旧式 IE 是使用 ActiveXObject,如果要跨域有些 jQuery 插件会替换为 XDomainRequest,标准浏览器使用 XMLHttpRequest,但 XMLHttpRequest 分为第一代与第二代,当你要 JSONP 时,jQuery 会使用 script 标签来发送请求,但你要上传时,jQuery.form 会用 iframe。因此必须包一层,无法最终用什么东西发送请求,在回调里面的 this 总是为一个类似 XMLHttpRequest 的对象(jqXHR 对象)。

一个 jqXHR 对象拥有以下属性与方法,如图 13-2 所示。
- readyState。
- status。
- statusText。
- responseXML/responseText。

第 13 章　数据交互模块

- setRequestHeader(name, value)。
- getAllResponseHeaders()。
- getResponseHeader()。
- abort()。

jQuery.Deferred 出来后，通过 Deferred 的 promise 方法，再为它添加更多添加链式回调的方法，如图 13-3 所示。

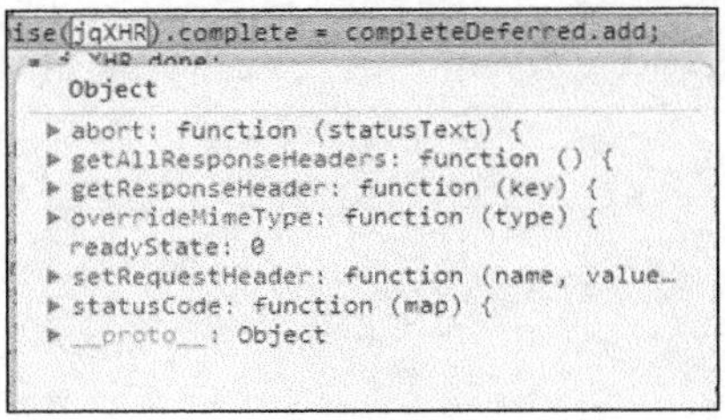

图 13-2

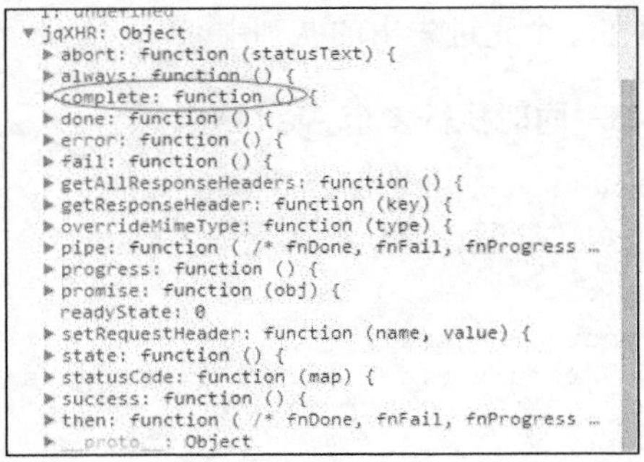

图 13-3

```
deferred = jQuery.Deferred(),
deferred.promise( jqXHR );
```

此外，jQuery 在 jQXHR 短暂的生命周期中也能触发各种事件，我们可以订阅这些事件并在其中处理我们的逻辑。在 jQuery 中有两种 Ajax 事件：局部事件和全局事件。

局部事件（回调函数），在$.ajax()方法的 options 参数中声明，可以用来设置请求数据和获取、处理响应数据。

（1）beforeSend 该函数可在发送请求前修改 XMLHttpRequest 对象，如添加自定义 HTTP 头。

（2）dataFilter 在请求成功之后调用。若状态码为 304（未修改）则不触发此回调。

（3）success 请求成功时触发。

（4）error 请求失败时调用此函数。

（5）complete 请求完成后回调函数（请求成功或失败之后均调用）。

全局事件，每次 Ajax 请求都会触发，它会向 DOM 中的所有元素广播，你只需为 DOM 中任意元素 bind 好全局事件即会触发（若绑定多次，则会依次触发为事件注册的回调函数）。

（1）ajaxStart 开始新的 Ajax 请求，并且此时 jQuery 对象上没有其他 Ajax 请求正在进行。

（2）ajaxSend 当一个 Ajax 请求开始时触发。

（3）ajaxSuccess 全局的请求成功。

（4）ajaxError 全局的发生错误时触发。

（5）ajaxComplete 全局的请求完成时触发。

（6）ajaxStop 当 jQuery 对象上正在进行 Ajax 请求都结束时触发。

此外，jQuery 还提供了几个提交数据时经常用的数据序列化函数。

`serialize` 用于序列化一组表单元素，将表单内容编码为用于提交的字符串。

`serializeArray` 用于序列化一组表单元素，将表单内容编码为一个 JavaScript 数组。

`param` 将一个 JS 数组或对象序列化为字符串值，以便用于 URL 查询字符串或 Ajax 请求。

总结，jQuery.ajax 是目前世界上最好的 Ajax 程序了，支持 Promise，功能齐全，扩展性强。当然它也有一个缺点，就是与 jQuery 绑在一起，有时为了简化 Ajax 编码就引入整个 jQuery 未免有些浪费，则可以试试这些专业库：

1. 成功的 Ajax 请求的事件流（见图 13-4）

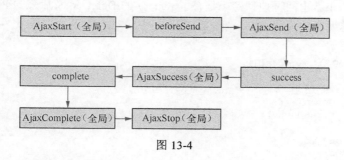

图 13-4

2. 失败的 Ajax 请求的事件流（见图 13-5）

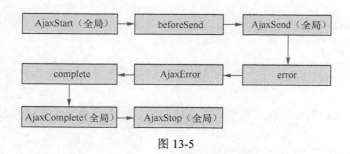

图 13-5

https://github.com/ForbesLindesay/ajax 基于早期的 jQuery.ajax 设计出来，用法与 jQuery 一致，可惜不支持 Promise。PC 上要单独使用 Ajax 时可以使用此库。

https://github.com/visionmedia/superagent 由大牛亲自打造，browser/nodejs 通用，插件丰富，可惜不支持 Promise 及兼容性差（IE0＋）。

https://github.com/mzabriskie/axios 一个成名更早的 Ajax 库，支持 Promise，架构优美，兼容性好（IE8＋）。在业务线使用时，这个库也是推荐使用。

https://github.com/ded/reqwest 与 jQuery.ajax 基本兼容，支持 Promise，兼容性优秀（IE6＋），设计精巧，代码量少（依赖于 xhr2 库）。

https://github.com/pyrsmk/qwest 从名字可以看出，它是 reqwest 的模仿者，优点应该与它与一致，但不能运行于 Node.js。它行数基于更少。它需要依赖一个不怎么标准的 Promise。

13.8 fetch,下一代 Ajax

Ajax 自 2005 年出现在公众面前,已经有十多年,算是一个很长寿的技术方案了。而它的取替点,则按照 W3C 一惯的手段,从社区成熟的方案标准化。fetch,大抵可以认为是 jQuery.ajax 的官方版。

脱胎于微软私有的异步请求方案 XMLHttpRequest,其运作方式于现在的眼光来看,已经有点落后了。它是使用 on×××来添加回调,是典型的事件模式。而异步事件机制的并发竞争情况,它很难处理,一不心小就出回调地狱,于是有了 jQuery 的 Deferred 及后来的 Promise。

我们比较一下这两者的写法吧。

```
//ajax
var xhr = new XMLHttpRequest();
xhr.open('GET', url);
xhr.responseType = 'json';
xhr.onload = function() {
  console.log(xhr.response);
};
xhr.onerror = function() {
  console.log("Oops, error");
};
xhr.send();
//fetch
fetch(url).then(function(response) {
  return response.json();
}).then(function(data) {
  console.log(data);
}).catch(function(e) {
  console.log("Oops, error");
});
```

从形式上看,fetch 是比 Ajax 简单些,但实际不然。fetch 需要 4 个东西配合一起使用。我们看一下 API。

首先要引入 fetch 库,这东西的兼容性还是非常差,如图 13-6 所示。

它总共有 4 个对象,**fetch**、**Request**、**Headers**、**Response**。

图 13-6

fetch 是入口函数,它要求传入一个 url 或一个 **Request** 实例,后面再跟一个可选的配置对象。配置对象与 Request 对象可以指定一个 headers 属性,这个对象是一个对象,可以是普通 JavaScript 对象,也可以是一个 Headers 实例,最后它会在第一个 then 方法中返回 **Responses** 实例。这样,4 个东西就串起来了。

下面是官方的几个简单例子。

1. 返回文本

```
fetch('/users.json').then(function(response) {
  console.log(response.headers.get('Content-Type'))
```

```
    console.log(response.headers.get('Date'))
    console.log(response.status)
    console.log(response.statusText)
})
```

2. 返回 JSON

这个见上面的例子。

3. 抽取状态码等元信息

```
fetch('/users.html')
  .then(function(response) {
//无论后端返回什么，response 的 text 方法会将它转换为文本
    return response.text()
  }).then(function(body) {
    document.body.innerHTML = body
  })
```

4. 发送 POST 请求

```
var form = document.querySelector('form')

fetch('/users', {
  method: 'POST',
  body: new FormData(form)
})
```

5. 上传文件

```
var input = document.querySelector('input[type="file"]')

var data = new FormData()
data.append('file', input.files[0])
data.append('user', 'hubot')

fetch('/avatars', {
  method: 'POST',
  body: data
}).then(function(){/***/})
```

或者使用 Request 实例上传文件。

```
var myImage = document.querySelector('img');
var myRequest = new Request('flowers.jpg');
fetch(myRequest).then(function(response) {
  return response.blob();
}).then(function(response) {//图片预览
  var objectURL = URL.createObjectURL(response);
  myImage.src = objectURL;
});
```

使用 header 实例设置请求头。

```
var myImage = document.querySelector('img');
```

```
var myHeaders = new Headers();
myHeaders.append('Content-Type', 'image/jpeg');

var myInit = { method: 'GET',
               headers: myHeaders,
               mode: 'cors',
               cache: 'default' };
var myRequest = new Request('flowers.jpg');

fetch(myRequest,myInit).then(function(response) {
  ...
});
```

Request 对象拥有如下配置项。

- method：请求类型，GET, POST, PUT, DELETE, HEAD。
- url：请求地址，URL of the request。
- headers：关联的 Header 对象。
- referrer：referrer。
- mode：请求的模式，主要用于跨域设置，cors, no-cors, same-origin。
- credentials：是否发送 Cookie omit, same-origin。
- redirect：收到重定向请求之后的操作，follow, error, manual。
- integrity：完整性校验。
- cache：缓存模式（default, reload, no-cache）。

Response 对象拥有如下方法（我们不用关心它是如何构建的）
The Response also provides the following methods。

- clone()：复制自身。
- error()：获取错误详情的 Promise。
- redirect()：跳转。
- arrayBuffer()：返回一个 Arraybuffer 数据的 Promise。
- blob()：返回一个 Blob 数据的 Promise。
- formData()：返回一个 FormData 数据的 Promise。
- json()：返回一个 JSON 数据的 Promise。
- text()：返回一个字符串数据的 Promise。
- status：状态码（ex: 200, 404, etc.）。
- ok：是否成功响应（status in the range 200-299）。
- statusText：status code (ex: OK)。
- headers：响应头。

用法是简单的，但是如果想在低版本浏览器下使用（主要是 IE6～IE8），还是很艰难。总不能用一项新技术，就不管旧客户嘛，因此我们像叠积木一样堆砌 polyfill，基本可以支持 IE8＋。

- 引入 ES5 的 polyfill: es5-shim, es5-sham。
- 引入 Promise 的 polyfill: es6-promise。

- 引入 fetch 探测库：fetch-detector。
- 引入 fetch 的 polyfill: fetch-ie8。
- 可选：如果你还使用了 jsonp，引入 fetch-jsonp。

6. fetch 常见"坑"

fetch 请求默认是不带 cookie 的，需要设置 fetch(url, {credentials: 'include'})。服务器返回 400、500 错误码时并不会 reject，只有网络错误导致请求不能完成时，fetch 才会被 reject。

7. IE 使用策略

IE8、IE9 的 XHR 不支持 CORS 跨域，虽然提供 XDomainRequest，但这个东西就是玩具，不支持传 Cookie！如果接口需要权限验证，还是乖乖地使用 jsonp 吧，推荐使用 fetch-jsonp。

在本书成书时，github 上有关 fetch 的 polyfill 还是很少，但当作为一个潮流，fetch 取替 Ajax 只是时间的问题。如果大家还坚持自己写 Ajax 库，建议参考 fetch 的 API 来构建。

第 14 章 动画引擎

浏览网页时,我们经常被一些创意所感动。无论是极具视觉冲击的动画,还是很平缓但舒适的细微变动,都是这东西所创造的。动画引擎听起来是很高级的东西,但原理却很简单。

以前听说日本的动画是这样做出来:一个人在一本空白的书中画了许多画,这些画每一张与上一张都有细微的差异,然后快速翻动书页,就看起来像动一样。动画只不过是我们眼睛的残影,叫做视觉暂留现象。这里有两个关键字:差异与快速。在网页中,控制样式的任务已经交由 CSS 掌控,让 JavaScript 第一次拥有时间处理的 API,setTimeout 与 setInterval 早在 CSS 诞生前已出现。CSS 可划分两种,一种的值近似一个无限集合,一种只有寥寥几个值。能够度量与变化的也是那个无限集,就是像颜色值,red、yellow、black,我们也可以转换为 RGB 进行计算。我们可以在定时器里面,每隔 20ms~30ms 改变这些样式值,于是就有了动画。改变宽高,就叫缩放;改变坐标,就叫位移;改变坐标轴,就叫旋转;改变透明度,就叫淡入淡出……

14.1 动画的原理

在标准浏览器中,可计算的样式值基本上它已经为你转换好,如 width、height、margin-x、border-x-width、padding-x,这些样式的单位为 px。color、background-color 则被分解为 RGB,这个很容易就格式化为一个数组,透明度就自不用说。不过,最恶心的是新引进的变形样式 transfrom,它有两类传值方式,一种面向人类,是 rotate()、skew()、scale()、translate(),分别还有 x、y 之分,比如 rotateX()和 rotateY(),以此类推;一类面向计算机,传入矩阵进去,matrix(),无论是传什么,它最后都转成矩阵。

如果换是旧版本 IE,那么就得自己转了,比如你原来的单位是 em, currentStyle 会返回 em,原来填的颜色是 red,它不会返回 rgb(255,0,0)给你。

因此搞动画引擎的第一步是设法获得元素的精确样式值,这个笔者在样式模块这一章有介绍,那里给出的$.css 方法基本上除颜色值都是已转换好的。

现在我们尝试让一个方块动起来吧。动起来,换言之就是改变位置,在 CSS 就是对应 top 与 left,当然你还可以用 margin-left,现在我们只讲最通用的方式。要想用 top 与 left 还需要让它相对定位或绝对定位。通常的做法是父元素相对定位,成为包含块,子元素绝对定位。只有定位了,top 与 left 才不会返回 auto,而是返回可计算的像素值。首先要得到它原来的位置。简单起见,先实现平移,那么只需要取 left,读者可以在 Firefox 下做实现,直接使用 getComputedStyle,然后让用户传结束位置,起始位置与结束位置之间的距离,就是要一点点操作的变量。动画还涉及时间,一个时长,也就是动画执行的总时间,另一个是每次变动的相隔时间,这个通常由引擎决定,当然也可以暴露出来,它有个学名叫做 fps。

fps 通俗地说,叫刷新率,在 1 秒内更新多少次画面。根据人眼睛的视觉停留效应,若前一幅画像留在大脑中的印象还没消失,后一幅画像就接踵而至,而且两幅画面间的差别很小,就会有"动"的感觉。那么停留多少毫秒最合适呢?我们不但要照顾人的眼睛,还要顾及一下显示器的显示速度与浏览器的渲染速度。根据外国的统计,25 毫秒为最佳数值。其实,这个数值我们应该当作常识来记住。联想一下,日本动画好像有个规定是 1 秒 30 张画,中国的是 1 秒 24 张。用 1 秒去除以张数,就得到每幅画面停留的时间。日本的那个 27.77 毫秒已经很接近我们的 25 毫秒了,因为浏览器的渲染速度明显不如电视机的渲染速度,尤其 IE6 这个拉后腿的。距离与时间出来了,那么我们再求一下速度就行了。

为此我们建一个新页面,里面有一个方块,它位于包含块这个轨道上。它要从这一端跑到另一个端。动画时间为 2 秒,fps 为 30 帧。

```
<style type="text/css">
    #taxiway{
        width:800px;
        height:100px;
        background:#E8E8FF;
        position: relative;
    }
    #move{
        position: absolute;
        left:0px;
        width:100px;
        height:100px;
        background:#a9ea00;
    }
</style>
<div id="taxiway">
    <div id="move" ></div>
```

```
</div>
<script>
    window.onload = function () {
        var el = document.getElementById("move");
        var parent = document.getElementById("taxiway")
        var distance = parent.offsetWidth - el.offsetWidth;        //总移动距离
        var begin = parseFloat(window.getComputedStyle(el, null).left);  //开始位置
        var end = begin + distance;                                //结束位置
        var fps = 30;                                              //刷新率
        var interval = 1000 / fps;                                 //每相隔多少ms刷新一次
        var duration = 2000;//时长
        var times = duration / 1000 * fps;                         //一共刷新这么多次
        var step = distance / times;//每次移动多少距离
        el.onclick = function () {
            var now = new Date
            var id = setInterval(function () {
                if (begin >= end) {
                    el.style.left = end + "px";
                    clearInterval(id);
                    alert(new Date - now)
                } else {
                    begin += step;
                    el.style.left = begin + "px"
                }
            }, interval)
        }
    }
</script>
```

上例中，我们使用了最简单的累加来实现。现在我们改写一下，加入进度这个变量，让其更具广泛性。

```
el.onclick = function () {
    var beginTime = new Date
    var id = setInterval(function () {
        var t = new Date - beginTime;//当时已用掉的时间
        if (t >= duration) {
            el.style.left = end + "px";
            clearInterval(id);
            alert(t)
        } else {
            var per = t / duration;//当前进度
            el.style.left = begin + per * distance + "px"
        }
    }, interval)
}
```

如果我们能随意控制 per 这个数值，那么就能轻易实现加速或减速。于是乎，人们发明了缓动公式。所谓缓动公式其实来自数学上的三角函数、二次项方程式、高阶方程式，它们最初由 Flash 界的 Robert Penner 整理收来。有了缓动公式，我们就能轻松模拟现实中加速、减速、急刹车、重力、摇摆、弹簧、来回弹动等效果。

14.2 缓动公式

经过这么多年的发展，缓动公式的各项规范都稳定下来。虽然现在还有人源源不断地发掘出新式，但一般业务中，绝对多数人都是用默认的 easeIn 或 linear。因此如果对库的大小有顾虑，那么就将它们独立成一个模块吧。

现在所有缓动公式，基本上除了 linear 外（但它也常被称为 easeNone），它们都以 ease 开头命名。添加 3 种后缀，In 表示加速，Out 表示减速，InOut 表示加速到中途又开始减速，于是就有 easeIn、easeOut、easeInOut 之分。如果单是这样命名，说明，它们没有介入高阶函数与三角函数，像 linear 就是匀速。

然后再以实现方式与指数或开根进行区分。Sine 表示由三角函数实现，Quad 是二次方，Cubic 是三次方，Quart 是四次方，Quint 是五次方，Circ 使用开平方根的 Math.sqit，Expo 使用开立方根的 Math.pow，Elastic 则是结合三角函数与开立三方根的初级弹簧效果，Back 是使用了一个 1.70158 常数来计算的回退效果，Bounce 则是高级弹簧效果，如图 14-1 所示。

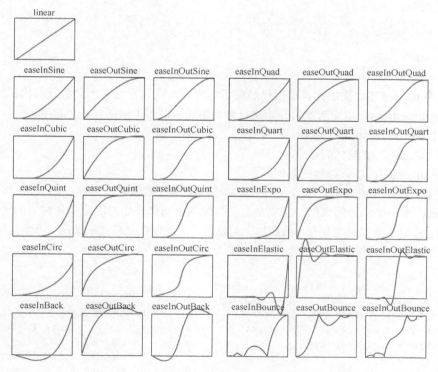

图 14-1

图片出自 http://hosted.zeh.com.br/tweener/docs/en-us/misc/transitions.html
这些公式我们可以在 AS 库，或 jquery.easing.js、mootools 库里面找到，基本上大同小异。其

第14章 动画引擎

中 jquery.easing.js 最规范，mootools 使用循环生成方式实现，代码最简。读者想实现自己的动画库，可以参考这两者。

jQuery 标准库里面只有两条：

```
linear: function( p ) {
    return p;
},
swing: function( p ) {
    return 0.5 - Math.cos( p*Math.PI ) / 2;
}
```

但显然与其他缓动库的参数形式不一样：

```
var easing = {
    easeInQuad: function( t, b, c, d) {
        return c * (t /= d) * t + b;
    },
    easeOutQuad: function( t, b, c, d) {
        return -c * (t /= d) * (t - 2) + b;
    },
    easeInOutQuad: function( t, b, c, d) {
        if ((t /= d / 2) < 1)
            return c / 2 * t * t + b;
        return -c / 2 * ((--t) * (t - 2) - 1) + b;
    }
    //……略
}
```

这是因为 jQuery 在上面的计算过程已经做了这一步。我们看这 4 个参数分别代表什么。

- T：timestamp，指缓动效果开始执行到当前帧所经过的时间段，单位 ms。
- B：beginning val，起始值。
- C：change，要变化的总量。
- D：duration，动画持续的时间。

返回的是直接可用的数值，或许我们只要加个单位进行赋值就行了。

而 jQuery 那一个参数的风格，其实是当前时间减去动画开始时间除以总时间的比值，一个 0 到 1 的小数，它用于乘以总变化量，然后加上起始值，就是现在此样式的情况。下面是缓动的应用，还是使用上例。

```
window.onload = function() {
    var el = document.getElementById("move");
    var parent = document.getElementById("taxiway");
    var change = parent.offsetWidth - el.offsetWidth;     //总变化量
    var begin = parseFloat(window.getComputedStyle(el, null).left);//起始值
    var end = begin + change;                             //结束值
    var fps = 30;                                         //刷新率
    var interval = 1000 / fps;                            //每相隔多少ms刷新一次
    var duration = 2000;                                  //时长
    var bounce = function(per) {                          //缓动公式，弹簧
        if (per < (1 / 2.75)) {
            return (7.5625 * per * per);
```

```
            } else if (per < (2 / 2.75)) {
                return (7.5625 * (per -= (1.5 / 2.75)) * per + .75);
            } else if (per < (2.5 / 2.75)) {
                return (7.5625 * (per -= (2.25 / 2.75)) * per + .9375);
            } else {
                return (7.5625 * (per -= (2.625 / 2.75)) * per + .984375);
            }
        }
        el.onclick = function() {
            var beginTime = new Date
            var id = setInterval(function() {
                var per = (new Date - beginTime) / duration;//进度
                if (per >= 1) {
                    el.style.left = end + "px";
                    clearInterval(id);
                } else {
                    el.style.left = begin + bounce(per) * change + "px";
                }
            }, interval)
        }
    }
```

点击它就发现方块到终点后还弹回来，再过去，又弹回来，渐渐平息……

14.3 jQuery.animate

现在我们看如何写动画引擎。由于选择器的流行，注定这个 API 到用户这里也是集化操作，一下子处理 N 个元素。但这也无所谓，关键是函数名与如何传参。

jQuery 的 API 易用性很好，我们看一下它的 animate，有 2 种用法。

```
.animate( properties [, duration ] [, easing ] [, complete ] )
.animate( properties, options )
```

第一个参数恒为要进行动画的属性的映射，在第一种情况下，其他参数都是可选的，因为 duration 除了 slow、fast、default 这 3 个字符串就是数字，easing 为特殊的缓动公式的名字，complete 是函数，options 是对象。不过尽管说得轻松，jQuery 在这里也花了几十行进行转换。最后转换两个对象的形式其实与后来出现的 CSS3 keyframe animation 的定义非常吻合。

我们还是利用上例的方块，加个类名 animate，就能看到效果了。

```
.animate {
    animation-duration: 3s;
    animation-name: slidein;
    animation-timing-function:ease-in-out;
    animation-fill-mode: forwards
}

keyframes slidein {
    from {
        left: 0%;
        background: white;
    }
    to {
```

```
        left: 700px;
        background: red;
    }
}
```

这个动画分为两部分：第一个部分是普通的样式规则，用于描述动画所需时长，缓动公式，结束后保留状态，重复多少次，及关键帧动画的引用名字（slidein）；第二个部分是关键帧规则。这里只插入两个关键帧，实际上可以插入更多，最开始与最尾的可以用 from、to 命名。其实当你用 JavaScript 去取时，它们都会转换为百分比，0%或 100%。其中以最尾的最重要，没有浏览器会补上，它就是对应 jQuery.animate 方法的第一个参数。至于初始值，浏览器会自动计算，如果我们是使用纯 JavaScript 实现方式，它们就要我们来计算了。动画引擎的强大与否，这时就取决于 CSS 模块是否强大了。animate 方法的第二个参数等对应 animation-duration、animation-timing-function、animation-fill-mode 等设置。

除此之外，jQuery 还提供了一个 queue 参数，目的让作用于同一个元素的动画进行排队，先处理完这个再处理后一个。要不，同时运行于浏览器中的定时器就太多了。加之集化操作，会把它放大化，队列的重要性就更突出。为此 jQuery 把这个参数默认为 true。

从实现上看，jQuery 的队列是放在元素对应的缓存体上，里面是一个 Promise 对象，complete 之后，会自动弹出下一个动画对象。所有动画对象都有自己的 setInterval 驱动。在 YUI、kissy、mass Framework 则有一个中央队列，所有不排队的动画全部放在这数组中，然后有一个 setInterval 来驱动它们，排队的动画作为它的兄弟的属性而存在（有的中央队列可能是一条二维数组），当前面的动画执行完，排队的动画就会翻身。

14.4 mass Framework 基于 JavaScript 的动画引擎

现在我们看一下，动画引擎是如何做的。首先，我们搞一个中央队列（也叫时间轴，我们在里面插入关键帧，两个关键帧之间就是我们的补间动画），其实就是一个数组。只要它里面有一个元素，它就驱动 setInterval 执行动画。如果动画执行完毕，它就会删掉其 node 属性，并且从数组中删除此元素。检测一下数组还有没有元素，没有就 clearInterval，否则就继续。

```
https://github.com/RubyLouvre/mass-Framework/blob/master/fx.js
var timeline = $.timeline = [];              //时间轴
function insertFrame(frame) {                //插入包含关键帧原始信息的帧对象
    if (frame.queue) {                       //如果指定要排队
        var gotoQueue = 1;
        for (var i = timeline.length, el; el = timeline[--i];) {
            if (el.node === frame.node) {    //第一步
                el.positive.push(frame);     //子队列
                gotoQueue = 0;
                break;
            }
        }
        if (gotoQueue) {                     //第二步
            timeline.unshift(frame);
        }
    } else {
```

```
            timeline.push(frame);
        }
        if (insertFrame.id === null) {//只要数组中有一个元素就开始运行
            insertFrame.id = setInterval(deleteFrame, 1000 / $.fps);
        }
    }
    insertFrame.id = null;
```

具体如图 14-2 所示。

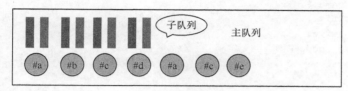

图 14-2

主队列的动画是立即执行的，一个元素可以对应多个动画，比如它的宽与高与背景色都要同时改变。在上图中，#a 元素就有两个同时进行的动画。但在某些场合，我们要求一个方块像星星一样一闪一闪地眨眼睛，就需要子队列了。子队列是放置等待执行的动画，只有前面的动画执行完毕，才执行它们。在 CSS3 中，有 animation-fill-mode，能够轻松实现**倒带**的效果。

```
<div id="test" class="animate" ></div>
<style type="text/css">
    #test{
        width:100px;
        height:100px;
        background:blue;
    }
    /* 此动画先放大再缩回原状*/
    .animate{
        animation-duration:3s;
        animation-name: cycle;
        animation-iteration-count:2;
        animation-direction:alternate;
    }
    @keyframes cycle{
        to{
            width:200px;
            height:200px;
        }
    }
</style>
```

用 JavaScript 实现就是，把第一帧与最后一帧调换。我们把这些动画放到 negative 子队列中。如果不是倒带就放在 positive 队列。

```
var effect = $.fn.animate = $.fn.fx = function(props) {
    //将多个参数整成两个，第一参数暂时别动
    var opts = addOptions.apply(null, arguments), p
    //第一个参数为元素的样式，我们需要将它们从 CSS 的连字符风格统统转为驼峰风格
    //如果需要私有前缀，也在这里加上
```

```
    for (var name in props) {
        p = $.cssName(name) || name;
        if (name !== p) {
            props[p] = props[name];         //添加 borderTopWidth、styleFloat
            delete props[name];             //删掉 border-top-width、float
        }
    }
    for (var i = 0, node; node = this[i++];) {
        //包含关键帧的原始信息的对象到主队列或子队列
        insertFrame($.mix({
            positive: [],                   //正向队列
            negative: [],                   //外队队列
            node: node,                     //元素节点
            props: props                    //@keyframes 中要处理的样式集合
        }, opts));
    }
    return this;
}
```

接着我们看 deleteFrame 方法，它的任务就是把已经完成或强制完成的动画从主队列中删掉。

```
function deleteFrame() {
    var i = timeline.length;
    while (--i >= 0) {
        if (!timeline[i].paused) { //如果没有被暂停
            if (!(timeline[i].node && enterFrame(timeline[i], i))) {
                timeline.splice(i, 1);
            }
        }
    }
    timeline.length || (clearInterval(insertFrame.id), insertFrame.id = null);
}
```

那么如果我们要添加关键帧呢？当然是使用 animate 方法（它也有个更短的别名叫 fx），参数与 jQuery 一样多态化，那也意味着我们需要花些精力调整它们成可用状态。

调整用户传参需要用到如下这么多代码。

```
function addOptions(properties) {
    if (isFinite(properties)) {//如果第一个为数字
        return {
            duration: properties
        };
    }
    var opts = {};
    //如果第二参数是对象
    for (var i = 1; i < arguments.length; i++) {
        addOption(opts, arguments[i]);
    }
    opts.duration = typeof opts.duration === "number" ? opts.duration : 400;
    opts.queue = !!(opts.queue == null || opts.queue); //默认进行排队
    opts.easing = $.easing[opts.easing] ? opts.easing : "swing";
    return opts;
}
function addOption(opts, p) {
```

```
    switch ($.type(p)) {
        case "Object":
            addCallback(opts, p, "after");
            addCallback(opts, p, "before");
            $.mix(opts, p);
            break;
        case "Number":
            opts.duration = p;
            break;
        case "String":
            opts.easing = p;
            break;
        case "Function":
            opts.complete = p;
            break;
    }
}
function addCallback(target, source, name) {
    if (typeof source[name] === "function") {
        var fn = target[name];
        if (fn) {
            target[name] = function(node, fx) {
                fn(node, fx);
                source[name](node, fx);
            };
        } else {
            target[name] = source[name];
        }
    }
    delete source[name];
}
```

然后才进入到我们刚才的 insertFrame 方法，insertFrame 会间接调用 enterFrame 方法。由于它是在 setInterval 内运行的，因此它才是动画真正的实现者。

```
function enterFrame(fx, index) {
    //驱动主队列的动画实例进行补间动画(update)
    //并在动画结束后,从子队列选取下一个动画实例取替自身
    var node = fx.node,
        now = +new Date;
    if (!fx.startTime) {                                          //第一帧
        callback(fx, node, "before");                             //动画开始前做些预操作
        fx.props && parseFrames(fx.node, fx, index);              //分解原始材料为关键帧
        fx.props = fx.props || [];
        AnimationPreproccess[fx.method || "noop"](node, fx);      //parse 后也要做些预处理
        fx.startTime = now;
    } else {   //中间自动生成的补间
        var per = (now - fx.startTime) / fx.duration;
        var end = fx.gotoEnd || per >= 1;//gotoEnd 可以被外面的 stop 方法操控,强制中止
        var hooks = effect.updateHooks;
        if(fx.update){
            for (var i = 0, obj; obj = fx.props[i++]; ) {// 处理渐变
                (hooks[obj.type] || hooks._default)(node, per, end, obj);
```

```
            }
        }
        if (end) {  //最后一帧
            callback(fx, node, "after");              //动画结束后执行的一些收尾工作
            callback(fx, node, "complete");           //执行用户回调
            if (fx.revert && fx.negative.length) {    //如果设置了倒带
                Array.prototype.unshift.apply(fx.positive, fx.negative.reverse());
                fx.negative = [];                     // 清空负向队列
            }
            var neo = fx.positive.shift();
            if (!neo) {
                return false;
            }//如果存在排队的动画,让它继续
            timeline[index] = neo;
            neo.positive = fx.positive;
            neo.negative = fx.negative;
        } else {
            callback(fx, node, "step");               //每执行一帧调用的回调
        }
    }
    return true;
}
```

这里面涉及几个辅助函数,callback 用于执行回调,包括内部用的 before 与 after,用户设置的 step 与 complete。

```
function callback(fx, node, name) {
    if (fx[name]) {
        fx[name](node, fx);
    }
}
```

parseFrames 是相当复杂庞大的,这里笔者就不贴出来了。总而言之,就是从已有的材料中分成两个关键帧,每个关键帧包括样式名、缓动公式(之前只是名字)、开始值、结束值、单位与类型。类型分为 3 种,颜色值、滚动与默认处理,根据它们,程序会选用不同的钩子函数进行分解、刷新。

```
effect.updateHooks = {
    _default: function(node, per, end, obj) {
        $.css(node, obj.name, (end ? obj.to : obj.from + obj.easing(per) *
            (obj.to - obj.from)) + obj.unit)
    },
    color: function(node, per, end, obj) {
        var pos = obj.easing(per),
            rgb = end ? obj.to : obj.from.map(function(from, i) {
                return Math.max(Math.min(parseInt(from + (obj.to[i] - from) * pos, 10), 255), 0);
            });
        node.style[obj.name] = "rgb(" + rgb + ")";
    },
    scroll: function(node, per, end, obj) {
        node[obj.name] = (end ? obj.to : obj.from + obj.easing(per) * (obj.to - obj.from));
    }
};
```

14.4 mass Framework 基于 JavaScript 的动画引擎

这里可留意一下颜色值的刷新函数，它是转换为 RGB 的形式，再变成数组。刷新函数都有个 end 参数，用于立即跳到最后一帧。

下面是分解颜色值的代码，只处理 16 进制、RGB 与颜色名这 3 种。难点在于 IE 的颜色转化。

```javascript
var colorMap = {
    "black": [0, 0, 0],
    "gray": [128, 128, 128],
    "white": [255, 255, 255],
    "orange": [255, 165, 0],
    "red": [255, 0, 0],
    "green": [0, 128, 0],
    "yellow": [255, 255, 0],
    "blue": [0, 0, 255]
};

function parseColor(color) {
    var value;//在 iframe 下进行操作
    $.applyShadowDOM(function(wid, doc, body) {
        var range = body.createTextRange();
        body.style.color = color;
        value = range.queryCommandValue("ForeColor");
    });
    return [value & 0xff, (value & 0xff00) >> 8, (value & 0xff0000) >> 16];
}

function color2array(val) { //将字符串变成数组
    var color = val.toLowerCase(),
        ret = [];
    if (colorMap[color]) {
        return colorMap[color];
    }
    if (color.indexOf("rgb") === 0) {
        var match = color.match(/(\d+%?)/g),
            factor = match[0].indexOf("%") !== -1 ? 2.55 : 1;
        return (colorMap[color] = [parseInt(match[0]) * factor, parseInt(match[1]) * factor, parseInt(match[2]) * factor]);
    } else if (color.charAt(0) === '#') {
        if (color.length === 4)
            color = color.replace(/([^#])/g, '$1$1');
        color.replace(/\w{2}/g, function(a) {
            ret.push(parseInt(a, 16));
        });
        return (colorMap[color] = ret);
    }
    if (window.VBArray) {
        return (colorMap[color] = parseColor(color));
    }
    return colorMap.white;
}
$.parseColor = color2array;
```

在 enterFrame 方法中有一个预处理的过程，主要是用于 show、hide 等方法。AnimationPreproccess 里面有 4 方法：noop、show、hide、toggle。

noop 是不处理。

show 是将隐藏的元素的 display 改为 block 等值（有时未必改为 block，像 li、td、tr、tbody、table 都有默认的 display 值，如果强行改 block，布局就会走形；对于内联元素，span、em 等，要使用它们进行缩放操作，则要设置为 inline-block，但众所周知，旧版本 IE 要开启 hasLayout 才能生效，这又是一番周折）。

hide 是将显示的元素隐藏起来，由于它对应的动画效果是从大到小，这时进行动画的那个元素的子元素可能会超出父元素的大小，被挤出来。因此我们需要强制设置它的 overflow 为 hidden，在动画结束后才还原（因为这时 display 为 none，你怎么玩也没人知道）。此外，要还原的样式值还有宽高、边框、补白、外界、透明度等值，这方便我们在 show→hide→show 这样的连续动画中能运行起来。

toggle 就是对隐藏元素进行 show 操作，显示元素进行 hide 操作。

```
var AnimationPreproccess = {
    noop: $.noop,
    show: function(node, frame) {
        if (node.nodeType === 1 && $.isHidden(node)) {
            var display = $._data(node, "olddisplay");
            if (!display || display === "none") {
                display = $.parseDisplay(node.nodeName);
                $._data(node, "olddisplay", display);
            }
            node.style.display = display;
            if ("width" in frame.props || "height" in frame.props) {
                //如果是缩放操作
                //修正内联元素的 display 为 inline-block，让其可以进行 width/height 的动画渐变
                if (display === "inline" && $.css(node, "float") === "none") {
                    if (!$.support.inlineBlockNeedsLayout) { //W3C
                        node.style.display = "inline-block";
                    } else { //IE
                        if (display === "inline") {
                            node.style.display = "inline-block";
                        } else {
                            node.style.display = "inline";
                            node.style.zoom = 1;
                        }
                    }
                }
            }
        }
    },
    hide: function(node, frame) {
        if (node.nodeType === 1 && !$.isHidden(node)) {
            var display = $.css(node, "display"),
                s = node.style;
            if (display !== "none" && !$._data(node, "olddisplay")) {
                $._data(node, "olddisplay", display);
            }
            var overflows;
            if ("width" in frame.props || "height" in frame.props) {
                //如果是缩放操作
```

14.4 mass Framework 基于 JavaScript 的动画引擎

```
                //确保内容不会溢出,记录原来的 overflow 属性
                //因为 IE 在改变 overflowX 与 overflowY 时, overflow 不会发生改变
                overflows = [s.overflow, s.overflowX, s.overflowY];
                s.overflow = "hidden";
            }
            var fn = frame.after || $.noop;
            frame.after = function(node, fx) {
                if (fx.method === "hide") {
                    node.style.display = "none";
                    for (var i in fx.orig) { //还原为初始状态
                        $.css(node, i, fx.orig[i]);
                    }
                }
                if (overflows) {
                    ["", "X", "Y"].forEach(function(postfix, index) {
                        s["overflow" + postfix] = overflows[index];
                    });
                }
                fn(node, fx);
            };
        }
    },
    toggle: function(node, fx) {
        $[$.isHidden(node) ? "show" : "hide"](node, fx);
    }
};
```

至此，整个动画引擎就完成了。而那些 show、hide、toggle、slideUp、slideDown、slideToggle、show、hide、toggle、slideUp、slideDown、slideToggle、fadeIn、fadeToggle、fadeOut 等特效，其实就是利用 animate 这个主函数,预先传些样式进去。比如 fadeIn 就是将透明度逐渐由 0 变成 1，fadeOut 就是从 1 到 0，slideUp 就是将高度逐渐减为 0，slideDown 就是从 0 逐渐还原为之前的高度，show 与 hide 则是同时对宽高边界边框补白等盒子属性与透明度进行动画。

Prototype.js 的重要特性 script.aculo.us 可能是 JavaScript 最强大的动画框架了，它的许多特效都是其他动画库的重要参考，如表 14-1 所示。

表 14-1

script.aculo.us	jQuery 或 jQuery UI	说 明
Appear	fadeIn	淡入
Fade	fadeOut	淡出
Puff	puff	整体扩大一倍并同时进行淡出
DropOut	drop	整体往下堕落并同时进行淡出，最后不占空间
Shake	shake	像蛇信子一样左右震荡几下
SwitchOff	clip	像电视关闭时的收场动画一样两边往中间叠起一线消失
BlindDown	slideDown	像展开卷轴般从上到下呈现元素
BlindUp	slideUp	像收起卷轴般从下到上折起元素
SlideDown	blind	像升降机从我们眼前落下，jQuery UI 的 blind、slide 恰好与 script.aculo.us 的相反

续表

script.aculo.us	jQuery 或 jQuery UI	说　明
SlideUp	Blind	像升降机从我们眼前升起
Pulsate	pulsate	闪动几下
Squish	show	四边往左上角收缩，有时类似 jQuery 的 show 效果，但 jQuery 同时进行淡出
Fold	fold	先是高度从下往上收起，然后宽度从右到左收起
Grow		从中间一点向四边扩张
Shrink	scale	四边往中间一点收缩

基本上 script.aculo.us 能做的，jQuery UI 也能轻松实现。不过 jQuery UI 每个子特效设计得非常强大，因此体积也不遑多让。

14.5　requestAnimationFrame

如果一个页面运行许多定时器，那么你无论怎么优化，最后肯定是超过指定时间才能完成动画，定时器越多，延时越严重。为此，YUI、kissy、mass 等采用中央队列的方式，将定时器减少至一个。浏览器厂商也不是吃素的，最早 Firefox 也想到这点，早在 4.0 时就推 mozRequestAnimationFrame。当然，它与现在的标准相差很远。它不是个定时器，甚至也不能传递回调，它只是用于触发 MozBeforePaint 这个私有事件。由于是浏览器在维护队列，它内部掌握 DOM 渲染，事件队列排队等情况，因此它大抵能保证 fps 在 60 帧上下。

```
<script>
  /*firefox4-10*/
  var startTime,
      duration = 3000;
  function animate(event) {
      var now = event.timeStamp;
      var per = (now - startTime) / duration;
      if (per >= 1) {
          window.removeEventListener('MozBeforePaint', animate, false);
      } else {
          document.getElementById("test").style.left = Math.round(600 * per) + "px";
          window.mozRequestAnimationFrame();
      }
  }
  function start() {
      startTime = Date.now();
      window.addEventListener('MozBeforePaint', animate, false);
      window.mozRequestAnimationFrame();
  }
</script>
<button onclick="start()">点我</button>
<div id="test" style="position: absolute; left: 10px; background: blue;"> go! </div>
```

谷歌发现这个思路不错，立即整到自己的 Chrome 中去，但相对而言，精简很多，与最后定案的标准差距很少。webkitRequestAnimationFrame 有点像定时器,第一个是回调,第二个可选,传执行动画的元素节点进去,返回一个 ID,然后允许像 clearTimeout 一样有个 webkitCancelRequestAnimationFrame 函数进行中止动画。不过名字有点长了,后来模仿 Firefox 一样使用 cancelAnimationFrame,不同的只是前面的私有前缀,即改成 webkitCancelAnimationFrame。

```
<script>
  /*chrome10-23*/
  var startTime,
      duration = 3000;
  function animate(now) {
      var per = (now - startTime) / duration;
    if(per >= 1) {
          window.webkitCancelRequestAnimationFrame(requestID);
      } else {
          document.getElementById("test").style.left = Math.round(600 * per) + "px";
          window.webkitRequestAnimationFrame(animate);//不断地递归调用 animate
      }
  }
  function start() {
      startTime = Date.now();
      requestID = window.webkitRequestAnimationFrame(animate);
  }
</script>
<button onclick="start()">点我</button>
<div id="test" style="position: absolute; left: 10px; background: red;"> go! </div>
```

IE 与 Opera 起步最晚,直到 IE10 才支持,不过那时标准已经成形,没有私有前缀,也没有兼容性问题。Opera 则到 12 版还不支持。

网上流行一个非常不负责的写法,以为光是换个名字就行。

```
window.requestAnimFrame = (function(){
   return  window.requestAnimationFrame       ||
           window.webkitRequestAnimationFrame ||
           window.mozRequestAnimationFrame    ||
           function( callback ){
              window.setTimeout(callback, 1000 / 60);
           };
})();
```

还有另一个看起来非常周到的写法。

```
(function() {
    var lastTime = 0;
    var vendors = ['webkit', 'moz'];
    for(var x = 0; x < vendors.length && !window.requestAnimationFrame; ++x) {
        window.requestAnimationFrame = window[vendors[x]+'RequestAnimationFrame'];
        window.cancelAnimationFrame =
          window[vendors[x]+'CancelAnimationFrame'] || window[vendors[x]+'CancelRequestAnimationFrame'];
    }

    if (!window.requestAnimationFrame)
        window.requestAnimationFrame = function(callback, element) {
```

```
                var currTime = new Date().getTime();
                var timeToCall = Math.max(0, 16 - (currTime - lastTime));
                var id = window.setTimeout(function() { callback(currTime + timeToCall); },
                    timeToCall);
                lastTime = currTime + timeToCall;
                return id;
            };

        if (!window.cancelAnimationFrame)
            window.cancelAnimationFrame = function(id) {
                clearTimeout(id);
            };
}());
```

别说早期 Firefox 不支持传参,它到 Firefox11 才与 webkit 那个有点相近,并且才有了 mozCancelAnimationFrame。webkit 也有 bug,它在某个版本中,竟然忘了返回 id 给我们清除。在另一个版本发现它竟然没有给回调传参。

此外,还有另一个比较流行的版本是这样的,只能执行,不能终止。

```
/* rAF shim. Gist: https://gist.github.com/julianshapiro/9497513 */
var rAFShim = (function() {
    var timeLast = 0;

    return window.webkitRequestAnimationFrame || window.mozRequestAnimationFrame ||
    function(callback) {
        var timeCurrent = (new Date()).getTime(),
            timeDelta;

        /* Dynamically set delay on a per-tick basis to match 60fps. */
        /* Technique by Erik Moller. MIT license: https://gist.github.com/paulirish/1579671 */
        timeDelta = Math.max(0, 16 - (timeCurrent - timeLast));
        timeLast = timeCurrent + timeDelta;

        return setTimeout(function() { callback(timeCurrent + timeDelta); }, timeDelta);
    };
})();
```

下面笔者给出真正可用的兼容版本。

```
// by 司徒正美 基于网友屈屈与月影的版本改进而来
// https://github.com/wedteam/qwrap-components/blob/master/animation/anim.frame.js
function getAnimationFrame() {
    //不存在 msRequestAnimationFrame,IE10 与 Chrome24 直接用:requestAnimationFrame
    if (window.requestAnimationFrame) {
        return {
            request: requestAnimationFrame,
            cancel: cancelAnimationFrame
        }
        //Firefox11-没有实现 cancelRequestAnimationFrame
        //并且 mozRequestAnimationFrame 与标准出入过大
    } else if (window.mozCancelRequestAnimationFrame && window.mozCancelAnimationFrame) {
        return {
            request: mozRequestAnimationFrame,
            cancel: mozCancelAnimationFrame
```

14.5 requestAnimationFrame

```
        }
    } else if (window.webkitRequestAnimationFrame && webkitRequestAnimationFrame(String)) {
        return {//修正某个特异的 webKit 版本下没有 time 参数
            request: function(callback) {
                return window.webkitRequestAnimationFrame(
                    function() {
                        return callback(new Date - 0);
                    }
                );
            },
            cancel: window.webkitCancelAnimationFrame ||
                window.webkitCancelRequestAnimationFrame
        }
    } else {
        var millisec = 25;       //40fps;
        var callbacks = [];
        var id = 0, cursor = 0;
        function playAll() {
            var cloned = callbacks.slice(0);
            cursor += callbacks.length;
            callbacks.length = 0; //清空队列
            for (var i = 0, callback; callback = cloned[i++]; ) {
                if (callback !== "cancelled") {
                    callback(new Date - 0);
                }
            }
        }
        window.setInterval(playAll, millisec);
        return {
            request: function(handler) {
                callbacks.push(handler);
                return id++;
            },
            cancel: function(id) {
                callbacks[id - cursor] = "cancelled";
            }
        };
    }
}
```

当然，requestAnimationFrame 不是没有缺点，它不能控制 fps，比如我们做一些慢放动作，许多回调都是做无用功。另一个极端，在动作、枪战、飞车等动态场景时，如果帧数不够高，画面会发虚或模糊。利用原始的 setTimeout（在 IE9、IE10、Firefox10、Chrome 等浏览器中，它的最短时钟间隔已经压缩至 4ms，能轻松跑 100 帧以上的动画），能让画面更清楚，细节逼真，特写镜头丝丝入扣。

另外，我们还可以尝试一下 postMessage 这个异步方法，能实现超高度的动画（IE10 有 setImmediate，速度也相当不错）。下面有个实验，可以看到它们的性能差异。

```
<script>
    var fps_arr, fps_min, fps_max, last_time, loop_iteration;
    var testing = false;
    var fps_label;
```

第 14 章　动画引擎

```javascript
function stop_test() {
    testing = false;
}
var init_test = function init_test() {
    fps_arr = [];
    fps_min = 1000;
    fps_max = last_time = loop_iteration = 0;
    if (typeof fps_label === 'undefined') {
        fps_label = document.getElementById('fps_label');
    }
    testing = true;
}
function main() {
    var i, fps_avg = 0;
    var now = new Date().getTime();
    if (last_time !== 0 && last_time !== now) {
        var fps = Math.round(1000 / (now - last_time));

        fps_arr.push(fps);
        if (fps_arr.length > 100) {
            fps_arr.shift();
        }
        for (i = 0; i < fps_arr.length; i++) {
            fps_avg += fps_arr[i];
        }
        fps_avg /= fps_arr.length;
        fps_avg = Math.round(fps_avg);//平均帧数

        if (++loop_iteration > 1) {
            if (fps < fps_min) {
                fps_min = fps;//最小帧数
            }
            if (fps > fps_max) {
                fps_max = fps;//最大帧数
            }
        }
        fps_label.innerHTML = fps + ' FPS (' + fps_min + ' - ' + fps_max + ') [平均为 ' + fps_avg + ']';
    }
    last_time = now;
}
/* Pure Timers */
function run_timers() {
    main();
    if (testing === true) {
        setTimeout(run_timers, 1);
    }
}
window.requestAnimFrame =
        window.requestAnimationFrame ||
        window.webkitRequestAnimationFrame ||
        window.mozRequestAnimationFrame;
/* requestAnimationFrame */
function run_raf() {
```

```
        main();
        if (testing === true) {
            requestAnimFrame(run_raf, 1);
        }
    }
    /* for loop */
    function run_loop() {
        var iterations = 15;
        while (iterations--) {
            main();
        }
        if (testing === true) {
            setTimeout(run_loop, 1);
        }
    }
    /* postMessage */
    function run_message() {
        main();
        if (testing === true) {
            window.postMessage('', '*');
        }
    }
    window.addEventListener('message', run_message, false);
</script>
<p id="fps_label"># fps (# - #) [#]</p>
<button onClick="stop_test();">中止</button>

<br /><br />
<strong>Tests</strong><br />
<button onClick="init_test();
        run_timers();">Pure Timers</button>
<button onClick="init_test();
        run_raf();">requestAnimationFrame</button>
<button onClick="init_test();
        run_loop();"> Loop</button>
<button onClick="init_test();
        run_message();">postMessage</button>
```

结果大致如下，视各位的电脑性能而言，如表 14-2 所示。

表 14-2

类型	setTimeout	requestAnimationFrame	loop	postMessage
平均帧数	200	60	200～300	900～1000

微软官方也放出使用高性能异步方法 setImmediate 与原始 setTimeout 的对比实验，流畅度很好，如图 14-3 所示。

http://ie.microsoft.com/testdrive/Performance/setImmediateSorting/Default.html

在现实中，尤其是游戏中，结合多种异步 API 是很有必要的。比如作为背景的树木、流水、NPC 用 requestAnimationFrame 实现；而玩家角色，由于需要点击，再配合速度、体力、耐力等元素，其走路的速度是可变的，所以用 setTimeout 比较合适。一些非常炫的动画，可能就需要

postMessage、Image.onerror、setImmediate、MessageChannel 等 API 了。

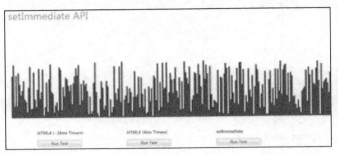

图 14-3

14.6 CSS3 transition

transition 是 CSS3 的一个重要模块，是 CSS 对入侵行为层的主要行为。W3C 标准中对它是这样描述的：CSS 的 transition 允许 CSS 的属性值在一定的时间区间内平滑地过渡。这种效果可以在鼠标单击、获得焦点、被点击或对元素任何改变中触发，并圆滑地以动画效果改变 CSS 的属性值。

transition 主要包含 4 个属性值：transition-property，样式名；transition-duration，持续时间；transition-timing-function，缓动公式；transition-delay，延迟多长时间才触发。下面分别来看这 4 个属性值。

1. transition-property

transition-property 是用来指定当元素其中一个属性改变时执行 transition 效果，主要有以下几个值：none（没有属性改变）；all（所有属性改变），这个也是其默认值；indent（元素属性名）。当其值为 none 时，transition 马上停止执行；当指定为 all 时，元素产生任何属性值变化时都将执行 transition 效果；ident 是可以指定元素的某一个属性值。其对应的类型如下。

（1）与颜色相关的样式，如 background-color、border-color、color、outline-color 等。

（2）与盒子模块、字体大小、间距、行高有关的样式，如 word-spacing、width、vertical-align、top、right、bottom、left、padding、outline-width、margin、min-width、min-height、max-width、max-height、line-height、height、border-width、border-spacing、background-position 等。

（3）透明度，opacity。

（4）变形相关，即 transform 样式。

（5）阴影，如 text-shadow、box-shadow。

（6）线性渐变与径向渐变，用于背景色径向渐变，如 -webkit-gradient、-ms-linear-gradient，各浏览器间的差异不是一般的大。

2. transition-duration

动画持续时间，单位可以是 s，也可以是 ms。我们可以连续写两个持续时间，对应两个不同的样式的变换。如：

transition-duration: 6s

transition-duration: 120ms

transition-duration: 1s, 15s

transition-duration: 10s, 30s, 230ms

transition-duration: inherit

3. transition-timing-function

缓动公式，根据时间的推进去改变属性值的变换速率。它有 6 个可能的值。

（1）ease：（逐渐变慢）默认值，ease 函数等同于贝塞尔曲线（0.25, 0.1, 0.25, 1.0）。

（2）linear：（匀速），linear 函数等同于贝塞尔曲线（0.0, 0.0, 1.0, 1.0）。

（3）ease-in：（加速），ease-in 函数等同于贝塞尔曲线（0.42, 0, 1.0, 1.0）。

（4）ease-out：（减速），ease-out 函数等同于贝塞尔曲线（0, 0, 0.58, 1.0）。

（5）ease-in-out：（加速然后减速），ease-in-out 函数等同于贝塞尔曲线（0.42, 0, 0.58, 1.0）。

（6）cubic-bezier：（该值允许你去自定义一个时间曲线），特定的 cubic-bezier 曲线。（x_1, y_1, x_2, y_2）4 个值特定于曲线上点 P_1 和点 P_2。所有值需在 [0, 1] 区域内，否则无效。

其中 cubic-bezier 为通过贝赛尔曲线来计算"转换"过程中的属性值，如图 14-4 所示，初始默认值为 default，通过改变 P_1（x_1, y_1）和 P_2（x_2, y_2）的坐标可以改变整个过程的 Output Percentage。

其他几个属性的示意如图 14-5 所示。

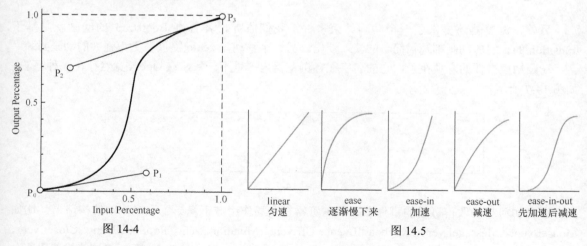

图 14-4　　　　　　　　　　　　图 14.5

4. transition-delay

延迟执行时间，可选单位有 s 与 ms。

接着我们看如何应用。它必须是放在基于某些延迟触发的伪类或后来才添加到元素上的类名才有效。原因很简单，就是区分出初始状态与结束状态。比如一个元素的背景色原来是绿色，然后动态加了个类名或在 hover 中将它变成红色，这样 transition 才有用武之地。

```
<div id="move">移上去试试</div>
<style>
    #move {
        position: absolute;
        left:0px;
        width:100px;
        height:100px;
        background:red;
        font-size: 14px;
    }

    #move:hover {
        background:green;
        font-size: 26px;
        left:700px;
        -moz-transition: all 2s ease 0.3s;
        -webkit-transition: all 2s ease 0.3s;
        -o-transition: all 2s ease 0.3s;
        transition: all 2s ease 0.3s;
    }
</style>
```

它的支持情况如下，基本上现在我们都可以去掉私有前缀使用，如图 14-6 所示。

Feature	Chrome	Firefox (Gecko)	Internet Explorer	Opera	Safari
Basic support	1.0 -webkit 26.0	4.0 (2.0) -moz 16.0 (16.0)	10.0	11.6 -o 12.10	3.0 -webkit

图 14-6

另外，浏览器还提供了一个动画结束事件给我们监听。著名的 Bootstrap 的动画就是基于 transition 的。它的动画都是很简单的淡入淡出。另一个移动库 zepto 提供了更为强大的动画封装。

动画结束事件的麻烦在于，它的名字在各浏览器内严重不一致，在 Opera 竟然存在 3 种写法，如图 14-7 所示。

Feature	Chrome	Firefox (Gecko)	IE	Opera	Safari (WebKit)
1.0 -webkit 26.0	4.0 (2.0) -moz 16.0 (16.0)	10	10.5 -o 12.10	3.2 -webkit	
event name	1.0 as webkitTransitionEnd 26.0	4.0 (2.0)	10	10.5 as oTransitionEnd 12 as otransitionend 12.10 as transitionend	3.2 as webkitTransitionEnd

图 14-7

那么如何精确取得可用的事件名呢？浏览器在全局作用域下暴露了许多事件的构造器，比如 MouseEvent、MessageEvent、KeyboardEvent、UIEvent、MutationEvent、PopStateEvent、CloseEvent、StorageEvent、WheelEvent、WebKitTransitionEvent、WebKitAnimationEvent 等。将这些构造器的名字直接传入到 createEvent 这个最底层的 API 中，如果不抛错，就说明支持这种事件。我们将此事件与对应类型组成个表，循环一下就能得到可用事件名了。

```
var getTransitionEndEventName = function() {
    var obj = {
        'TransitionEvent': 'transitionend',
        'WebKitTransitionEvent': 'webkitTransitionEnd',
```

```
            'OTransitionEvent': 'oTransitionEnd',
            'otransitionEvent': 'otransitionEnd'
        }
        var ret
        //有的浏览器同时支持私有实现与标准写法，比如 webkit 支持前 2 种，Opera 支持 1、3、4
for (var name in obj) {
            if(window[name]){
                ret = obj[name]
                break;
            }
            try {
                var a = document.createEvent(name);
                ret = obj[name]
                break;
            } catch (e) {
            }
        }//这是一个惰性函数，只检测一次，下次直接返回缓存结果
        getTransitionEndEventName = function() {
            return ret
        }
        return ret
}
alert(getTransitionEndEventName());
```

我们用 JavaScript 让一个元素动起来，然后再让它停下来。

```
<div id="test"></div>
<br/><br/><br/><br/><br/>
<button id="run">开始动画</button>
<button id="stop">中断动画并移除 transition 效果</button>
<button id="invalid">这次赋值将不会出现动画</button>
<style>
    #test{
        width:100px;
        height:100px;
        position: absolute;
        background: red;
        left:0;
        -moz-transition: left 5s;
        -o-transition:left 5s;
        -webkit-transition:left 5s;
        transition:left 5s;
    }
</style>
<script>
    var $ = function(a) {
        return document.getElementById(a)
    }
    var el = $("test")
    $("run").onclick = function() {
        el.style.left = "700px"
    }
    $("stop").onclick = function() {
        var left = window.getComputedStyle(el, null).left;
        el.style.left = left; //暂停
```

```
            ["", "-moz-", "-o-", "-webkit-"].forEach(function(prefix) {
                el.style.removeProperty(prefix + "transition")
            })
        }
        $("invalid").onclick = function() {
            el.style.left = "340px";
        }
    </script>
```

上面的实验暴露出 transition 的弱点了，虽然暂停时我们是通过取当时值再重赋的手段实现了，但只要 transition 这个样式没有被清除掉，那么每一次变动 left 这个样式值都会发生动画。而想移除 transition 这个样式，唯有它是写在标签时，我们才能通过 removeProperty 的方法实现，如果它是定义于内部样式或外部样式，那就不好处理了。如果外部样式还是跨域了，那么删除样式规则的这一手段也失灵了。因此这动画的 transition 可控度太差，不适宜作为一个框架的动画引擎的实现手段。

14.7 CSS3 animation

animation 是 CSS3 另一个重要的模块，它成形得比 transition 晚，吸引了 Flash 的关键帧的理念，并克服了 transition 的一些缺陷，实用性非常高。animation 是一个复合样式，它可以细分为 8 个更细的样式，情况与 background 和 background-color、background-position、background-repeat、background-attachment、background-image 的关系相仿。

1. animation-name

它所制约的是关键帧样式规则的名字，关键帧样式规则也就是以 @keyframes 开头的样式规则。animation-name 可以同时对应多个关键帧样式规则名，以 "," 号分开，说明此样式规则对多个关键帧样式规则都有效。

2. animation-duration

动画持续时间，单位是为 s 或 ms，与 transition 相仿。

3. animation-timing-function

缓动公式，请参看 transition 同名项目的讲解。

4. animation-delay

动画延迟多久才开始，此时间不计入 animation-duration。

5. animation-iteration-count

动画播放次数，值可以为正整数或 infinite，默认只执行一次。这是一个很好的设计，不像 transition，只要对指定样式重新赋值，就会触发意外的动画执行。

6. animation-direction

动画执行的方向，有 4 个值：normal、alternate、reverse、alternate-reverse。normal 是指每次都是从第 1 帧（@keyframes 中 0%或 from，不写，浏览器会自动补上）开始。alternate，这个值显然在 animation-iteration-count 的值大于 1 时才有效，它是指动画像钟摆一样从 0%～100%，下次再从 100%～0%，再一次又是 0%～100%……reverse，这个有兼容问题，animation 最早是由 Safari 发明的 CSS 样式，它最早制定的规范中并没有 reverse 这个值，它的行为与 normal 相反，每次都是从 100%开始。alternate-reverse，也有兼容性问题，行为也是一个钟摆，第一次从 100%摇到 0%，下次是 0%～100%……

7. animation-fill-mode

指动画跑完一圈（从 0%～100%或从 100%～0%）后，是保持动画前的状态 forwards，还是此时的状态 backwards。

8. animation-play-state

用于暂停（paused）或继续（running）此动画。

除了最后 2 个，前 6 个可以连写在一块，如图 14-8 所示。

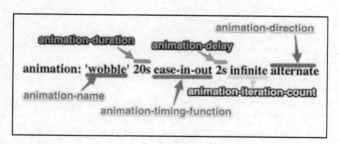

图 14-8

此外，animation 还配套了 3 种事件，分别用于开始时（animationstart）、结束时（animationend）、重复播放时（animationiteration）。当然，这些事件名可能不能直接用，需要加上私有前缀。基于上一节对 transitionend 取名字的经验，这也不是什么难事。

```
var getAnimationEndEventName = function() {
    //大致上有两种选择
    //IE10+, Firefox 16+ & Opera 12.1+: animationend
    //Chrome/Safari: webkitAnimationEnd
    //http://blogs.msdn.com/b/davrous/archive/2011/12/06/introduction-to-css3-animations.aspx
    //IE10 也可以使用 MSAnimationEnd 监听，但是回调里的事件 type 依然为 animationend
    //   el.addEventListener("MSAnimationEnd", function(e) {
    //       alert(e.type)// animationend!!!
    //   })
    var obj = {
        'AnimationEvent': 'animationend',
        'WebKitAnimationEvent': 'webkitAnimationEnd'
```

```
        }
        var ret ;
        for (var name in obj) {
            if(window[name]){
                ret = obj[name];
                break;
            }
        }//这是一个惰性函数,只检测一次,下次直接返回缓存结果
        getAnimationEndEventName = function() {
            return ret;
        }
        return ret;
}
```

以下代码可以不断将一个正方体变成圆形,然后圆形再变成正方形,周而复始……

```
<div id="test"></div>
<style>
    #test{
        width:100px;
        height:100px;
        background: red;
        -webkit-animation: circle 1s infinite alternate;
        animation: circle 1s infinite  alternate;

    }
    @-webkit-keyframes circle{
        100%{
            -webkit-border-radius: 50px;
        }
    }
    @keyframes circle{
        100%{
            border-radius: 50px;
        }
    }
</style>
```

14.8 mass Framework 基于 CSS 的动画引擎

本章最后一节,我们尝试利用 CSS3 animation 做个动画引擎。基于浏览器的动画 API,性能比较高,尤其在移动端,它的优势就更明显了。由于 animation 在 IE10 才支持,因此如果想应用于 PC 端,自己要做一下适配。如果条件不满足,则退回基于 JavaScript 的动画引擎。如果我们的框架是基于 AMD,这个实现起来就很简单了。

首先,我们看一下判定条件,方便切换。上面说过,浏览器把所有事件类型的构造器都放在 window,只不过不可遍历,我们用 Object.getOwnPropertyNames 加 filter 一下子就能得到所有事件构造器。不难看出,只要存在 window.AnimationEvent 或 winodw.WebKitAnimationEvent 就可以使用我们基于 CSS 的动画引擎。另一个方法是判定有没有 keyframe 样式规则的构造器,它也是放在 window 上,我们利用短路或把它所有可能的名字都放在一起就能判定出来。

14.8 mass Framework 基于 CSS 的动画引擎

```
var ok = window.MozCSSKeyframeRule || window.WebKitCSSKeyframeRule || window.CSSKeyframeRule;
```

用 CSS 实现动画引擎，有几个好处：它自带了缓动参数给你用；不用你计算原始值，它自行内部计算；颜色值不用你转换为 RBG 数组；如果想做倒带动画，那么直接设置 animation-iteration-count 为 2，animation-direction 为 alternate 就行了；像 hide 这个特效需要我们在动画结束时，将原来的进行动画的样式还原为初始值，在 CSS3，我们只需 animation-fill-mode 设置为 backwards；至于暂停与继续，其实就是控制 animation-play-state 的事。

与 JavaScript 动画引擎相比，CSS 动画引擎在操作元素进行动画时是通过添加类名与插入样式规则实现的。由于已进入 IE10 时代，我们可以直接使用 el.classList.add 来添加类名，动态插入样式可以有点偏门，但在支持 animation 的浏览器中，相关 API 已经没有兼容性问题了。

在浏览器中，有两个元素能生产样式表，link 与 style。我们可以通过访问其 sheet 来访问其样式表对象，然后在它的下面有个 CSSRules 类数组对象，里面就包含所有样式规则。为了方便操作，我们把动画引擎自己产生的样式规则全部放到一个动态插入的 style 元素中，以后删除就在这个元素里面找，这样可以减少一重遍历。而样式规则至少有 5 种类型，看以下代码。

```
.move {
    animation: move 4s linear;
}
keyframes move {
    from { margin-left:-20%; }
    to { margin-left:100%; }
}
font-face {
    font-family:'YourWebFontName';
    src:url('YourWebFontName.eot?') format('eot');/*IE*/
    src:url('YourWebFontName.woff') format('woff'), url('YourWebFontName.ttf') format('truetype');/*non-IE*/
}
@media screen {
    #element { background:lightgreen;
}
```

从上到下依次是 CSSStyleRule、CSSKeyframesRule、CSSFontFaceRule、CSSMediaRule。别忘了，CSSKeyframesRule 还镶嵌着以百分比命名的 CSSKeyframeRule。CSSStyleRule 是最早的类型，我们可以通过其 selectorText 取得指定的样式规则，比如这里 selectorText 为 .move。CSSKeyframesRule 就是以 @keyframes（视浏览器也可能是 @-webkit-keyframe、@-moz-keyframe）开头的样式规则，我们可以通过专有的 name 属性判定。它里面指定进度该呈现的样式规则，用户在定义时可能用到 to、from，但到 DOM 时全部转换为百分比了，它们可以通过 keyText 属性进行区分。CSSFontFaceRule 用于加载自定义字体，CSSMediaRule 则应用于著名的响应式布局，这两个都没有什么名字可区分。不过没关系，我们只用到最前面两个。

下面 mass Framework 用于操作样式规则的方法。

```
https://github.com/RubyLouvre/mass-Framework/blob/master/fx_neo.js
var styleElement;
function insertCSSRule(rule) {
    //动态插入一条样式规则
```

第 14 章 动画引擎

```javascript
        if (styleElement) {
            var number = 0;
            try {
                var sheet = styleElement.sheet;// styleElement.style Sheet;
                var cssRules = sheet.cssRules; // sheet.rules;
                number = cssRules.length;
                sheet.insertRule(rule, number);
            } catch (e) {
                $.log(e.message + rule);
            }
        } else {
            styleElement = document.createElement("style");
            styleElement.innerHTML = rule;
            document.head.appendChild(styleElement);
        }
    }

    function deleteCSSRule(ruleName, keyframes) {
        //删除一条样式规则
        var prop = keyframes ? "name" : "selectorText";
        var name = keyframes ? "@keyframes " : "cssRule ";//调试用
        if (styleElement) {
            var sheet = styleElement.sheet;// styleElement.styleSheet;
            var cssRules = sheet.cssRules;// sheet.rules;
            for (var i = 0, n = cssRules.length; i < n; i++) {
                var rule = cssRules[i];
                if (rule[prop] === ruleName) {
                    sheet.deleteRule(i);
                    $.log("已经成功删除" + name + " " + ruleName);
                    break;
                }
            }
        }
    }

    function deleteKeyFrames(name) {
        //删除一条@keyframes 样式规则
        deleteCSSRule(name, true);
    }
```

接着是引擎的主函数，$.fn.animtate，我们要设计与 jQuery 保持一致，降低学习成本，也意味着需要花许多代码处理参数多态化。还要考虑如何实现排队。以前我们是放在一个中央队列中，每一个元素都是一个很复杂的对象，用于分解成关键帧。现在我们没有必要搞队列了，我们可以在元素的 animationend 回调中自动执行下一个动画，所有排队的动画全部放到元素对应的缓存体中就行了。

```javascript
    function addOption(opts, p) {
        switch (typeof p) {
            case "object":
                $.mix(opts, p);
                delete p.props;
                break;
            case "number":
```

14.8 mass Framework 基于 CSS 的动画引擎

```
                opts.duration = p;
                break;
            case "string":
                opts.easing = p;
                break;
            case "function":
                opts.complete = p;
                break;
        }
    }
    function addOptions(duration) {
        //这里与 JavaScript 动画引擎大同小异
        var opts = {};
        for (var i = 1; i < arguments.length; i++) {
            addOption(opts, arguments[i]);
        }
        duration = opts.duration;
        duration = /^\d+(ms|s)?$/.test(duration) ? duration + "" : "1000ms";
        if (duration.indexOf("s") === -1) {
            duration += "ms";
        }
        opts.duration = duration;
        opts.effect = opts.effect || "fx";
        opts.queue = !!(opts.queue == null || opts.queue); //默认使用队列
        opts.easing = easingMap[opts.easing] ? opts.easing : "easeIn";
        return opts;
    }
```

上面用到一个 easingMap 对象，里面包含 Robert Penner 整理的所有缓动公式名及其对应的贝塞尔曲线实现。由于 CSS 动画引擎体积很少，我们有足够空间将它们全部打包。

```
var easingMap = {
    "linear": [0.250, 0.250, 0.750, 0.750],
    "ease": [0.250, 0.100, 0.250, 1.000],
    "easeIn": [0.420, 0.000, 1.000, 1.000],
    "easeOut": [0.000, 0.000, 0.580, 1.000],
    "easeInOut": [0.420, 0.000, 0.580, 1.000],
    //……略……
    "custom": [0.000, 0.350, 0.500, 1.300],
    "random": [Math.random().toFixed(3),
        Math.random().toFixed(3),
        Math.random().toFixed(3),
        Math.random().toFixed(3)]
}
```

此外，外国还有些网站提供可视化的界面让你自己设计喜欢的曲线。

接着就是 3 个重要的内容函数：startAnimation、nextAnimation 与 stopAnimation。

startAnimation，用于立即执行此元素的动画，具体做法是分解原始材料构建两个样式规则，一个是用于集中定义动画的运作情况，另一个是定义第一帧与最后一帧的样式情况。第一个样式规则是普通的 CSSStyleRule，selectorText 为一个类名，方便添加到目标元素上，另一个不用说是 CSSKeyframesRule。由于是多个元素共用此类名，如果样式表有此类名，我们就不用重复分解与插入了。这里我们可以做个 flag！最后我们要绑定一下 animationend 事件，在它的回调中保存指定样式到元素的 style 中，然后移除类名（因为类名对应的样式规则迟早会被移除，因此必须将它们转移到内联样式里），并调用 nextAnimation 与 stopAnimation。

NextAnimation，决定是否调用 startAnimation，里面有个 setTimeout，用于模拟 delay 效果。

stopAnimation，用于移除 startAnimation 插入的两个样式规则。

```javascript
var AnimationRegister = {};
function startAnimation(node, id, props, opts) {
    var effectName = opts.effect;
    var className = "fx_" + effectName + "_" + id;
    var frameName = "keyframe_" + effectName + "_" + id;
    var hidden = $.css(node, "display") === "none";
    var preproccess = AnimationPreproccess[effectName];
    if (typeof preproccess === "function") {
        var ret = preproccess(node, hidden, props, opts);
        if (ret === false) {
            return;
        }
    }
    //各种回调
    var after = opts.after || $.noop;
    var before = opts.before || $.noop;
    var complete = opts.complete || $.noop;
    var from = [],
        to = [];
    var count = AnimationRegister[className];
    node[className] = props;//保存到元素上，方便 stop 方法调用
    //让一组元素共用同一个类名
    if (!count) {
        //如果样式表中不存在这两条样式规则
        count = AnimationRegister[className] = 0;
        $.each(props, function(key, val) {
            var selector = key.replace(/[A-Z]/g, function(a) {
                return "-" + a.toLowerCase();
            });
            var parts;
            //处理 show、toggle、hide 3 个特殊值
            if (val === "toggle") {
                val = hidden ? "show" : "hide";
            }
            if (val === "show") {
                from.push(selector + ":0" + ($.cssNumber[key] ? "" : "px"));
            } else if (val === "hide") { //hide
                to.push(selector + ":0" + ($.cssNumber[key] ? "" : "px"));
            } else if (parts = rfxnum.exec(val)) {
                var delta = parseFloat(parts[2]);
                var unit = $.cssNumber[key] ? "" : (parts[3] || "px");
                if (parts[1]) { //操作符
                    var operator = parts[1].charAt(0);
                    var init = parseFloat($.css(node, key));
                    try {
                        delta = eval(init + operator + delta);
                    } catch (e) {
```

14.8 mass Framework 基于 CSS 的动画引擎

```
                    $.error("使用-=/+=进行递增递减操作时,单位只能为px, deg", TypeError);
                }
            }
            to.push(selector + ":" + delta + unit);
        } else {
            to.push(selector + ":" + val);
        }
    });
    var easing = "cubic-bezier( " + easingMap[opts.easing] + " )";
    //CSSStyleRule 的模板
    var classRule = ".#{className}{ #{prefix}animation: #{frameName} #{duration} #{easing} " +"#{count} #{direction}; #{prefix}animation-fill-mode:#{mode}   }";
    //CSSKeyframesRule 的模板
    var frameRule = "@#{prefix}keyframes #{frameName}{ 0%{ #{from}; } 100%{   #{to}; }  }";
    var mode = effectName === "hide" ? "backwards" : "forwards";
    //填空数据
    var rule1 = $.format(classRule, {
        className: className,
        duration: opts.duration,
        easing: easing,
        frameName: frameName,
        mode: mode,
        prefix: prefixCSS,
        count: opts.revert ? 2 : 1,
        direction: opts.revert ? "alternate" : ""
    });
    var rule2 = $.format(frameRule, {
        frameName: frameName,
        prefix: prefixCSS,
        from: from.join("; "),
        to: to.join(";")
    });
    insertCSSRule(rule1);
    insertCSSRule(rule2);
}
AnimationRegister[className] = count + 1;
$.bind(node, animationend, function fn(event) {
    $.unbind(this, event.type, fn);
    var styles = window.getComputedStyle(node, null);
    // 保存最后的样式
    for (var i in props) {
        if (props.hasOwnProperty(i)) {
            node.style[i] = styles[i];
        }
    }
    node.classList.remove(className);   //移除类名
    stopAnimation(className);           //尝试移除 keyframe
    after(node);
    complete(node);
    var queue = $._data(node, "fxQueue");
    if (opts.queue && queue) {  //如果在列状,那么开始下一个动画
        queue.busy = 0;
        nextAnimation(node, queue);
    }
});
```

```
        before(node);
        node.classList.add(className);
}
```

这里面有两个 flag，AnimationRegister 里面装着许多类名，类名的值为数字，表示有多少个元素在共用它。我们只有在这个值为零时进行分解与插入样式规则。然后每当动画结束时，这个值就减一，归零时我们就移除它们。第二个 flag 是缓存体中的动画队列 busy，进行动画或被延迟时为真值，其他时间为假值，我们只有在假时，才能进入执行 startAnimation 的分支。

在 startAnimation 里，有时还会调用 AnimationPreproccess 里面的预处理函数，因此 CSS3 规定 display 为 none 的元素无法进行动画，因此我们想实现 show 特效，需提前修改 display 值。hide 特效也要求我们对 overflow 做些处理。总体上说比 JavaScript 动画引擎简单多了。

nextAnimation 与 stopAnimation 的源码如下。

```
function nextAnimation(node, queue) {
    if (!queue.busy) {
        queue.busy = 1;
        var args = queue.shift();
        if (isFinite(args)) {//如果是数字
            setTimeout(function() {
                queue.busy = 0;
                nextAnimation(node, queue);
            }, args);
        } else if (Array.isArray(args)) {
            startAnimation(node, args[0], args[1], args[2]);
        } else {
            queue.busy = 0;
        }
    }
}

function stopAnimation(className) {
    var count = AnimationRegister[className];
    if (count) {
        AnimationRegister[className] = count - 1;
        if (AnimationRegister[className] <= 0) {
            var frameName = className.replace("fx", "keyframe");
            deleteKeyFrames(frameName);
            deleteCSSRule("." + className);
        }
    }
}
```

最后，我们看看 delay、pause、resume 这几方法是如何实现的。

```
var playState = $.cssName("animation-play-state");
$.fn.delay = function(number) {
    return this.fx(number);
};
$.fn.pause = function() {
    return this.each(function() {
        this.style[playState] = "paused";
    });
};
$.fn.resume = function() {
```

14.8 mass Framework 基于 CSS 的动画引擎

```
        return this.each(function() {
            this.style[playState] = "running";
        });
    };
```

一切就是这么简洁。

当然，基于 CSS 的动画引擎不是没有缺点，比如它对 scrollTop、scrollLeft 的动画就无能为力，它们是元素的属性。此外，我们也无法对 canvas 元素里面的矢量图形进行动画。要想打包这一切，我们需要一个更强大的动画引擎。但 canvas 还涉及 stage 等概念，个人觉得还是针对它打包专用的引擎比较好。

有了基于 CSS 的动画引擎，我们就可以安心使用 CSS3 的 transform2D 或 3D，要不用 JavaScript 来实现，在旧版本 IE 下连 2D 也很勉强。因为浏览器对元素进行变形，是基于矩阵，而不是 rotate、scale、translate 等原始函数。标准浏览器好办，getComputedStyle 直接转换，IE 需要自己提取参数值，转换角度为弧度，使用万能矩阵滤镜也惨的，另外，变形中心（transform-origin）也很难调校。如果两个连续的动画都涉及变形，那就是矩阵相乘。这里就要几百行，来实现矩阵的加减乘除……

矩阵相乘后，我们还得把这些值还原为 rotate、scale、translate、skew 等方法的传参。在 http://www.w3.org/TR/css3-transforms/这里，我们可以看到如何分解与还原矩阵的伪代码。显然，这一切加起来，让我们的引擎增加千行。这还不算 transform3D。不过，它本来就无法在旧版本 IE 下实现。

在 webkit 与 IE10 中，各提供了一个 CSSMatrix 类（WebKitCSSMatrix 与 MSCSSMatrix），里面包含了我们所有想要的方法，否则自己实现有点残酷，如图 14-9 所示。

目前只是看 IE11 是否支持 WebGL 了，如果支持，到时肯定会提供更多的矩阵方法，我们的引擎玩 3D 才有意义。

最后奉上当今最出名的动画库一览表，如图 14-10 所示。

图 14-9

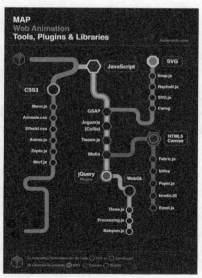

图 14-10

第 15 章 MVVM

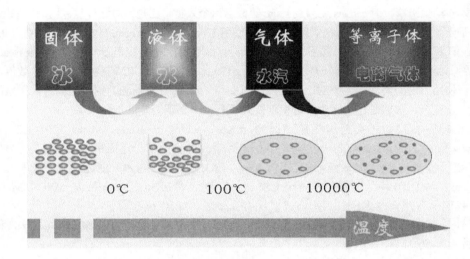

人们总是爱探求完美的东西,编程界也有自己的追求,如完美的架构从 MVC 到 MVP,再到 MVVM。当然 MVC、MVP、MVVM 有它们不同的场景,但 MVVM 在微软试水后已被证实为界面开发最好的方案。本章将探索 MVVM 的一般实现方案。

15.1 前端模板(静态模板)

说起 MVVM,就不得不说起其前身 MVC 与 MVP,如图 15-1 所示。

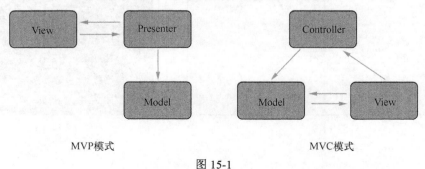

图 15-1

15.1 前端模板（静态模板）

MVC 与 MVP 最大的区别是减少关注点，基本上只有 Presenter 在变动。但不管怎么样，前端框架最重要的目的是将页面渲染出来。"渲染"（render）这个词最初不是前端的东西。前端之前叫做切图，将设计师做的 PSD 变成一个静态页面，然后加上动态交互。但是我们有许多数据是来自后端，如何将数据加入静态页面呢？于是又多了一套工序叫"套页面"。套页面的过程实际就是将静态页面切割成若干功能块，每一块都是一个 php、jsp 或 vm 文件，它们是**后端模板引擎**的处理对象！其实模板是不局限于后端还是前端的，模板的本质是用于从**数据**（**变量**）到实际的**视觉表现**（**HTML 代码**）这项工作的一种实现手段。由于后端近水楼台先得月（取数据比较方便），因此先在后端发展出这种技术。这些后端模板文件是活动于服务器的，然后经过复杂的处理，最后由浏览器渲染出来。这时的渲染是将服务器拼接好的静态文本变成一个 DOM 树的过程。

如果要前端实现 MVC 或 MVP 或 MVVM，那些工序必须发生改变。静态文件产出是不变的，尤其是大公司，分工够细，有专门的切图组将它们做出来。接着是套页面，这时就不能使用后端模板引擎，需要引入前端模板引擎。由于实现一个前端模板引擎太简单了，经过多年的发展，已经有众多好用的"轮子"。

https://github.com/janl/mustache.js

基于 JavaScript 的 Logic-less（无逻辑或轻逻辑）模板。

https://github.com/twitter/hogan.js

上面的优化版，twitter 出品。

https://github.com/wycats/handlebars.js

完全兼容 mustcache 的语法。

https://github.com/paularmstrong/swig

拥有更强悍的模板继承与 block 重写功能。

https://github.com/mozilla/nunjucks

跟 django 的模板系统相似，可以说 swig 的升级版，是 gitbook 的御用前端模板。

其他推荐的还有 ejs，易学易用，对有过 ASP/PHP/JSP 编程经验的人来说，非常亲切自然，缺点就是功能有点简单。

其他的如 doT、xtempalate、Underscore Templates。

最不推荐是 jade，有点华而不实，过度设计，导致套页面工作量大，性能其差。

虚拟 DOM 时代流行的 JSX 就是无逻辑模板。之所以流行无逻辑或轻逻辑模板，其主要原因是改动成本比较少，像 jade 这样自造语法糖太多，从美工手中拿来的 HTML 需要大动干戈，进行摧心折骨般的改造才能套数据。对于模板来说，最简单而言，就是将某个可变数据放到适当的地方（**填空**），而其次，可以控制这个区域输出不输入（**if 指令**），或让其个区域循环输入多次（**for 指令**），更强制，实现模板互相套嵌（**layout 与 block**）。为了实现 if 与 for 有两种方法，一种是单纯的区域，插入一个 JS 语句，里面有 if 语句与 for 语句，另一种是使用语法糖，比如说 ms-for、ms-repeat、ng-if、ng-repeat。语法糖的用法比直接使用 JS 语句简单，但是带来的是学习成本与拓展功能。每

第 15 章　MVVM

一个模板 if、for 指令的语法都不一样的,并且你想在循环做一些处理,比如过滤一些数据,或突然在某处中断,这又得引用一些新的语句。随着模板要求前后共用,就有了传输成本,直接写 JS 语句在模板里面肯定比不过语法糖。因此基于这种种原因,mustache 风格的模板就成为主流。

现在 3 种模板风格。PHP/ASP/JSP 风格。

```
<% if ( list.length ) { %>
  <ol>
    <% for ( n=0; n<list.length; ++n ) { %>
      <li>
        <%= list[n] %>
      </li>
    <% } %>
  </ol>
<% } %>
```

mustcache 风格,高级语法有限,通常难自定义拓展。

```
{{#if list.length}}
  <ol>
    {{#each list item}}
      <li>
        {{ item }}
      </li>
    {{/each}}
  </ol>
{{/if}}
```

属性绑定风格。

```
<ol ms-if="list.length">
  <li ms-for="item in list">
    {{item}}
  </li>
</ol>
```

前两者只能出现于 script、textarea 等容器元素内部。因此<分隔符与标签的<容器造成冲突,并且也不利于 IDE 的格式化处理。属性绑定风格则是 MVVM 时期最流行的模板定义风格,某页面某个区域就是一个模板,不需要进行入 append 等操作。

我们再来看如何实现前端模板。前端模板的本质就是一个可以转换函数的字符串,这个函数放进一个充满数据的对象后,还原为一个全新的字符串。因此重点是如何构建一个渲染函数。最简单的方式是正则,还记得第二章的 format 方法吗,这就是一个轻型的填充数据的方法。

```
function format(str, object) {
    var array = Array.prototype.slice.call(arguments, 1);
    return str.replace(/\\?\#\{([^{}]+)\}/gm, function(match, name) {
        if (match.charAt(0) == '\\')
            return match.slice(1);
        var index = Number(name);
        if (index >= 0)
            return array[index];
        if (object && object[name] !== void 0)
```

```
            return  object[name];
        return '';
    });
}
```

format 方法是通过#{}来划分静态内容与动态内容的，一般来说它们称之为定界符（**delimiter**）。#{为前定界符，}为后界符，这个#{}其实是 ruby 风格的定界符。通常的定界符是<%与%>，{{与}}。通常在前定界符中还有一些修饰符号，比如=号，表示这个会输出到页面，-号，表示会去掉两旁的空白。将下例，要编译成一个渲染函数。

```
var tpl = '你好,我的名字啊<%name%>, 今年已经 <%info.age%>岁了'
var data = {
    name: "司徒正美",
    info: {
      age: 20
    }
}
```

大抵是这样。

```
var body = '你好,我的名字叫'+ data.name+ ', 今年已经 '+data.info.age+ '岁了'
var render = new Function('data', 'return '+ body)
```

或者聪明一点，使用数组来join。

```
var array = ['return ']
array.push('你好,我的名字叫')
array.push(data.name)
array.push(', 今年已经')
array.push(data.info.age)
array.push( '岁了')
var render = new Function('data', array.join('+'))
```

这就得区分静态内容与为变量前加 data.前缀。这一步可以用正则来做，也可以用纯字符串。我们试一下纯字符串方式。假令前定界符为 openTag，后定界符为 closeTag，通过 indexOf 与 slice 方法，就可以将它切成一块块。

```
function tokenize(str) {
    var openTag = '<%'
    var closeTag = '%>'
    var ret = []
    do {
        var index = str.indexOf(openTag)
        index = index === -1 ? str.length : index
        var value = str.slice(0, index)
        //抽取{{前面的静态内容
        ret.push({
            expr: value,
            type: 'text'
        })
        //改变 str 字符串自身
        str = str.slice(index + openTag.length)
```

第 15 章 MVVM

```
            if (str) {
                index = str.indexOf(closeTag)
                var value = str.slice(0, index)
                //抽取{{与}}的动态内容
                ret.push({
                    expr: value.trim(),//JS 逻辑两旁的空白可以省去
                    type: 'js'
                })
                //改变 str 字符串自身
                str = str.slice(index + closeTag.length)
            }
    } while (str.length)
    return ret
}
console.log(tokenize(tpl))
```

```
▼ [Object, Object, Object, Object, Object]
    ▼ 0: Object
        expr: "你好,我的名字叫"
        type: "text"
        ▶ __proto__: Object
    ▼ 1: Object
        expr: "name"
        type: "js"
        ▶ __proto__: Object
    ▼ 2: Object
        expr: ", 今年已经 "
        type: "text"
        ▶ __proto__: Object
    ▼ 3: Object
        expr: "info.age"
        type: "js"
        ▶ __proto__: Object
    ▼ 4: Object
        expr: "岁了"
        type: "text"
        ▶ __proto__: Object
    length: 5
    ▶ __proto__: Array[0]
```

然后通过 render 方法将它们拼接起来。

```
function render(str) {
    var tokens = tokenize(str)
    var ret = []
    for (var i = 0, token; token = tokens[i++]; ) {
        if (token.type === 'text') {
            ret.push('"' + token.expr + '"')
        } else {
            ret.push(token.expr)
        }
    }
    console.log("return "+ ret.join('+'))
}
```

打印出来如下。

```
return "你好,我的名字叫"+name+", 今年已经 "+info.age+"岁了"
```

这个方法还不完整。首先只是在两旁加上双引号是不可靠的，万一里面还有双引号怎么办。因此我们需要引入第二章介绍的 quote 方法，当类型为文本时，ret.push(+quote(token.

expr)+)。其次需要对动态部分的变量加上 .data。怎么知道它是一个变量呢?我们回想一下变量的定义,就是以_、$或字母开头的字符组合。为了简洁起见,我们暂时不用理会中文的情况。不过,info.age 这个字符串里面,其实有两个符合变量的子串,而只需要在 info 前面加 data.。这时,我们需要设法在匹配变量前,将对象的子级属性替换掉,替换成不符合变量的字符,然后再替换回去。为此,笔者搞了一个 dig 与 fill 方法,将子级属性变成??12 这样的字符串。

```
var quote = JSON.stringify//自己到第二章找完整函数
var rident = /[$a-zA-Z_][$a-zA-Z0-9_]*/g
var rproperty = /\.\s*[\w.\$]+/g
var number = 1
var rfill = /\?\?\d+/g
var stringPool = {}
function dig(a) {
    var key = '??' + number++
    stringPool[key] = a
    return key
}
function fill(a) {
    return stringPool[a]
}
function render(str) {
    stringPool = {}
    var tokens = tokenize(str)
    var ret = []
    for (var i = 0, token; token = tokens[i++]; ) {
        if (token.type === 'text') {
            ret.push(quote(token.expr))
        } else {
            // 先去掉对象的子级属性,减少干扰因素
            var js = token.expr.replace(rproperty, dig)
            js = js.replace(rident, function (a) {
                return 'data.' + a
            })
            js = js.replace(rfill, fill)
            ret.push(js)
        }
    }
    console.log("return " + ret.join('+'))
}
render(tpl)
```

输出为如下代码。

```
return "你好,我的名字叫"+data.name+", 今年已经 "+data.info.age+"岁了"
```

最后,我们修改一下后面两行,得到我们梦魅以求的渲染函数,它的实现过程比 format 方法复杂多了,但却是所有扩展性极强的前端模板的一般实现过程。

```
function render(str){
//略……
    return new Function("data", "return " + ret.join('+'))
}
var fn = render(tpl)
```

第 15 章　MVVM

```
console.log(fn+"")
console.log(fn(data))
```

```
function anonymous(data
/**/) {
return "你好,我的名字叫"+data.name+", 今年已经 "+data.info.age+"岁了"
}
你好,我的名字叫司徒正美,今年已经 20岁了
```

我们再看一下如何引入循环语句，比如将上面的模板与数据改成这样。

```
var tpl = '你好,我的名字叫<%name%>, 今年已经 <%info.age%>岁了,喜欢<% for(var i = 0, el; el = list[i++];){%><% el %> <% } %>'
var data = {
    name: "司徒正美",
    info: {
        age: 20
    },
    list: ["苹果","香蕉","雪梨"]
}
```

这时我们就添加一种新的类型，不输出到页面的动态内容，这在 token 方法中做一些修改。

```
value = value.trim()
if (/^(if|for|})/.test(value)) {
    ret.push({
        expr: value,
        type: 'logic'
    })
} else {
    ret.push({
        expr: value,
        type: 'js'
    })
}
```

但 render 方法怎么修改好呢，显示这时继续用＋已经不行了，否则下场是这样。

```
return "你好,我的名字叫"+data.name+", 今年已经 "+data.info.age+"岁了,喜欢"+for(var i = 0, el; el = list[i++];){+""+data.el+" "+}
```

我们需要借用数组，将要输入的数据（text, js 类型）放进去，logic 类型不放进去。

```
function addPrefix(str) {
    // 先去掉对象的子级属性,减少干扰因素
    var js = str.replace(rproperty, dig)
    js = js.replace(rident, function (a) {
        return 'data.' + a
    })
    return js.replace(rfill, fill)
}
function addView(s) {
    return '__data__.push(' + s + ')'
}
function render(str) {
    stringPool = {}
    var tokens = tokenize(str)
```

15.1 前端模板（静态模板）

```
        var ret = ['var __data__ = []']
        tokens.forEach(function(token){
            if (token.type === 'text') {
                ret.push(addView(quote(token.expr)))
            } else if (token.type === 'logic') {
                //逻辑部分都经过 addPrefix 方法处理
                ret.push(addDataPrefix(token.expr))
            } else {
                ret.push(addView(addPrefix(token.expr)))
            }
        })
        ret.push("return __data__.join('')")
        console.log( ret.join('\n'))
    }
var fn = render(tpl)
```

得到的内部结构是这样的，显然 addPrefix 方法出问题，我们应该过滤掉 if、for 等关键字与保留字。

```
var __data__ = []
__data__.push("你好,我的名字叫")
__data__.push(data.name)
__data__.push(", 今年已经 ")
__data__.push(data.info.age)
__data__.push("岁了,喜欢")
data.for(data.var data.i = 0, data.el; data.el = data.list[data.i++]){
__data__.push("")
__data__.push(data.el)
__data__.push(" ")
}
return __data__.join('')
```

但即使我们处理掉关键字与保留字，对于中间生成 i、el 怎么区分呢？是区分不了的。于是目前有两种方法，一是使用 with，这时我们就不需要加 data. 前缀。第二种引入新的语法，比如，前面是@就替换为 data。

先看第一种。

```
function render(str) {
    stringPool = {}
    var tokens = tokenize(str)
    var ret = ['var __data__ = [];', 'with(data){']
    for (var i = 0, token; token = tokens[i++]; ) {
        if (token.type === 'text') {
            ret.push(addView(quote(token.expr)))
        } else if (token.type === 'logic') {
            ret.push(token.expr)
        } else {
            ret.push(addView(token.expr))
        }
    }
    ret.push(')')
    ret.push('return __data__.join("")')
    return new Function("data", ret.join('\n'))
}
var fn = render(tpl)
console.log(fn + "")
console.log(fn(data))
```

第 15 章　MVVM

```
function anonymous(data
/**/) {
var __data__ = [];
with(data){
__data__.push("你好,我的名字叫")
__data__.push(name)
__data__.push(", 今年已经 ")
__data__.push(info.age)
__data__.push("岁了,喜欢")
for(var i = 0, el; el = list[i++];){
__data__.push("")
__data__.push(el)
__data__.push(" ")
}
}
return __data__.join("")
}
你好,我的名字叫司徒正美, 今年已经 20岁了,喜欢苹果 香蕉 雪梨
```

许多迷你模板都是用 with 减少替换工作。

第二种方法,使用引导符@, avalon2 就是这么用的。这样 addPrefix 方法可以减少许多代码。相对应,模板也要改动一下。

```
var tpl = '你好,我的名字叫<%@name%>, 今年已经 <%@info.age%>岁了,喜欢<% for(var i = 0, el; el = @list[i++];){%><% el %> <% } %>'
var rguide = /(^|[^\w\u00c0-\uFFFF_])(@|##)(?=[$\w])/g
function addPrefix(str) {
    return str.replace(rguide, '$1data.')
}
function render(str) {
    stringPool = {}
    var tokens = tokenize(str)
    var ret = ['var __data__ = [];']
    for (var i = 0, token; token = tokens[i++]; ) {
        if (token.type === 'text') {
            ret.push(addView(quote(token.expr)))
        } else if (token.type === 'logic') {
            //逻辑部分都经过 addPrefix 方法处理
            ret.push(addPrefix(token.expr))
        } else {
            ret.push(addView(addPrefix(token.expr)))
        }
    }
    ret.push('return __data__.join("")')
    return new Function("data", ret.join('\n'))
}
var fn = render(tpl)
console.log(fn + "")
console.log(fn(data))
```

```
function anonymous(data
/**/) {
var __data__ = [];
__data__.push("你好,我的名字叫")
__data__.push(data.name)
__data__.push(", 今年已经 ")
__data__.push(data.info.age)
__data__.push("岁了,喜欢")
for(var i = 0, el; el = data.list[i++];){
__data__.push("")
__data__.push(el)
__data__.push(" ")
}
return __data__.join("")
}
你好,我的名字叫司徒正美, 今年已经 20岁了,喜欢苹果 香蕉 雪梨
```

15.1 前端模板（静态模板）

第二种比第一种的优势在于，性能更高，并且避开 ES5 严格模式的限制。

我们再认真思考一下，其实循环语句与条件语句，不单是 for、if 两个，还有 while、do while、else 等。因此这需要优化，也有两种方法。第一种是，添加更多语法符合，比如上面所说的=就是输出，没有则不输出。这是 ASP/JSP/PHP 等模板采用的手段。

```javascript
if (value.charAt(0) === '=') {
    ret.push({
        expr: value,
        type: 'js'
    })
} else {
    ret.push({
        expr: value,
        type: 'logic'
    })
}
```

另一种，使用语法糖，如#each(el, index) in @list，'#eachEnd'，'#if'，'#ifEnd'。还是改动 tokenize 方法。

```javascript
if (value.charAt(0) === '#') {
    if (value === '#eachEnd' || value === '#ifEnd') {
        ret.push({
            expr: '}',
            type: 'logic'
        })
    } else if (value.slice(0, 4) === '#if ') {
        ret.push({
            expr: 'if(' + value.slice(4) + '){',
            type: 'logic'
        })
    } else if (value.slice(0, 6) === '#each ') {
        var arr = value.slice(6).split(' in ')
        var arrayName = arr[1]
        var args = arr[0].match(/[$\w_]+/g)
        var itemName = args.pop()
        var indexName = args.pop() || '$index'
        value = ['for(var ', ' = 0;', '<' + arrayName + '.length;', '++){'].join(indexName) +
            '\nvar ' + itemName + ' = ' + arrayName + '[' + indexName + '];'
        ret.push({
            expr: value,
            type: 'logic'
        })
    }
} else{
    //…
}
```

对应的模板改成如下代码。

```javascript
var tpl = '你好,我的名字叫<%@name%>, 今年已经 <%@info.age%>岁了,喜欢<%#each el in @list %><% el %> <% #eachEnd %>'
var fn = render(tpl)
console.log(fn + "")
console.log(fn(data))
```

第 15 章　MVVM

```
function anonymous(data
/**/) {
var __data__ = [];
__data__.push("你好,我的名字叫")
__data__.push(data.name)
__data__.push(", 今年已经 ")
__data__.push(data.info.age)
__data__.push("岁了,喜欢")
for(var $index = 0;$index<data.list.length;$index++){
var el = data.list[$index];
__data__.push("")
__data__.push(el)
__data__.push(" ")
}
return __data__.join("")
}
你好,我的名字叫徒正美,今年已经 20岁了,喜欢苹果 香蕉 雪梨
```

可能有人觉#for、#forEnd 这样的语法糖比较丑，没问题，这个可以改，主要我们的 tokenize 方法足够强大，就能实现 mustache 这样的模板引擎。但所有模板引擎也基本上是这么实现的，有的还支持过滤器，也就是在 js 类型的语句再进行处理，将 | 后面的字符器再切割出来。

如果虚拟 DOM 呢？那就需要一个 html parser，这个工程巨大，比如 reactive 这个库，早期不使用 html parser 与虚拟 DOM，只有 3、4 千行，加入这些炫酷功能后就达到 16000 行。返回一个字符串与返回一个类似 DOM 树的对象树结构是不一样的。

15.2　MVVM 的动态模板

早期前端模板都是静态模板。静态模板都是返回一个字符串，然后通过 innerHTML 对目标区域进行铺天盖地式的大替换。

```
el.innerHTML = templateString
```

大家回忆一下第二章所说的 innerHTML，这东西太多 bug。因此我们最好用 jQuery 的 html 方法进行替换操作。但即便这样，静态模板的效率还是很低下，并且存在如下几个隐患。

- 破坏了对事件的绑定。
- 破坏了原区域的选区与光标。
- 破坏了原区域的第三方组件。

随着 jQuery 的地位日益巩固，大家可以安心用 jQuery 作为公司的标准库，然后利空闲时间研究其他东西。这个时间冒出许多东西。比如说上面提到的众多前端模板，各种 UI 库，还有语言扩展库（underscore）。复杂的交互需要大量的 JS，人们开始研究如何大规模组织前端工程，于是这时期最伟大的产物，require.js 出现了。

其实 require.js 不站出来，许多一些我们现在不知道的库也在做同样的事。统一整个社区的 JS 文件的编写形式，他们管这叫做模块。每个模块都要声明自己所依赖的另外的 JS 文件，及将自己的东西提供给别人优雅地调用（重要一点是不污染全局作用域）。

与 require.js 一起成长的是 Node.js，让更多后端加入。更多后端加入意味着更多经过培训的专业大脑加进来。许多有 20 年经验的程序员，把后端的那一套直接复制过来，于是有了一大堆 JavaScript MVC 框架。那时还流行一篇文章《12 款优秀的 JavaScript MVC 框架评估》，介绍了当时的各种 MVC 框架，如图 15-2 所示。

15.2 MVVM 的动态模板

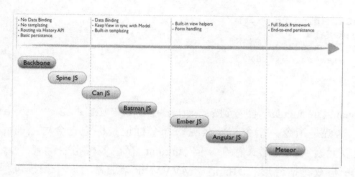

图 15-2

这时 knockout.js 与 angular 就进入人们的眼帘了。Knockout.js 是在 2011 年 MIX11 大会上发布的，算是历史最悠久的。angular 则更晚些发布，但听说 2009 年就在内部使用了。但不管 knockout 还是 angular，它们都有一个特点，需要页面添加许多特殊的标记。它们被官方称为指令或绑定属性。那片区域其实就是 MVVM 的动态模板了。所有框架都在解决关注点分离，并且关注点越少越好。经典的 3 层架构，由展现层、业务逻辑层和持久层构成，其中体现了我们对用户界面、业务逻辑和数据持久的关注点分离。而 MVVM 架构，希望只有一个关注点，其他都是被动改变。MVVM 中的 VM，我们下一节详细介绍。现在回到动态模板上。动态模板是 MVVM 的视图层，它的特点是能最小化刷新。哪个变量发生改动，那么只有涉及变量的属性值，nodeValue 才会改变。于是就没有原来静态模板的三大副作用，性能上也大为提升。

由于操作对象是属性值，nodeValue 或单独几个要循环生成的元素节点。MVVM 在页面刚完成渲染时，就会遍历整个 DOM 树，将它感兴趣的元素（即被指令标识的那些节点）全部收集起来。然后对指令进行解析，转换为**求值函数**，传入数据，得到当前值，再放进**刷新函数**，于是这个节点就更新了！因此动态模板是没有产生一个完整的字符串或一片 DOM，而是通过指令产生了许多细小的求值函数、刷新函数，通过关联这些函数与数据与节点的关系，实现视图更新的。这种关联方法就是观察者模式，当然还可以糅杂其他设计模式，但主要是观察者模式。因此我们可以说，动态模板就是观察者模式的架设！就像国家那样，通过电线杆与电线将农村连接在一起，如图 15-3 所示。

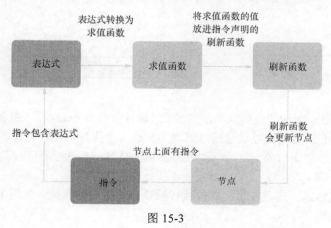

图 15-3

第 15 章 MVVM

```
var fn = parseExpr(binding.expr)
var value = fn(data)
var update = getUpdate(binding.type)
update(binding.element, value)
```

15.2.1 求值函数

如果大家用过 avalon 或 angular，会看到 `ms-attr-title="el + 222"`、`ng-attr-title= "el+ 222"` 这样的东西。这就是指令。指令是什么呢？一个标记。标记它会对当前元素进行怎么样的操作呢？通常指令是以元素属性的形式存在，但 angular 存在多种指令形式，tagName、comment、attribute、className 与双花括号形式的插值。MVVM 框架通常有一个扫描过程，将所有它感兴趣的元素进行收集。这个扫描与收集后面会说。而这些它感兴趣的元素都是带有指令的。

以属性形式的指令为例，通常我们称之为**绑定属性**，它以等号为分隔，分为属性名与属性值两大部分。属性名又多以 `ms-`、`ng-`、`:` 开头，我们称之为前缀，它唯一的作用是告诉框架，它是绑定属性。紧接着是绑定属性的类型，它告诉框架，以后要使用什么刷新函数来加工或刷新这个节点。紧接着是额外的传参，这个是可选的。最后是属性值部分，它被称为表达式，有时候它还带有过滤器，基本上都是使用 UNIX 下的管道符风格。一个表达式里面可能包含多个过滤器。因此一个绑定属性至少包括类型与表达式两部分。所有指令都会转换为一个绑定对象。

一个绑定对象的结构大致如图 15-4 所示。

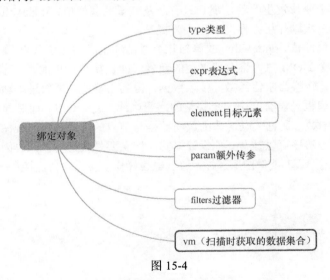

图 15-4

执行流程是这样的，表达式会转换为求值函数（通常命名为 **get**），传入数据与额外传参得到值，如果存在过滤器，那么还要依次放进这些过滤器中，最后将值与元素放进视图刷新函数中。并且这个值会保存下来，放到绑定对象上。当一次数据发生变动时，会进行新值与旧值比较，决定它是否进入刷新函数这一步。

一个完整的绑定对象，它是在第一次被执行后获取其他额外成员，如图 15-5 所示。

操作流程大概如下。

15.2 MVVM 的动态模板

```
if(!binding.get){
    binding.get = parseExpr(binding.expr, binding.vm)
}
var value = binding.get(binding.vm, binding.param)
if(binding.value !== value){
    binding.value = value
    if(binding.filter){
        value = binding.filter(value)
    }
    binding.update(binding.element, value)
}
```

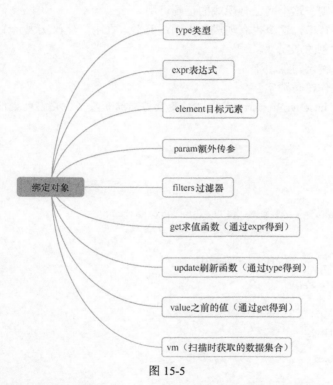

图 15-5

通常来说刷新函数是框架内置的,有多少种绑定属性就对应多少刷新函数。而求值函数则需要我们转换。这个转换与上节我们提到的前端模板转换为渲染函数很相似,都是将字符串变成函数。但如果从经典的 MVVM 角度出发,这个构建方式又有一点不一样。但不管怎么说,上次给出的转换函数确实不太完整。接着下来,我们搞一个完整的,能用于生产环境的方法。

将一个表达式变成一个函数,不是单单在前面加上一个 "return" 这么简单的。经典的 MVVM 是存在一个依赖收集的过程,需要触发访问器属性的 getter 方法,因此需要将变量前置。

```
el + 222
```

实际上会变成如下代码。

```
var el = vm.el //进行依赖收集
```

第15章 MVVM

```
return el + 222
```

这样它就能解决下面的三元表达式问题。

```
a ? a : b
```

这里扼要说明一下什么叫**依赖收集**，就是将表达式的变量抽取出来，当某个变量发生改变，就执行求值函数，然后执行后面一连串操作，从而更新元素。

通常表达式里不需要 if, else 语句，也不要用注释（这个在文档里说明一下，要移除 JS 的注释太难了），但为了预防起见，所有干扰因素都要去除掉，最后剩下逗号与变量。

（1）干掉所有正则，这个网上有现成的正则可用。
（2）干掉所有字符串，这个也有现成的正则，但不太好用，建议实现一个方法来处理。
（3）干掉所有对象的子属性。
（4）干掉所有关键字与保留字。
（5）干掉所有操作符与数字。
（6）去掉与利用 hasOwnProperty 进行过滤变量与局部变量（就是之前说的，i、el 问题）。

比如说：

```
vm = {
  a: 1,
  b: 2
}
```

```
ms-attr-title="aaa == null ? '111': String(aaa+bbb)"
```

得到表达式。

```
aaa == null ? '111': String(aaa+bbb)
```

去掉正则，去掉字符串。

```
aaa === null ? : String(aaa+bbb)
```

去掉关键字与操作符。

```
aaa String aaa bbb
```

去重。

```
aaa String bbb
```

最后通过 vm.hasOwnProperty(el)，得到 aaa、bbb。

https://www.zhihu.com/question/29743491/answer/49301464

从实际代码来看，则是这样。
第一步，用正则来干掉正则字面量。

```
var rregexp = /(^|[^/])\/(?!\/)(\[.+?]|\\.|[^/\\\r\n])+\/[gimyu]{0,5}(?=\s*($|[\r\n,.;])))/g
```

第二步，用正则或函数干掉字符串字面量。

```
var rstring = /("|')(\\(?:\r\n|[\w\W])|(?!\1)[^\\\r\n])*\1/
```

15.2 MVVM 的动态模板

但这个正则并不完美，也尝试从各种语法高亮库中找其他正则，也不如意。于是后来笔者又写了这个方法，里面的 dig 参数就是上一节的 dig 函数。这种一个个字符串进行读入的方法，也就是经典的分词手段，原始并高效。angular 的源码里整个 parser 就是这样实现的。

```
function clearString(str, dig) {
    var array = readString(str)
    for (var i = 0, n = array.length; i < n; i++) {
        str = str.replace(array[i], dig)
    }
    return str
}

function readString(str) {
    var end, s = 0
    var ret = []
    for (var i = 0, n = str.length; i < n; i++) {
        var c = str.charAt(i)
        if (!end) {
            if (c === "'") {
                end = "'"
                s = i
            } else if (c === '"') {
                end = '"'
                s = i
            }
        } else {
            if (c === '\\') {
                i += 1
                continue
            }
            if (c === end) {
                ret.push(str.slice(s, i + 1))
                end = false
            }
        }
    }
    return ret
}
```

第三步，干掉子级属性。也是正则，参观上一节的正则。

第四步是去掉关键字与保留字，这个很简单，我们先弄一个 hashmap，然后用正则进行抠空处理。

```
//avalon.oneObject 方法见第一章
var keyMap = avalon.oneObject("break,case,catch,continue,debugger,default,delete,do,else,false," +
        "finally,for,function,if,in,instanceof,new,null,return,switch,this," +
        "throw,true,try,typeof,var,void,while,with," + /* 关键字*/
        "abstract,boolean,byte,char,class,const,double,enum,export,extends," +
        "final,float,goto,implements,import,int,interface,long,native," +
        "package,private,protected,public,short,static,super,synchronized," +
        "throws,transient,volatile")
//-----------
"aaa,+,var, undefined,eee,,".replace(/\w+/g, function(key){
    if(keyMap[key]){//这就是抠空得理
```

```
        return ''
    }
    return key
})
```

第五步干掉操作符与数字，也是正则。

```
var rnumber = /\b\d[^,]*/g
//from prism.js
var rnumber = /\b-?(?:0x[\da-f]+|\d*\.?\d+(?:e[+-]?\d+)?)\b/ig
//from jQuery.js
var rnumber = /[+-]?(?:\d*\.|)\d+(?:[eE][+-]?\d+|)/g
var roperator = /--?|\+\+?|!=?=?|<=?|>=?|==?=?|&&?|\|\|\|?|\?|\*|\/|~|\^|%/g
//大中小括号、冒号、逗号、点号
var rpunctuation = /[{}[\];(),.:]/g
```

因此整个过程就是与正则"斗智斗勇"的过程。当然也可以不用正则，但不用正则，使用函数方式实现 parser，代码量太多了，angular 与 ractive 就是被 parser 拖累。并且随着 EsmaScript 一年升一次级的步伐，每年都加入新的语法，parser 是越来越复杂，你总有遗漏的风险。因此不建议实现一个完整的 parser。只是对自己感兴趣的变量进行抽取前置就行了。

随着技术的发展，变量抽取也正被另一种技术所替换——**路径抽取**。

变量抽取是为动态依赖收集服务。

路径抽取是为静态依赖收集服务。

动态依赖收集，要对求值函数进行深改造。要执行一下求值函数，让里面前端的赋值语句被执行，从而触发访问器属性的 getter 方法。因此它有一个**硬性要求**，vm 必须是一个特殊的对象。这个对象的所有属性或大部分属性要转换为访问器属性，或者像 knockout 将属性变成一个方法。像 angular 那样，如果 vm 是一个普通对象，不存在访问器属性，里面前置赋值语句是没有意义的。因此它就发展出另一种技术，路由抽取，对应的，它能监听子级对象的属性变动。

```
vm.$watch(path, callback)
```

比如说，一个表达式是这样的。

```
aaa.bbb+aaa.ccc
```

那么它里面会产生两个$watch 回调。

```
vm.$watch("aaa.bbb", callback)
vm.$watch("aaa.ccc", callback)
```

angular 如何知道 aaa.bbb、aaa.ccc 发生了变化呢？这简单，它将 aaa 对象复制了一份，然后新旧 aaa 对象进行 diff，发现不一致，就触发对应路径的回调。这个步骤，angular 称之为脏检测。效率无法与经典的 MVVM 精准属性监控相比。angular 也尝试过精准属性监控，为此还放弃了浏览器兼容性，特意让 Chrome 搞了一个 Object.observe 的新 API。但其他浏览器不跟 Chrome 玩，最后也不了了之。

抽取变量与抽取路径步骤基本一致。有兴趣可以看一下 avalon1.5.8 的实现。avalon1.5 是动态依赖收集与静态依赖收集都用上。

在 ractivejs 或 polymer 等库，路径抽取还存在通配符的情况。
```
vm.$watch("array.*.aaa", callback)
```
这个就更加复杂了。因此在生成求值函数时，动态模板比静态模板复杂多。这一切都是为了最小化刷新。

15.2.2 刷新函数

刷新函数是内置的视图刷新方法。有多少种指令，就有多少种方法。换言之，这一节主要介绍通用的指令类型。

指令通常分为两大类型，逻辑指令与普通指令。

逻辑指令的操作对象是元素节点，比如说 ms-if、ms-for（avalon2 系）、ng-if、ng-repeat、ng-switch（angular 系）、each、if、ifnot、with（knockout 系）。

普通指令则是操作元素的某个属性（ms-attr, ng-attr）、某个样式（ms-css, ng-css）、nodeValue（ms-text, ng-text，双花括号）、innerHTML（ms-html, ng-html）、某种事件（ms-on-click, ng-on-click，它们大多数可以缩写成 ms-click, ng-click）。在 ng2 时代起，所有 MVVM 框架也不约而同地使用冒号代替各种前端，于是 ms-attr、ng-attr 变成：attr。

只要我们知道了绑定对象的 type 属性，就一下子能找到对象的刷新函数。简单的刷新函数，如 text 指令的可以写成这样。

```
function text(node, value, binding){
    node.replaceData(0, value.length, value)
    //node 为文本节点，replaceData 可以参看这里
    //http://www.jb51.net/w3school/xmldom/dom_text.htm
}
```

或者写成这样。

```
function text (node, value, binding){
    node.nodeValue = value
}
```

html 指令则是这样。

```
function text (node, value, binding){
    node.innerHTML = value
}
```

或者使用 jQuery。

```
function text (node, value, binding){
    $(node).html(value)
}
```

像 attr、css 指令则更是如此，它们内部存在复杂兼容性处理，要么你使用 jQuery，要么自己实现一套 attr、css 方法。因此 angular1 内部存在一个 jqLite 的轻量库。这时你可以把之前章节（属性模块，样式模块，事件模块）学到的东西搬过来。

这些还是比较简单的指令，刷新函数还是很好实现，像 if、for 指令就麻烦了。

第 15 章 MVVM

if 指令要求表达式的值为真的时, 渲染原元素; 为假时, 将原元素移出 DOM 树, 原位置用一个注释节点占位; 再次为真的, 将原元素放回去(avalon, knockout)或是重新生成一个元素放回去(angular)。

for 指令则会生成更多占位用的注释节点, 有的框架称之为**路标系统**, 有的框架称之为**锚点系统**。

angular 的 ng-repeat 指令, 注意每一项中间也存在注释节点隔开。

```
<li class="animate-repeat" ng-repeat="friend in friends | filter:q as results">
    [{{$index + 1}}] {{friend.name}} who is {{friend.age}} years old.
</li>
```

```
<!-- ngRepeat: friend in friends | filter:q as results -->
<li class="animate-repeat ng-binding ng-scope" ng-repeat="friend in frie
results">
        [1] John who is 25 years old.
    </li>
<!-- end ngRepeat: friend in friends | filter:q as results -->
<li class="animate-repeat ng-binding ng-scope" ng-repeat="friend in frie
results">
        [2] Johanna who is 28 years old.
    </li>
<!-- ngRepeat: friend in friends | filter:q as results -->
<li class="animate-repeat ng-binding ng-scope" ng-repeat="friend in frie
results">
        [3] Mary who is 28 years old.
    </li>
<!-- end ngRepeat: friend in friends | filter:q as results -->
<li class="animate-repeat ng-binding ng-scope" ng-repeat="friend in frie
results">
        [4] Erika who is 27 years old.
    </li>
<!-- end ngRepeat: friend in friends | filter:q as results -->
```

avalon2 的 ms-repeat 指令。

```
<ol>
    <li ms-for='($key, $val) in @object'>{{$key}}::{{$val}}</li>
</ol>
```

```
▼<ol> == $0
    <!--ms-for:($key, $val) in @object-->
    <li>a::11</li>
    <!--for054689433025-->
    <li>b::22</li>
    <!--for054689433025-->
    <li>c::33</li>
    <!--for054689433025-->
    <li>d::44</li>
    <!--for054689433025-->
    <li>e::55</li>
    <!--for054689433025-->
    <!--ms-for-end:-->
</ol>
```

有的 MVVM 框架, 不使用注释节点作为锚点, 改成空白节点。这就要希望浏览器的兼容性较好, 因为中间分隔用的锚记需要知道它是从属某个 for 循环里面, 肯定要通过 nodeValue 或其他什么来区分。比如 angular, 它们都是 end 加上用户的指令属性值, avalon 则是使用同一个 UUID(for\d+)。否则出现双重循环或多重循环, 就会乱套。空白节点只是一个假象, 让那些喜欢在控制台观察的人, 觉得这个框架不会产生这么多乱七八糟的注释节点, 肯定性能更优了。但生成一个空白节点与生成一个注释节点, 对浏览器而言没什么区别, 都需要这么多重原型继承。空白节点, 你还得手动在上面添加一个特殊的属性, 属性值为 ms-for 或 ng-for 的属性值, 来区分循环。

15.2 MVVM 的动态模板

```
var anchor = document.createTextNode('')
anchor.xxx = '($key, $val) in @object'
```

在 IE6～IE8 下，文本节点与注释节点是不能添加自定义属性，这就是 avalon 不采用此方案的缘故。

其实使用注释节点有一个好处，我们可以直接使用原生方法得到所有锚点。

```
var queryComments = DOC.createTreeWalker ? function(parent) {
    var tw = DOC.createTreeWalker(parent, NodeFilter.SHOW_COMMENT, null, null),
        comment, ret = []
    while (comment = tw.nextNode()) {
        ret.push(comment)
    }
    return ret
} : function(parent) {
    return parent.getElementsByTagName("!")
}
//或者
var getComments = function(parent, array) {
    var nodes = parent.childNodes
    for (var i = 0, el; el = nodes[i++]; ) {
        if (el.nodeType === 8) {
            array.push(el)
        } else if (el.nodeType === 1) {
            getComments(el, array)
        }
    }
}
var queryComments = function(parent) {
    var ret = []
    getComments(parent, ret)
    return ret
}
```

在 ember.js 中，则干脆使用 script 节点做锚点。

有了锚点系统，当你的数组由 a、b、c 变成 c、b、a 时（这时通常会介入一个非常复杂的 diff 算法，如最短编辑距算法，计算出最少移动的步骤，具体可以看一下 knockout 源码。像 react，则强制要求你给一个不重复的 key，这时通过 hash 得到移动位置。像 avalon1、avalon2 它们的实现也是各显神通的），这些由锚点分开的元素就会抽出 DOM 树，变成一个文档碎片，插入到目标位置的锚点的前面。

有关 for 指令的实现可以参看这两个链接。

https://github.com/RubyLouvre/avalon/issues/372
https://github.com/RubyLouvre/avalon/blob/2.1.6/src/directives/for.js

接着下来说事件指令与 duplex 指令。

事件指令有点特别，它要求求值函数总是返回同一个函数，当然你也可以是不同的函数实例，但要你标识它与之前的是否一致。

```
function old(){
    return aa + 1
}
function neo(){
    return aa + 1
}
```

第 15 章　MVVM

　　由于它们的结构一致，因此你用==号来比较是没有意义的，但你又不能再绑一次。这时只能比较表达式。如果生成它们的表达式一致，那么只需绑一次。这时另一个问题来了，怎么知道这个函数已经被绑上呢？于是我们还是将前几章的基于 UUID 的事件系统搬上来。此事件系统会访问函数上面有没有 uuid 属性，没有就会加一个。因此我们可以抢先把 binding.expr 放到上面去，这样就实现绑定一次事件的效果。

　　而 duplex 指令，它也是这样，不同的是，它可以绑定多个事件，尤其要兼容 IE6～IE8 的情况下。此外，duplex 是双工指令，顾名思义，它是会反过回操作 VM，因此它不但有 get 方法，还有 set 方法。在 avalon 中，它实现对元素的 value 属性劫持，当元素的 value 不是在事件回调中被修改的情况下，也能通知框架更新 VM。

　　图 15-6 和图 15-7 是 angular 与 avalon 的指令设计图。

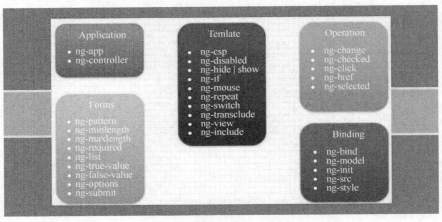

图 15-6

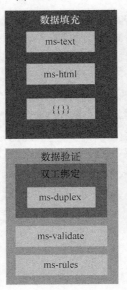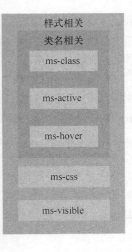

图 15-7

15.3 ViewModel

MVVM 的核心在于 ViewModel，根据其是否主动进行监控，又分为两大派系。avalon 这样通过挖掘语言特性打造的重量对象 VM，或是像 angular 那样依靠外部的 diff 机制检测自身变化的轻量对象 VM。

从对象继承的原型链长度及占用内存来划分，JavaScript 分为 4 种对象。

超轻量 `Object.create(nulll)` 没有原型
轻量 只有一重原型的普通对象 `{}`
重量 只有一到二重原型，或带有访问器属性的对象，avalon 或 vue 的 VM 对象
超重量 存在 5 级原型的对象，各种 `DOM` 节点或 `window` 对象

但作为 avalon 式的 VM 必须用访问器属性构成。

在第 4 章中，我们介绍了如何使用 Object.defineProperty 为一个对象添加一个访问器属性，其实在更早期的时候，Firefox 就添加了 `__lookupSetter__`、`__lookupGetter__`、`__defineSetter__`、`__defineGetter__` 4 个方法。前 2 个合成现在的 Object.getOwnPropertyDescriptory 方法，后 4 个合成现在的 Object.defineProperty 方法。这也成了旧的 W3C 浏览器实现 avalon 式 VM 的解决之道。

在旧的 IE 中怎么办？虽然 Object.defineProperty 是在 IE8 提出来的，但它不能应用于普通对象，只能用于元素节点上。基于前人做了许多探索，有如下几种方法。

（1）用元素节点代替普通对象，dom.onpropertychange 事件可以侦听 setter，而且没有 getter，没有 getter 就无法进行动态依赖收集。不过现在发展出静态依赖收集，这也没什么了，但最坑的是我们需要对用户对象的属性名进行限制，比如不能等于元素的固有属性名。由于元素节点有七重原型链，每重都占用大量属性名与方法名，中奖概率比六合彩高多了，因此此方案早早出局。

（2）用预编译手段，将项目的源码中 `obj[member] = val` 替换成比如 `superSetter(obj, member, val)`，`var a = obj[member]` 替换成 `var a = superGetter(obj, member)`。但目前没人尝试这么干，太累人了。

（3）使用 VBScript，它拥有 3 种类似的语句 Set、Get、Let，可以实现相同的功能，坑主要有 4 个。首先，VBScript 对象一旦生成，就不能再添加新成员，否则就抛错。由于 VM 不单使用方法器属性，需要做其他大量处理，添加与删除一个成本太高。基本上都要求先定义后使用，这个缺憾可以承受。然后，属性名不区分大小写，这个需要注意一下就行。其次会占用少量的属性名，目前发现这 3 个：err、type、me。最后，函数的 this 不再指向对象，这个可以使用 bind 方法搞定。

dojo 实现的版本见 dojotoolkit 网站。

而 Avalon 实现的版本是目前最实用的，大量应用于生产环境。

（4）使用 flash，flash 的语言特征一直是 JavaScript 抄袭对象，早些年的 ECMA4 就是忠诚拥趸。尽管 falsh 在 PC 上基本都安装了，但不怕一万，最怕万一。目前也没有看到有人使用此方案。

Object 类位于动作脚本类层次结构的根处。此类包含 JavaScript Object 类所提供功能的一小部分，如图 15-8 所示。

Object 类的方法摘要

方法	说明
Object.addProperty()	在对象上创建 getter/setter 属性。
Object.registerClass()	将影片剪辑元件与动作脚本对象类相关联。
Object.toString()	将指定对象转换为字符串然后返回它。
Object.unwatch()	删除 Object.watch() 创建的监视点。
Object.valueOf()	返回对象的原始值。
Object.watch()	注册当动作脚本对象的指定属性更改时要调用的事件处理函数。

图 15-8

说完这些悲惨的兼容方案，我们看一下有没有新的 API 可以用吧。Object.defineProperty 只对取值赋值操作敏感，如果我们为元素添加一个新属性呢，删除一个属性呢，它就无能为力。于是又是 Firefox 为我们带来一些好玩的魔术。

15.3.1 Proxy

这是 ES6 的新东西，完全不是同一个次元的动物，觉得是来自 ruby 星球上的。之前，谷歌还捎带了一个"私货"叫 Object.observe，一大堆人来捧臭脚。但其他浏览器不理帐，只活了两年，从 Chrome36～Chrome49。说回 Proxy，这是一个逆天的东西，不像 Object.defineProperty，只是对=号敏感。什么 delete、for in、in、new，还是方法调用都能感应到！这是一个非常顶级的自省机制，要求浏览器对普通对象内部添加大量的钩子。JS 之父所在的 Firefox 很早就搞出这东西，那些还是规范 1，后来标准化后，接口有点不一样。Chrome 也是规范 1，规范 2 都实现过，不过中途断线了几个版本。

Proxy 是一个构造函数，使用 new Proxy 创建代理器，第一个参数为一个对象，第二个参数也为一个对象，返回被包裹后的代理器，我们使用基本的 get 和 set 写一个 demo。

```
var obj = new Proxy({}, {
    get : function( target , prop ) {
        console.log(prop, '进行取值');
        return target[prop];
    },
    set : function( target, prop, value) {
        console.log(prop, value, target[prop], '打印新旧值');
        target[prop] = value;
    }
});
obj.aaa = 1;
obj.aaa;
```

15.3 ViewModel

```
obj.bbb = 2
obj.bbb = 3
```

```
aaa 1 undefined 打印新旧值
aaa 进行取值
bbb 2 undefined 打印新旧值
bbb 3 2 打印新旧值
```

如果要监听属性被删除，可以在第二个对象添加一个 deleteProperty 方法。它会将原对象与要删除的属性传给你，实际上它什么也没有做，你需要自己进行删除。

```
var obj = new Proxy({}, {
    get: function (target, prop) {
        console.log(prop, '进行取值', target[prop]);
        return target[prop];
    },
    deleteProperty: function (target, prop) {
        console.log(prop, '被删除了')
        delete target[prop]
        return true   //如果决定删除则返回 true
    },
    set: function (target, prop, value) {
        console.log(prop, value, target[prop], '打印新旧值');
        target[prop] = value;
    }
});
obj.aaa = 1;
obj.aaa;
delete obj.aaa
obj.aaa
```

此外还有其他接口，但基本上与 VM 无关了。作为介绍，也一并列出来吧。

```
handler.getPrototypeOf()
handler.setPrototypeOf()
handler.isExtensible()
handler.preventExtensions()
handler.getOwnPropertyDescriptor()
handler.defineProperty()
handler.has()
handler.get()
handler.set()
handler.deleteProperty()
handler.ownKeys()
handler.apply()
handler.construct()
```

大家可以访问 cnblogs 和 mozilla 官网了解其更多用法。

15.3.2 Reflect

在 angular2 的内部就是使用 Reflect 实现 VM。它的行为与 Proxy 很相似，可以说 Proxy 的第二个参数对象有什么方法,它就有什么方法。

Reflect 对象的设计目的有如下 4 个。

(1)将 Object 对象的一些明显属于语言内部的方法(比如 Object.defineProperty)放到 Reflect 对象上。现阶段,某些方法同时在 Object 和 Reflect 对象上部署,未来的新方法将只部署在 Reflect 对象上。

(2)修改某些 Object 方法的返回结果,让其变得更合理。比如,Object.defineProperty(obj, name, desc)在无法定义属性时,会抛出一个错误,而 Reflect.defineProperty(obj, name, desc)则会返回 false。

```
旧写法
try {
  Object.defineProperty(target, property, attributes);
  //uccess
} catch (e) {
  //failure
}

//新写法
if (Reflect.defineProperty(target, property, attributes)){
  // success
} else {
  // failure
}
```

(3)让 Object 操作都变成函数行为。某些 Object 操作是命令式,比如 name in obj 和 delete obj[name],而 Reflect.has(obj, name)和 Reflect.deleteProperty(obj, name)让它们变成了函数行为。

```
//方法调用
Math.floor(1.75)
Reflect.apply(Math.floor, undefined, [1.75]);
//添加操作
var obj = {};
obj.x = 7
Reflect.defineProperty(obj, "y", {value: 7});
//删除属性
var obj = { x: 1, y: 2 };
delete obj.x //true
Reflect.deleteProperty(obj, "7"); // true
obj; // {}
//读取属性
var obj = { x: 1, y: 2 };
obj.x // 1
Reflect.get(obj, "x"); // 1
//实例化
var obj = new Foo(1, 2);
var obj = Reflect.construct(Foo, [1, 2]);
var d = new Date(1776, 6, 4)
var d = Reflect.construct(Date, [1776, 6, 4]);
//获取其所有键名
Object.getOwnPropertyNames({z: 3, y: 2, x: 1})
Reflect.ownKeys({z: 3, y: 2, x: 1}); // [ "z", "y", "x" ]
```

（4）Reflect 对象的方法与 Proxy 对象的方法一一对应，只要是 Proxy 对象的方法，就能在 Reflect 对象上找到对应的方法。这就让 Proxy 对象可以方便地调用对应的 Reflect 方法，完成默认行为，作为修改行为的基础。也就是说，不管 Proxy 怎么修改默认行为，你总可以在 Reflect 上获取默认行为。

Reflect 对象的方法清单如下，共 14 个。

```
Reflect.apply(target,thisArg,args)
Reflect.construct(target,args)
Reflect.get(target,name,receiver)
Reflect.set(target,name,value,receiver)
Reflect.defineProperty(target,name,desc)
Reflect.deleteProperty(target,name)
Reflect.has(target,name)
Reflect.ownKeys(target)
Reflect.enumerate(target)
Reflect.isExtensible(target)
Reflect.preventExtensions(target)
Reflect.getOwnPropertyDescriptor(target, name)
Reflect.getPrototypeOf(target)
Reflect.setPrototypeOf(target, prototype)
```

更多用法可以看这里。

http://www.cnblogs.com/diligenceday/p/5474126.html

15.3.3　avalon 的 ViewModel 设计

不是有了 Object.defineProperty 在 Proxy 或 Reflect 中，放进一个对象就 new 出一个 ViewModel 出来。只能说，它们是必要条件。我们需要将要监听的属性变成访问器属性，所有访问器属性都是共用同一套 setter、getter 方法。getter 里面做**依赖收集**（不是必须的），setter 里做**视图刷新**或触发该属性的$watch 回调。在此之前，我们需要完成一套观察者模式，就是 github 中常见的 EventEmitter 库。

但这些库的订阅数组都是放函数。如果我们要放绑定对象，需要改造一下，并且改成$watch、$fire 接口。

```
var EventBus = {
    $watch: function (type, callback) {
        var binding = callback
        if (typeof callback === "function") {
            binding = {
                expr: type,
                update: callback
            }
        }
        var bus = this.$events
        var list = bus[type]
        if (!list) {
            list = bus[type] = []
        }
        function unwatch() {
```

第15章 MVVM

```
            avalon.Array.remove(list, binding)
            if(!list.length){
                delete bus[type]
            }
        }
        list.push(binding)
        return unwatch
    },
    $fire: function (type, value) {
        var list = this.$events[type]
        if (list && lsit.length) {
            for (var i = 0, obj; obj = list[i++];) {
                obj.update()
            }
        }
    }
}
```

然后我们再为它添加一个$id，用于标记这个VM是作用于页面某个元素上的。

```
var vm = avalon.define({
    $id: "test",
    aaa: 1,
    bbb: 2
})

<div ms-controller="test">{{@aaa}}</div>
```

我们看 avalon.define 的一个简单实现。

```
avalon.define = function(obj) {
    var vm = {}
    var other = {}
    for (var name in obj) {
        if (typeof obj[name] !== 'function' && name.charAt(0) !== '$') {
            (function (key, value) {
                function get(){
//在avalon1.4、1.5中这里会进行动态依赖收集，详见这里
                    return get._value
                }
                get._value = value
                Object.defineProperty(obj, key, {
                    set: function (newValue) {
                        if(newValue !== get._value){
                            get._value = newValue
                            if(vm.$hashcode)
                                vm.$fire(key, newValue)
                        }
                        return newValue
                    },
                    get: get
                })
```

15.3 ViewModel

```
            })(name, obj[name])
        }else{
            other[name] = obj[name]
        }
    }
    for(var name in other){
        vm[name] = other
    }
    vm.$events = {}
    vm.$hashcode = new Date  - Math.random()
    vm.$fire = EventBus.$fire
    vm.$watch = EventBus.$watch

    return avalon.vmodels[vm.$id] = vm
}
```

此外，你可以添加更多以$开头的属性方法，来增强它的功能。在 avalon、angular 等库中，$开头的属性方法都是框架自用的。avalon2 的一个简单的 VM 是藏了许多不可遍历的$xxx 属性方法。

```
▼ start: Observer
    ▶ $accessors: Object
      $element: null
    ▶ $events: Object
    ▶ $fire: function (expr, a, b)
      $hashcode: "$495412453029"
      $id: "start"
      $model: (...)
    ▶ get $model: function ()          访问器属性$model
    ▶ set $model: function ()
      $render: 0
      $track: "name"
    ▶ $watch: function ()
    ▶ hasOwnProperty: function hasOwnKey(key)
      name: (...)
    ▶ get name: function get()         访问器属性name
    ▶ set name: function (val)
    ▶ __proto__: Object
```

那么如何将绑定属性放进 vm.$events.aaa 数组中呢？这就要靠扫描机制，从上到下扫描。

```
avalon.scan = function (el, vm) {
    scanNodes([el], vm)
}
function scanNodes(array, vm) {
    for (var i = 0, el; el = array[i++]; ) {
        switch (el.nodeType) {
            case 1:
                scanTag(el, vm)
                break
            case 3:
                scanText(el, vm)
                break
```

```
        }
    }
}
function scanTag(el, vm){
    var id = el.getAttribute('ms-controller')
    if(id && avalon.vmodels[id]){
        var vm2 = avalon.vmodels[id]
        if(vm && vm2 && vm == vm2){
            vm = mergeVM(vm,vm2)
        }else{
            vm = vm2
        }
        el.removeAttribute('ms-controller')
    }
    var bindings = scanAttrs(el,vm)
    for(var i = 0, b; b = bindings[i++];){
        vm.$watch(b.expr, b) //重点
    }
    if(el.children && el.children.length){
        scanNodes(el.children, vm)
    }
}
function scanText(){
    // 用正则检测是否有花括号
    // 有则转换为绑定对象
    // 并进行 vm.$watch
}
function scanAttrs(){
    //遍历 el.attributes 中所有对象，看 name 是否以 ms-开头
}
```

图 15-9 里面用到一个 mergeVM 方法，其实很简单，就是将两个 VM 合并成一个新的 VM。使用 Object.getOwnPropertyDescriptor 或者更新的 Object.getOwnPropertyDescriptors，就能得到所有访问器属性的定义对象，然后合成。如果是古老浏览器，我们可以将访问器属性放到一个叫$accessors 对象上。

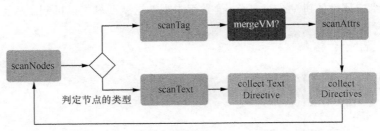

图 15-9

现在我们这个 VM 是很简单的，它只支持一重属性。如果属性的属性也是对象呢？这个我们需要将这 define 方法递归一下不就行了吗！对于数组的监控，业界流行的方法是重写数组的大部分

方法，然后再加上一些移除数组的方法。

至此，avalon 内部各种概念的关系图，如图 15-10 所示。

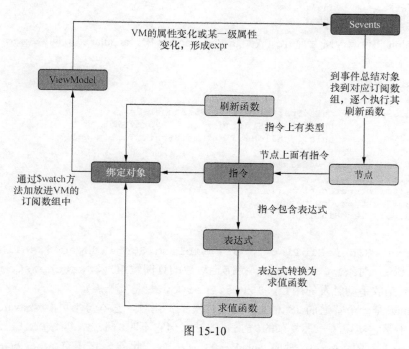

图 15-10

15.3.4 angular 的 ViewModel 设计

angular 的 ViewModel 有一个专门的官方术语叫$scope，它只是一个普通构造器（Scope）的实例。换言之，它是一个普通的 JS 对象。为了实现 MVVM 框架通常宣传的那种"改变数据即改变视图"的魔幻效果，它得装备上更多更强大的外挂。

```
<div ng-app="myApp" ng-controller="myCtrl">

名: <input type="text" ng-model="firstName"><br>
姓: <input type="text" ng-model="lastName"><br>
<br>
姓名: {{firstName + " " + lastName}}

</div>

<script>
var app = angular.module('myApp', []);
app.controller('myCtrl', function($scope) {
    $scope.firstName = "John";
    $scope.lastName = "Doe";
});
</script>
```

第 15 章 MVVM

app.controller 会产生一个$scope 对象,这个$scope 是传进去的。

```
var $scope = new Scope();
$scope.firstName = 'Jane';
$scope.lastName = 'Smith';
```

相对于 avalon 将所有 VM 扁平化地放到 avalon.vmodels 中,angular 则倾向将$scope 对象以树的形式组织起来。

```
function Scope() {
this.$id = nextUid();
    this.$$phase = this.$parent = this.$$watchers =
                   this.$$nextSibling = this.$$prevSibling =
                   this.$$childHead = this.$$childTail = null;
    this.$root = this;
    this.$$destroyed = false;
    this.$$listeners = {};
    this.$$listenerCount = {};
    this.$$watchersCount = 0;
    this.$$isolateBindings = null;
}
```

其中$parent、$$nextSibling 、$$prevSibling、$$childHead、$$childTail、$root 是指向其他$scope 对象。$$watchers 是绑定对象的订阅数组,$$watchersCount 是其长度,$$listeners 是放手动触发的函数,$$listenerCount 是其长度。

由于 angular 是一个普通的 JS 对象,当属性发生变化时,它本身不可能像 avalon 那么灵敏地跑去$fire。于是它实现了一套复杂的$fire 方法,但它不叫$fire,叫做$digest。

换言之,avalon 的$watch 对应 angular 的$watch,此外,它还有$watchGroup, $watchCollection。avalon 的$fire 方法对应 angular 的$digest。为了安全,它外面还有$applyAsync、$apply、$evalAsync 等几个壳函数。它们共同构成 angular 的监控系统。$watch 和$digest 是相辅相成的,两者一起,构成了 angular 作用域的核心功能,数据变化的响应。

先看$watch 方法,传参比 avalon 复杂多,但结果都是返回一个移除监听的函数。

```
Scope.prototype.$watch: function(watchExp, listener, objectEquality, prettyPrintExpression) {
    //将表达式转换为求值函数
    var get = $parse(watchExp);

    if (get.$$watchDelegate) {
      return get.$$watchDelegate(this, listener, objectEquality, get, watchExp);
    }

    var scope = this,
    //所有绑定对象都放在一个数组中,因此存在性能问题
        array = scope.$$watchers,
    //构建绑定对象
        watcher = {
          fn: listener,//刷新函数
          last: initWatchVal,//旧值
          get: get,//求值函数
          exp: prettyPrintExpression || watchExp,//表达式
```

15.3 ViewModel

```
      eq: !!objectEquality// 比较方法
    };

  lastDirtyWatch = null;

  if (!isFunction(listener)) {
    watcher.fn = noop;
  }

  if (!array) {
    array = scope.$$watchers = [];
  }
  array.unshift(watcher);
  incrementWatchersCount(this, 1);

  return function deregisterWatch() {//移除绑定对象
    if (arrayRemove(array, watcher) >= 0) {
      incrementWatchersCount(scope, -1);
    }
    lastDirtyWatch = null;
  };
},
```

而`$digest`则复杂多了，我们先实现一个它的简化版，遍历其所有绑定对象，执行其刷新函数。

```
Scope.prototype.$digest = function() {
  var list = this.$$watchers || []
  list.forEach(function(watch) {
    var newValue = watch.get()
    var oldValue = watch.last;
    if (newValue !== oldValue) {
      watch.fn(newValue, oldValue, self);
    }
    watch.last = newValue;
  })
}
```

到目前为止，它的逻辑与 avalon 的一样，但要明白一点，avalon 的监控是智能的，如果更新 A 属性，导致了 B 属性也发生变化，那么 avalon 也连忙更新 B 涉及的视图。而 angular 的`$$watcher`里面都是一个个普通对象，假如里面有 A、B 两个对象。先执行 A，A 值没有变化，再执行 B，B 变化了，但 B 在变化的同时，也修改了 A 值。但这时，循环已经完毕。B 涉及的视图变动，A 没有变动，这就不合理了。因此，我们需要在某个绑定对象发生了一次改动后，再重新检测这个数组。

我们把现在的`$digest`函数改名为`$$digestOnce`，它把所有的监听器运行一次，返回一个布尔值，表示是否变更了。

```
Scope.prototype.$$digestOnce = function() {
  var self  = this;
  var dirty;
  _.forEach(this.$$watchers, function(watch) {
```

```
    var newValue = watch.get();
    var oldValue = watch.last;
    if (newValue !== oldValue) {
      watch.fn(newValue, oldValue, self);
      dirty = true;
    }
    watch.last = newValue;
  });
  return dirty;
};
```

然后，我们重新定义`$digest`，它作为一个"外层循环"来运行，当有变更发生的时候，调用`$$digestOnce`。

```
Scope.prototype.$digest = function() {
  var dirty;
  do {
    dirty = this.$$digestOnce();
  } while (dirty);
};
```

`$digest` 现在至少每个监听器运行一次了。如果第一次运行完,有监控值发生变更了,标记为 dirty,所有监听器再运行第二次。这会一直运行,直到所有监控的值都不再变化,整个局面稳定下来了。

但这里面有一个风险，比如 A 的求值函数里会修改 B, B 的求值函数又修改 A, 那么大家都无法稳定下来，不断死循环。因此我们得把 digest 的运行控制在一个可接受的迭代数量内。如果这么多次之后，作用域还在变更，就勇敢放手，宣布它永远不会稳定。在这个点上，我们会抛出一个异常，因为不管作用域的状态变成怎样，它都不太可能是用户想要的结果。

迭代的最大值称为 TTL（short for Time To Live），这个值默认是 10，可能有点小（我们刚运行了这个 digest 成千上万次），但是记住这是一个性能敏感的地方，因为 digest 经常被执行，而且每个 digest 运行了所有的监听器。

```
Scope.prototype.$digest = function() {
  var ttl = 10;
  var dirty;
  do {
    dirty = this.$$digestOnce();
    if (dirty && !(ttl--)) {
      throw "10 digest iterations reached";
    }
  } while (dirty);
};
```

但这只是模拟了 angular 的`$digest` 的冰山一角，可见没有访问器属性这高阶魔法，想实现 MVVM 是非常麻烦与复杂，并且用户使用起来也别扭。

有关`$digest` 的源码与解决可见这里。

https://github.com/angular/angular.js/blob/v1.5.8/src/ng/rootScope.js
http://www.cnblogs.com/xuezhi/p/4897831.html

我们再看`$digest` 是怎么与 angular 的 ng-model 关联在一起。

15.3 ViewModel

ng-model 指令有一个 $post 方法，它在里面进行绑定事件，如果用户提供了 updateOn 这个选项，选项是一些事件名，那么它就为元素绑定对应的事件，否则就绑定 blur 方法。

```
post: function ngModelPostLink(scope, element, attr, ctrls) {
  var modelCtrl = ctrls[0];
  if (modelCtrl.$options.getOption('updateOn')) {
    element.on(modelCtrl.$options.getOption('updateOn'), function(ev) {
      modelCtrl.$$debounceViewValueCommit(ev && ev.type);
    });
  }
  function setTouched() {
    modelCtrl.$setTouched();
  }
  element.on('blur', function() {
    if (modelCtrl.$touched) return;

    if ($rootScope.$$phase) {
      scope.$evalAsync(setTouched);
    } else {
      scope.$apply(setTouched);
    }
  });
}
```

我们先看 blur 的回调，里面 $evalAsync 与 $apply 方法，它们里面就会调用 $digest，进行脏检测，如图 15-11 所示。

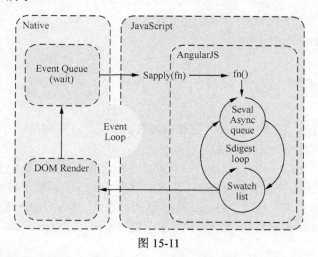

图 15-11

```
$evalAsync: function(expr, locals) {
  if (!$rootScope.$$phase && !asyncQueue.length) {
    $browser.defer(function() {
      if (asyncQueue.length) {
        $rootScope.$digest();
      }
    });
  }
```

```
  //……略
},
$apply: function(expr) {
  try {
    beginPhase('$apply');
    //……略
  } finally {
    try {
      $rootScope.$digest();
    } catch (e) {
      $exceptionHandler(e);
      throw e;
    }
  }
},
```

再看$$debounceViewValueCommit方法，里面也有一个$apply方法。换言之，殊途同归，全部会在$digest里面处理。

但如果许多地方同时发生改变，会不会将它搞死呢？不会，我们留意一下$digest的源码最上方有一句beginPhase('$digest')，临结束时也有一句clearPhase()。$apply里面也是beginPhase('$apply')与clearPhase()，它们标识这个$scope对象进行脏检测，直接抛错。

```
function beginPhase(phase) {
    if ($rootScope.$$phase) {
      throw $rootScopeMinErr('inprog', '{0} already in progress', $rootScope.$$phase);
    }

    $rootScope.$$phase = phase;
}

function clearPhase() {
  $rootScope.$$phase = null;
}
```

但$apply会将错误catch住，不让它影响程序继续运行。这就是官方推荐我们使用$apply驱动程序运行，而不直接用$digest的缘故。

通过上面的分析，avalon与angular的设计重点是不同的，avalon是忙于发掘语言特征，通过访问器中的setter与getter将其简单的观察者模式放进去。angular则忙于构建其复杂无比的观察者模式（本节没有展现其全貌，它除了$$watchers队列，还有asyncQueue队列、postDigestQueue队列、applyAsyncQueue队列），并且为了diff新旧值的不同，发展出一套名叫脏检测的机制。

15.4 React 与虚拟 DOM

React与angular几乎同时出现在人们眼帘，但React的发迹却晚多了，直到React Native发布了，才一炮而红。解决问题的痛点才是框架被采纳的关键。虽然angular也有自己的移动解决方案Ionic，但hybrid app在体积、性能等方面无法与原生app相提并论，但原生app对人员要求非常高，IOS招聘市场一直水涨船高，供不应求。React Native的Write once、run anywhere，一下子打开了局面。

15.4 React 与虚拟 DOM

在笔者眼中，开发者世界的一大悲哀是社群依据语言（甚至是生态系统）进行划分。JavaScript、Java、Objective-C、Python 以及 C++等，实际上，这导致了资源的巨大浪费，因为针对每个生态系统，都要开发类似的一套工具，诸如包管理器、IDE、核心函数库、知识库等。

举个具体的例子吧，在 Facebook 中，每个功能我们都必须实现 3 次：Web 版、iOS 版以及 Android 版。更糟糕的是，由于一个工程师往往难于同时掌握这些生态系统，我们通常需要 3 个人来实现一个功能，这真是悲哀。

为了解决该问题，笔者首先想到的是，我们需要一种单一的语言或生态系统。有了 React Native，我们更趋向于 JavaScript 语言，但从宏观的角度看，哪一种语言并不重要。重要的是，只保留一种语言。"——Facebook，Christopher Chedeau"。

回过头来，React 之所以不受众，也有其原因，它做了许多大胆的创新。你可以创新一两处，但改变太多，就让人无法接受。React 让人最大的垢病是 JSX。

```
var Table = React.createClass({
  render: function () {
    return (
      <table><tbody>
        {this.props.data.map(function(row) {
          return (
            <tr>
              {row.map(function(cell) {
                return <td>{cell}</td>;
              })}
            </tr>);
        })}
      </tbody></table>
    );
  }
});
```

你可以说它是一种模板。但它又直接与业务逻辑混杂在一起，经过 jQuery 无入侵风潮洗礼的人，无法直接用这么丑陋的代码。如果它是改成这样，大家或许会好受些。

```
var Table = React.createClass({
  render: function () {
    //将模板独立出去
    return require("text!template.html")
  }
});
```

但当时 webpack 还不流行，前后打包方案只有 browserify、grunt、glup，因此还是行不通。facebook 还是给出另一套方案，可以改成这样。

```
var Table = React.createClass({
  render: function () {
    return (
      React.DOM.table(null, React.DOM.tbody(null,
        this.props.data.map(function (row) {
          return (
            React.DOM.tr(null,
              row.map(function (cell) {
```

第 15 章　MVVM

```
                return React.DOM.td(null, cell);
            })));
      })))); 
  }));
```

但是这样太笨拙了，人们还是不接受。

时至今日，人们已经习惯了用 JSX 来开发 APP，回过来想就觉得没什么大不了。毕竟开发效率要紧，赚钱要紧。

JSX 只是表现，是一个模板，一个语法糖。它最终还是翻译成 React.DOM.xxx 堆起来的结构体。它们有一个威风的名字叫**虚拟 DOM**。像虚拟机，它不让你再装一台电脑，就可以让你有一台电脑跑两个或 3 个或 10 多个操作系统。虚拟 DOM 也可以让你在不操作 DOM 的情况下，让你模拟页面在数据发生变动后的大致情形。虚拟 DOM 是用于预测未来的。然后干什么呢？diff！像 git、svn 那样比较前后两个版本的不同点。虚拟 DOM 虽然与真实 DOM 还是相差十万八千里，如表 15-1 所示。

表 15-1

	标签名	属性	子节点集合
虚拟 DOM	type	props	children
真实 DOM	tagName	attributes	nodeChild

这是一个 A 标签的虚拟 DOM 结构。

```
var a = {
  type: 'a',
  props: {
    children: 'React',
    className: 'link',
    href: 'facebook/react · GitHub'
  },
  _isReactElement: true
}

React.render(a, document.body)
```

图 15-12 是一个 A 标签的真实 DOM 结构。

图 15-12

15.4 React 与虚拟 DOM

属性有 230 多个，A 标签还是比较简单的那种，表单元素 input 则上升到 260 多个。此外元素节点有 7 重原型链。

```
Object.getOwnPropertyDescriptor(HTMLInputElement.prototype, "value")
undefined
Object.getOwnPropertyDescriptor(HTMLInputElement, "value")
undefined
Object.getOwnPropertyDescriptor(HTMLElement, "value")
undefined
Object.getOwnPropertyDescriptor(HTMLElement.prototype, "value")
undefined
Object.getOwnPropertyDescriptor(Element, "value")
undefined
Object.getOwnPropertyDescriptor(Element.prototype, "value")
undefined
Object.getOwnPropertyDescriptor(Node.prototype, "value")
undefined
Object.getOwnPropertyDescriptor(Node, "value")
undefined
```

这些信息，对于我们比较两个 DOM 是否一致，是没有意义的。因此虚拟 DOM 就是这么几个属性，但它已经携带了足够多的信息，让它可以描述一个像它这样的 DOM 是长成怎么样的。

又如文本节点，在虚拟 DOM 中，它就直接是一个字符串或数字。因为对于文本节点而言，框架只需要知道 nodeValue 就能创建对应的真实 DOM——document.createTextNode(nodeValue)。可见 JSX 为了减轻虚拟 DOM 树的内存负担是做了认真的思考。到后来，为了防止每次都找遍历 DOM 树查找对应的真实 DOM，它还直接将 DOM 放到虚拟 DOM 上，大家可以通过 getDOMNode 方法获取。

此外，虚拟 DOM 不只是描述 P、DIV、FORM 这些真实存在的 html 标签，它还能描述自定义标签。自定义标签与真实标签的区别在于，html 肯定是小写，并且框架内部有一个哈希表，将所有 html 标签都囊括其中。自定义标签则是大写字母开头，它在定义时没有 children 方法，而是提供了一个 render 方法。render 里面必须返回一个根节点，它可以是其他自定义标签或普通 html 标签。这带来的好处是，所有标签都是组件，以组件的形式来写代码。

好了，既然我们知道一个 DOM 长得怎么样，又知道它的虚拟 DOM 在数据变化后长得怎么样，那么 facebook 就集中精力改进 diff 算法，算出如何以最小的步骤刷新视图。

15.4.1 React 的 diff 算法

传统的 MVVM 是通过访问器属性精确得到要修改的节点，而 React 每次更新则从组件的根节点开始 diff 与更新。按理来说，React 的更新性能不如传统的 MVVM 啊，并且 diff 算法也不是首创，大家都明白这是怎么一回事。计算一棵树形结构转换成另一棵树形结构的最少操作，基本上算法书都已经写明的算法复杂度 $O(n^3)$，其中 n 是树中节点的总数。

$O(n^3)$ 到底有多可怕，这意味着如果要展示 1000 个节点，就要依次执行上十亿次的比较。这种指数型的性能消耗对于前端渲染场景来说代价太高了！现今的 CPU 每秒钟能执行大约 30 亿条指令，即便是最高效的实现，也不可能在一秒内计算出差异情况。

因此，如果 React 只是单纯的引入 diff 算法而没有任何的优化改进，那么其效率是远远无法满足前端渲染所要求的性能。通过下面的 demo 可以清晰的描述传统 diff 算法的实现过程。

```
// 循环遍历
for (let i = 0; i < count; i++) {
  const beforeTag = beforeLeaf.children[i];
  const afterTag = afterLeaf.children[i];
  // 添加 afterTag 节点
  if (beforeTag === undefined) {
    result.push({type: "add", element: afterTag});
  // 删除 beforeTag 节点
  } else if (afterTag === void 0) {
    result.push({type: "remove", element: beforeTag});
  // 节点名改变时，删除 beforeTag 节点，添加 afterTag 节点
  } else if (beforeTag.tagName !== afterTag.tagName) {
    result.push({type: "remove", element: beforeTag});
    result.push({type: "add", element: afterTag});
  // 节点不变而内容改变时，改变节点
  } else if (beforeTag.innerHTML !== afterTag.innerHTML) {
    if (beforeTag.children.length === 0) {
      result.push({
        type: "changed",
        beforeElement: beforeTag,
        afterElement: afterTag,
        html: afterTag.innerHTML
      });
    } else {
      // 递归比较
      diffLeafs(beforeTag, afterTag);
    }
  }
}
return result;
}
```

因此为了提高 diff 速度，facebook 必须做一些大胆的创新，将 $O(n^3)$ 复杂度的问题转换成 $O(n)$ 复杂度的问题。

diff 策略

- 页面中将一个节点挪到另一个父节点底下的移动操作特别少，因此可以忽略。
- 两个相同组件产生类似的 DOM 树结构，不同的组件产生不同的 DOM 树结构。
- 对于同一层次的一组子节点，它们可以通过唯一的 id 进行区分。

基于以上 3 个前提策略，React 分别对 tree diff、component diff 以及 element diff 进行算法优化，事实也证明这 3 个前提策略是合理且准确的，它保证了整体界面构建的性能。

- tree diff。
- component diff。
- element diff。

扩展阅读如下。

http://zhuanlan.zhihu.com/p/20346379

15.4.2 React 的多端渲染

既然我们可以用 DOM 来呈现虚拟 DOM 的外观，我们也可以使用其他介质来呈现它。在 2013 年，就有一个叫 Famo.us 的框架，以 canvas 展现了其高性能。那时 Web App 一直苦于性能，尽量少用 DOM，好了，现在 body 之内全部是用 canvas 绘制的，性能哗哗就上去了。很快就有人搞出 React canvas，Facebook 官方看到有戏，就组织人员开发 React Native。

因为有了虚拟 DOM 这一层，所以通过配备不同的渲染器，就可以将虚拟 DOM 的内容渲染到不同的平台。而应用开发者，使用 JavaScript 就可以通吃各个平台了，如图 15-13 所示。

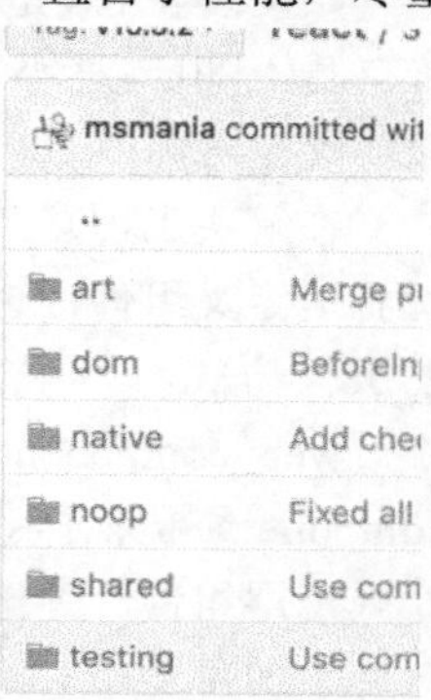

React15 添加了 SVG 的官方渲染。

art 是一个旨在多浏览器兼容的 Node style CommonJS 模块。在它的基础上，Facebook 又开发了 react-art，封装 art，使之可以被 react.js 所使用，即实现了前端的 svg 库。然而，考虑到 react.js 的 JSX 语法，已经支持将 `<cirle>` `<svg>` 等 svg 标签直接插入到 DOM 中（当然此时使用的就不是 react-art 库了），此外还有 HTML canvas 的存在，因此，在前端上，react-art 并非不可替代。

图 15-13

15.5 性能墙与复杂墙

由于 MVVM 的便捷性，让前端更容易堆砌庞大的应用，于是它们比以往更加频繁地遇到这两个问题。

性能墙，传统 MVVM 会将一个普通对象变成一个充满访问器属性的重型对象。如果一个属性是一个对象，那么它也会转换为一个 VM 重型对象。如果一个属性是一个数组，需要转换为监控数组，即重写其所有方法。对于监控数组的转换，现在也可以用 `__proto__` 赋予一个新对象就行了。

```
var ap = Array.prototype
var observeArray = {}
Object.getOwnPropertyNames(ap).forEach(function (name) {
    observeArray[name] = ap[name]
})

observeArray.remove = function (el) {
    var index = this.indexOf(el)
    if (index !== -1) {
        this.splice(index, 1)
        return true
    }
    return false
}
var arr1 = []
//实现数组的子类
```

```
arr1.__proto__ = observeArray
arr1.push(11)
console.log(arr1.remove(11))//true
var arr2 = []//这是普通数组
```

如果数组元素是一个个对象，那么它们也会转换为 VM。这是一个很大的性能消耗。avalon2 现在唯有循环利用这些小 VM。这估计等浏览器的版本上去了，我们才可以用 Proxy 代替 Object.defineProperty 来实现 VM。

在解决工程复杂墙的问题上，业界现在倾向使用组件化来处理，这个下一章专门介绍。但如何优雅地定义组件，这节可以介绍一下。现在流行两种方法，已经挂掉的 web component 方式与新兴的 JSX 方式。

web component 就是自定义标签，可以说是一堆指令集合，外加生命周期管理。此外 web component 带来了 slot（插槽）的新概念，解决大段文本或元素片段的传递问题。比如我们创建一个弹出层组件，弹出层中间的内容是怎么传进的呢？slot 就很好解决这问题。

下面是弹出层的模板，里面有许多 slot 元素，它们注定要被替换掉。

```
<div class="modal-mask"  ms-visible="@isShow" ms-effect="{is:'modal'}">
    <div class="modal-box">
        <div class="modal-header">
            <h3>{{@title}}</h3>
            <i class="icon-collapse-alt icon-large modal-close" ms-click="@cbProxy(false)"></i>
        </div>
        <div class="modal-body">
            <slot name="content"></slot>
        </div>
        <div class="modal-footer">
            <button class="btn" ms-click="@cbProxy(false)">取 消</button>
            <button class="btn btn-primary" ms-click="@cbProxy(true)">确 定</button>
        </div>
    </div>
</div>
```

这是使用方式。

```
<ms-modal :config="@config">
     <p>弹窗的内容</p>
     <p>弹窗的内容</p>
     <p>弹窗的内容结束!</p>
</ms-modal>
```

当各种自定义标签组装起我们的页面时，会是这个样子。不但清新脱俗，还有很强的可维护性，只要瞧一眼它的声明结构就可以清楚地知道它到底要干嘛。

```
<ms-module>
  <ms-chat from="Paul, Addy">
    <ms-discussion>
      <ms-message  from="Paul"  profile="profile.png"  profile="118075919496626375791" datetime="2013-07-17T12:02">
        <p>Feelin' this Web Components thing.</p>
        <p>Heard of it?</p>
      </ms-message>
```

```
    </ms-discussion>
  </ms-chat>
  <ms-chat>...</ms-chat>
</ms-module>
```

但是，IE6～IE8 中是无法识别这样的标签，不过 IE 支持用冒号隔开的 VML 标签。标准浏览器也支持带冒号的标签，那么就将所有横杠改成冒号。这时问题又来了，在 Chrome、Firefox、IE11，IE11 的 IE6 兼容模式分别如图 15-14、图 15-15、图 15-16、图 15-17 所示。

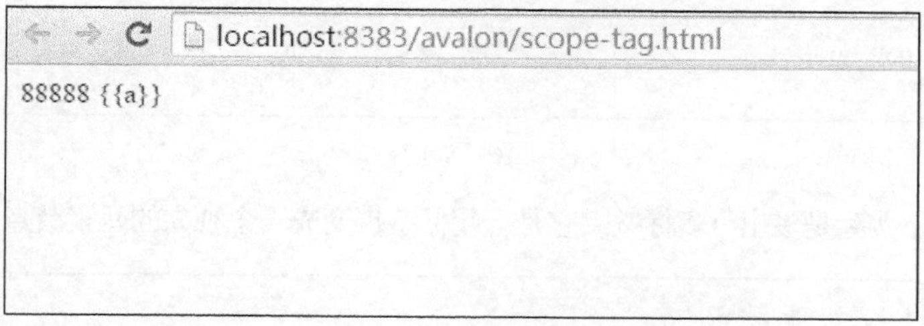

图 15-14

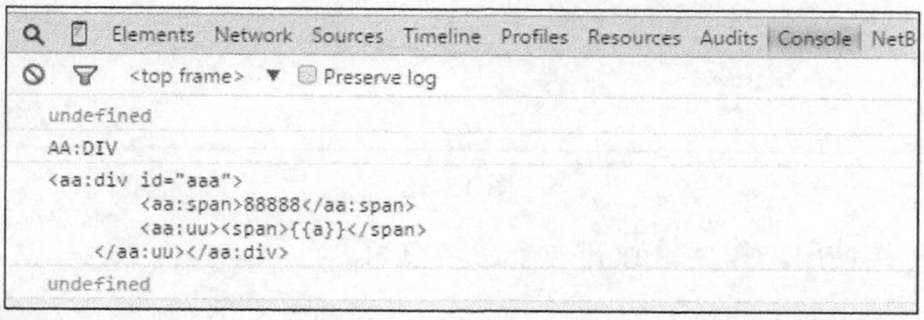

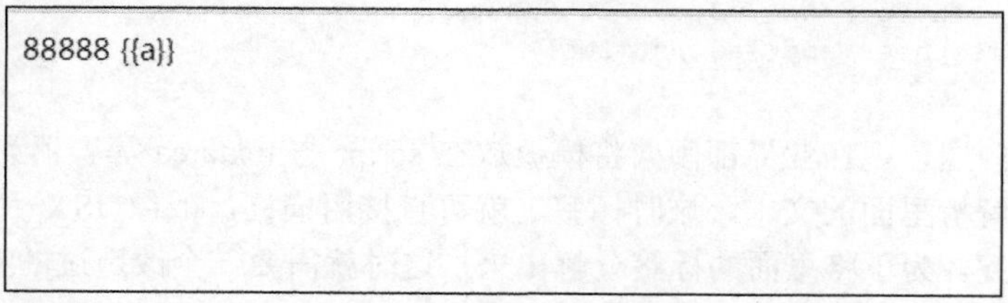

图 15-15

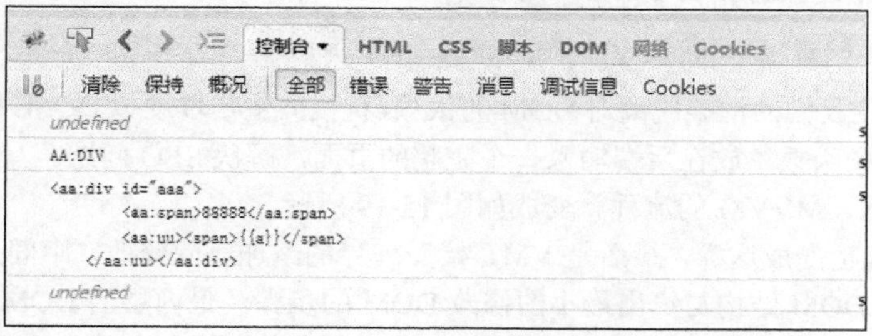

图 15-16

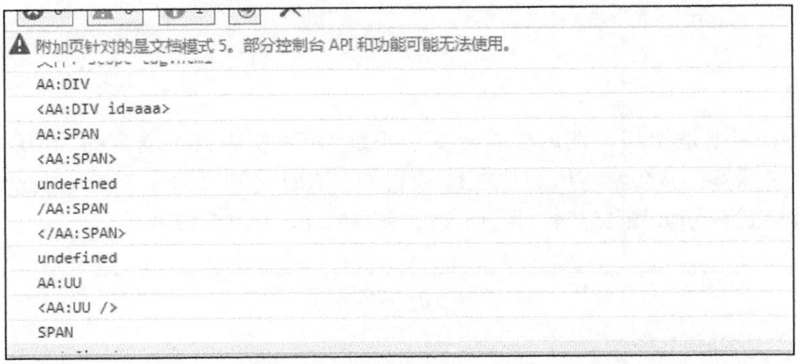

第 15 章　MVVM

```
图 15-17
```

我们会发现 IE6 下实际是多出许多标签，它是把闭标签也变成一个独立的元素节点，如图 15-18 所示。

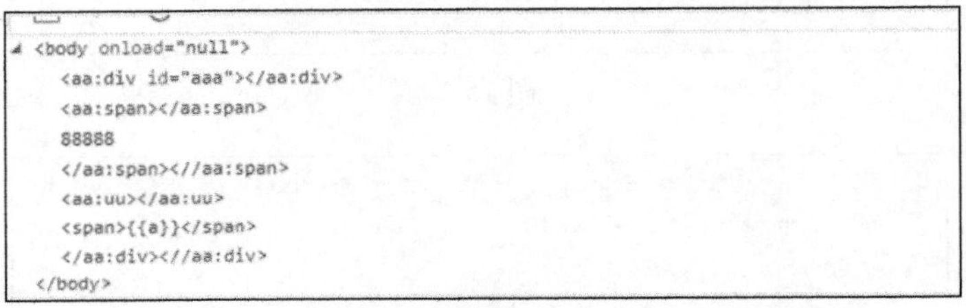

```
图 15-18
```

缘故是它不能直接使用，需要单独开一个命名空间。

```
if (document.namespaces) {
   var htmlNs = 'http://www.w3.org/1999/xhtml'
   document.namespaces.add('aa',htmlNs)
}
```

　　由于这兼容性问题，现在业界都倾向将模板放在 script 与 textarea 等容器元素里面。使用一些手段，让浏览器不解析里面的文本。这时标签名就可直接用横杠，或像 JSX 那样以大小写区分普通标签与自定义标签。为了将里面的标签分解出来，这时就需要一个改造过的特殊 html parser。有关 html-parser 可以搜一下 github、avalon2、angular2、ractive.js 都内置了 html-parser。

　　笔者收藏了一个迷你的 html-parser，大家可以参考一下。

```
https://github.com/lemonde/cms-htmlparser/blob/master/htmlparser.js
```

　　html-parser 能让我们的框架脱离对 DOM 的依赖，直接产生一堆虚拟 DOM，然后这些虚拟 DOM 也能转换为一个渲染函数，放在后端输入一个完整的页面，解决 SEO 问题。

　　有了虚拟 DOM，MVVM 的流程就变成如图 15-19 所示。

　　MVVM 的层级也变成这样，最后是 VM，接受外界的添加删除修改，中间是虚拟 DOM，作为缓存层，预测新的 DOM 结构与算出最小的修改 DOM 的步骤，最内层的 DOM API 与所有要处理的 DOM。这其实与我们一贯的软件架构解决方案一样，当我们搞不定某个技术难点，就会进行分治，再介入一层，专门进行它进行攻坚。我们今天讨论争论的 MVC、MVP、MVVM 等都源自于职能分化和规划的思想与目的，如图 15-20 所示。

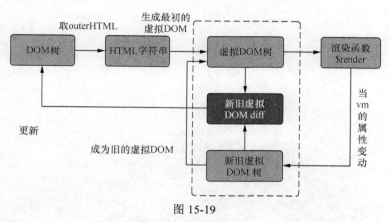

图 15-19

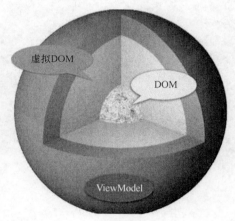

图 15-20

参考资料如下。

https://www.zhihu.com/question/31809713/
https://www.zhihu.com/question/29504639
https://www.zhihu.com/question/42001493
http://www.cnblogs.com/DebugLZQ/archive/2012/05/15/2501512.html
http://www.jianshu.com/p/9a6845b26856

第 16 章 组件

组件是视图层的分治方案。在 Web 开发中，我们所做的一切是解决维护成本与代码复用问题。MVVM 解决了通用的业务逻辑开发与维护问题，而组件，在上章也指出了，它是复数个指令的集合再加上生命周期。

16.1 jQuery 时代的组件方案

jQuery 时代，如果代码组织良好，也是 MVC 相分离的。M 就是插件的默认配置对象与用户的传参对象，V 就是用数组形式连结起来的 html 字符串，jQuery 对象允当控制器 C。

由于 jQuery 的 API 太强大了，动态创建一个节点并且改造它，将它挪到某一处都是轻而易举的事，因此 jQuery 的组件没有统一的套路，唯一相同点是它都在在 jQuery.fn 下进行扩展。jQuery.fn 也就是 jQuery.prototype，定义了一个 jQuery.fn.dialog 方法，然后使用时，直接就是$(expr).dialog()，是纯命令式的。当然也可以将一大堆字符串变成一个弹出层的样式，然后插入到某元素底下，对于那个时代的人而言，它也是组件。

16.1 jQuery 时代的组件方案

```javascript
(function($) {//这个东西叫 IIFE
    //扩展这个方法到 jQuery
    $.fn.extend({
        //插件名字
        pluginName: function() {
            //遍历匹配元素的集合
            return this.each(function() {
                //在这里编写相应代码进行处理
            });
        }
    });
})()
```

注意，不是所有在 jQuery.fn 中扩展的方法都是一个组件。jQuery 作者的本意是让大家在上面扩展原型方法，它们一般被谦虚地称为插件。插件与组件是不一样的。组件是有 UI 界面的，插件则没有不一定。或者说，组件是插件的一种特例。

一些优秀的 UI 库试图对其辖下的组件都进行规范化，并做了一些创新。比如最有名的 Bootstrap，带来一项很实用的功能，自动初始化组件！只要用户引入 Bootstrap 的 JS 与 CSS 文件，然后 HTML 以官网那样组织结构及添加类名，就可以不用写一行 JS 代码让弹出层、轮播、手风琴等组件出现在你的页面上。

Bootstrap 的 Dropdown 插件的主体骨架如下。

```javascript
//https://github.com/twitter/bootstrap/blob/master/js/bootstrap-dropdown.js
!function($) {
    "use strict"; // ECMA262v5 的新东西,强制使用更严谨的代码编写
    /* 内部工作的类
     * ========================= */
    var toggle = '[data-toggle=dropdown]';
    var Dropdown = function(element) {
        var $el = $(element).on('click.dropdown.data-api', this.toggle);
        $('html').on('click.dropdown.data-api', function() {
            $el.parent().removeClass('open');
        });
    };
    Dropdown.prototype = {
        constructor: Dropdown,
        toggle: function(e) {
            /*略*/
        },
        keydown: function(e) {
            /*略*/
        }
    };
    /* 主接口
     * ========================= */
    var old = $.fn.dropdown;
    $.fn.dropdown = function(option) {
        return this.each(function() {
            var $this = $(this),
```

```
                    data = $this.data('dropdown');
                if (!data)
                    $this.data('dropdown', (data = new Dropdown(this)));
                if (typeof option === 'string')//调用它的实例方法
                    data[option].call($this);
        });
    };

    $.fn.dropdown.Constructor = Dropdown;//暴露类名

    /* 无冲突处理
     * ==================== */
    $.fn.dropdown.noConflict = function() {
        $.fn.dropdown = old;
        return this;
    };
    /*事件代理,智能初始化
     * ================================= */
    $(document)
        .on('click.dropdown.data-api', clearMenus)
        .on('click.dropdown.data-api', '.dropdown form', function(e) {
            e.stopPropagation();
        })
        .on('click.dropdown-menu', function(e) {
            e.stopPropagation();
        })
        .on('click.dropdown.data-api', toggle, Dropdown.prototype.toggle)
        .on('keydown.dropdown.data-api', toggle + ', [role=menu]',
            Dropdown.prototype.keydown);

}(window.jQuery);
```

我们可以把这两个看作是编写 jQuery 插件的最佳实践。组件名即新增的原型函数名,内部类使用,默认参数,自动初始化给件。

我们再来看其官方 UI 库,jQuery ui。在 jQuery 1.9 中它共有 accordion、autocomplete、button、datepicker、dialog、menu、spinner、tabs、slider、tooltip 10 个 UI,其中最受欢迎的 dateplcker 日历组件还没有统一化,其他都是基于$.Widget 构建。

```
$.widget("ui.button", {//jquery.ui.button.js
    version: "@VERSION",
    defaultElement: "<button>", //使用什么元素作为它的最外围元素
    options: {
        //默认参数
    },
    _create: function() {//生命周期钩子
        //根据当前元素的情况重置一些参数与绑定事件
    },
    widget: function() {//返回根节点
        return this.buttonElement;
    },
    _destroy: function() {//生命周期钩子
        //移除各种类名,属性与事件
```

```
    },
    _setOption: function(key, value) {//如果处理传参
    },
    refresh: function() {//生命周期钩子
        //略
    },
    //略
});
```

如果用过 react 或 avalon 的人，就会感叹六七年的 UI 库已经考虑到根节点、生命周期、数据对象等现在定义组件所必需的要素。由于 jQuery 操作风格命令式，它不会独立产生一个组件实例让你调用它的方法，那你能过重载一个方法的参数实现组件的各种操作。不过，jQuery 团队最擅长的就是提供优雅的接口，以 accordion 组件为例。

初始化时传一个对象，方便设置 N 个配置项。

```
$( ".selector" ).accordion({ heightStyle: "fill" ,{ active: 2 }});
```

初始化后，第一个参数为字符串"option"时即进入配置模式。如果后面只有一个属性或方法名，那么就是读方法（getter）。如果它们之后还有参数，那就是写方法（setter），作为一个方法的参数或这个属性的新值。

```
// getter
var active = $( ".selector" ).accordion( "option", "active" );
// setter
$( ".selector" ).accordion( "option", "active", 2 );
```

不同的控件会有不同的方法或属性，但由于都是同一个基类，因此会有如下相同的操作。

让控件不可用。它有以下两种操作方式。

第一种，使用配置模式。

```
$( ".selector" ).accordion( "option", "disabled", true );
```

第二种，直接传入"disable"。

```
$( ".selector" ).accordion( "disable" );
```

让控件可用，也对应两种。

第一种，使用配置模式。

```
$( ".selector" ).accordion( "option", "disabled", false);
```

第二种，直接传入"enable"。

```
$( ".selector" ).accordion( "enable" );
```

销毁控件，可传入"destroy"。

```
$( ".selector" ).accordion( "destroy" );
```

如果想得此 UI 最外围的元素节点的 jQuery，可传入"widget"。

```
var widget = $( ".selector" ).accordion( "widget" );
```

至于实现,修改配置与调用方法是很容易的,它们都是走 _setOptions 方法,问题在于让插件是否可用。一般地,它只对控件的类名下手,添加一个叫做 ui-state-disabled 的类名,并将 options.disable 改为 false。那么在修改配置时,就无法进入实际操作的那个分支。由于控件必然绑定了许多方法,因此它不是使用 jQuery 的 on、bind、delegate 进行绑定,而是使用一个 _on 的方法。

```javascript
$.Widget.prototype._on = function(suppressDisabledCheck, element, handlers) {
    var delegateElement,
        instance = this;
    // 第一个参数决定是否检测 disabled 状态
    if (typeof suppressDisabledCheck !== "boolean") {
        handlers = element;
        element = suppressDisabledCheck;
        suppressDisabledCheck = false;
    }

    // 处理参数多态化,可能用户不会传这么多参数,不足部分自己设计补上
    if (!handlers) {
        handlers = element;
        element = this.element;
        delegateElement = this.widget();
    } else {
        element = delegateElement = $(element);
        this.bindings = this.bindings.add(element);
    }
//开始绑定
    $.each(handlers, function(event, handler) {
        function handlerProxy() {
//这里的分支最关键,用于决定用户的操作是否无效化
            if (!suppressDisabledCheck &&
                (instance.options.disabled === true ||
                    $(this).hasClass("ui-state-disabled"))) {
                return;
            }
            return (typeof handler === "string" ? instance[ handler ] : handler)
                .apply(instance, arguments);
        }

        // 这里就是模拟 jQuery 核心库 proxy 方法的实现,加个 UUID,方便移除
        if (typeof handler !== "string") {
            handlerProxy.guid = handler.guid =
                handler.guid || handlerProxy.guid || $.guid++;
        }

        var match = event.match(/^(\w+)\s*(.*)$/),
            eventName = match[1] + instance.eventNamespace,
            selector = match[2];
        if (selector) {
            delegateElement.delegate(selector, eventName, handlerProxy);
        } else {
            element.bind(eventName, handlerProxy);
        }
    });
}
```

有的插件的 disable 与 enable 可能非常复杂，需要专门设计一个原型方法。

jQuery 通过字符串传参来调用原型方法的设计非常绝妙，基本成为一种套路。

16.2 avalon2 的组件方案

从现在的角度来看，jQuery 的组件是粗糙的，首先它连独立性的问题也没有解决。组件只是 jQuery 某个方法在某种传参下产生的现象。组件涉及的 DOM 也乱七八糟地糅杂业务逻辑中，没有统一定义的 DOM，也就没有统一设计的样式规划。当然，若干年后，再看我们这些引以为豪的组件，或许也不过尔尔，挑出一大堆毛病。用工业体系的发展史来对比，jQuery 组件就像蒸汽机发明之前的早期机械，如《木兰辞》里面的机杼，自动化程度非常低。

avalon2 是产生于现在已经死去的 Web Components 标准之后，此时 CSS 已经大规模被更取替。SASS 带来 CSS 的模块化与组件化。有时候，组件不一定需要 JavaScript，有一堆 html 放在那里，CSS 让它呈现成一个弹出层，那么用户就认为它是一个弹出层。SASS 因为了有了变量，有了函数，因此实现换肤功能易如反掌。

再看 Web Components 标准留下的遗产。

（1）`template` 模板元素，为我们提供了一个比 script 标签更好的容器元素，并且它也是一个更好的天然 html parser。在过去，我们使用 innerHTML 来做 html parser，需要打许多补丁。

（2）Shadow DOM 可以理解为一份有独立作用域的 html 片段。这些 html 片段的 css 环境和主文档隔离的，各自保持内部的独立性。也是 Shadow DOM 的独特性，使得组件化成为了可能。

（3）自定义标签，能让我们优雅地声明一个组件，这个组件拥有完整的生命周期钩子，可以通过它们与其他组件联动。

（4）import 机制解决组件模板的加载问题。

有人进一步将它们抽象成设计的组件 5 大规范，如图 16-1 所示。

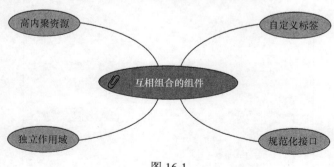

图 16-1

- 高内聚资源——组件资源内部高内聚，组件资源由自身加载控制。
- 独立作用域——内部结构密封，不与全局或其他组件产生影响。
- 自定义标签——定义组件的使用方式。
- 规范化接口——组件接口有统一规范，或者是生命周期的管理。

- 可相互组合——组件真正强大的地方，组件间组装整合。

avalon2 正是遵循这些规范重新设计了其组件系统。

（1）组件基于 ES6 import 或 common.js 构建，每个组件都有自己的 JS 文件、模板文件与 SASS 文件，实现结构行为样式分离。当然如果模板太小，只有一行也可以放进 JS 文件。有的组件就只需要默认样子或使用整体引用的 CSS 库，那也可以略去 SASS 文件。

（2）组件是一个独立的 VM。

（3）使用时，是一个特殊的元素节点（针对 IE6~IE8）或自定义标签。

（4）组件的模板内可以使用其他组件的标签（强制依赖其他组件），或者在使用组件时，通过 slot 机制，在里面引用其他组件的标签（自由使用使用其他组件）。比如说弹出层，是存在确认取消按钮，那么它是强制依赖 button 组件，但它的内部是什么是用户决定，用户可以在里面使用面板、拖动条、日历，这是自由搭配。

（5）组件都有相同的生命周期钩子函数，onInit、onReady、onViewChange、onDispose。

下面是一个 button 组件的定义。

```
avalon.component('ms-button', {
    template: '<button type="button"><span><slot /></span></button>',
    defaults: {
        buttonText: "button"
    },
    soleSlot: 'buttonText'
})
```

然后使用时是这样用的。

```
<ms-button>你好<ms-button>
```

最后在页面上生成这样的结构，如图 16-2 所示。

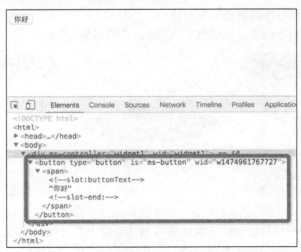

图 16-2

但不是所有浏览器都支持自定义标签，在上一章中，我们也提出了一个解决之道，但还有更好的办法。这次，我们引入了组件容器的概念。为了兼容 IE6～IE8，我们不得不做出妥协，不只有自定义标签可以成为组件，某些特殊元素也可以成为组件。

16.2.1 组件容器

组件容器是一个占位用的元素节点，当 avalon 扫描到此位置上时将它替换成组件。

在 avalon2 中有 4 类标签可以用作组件容器，分别是 wbr、xmp、template，及 ms-开头的自定义标签。其兼容性如表 16-1 所示。

表 16-1

元素	类型	说明
wbr	所有浏览器，自闭合标签	需要使用 ms-widget 来指定组件类型
xmp	所有浏览器，闭合标签	需要使用 ms-widget 来指定组件类型，里面可以使用 slot 属性元素
template	IE9+及 W3C 浏览器，闭合标签	需要使用 ms-widget 来指定组件类型，里面可以使用 slot 属性元素
ms-*	IE9+及 W3C 浏览器，闭合标签	可以省略 ms-widget，里面可以使用 slot 属性元素

闭合标签，比如`<div></div><a></a>`。

自闭合标签，比如`<input><img><br><link>`。

为什么要选用 wbr、xmp、template 这 3 种标签呢？xmp、template 我们在节点模块的容器元素已经解析过，它们在内部只是一个文本节点或没有节点，不会增加 DOM 树的整体节点数，是天然模板容器。而 wbr，它是用于某些不用定义内容的组件，它纯粹做占位与被替换掉。

根据表 16-1 所示，我们可以划分它们的适用场合。如果要兼容 IE6～IE8，那么只能使用 wbr、xmp 来做组件容器；如果不打算支持 IE，那么使用 template 元素与自定义标签。

这里需要说明一下，自定义标签其实在 IE9～IE11 中也不被支持，甚至许多浏览器也不支持，它都被浏览器当成一种 HTMLUnknownElement 的元素实例，它有许多限制。首先它是**闭合标签**，不能只写一半，其次它不支持 ID，无法被 document.getElementById 索引到，最后它也不支持绑定动画结束事件（如 onnimationend 与 ontransitionend）。

自定义标签从标签名可以很好地声明它是什么组件，可以 xmp、template、wbr 需要使用其他属性标识一下。早前流行的 polymer 库是用 is 属性来声明，这样受众面比较广，因此 avalon2 也借鉴过来。

因此声明一个 button 组件，在 avalon 中有 4 种方式。

```
<xmp is="ms-button">按钮</xmp>
<template is="ms-button">按钮</template>
<wbr is="ms-button" />
<ms-button>按钮</ms-button>
```

至于自定义标签一定要用 ms-开头呢？这其实也是人为的规定。有句话说得好，**架构是对客观不足的妥协，规范是对主观不足的妥协**。架构师的工作，基本上就是不停地在各种各样的矛盾中正确地取舍。实现架构设计的优雅，与特别紧迫的需求，也是一个矛盾，怎么样控制节奏，在某些时候做一些妥协。不要忘记我们的初衷，一切为业务服务，为了保证需求被实现，我们允许存在一些瑕疵。

因为 IE6～IE8 不支持自定义标签，我们需要引进组件容器的概念，让更多标签可以转换为组件。为了防止影响所有自定义标签（因为我们难免使用第三方库，假如它们也用了自定义标签来进行某种业务操作，这就有互相影响之虞），我们要有选择地对某些前缀的自定义标签进行组件化。

16.2.2 配置对象

配置对象是解决组件的传参问题。在 avalon2 中，是通过 ms-widget 属性来添加额外参数。在 avalon2 的组件定义中，已经有一个 defaults 配置对象，它规定了组件的默认行为与外观。但防止千篇一律，于是有了传参的问题。由于组件已经标签化，于是只能通过属性来作为传参，有的框架规定自定义标签上所有属性，包括 id 什么，都是组件的传参，有的框架则规定用某个属性来传进所有用到的参数，avalon2 就是后者。这优势在于元素的属性名都会被浏览器小写化，使用第一种风格，你无法传入一些有大写字母的属性。

```
<ms-datepicker :widget="{'number-of-months':3}" ></ms-datepicker>
```

16.2.3 slot 机制

配置对象，只能添加一些很简短的属性，但如果要传入一些很长的字符串就不美观不方便了。当然我们也可以将它先定义 VM 中的一个属性，然后再在 widget 对象中引用，但这样一来就不直观。于是有了 slot 机制。slot 机制是 web components 规范发明的，在上一章也简单介绍了它。

为了深入理解它，我们需要引入更多概念：**插槽元素**与**插卡元素**。插槽元素是用占位与替换，插卡元素是用来替换别人的。更直接地说，插槽元素是定义在 template 中，而插卡元素是定义组件容器的内部，是用户传参的一部分。

我们看一下 ms-view 组件的定义与使用。

```
avalon.component('ms-view',{
    template:"<div class=\"view\"><slot name=\"content\" /></div>",
    defaults: {
        content: ""
    }
})
<div ms-controller='test'>
<ms-view>
<div slot="content">这是子视图的内容</div>
</ms-view>
</div>
```

这上面的`<slot name="content" />` 就是**插槽元素**，×××就是**插卡元素**。

```
<div class="view">
<!--slot:content-->
<!--slot-end:-->
</div>
```

组件容器中带 slot 属性的元素，`<div slot="content">`这是子视图的内容`</div>`，就是**插卡元素**。

想想你的电脑主板上的各种插槽，有插 CPU 的，有插显卡的，有插内存的，有插硬盘的，所以假设有个组件是 computer，其模板则如下。

```
<div class="computer">
```

```
    <slot name="CPU">这儿插你的 CPU</slot>
    <slot name="GPU">这儿插你的显卡</slot>
    <slot name="Memory">这儿插你的内存</slot>
    <slot name="Hard-drive">这儿插你的硬盘</slot>
</div>
```

那么你要攒一个牛逼轰轰的电脑，就可以这么写。

```
<ms-computer>
    <div slot="CPU">Intel Core i7</div>
    <div slot="GPU">GTX980Ti</div>
    <div slot="Memory">Kingston 32G</div>
    <div slot="Hard-drive">Samsung SSD 1T</divt>
</ms-computer>
```

此外，插槽元素也可以是其他自定义标签。

```
<ms-computer>
    <ms-cpu slot="CPU">Intel Core i7</ms-cpu>
    <ms-gpu slot="GPU">GTX980Ti</gpu>
    <ms-memory slot="Memory">Kingston 32G</ms-memory>
    <ms-ddr slot="Hard-drive">Samsung SSD 1T</ms-ddr>
</ms-computer>
```

插槽机制可以解决我们传入大片内容的难题，多个 slot 元素拥有同一个 name 值，如图 16-3 所示。

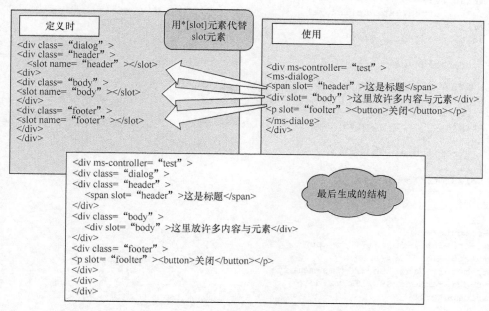

图 16-3

16.2.4 soleSlot 机制

中文叫**单插槽**或**匿名插槽**。这是插槽机制的一个特例。

例如我们做一个按钮组件。

```
avalon.component('ms-button', {
    template: '<button type="button"><span><slot name="buttonText" /></span></button>',
    defaults: {
        buttonText: "click me"
    }
})
```

那么外面要这么使用。

```
<ms-button><b slot="buttonText">这是按钮</b></ms-button>
```

事实上我们只想传入一个文本，不想再包一个什么 b 元素，这样定义太冗余了。就像 button 标签，可以直接这样写。

```
<button>按钮</button>
```

于是就有了单插槽机制。它要求组件内部只有一个地方可以插入东西，并且将组件容器的所有孩子或文本都作为一个插卡。

我们看一下新的定义与声明方式。

```
avalon.component('ms-button', {
    template: '<button type="button"><span><slot /></span></button>',
    defaults: {
        buttonText: "click me"
    },
    soleSlot: 'buttonText'
})
<ms-button>xxx</ms-button>
```

是不是简单多了。我们改正一下 compute 的例子。

```
avalon.component('ms-button', {
    template: '<div class="computer"><slot /></div>',
    defaults: {
        configure: "各种配置"
    },
    soleSlot: 'configure'
})


<ms-computer>
  <ms-cpu>Intel Core i7</ms-cpu>
  <ms-gpu>GTX980Ti</ms-gpu>
  <ms-memory>Kingston 32G</ms-memory>
  <ms-ddr>Samsung SSD 1T</ms-ddr>
</ms-computer>
```

16.2.5 生命周期

avalon2 组件拥有完善的生命周期钩子，方便大家做各种操作。

onInit，这是组件的 vm 创建完毕就立即调用时，它对应的元素节点或虚拟 DOM 都不存在。只有当这个组件里面不存在子组件或子组件的构造器都加载回来时,它才开始创建其虚拟 DOM,否则原位置上被一个注释节点占着。

onReady,当其虚拟 DOM 构建完毕时,它就生成其真实 DOM,并用它插入到 DOM 树,替换掉那个注释节点。相当于其他框架的 attachedCallback、inserted、componentDidMount。

onViewChange,当这个组件或其子孙节点的某些属性值或文本内容发生变化时,就会触发它。它比 Web Component 的 attributeChangedCallback 更加给力。

onDispose,当这个组件的元素被移出 DOM 树时,就会执行此回调,它会移除相应的事件,数据与 vmodel。

具体用法,可以参看这里。

> https://github.com/RubyLouvre/avalon/blob/2.1.6/perf/component/%E7%94%9F%E5%91%BD%E5%91%A8%E6%9C%9F.html

avalon2 的组件化方案可谓是现时流行的组件标签化一种体现与追随。

16.3 React 的组件方案

React 的组件方案就是 JSX,它会自动帮你 React.createClass、React.createElement、React.Component……因此不用 JSX,光是区分这些构造器就把你搞晕。并且在长期的快速迭代中,React 的组件化方案就在微调中,之前的最佳实践就沦为最糟实践。

16.3.1 React 组件的各种定义方式

1. React.createClass

这是 React 定义组件最常见的方式,创建 React 组件对应的类,描述你将要创建组件的各种行为,其中只有当组件被渲染时需要输出的内容的 render 接口是必须实现的,其他都是可选。

```
var Timer = React.createClass({
  render: function() {
    return <reactNode> <span>test</span> <span>test</span> </reactNode>;
  }
});

ReactDOM.render(<Timer />, app);
```

由于这段代码是需要经过编译的,因此<Timer/>能找到自己对应的构造器,否则需要指定 **displayName** 属性。

```
React.createClass({
displayName: "MyComponent"
 render: function() {
    return <reactNode> <span>test</span> <span>test</span> </reactNode>;
  }
});

ReactDOM.render(<MyComponent />, app);
```

2. React.createElement

创建 React 组件实例（虚拟 DOM），支持 type、props、children 3 个参数。

```
ReactElement.createElement = function(type, props, children) {
  //....
}
```

比如上面的 `<MyComponent />`，用 JSX 就是 `React.createElement(MyComponent)`。

3. React.createFactory

通过工厂方法创建 React 组件实例，在 JS 里要实现工厂方法只需创建一个带 type 参数的 createElement 的绑定函数。

```
ReactElement.createFactory = function(type) {
  var factory = ReactElement.createElement.bind(null, type);
  return factory;
};
```

创建模式的目的是隔离与简化创建组件的过程，模式的东西自然是可用可不用，如果需要批量创建某个组件时，可以通过工厂方法来实现。

```
var div = React.createFactory('div');
var root = div({ className: 'my-div' });
React.render(root, document.getElementById('example'));
```

React.DOM.div、React.DOM.span 等都是预先定义好的"Factory"。"Factory"用于创建特定"ReactClass"的"Element"。

4. es6 Class Component

从 React 0.13 开始，可以使用 ES6 Class Component 代替 React.createClass 了。

```
class HelloMessage extends React.Component {
  render() {
    return <div>Hello {this.props.name}</div>;
  }
}
```

React.Component 是基类，通过 extends 来创建它的一个子类。

React.createClass 和 extends Component 的区别主要有 4 个方面。

（1）语法区别。
（2）propType 和 getDefaultProps。
（3）状态的区别。
（4）this 区别。

1. 语法区别

React.createClass

16.3 React 的组件方案

```
import React from 'react';
const Contacts = React.createClass({
  getInitialState: function(props){
     return {count: props.initialCount}
  },
  tick: function() {
    this.setState({count: this.state.count + 1});
  },
  render() {
    return (
      <div></div>
    );
  }
});

export default Contacts;
```

2. React.Component

```
import React from 'react';

class Contacts extends React.Component {
//constructor 方法是可选的，React.createClass 中的某些工作，可以直接在 ES6 Class 的构造函数中来
//完成，例如：getInitialState 的工作可以被构造函数所替代
  constructor(props) {
    super(props);
    this.state = {count: props.initialCount};
  }
  tick() {
    this.setState({count: this.state.count + 1});
  }
  render() {
    return (
      <div></div>
    );
  }
}

export default Contacts;
```

3. propType 和 getDefaultProps

React.createClass：通过 proTypes 对象和 getDefaultProps()方法来设置和获取 props。

```
import React from 'react';

const Contacts = React.createClass({
  propTypes: {
    name: React.PropTypes.string
  },
  getDefaultProps() {
    return {

    };
```

```
    },
    render() {
      return (
        <div></div>
      );
    }
});

export default Contacts;
```

React.Component：设置两个属性 propTypes 和 defaultProps。

```
import React form 'react';
class TodoItem extends React.Component{
    static propTypes = { // as static property
        name: React.PropTypes.string
    };
    static defaultProps = { // as static property
        name: ''
    };
    constructor(props){
        super(props)
    }
    render(){
        return <div></div>
    }
}
```

4. 状态的区别

React.createClass：通过 getInitialState() 方法返回一个包含初始值的对象。

React.Component：通过 constructor 设置一个 state 对象。

5. this 区别

React.createClass：会正确绑定 this。

```
import React from 'react';

const Contacts = React.createClass({
  handleClick() {
    console.log(this); // React Component instance
  },
  render() {
    return (
      <div onClick={this.handleClick}></div>//会切换到正确的 this 上下文
    );
  }
});

export default Contacts;
```

React.Component：由于使用了 ES6，这里会有些微不同，属性并不会自动绑定到 React 类的实例上。

```
import React from 'react';
```

```
class TodoItem extends React.Component{
    constructor(props){
        super(props);
    }
    handleClick(){
        console.log(this); // null
    }
    handleFocus(){   // manually bind this
        console.log(this); // React Component Instance
    }
    handleBlur: ()=>{   // use arrow function
        console.log(this); // React Component Instance
    }
    render(){
        return <input onClick={this.handleClick}
                      onFocus={this.handleFocus.bind(this)}
                      onBlur={this.handleBlur}/>
    }
}
```

当然，我们可以在组件初始化时，直接对其所有事件回调进行劫持，强制 bind(this)。

```
import React from 'react';

class Contacts extends React.Component {
  constructor(props) {
    super(props);
    Object.getOwnPropertyNames(this).
    forEach(function(name){
        if(typeof this[name] === 'function'){
            this[name] = this[name].bind(this)
        }
    }, this);
  }
  handleClick() {
    console.log(this); // React Component instance
  }
  render() {
    return (
      <div onClick={this.handleClick}></div>
    );
  }
}

export default Contacts;
```

6. Stateless Function Components

到了 React 0.14，又提倡这种新的组件方式，不过夹在它们中间还有一种叫 Pure Components 。

```
import React, { PureComponent } from 'react'

class Text extends PureComponent {
  render() {
    return <p>{this.props.children}</p>;
  }
}
```

而 Stateless Components 就是去掉 extends 与 constructor 的 Pure Component，也叫 Stateless Function。可见自从 React 引进了 ES6 后，致力于创建更短凑有力的组件声明方式。

```
const Text = (props) =>
    <p>{props.children}</p>
```

或者改成 ES5 风格。

```
var Text = function (props) {
    return <div>{props.children}</div>
}
```

这种无状态函数式组件的写法也是支持设置默认的 Props 类型与值的。

```
const Text = ({ children }) =>
  <p>{children}</p>
Text.propTypes = { children: React.PropTypes.string };
Text.defaultProps = { children: 'Hello World!' };
```

我们也可以利用 ES6 默认函数参数的方式来设置默认值。

```
const Text = ({ children = 'Hello World!' }) =>
  <p>{children}</p>
```

函数式组件中并不需要进行生命周期的管理与状态管理，因此 React 并不需要进行某些特定的检查或者内存分配，从而保证了更好地性能表现。

7. Higher Order Components

随着 React 组件被函数化，那么它就可以使用函数式编程里的某些东西，比如高阶函数，于是产生了高阶组件。高阶函数是返回一个新的函数，而高阶组件是返回一个新的组件。

```
const connect = (mapStateFromStore) => (WrappedComponent) => {
  class InnerComponent extends Component {

    static contextTypes = {
      store: T.object
    }

    state = {
      others: {}
    }

    componentDidMount () {
      const { store } = this.context
      this.unSubscribe = store.subscribe(() => {
        this.setState({ others: mapStateFromStore(store.getState()) }
      })
    }

    componentWillUnmount () {
      this.unSubscribe()
    }

    render () {
```

```
        const { others } = this.state
        const props = {
          ...this.props,
          ...others
        }
        return <WrappedComponent {...props} />
      }
    }

    return InnerComponent
}
```

它们的结构大都是这样的。

```
config => {
   return Component=> {
      return HighOrderCompoent
   }
}
```

通过高阶组件来创建新组件比通过继承创建子组件，其维护性更好，这也是编程界的共识（组合优于继承）。但高价组件是社区发展的产物，没有统一创建方案，因此存在一些隐患。

https://segmentfault.com/a/1190000004034179

大致介绍了这么多创建组件的方式后，大家可能已经眼花缭乱，心中会冒出，React 真是一个"奇葩"啊。JSX 已经特立独行，还带来这一个奇怪的组件形式。

16.3.2 React 组件的生命周期

React 组件拥有丰富的生命期钩子函数，遍布它的各个阶段。其生命周期可被分为挂载（Mounting）、更新（Updating）和卸载（UnMounting）3 个阶段。

1. 挂载阶段

这是 React 组件生命周期的第一个阶段，也可以称为组件出生阶段，这个阶段组件被初始化，获得初始的 props 并定义将会用到的 state。此阶段结束时，组件及其子元素都会在 UI 中被渲染（DOM，UIview 等），我们还可以对渲染后的组件进行进一步的加工。这个阶段的所有方法在组件生命中只会被触发一次。

- getDefaultPropos：只调用一次，实力之间共享引用。
- getInitialState：初始化每个实例特有的状态。
- componentWillMount：render 之前最后一次修改状态的机会。
- render：只能访问 this.props 和 this.state，只有一个顶层组件，不允许修改状态和 DOM 输出。
- componentDidMount：成功 render 并渲染完成真实 DOM 后触发，可以修改 DOM。

2. 更新阶段

这个阶段的函数会在组件的整个生命周期中不断被触发，这是组件一生中最长的时期。这个阶段的函数可以获得新的 props，可以更改 state，可以对用户的交互进行反应。

- componentWillReceiveProps:父组件修改属性触发，可以修改新属性，修改状态。
- shouldComponentUpdate:返回 false 会阻止 render 调用。
- componentWillUpeate:不能修改属性和状态。
- render:只能访问 this.props 和 this.state，只有一个顶层组件，不允许修改状态和 DOM 输出。
- componentDidUpdate:可以修改 DOM。

3. 卸载阶段

这是组件生命的最后一个阶段，也可以被称为是组件的死亡阶段，此阶段对应组件从 Native UI 中卸载之时，具体说来可能是用户切换了页面，或者页面改变去除了某个组件，卸载阶段的函数只会被触发一次，然后该组件就会被加入浏览器的垃圾回收机制。

- componentWillUnMount:在删除组件之前进行清理操作，比如计时器和事件监听器（见图 16-4）。

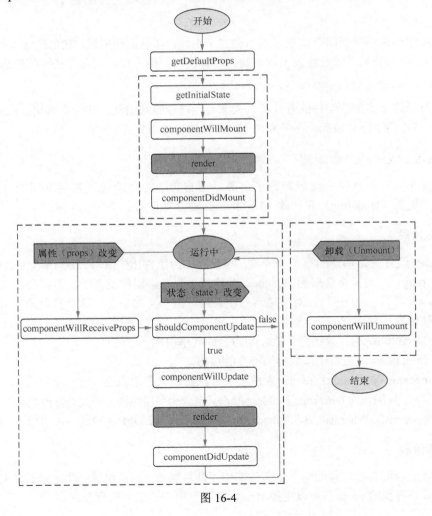

图 16-4

16.3.3 React 组件间通信

React 推崇数据单向流动,都是从父组件流向子组件。经过大家的不懈努力,把各种关系的组件通信方式总结出来。

父组件->子组件:props。

子组件->父组件:callback。

子组件->子组件:子组件通过回调改变父组件中的状态,通过 props 再修改另一个组件的状态。

1. 父子组件间通信

```
//CalendarControl 与 CalendarHeader
var CalendarControl = React.createClass({
    getDefaultProps: function () {
        var newDate = new Date();
        return {
            year: util.formatDate(newDate, 'yyyy'),
            month: parseInt(util.formatDate(newDate, 'MM')),
            day: parseInt(util.formatDate(newDate, 'dd'))
        };
    },
    render: function () {
        return (
            <div>
                <CalendarHeader year="this.props.year" month="this.props.month" day="this.props.day"/>
            </div>
        )
    }
});
```

2. 子父组件间通信

```
var CalendarControl = React.createClass({
    getInitialState: function () {
        var newDate = new Date();
        return {
            year: util.formatDate(newDate, 'yyyy'),
            month: parseInt(util.formatDate(newDate, 'MM')),
            day: parseInt(util.formatDate(newDate, 'dd'))
        };
    },
    //给子组件一个回调函数,用来更新父组件的状态,然后影响另一个组件
    handleFilterUpdate: function (filterYear, filterMonth) {
        this.setState({
            year: filterYear,
            month: filterMonth
        });
    },
    render: function () {
        return (
            <div>
                <CalendarHeader updateFilter={this.handleFilterUpdate}/>
            </div>
```

```js
        )
    }
});

var CalendarHeader = React.createClass({
    getInitialState: function () {
        var newDate = new Date();
        return {
            year: util.formatDate(newDate, 'yyyy'),//设置默认年为今年
            month: parseInt(util.formatDate(newDate, 'MM'))//设置默认日为今天
        };
    },
    handleLeftClick: function () {
        var newMonth = parseInt(this.state.month) - 1;
        var year = this.state.year;
        if (newMonth < 1) {
            year--;
            newMonth = 12;
        }
        this.state.month = newMonth;
        this.state.year = year;
        this.setState(this.state);//在设置了state之后需要调用setState方法来修改状态值,
        //每次修改之后都会自动调用this.render方法,再次渲染组件
        this.props.updateFilter(year, newMonth);
    },
    handleRightClick: function () {
        var newMonth = parseInt(this.state.month) + 1;
        var year = this.state.year;
        if (newMonth > 12) {
            year++;
            newMonth = 1;
        }
        this.state.month = newMonth;
        this.state.year = year;
        this.setState(this.state);//在设置了state之后需要调用setState方法来修改状态值,
        //每次修改之后都会自动调用this.render方法,再次渲染组件,以此向父组件通信
        this.props.updateFilter(year, newMonth);
    },

    render: function () {
        return (
            <div className="headerborder">
                <p>{this.state.month}月</p>
                <p>{this.state.year}年</p>
                <p className="triangle-left" onClick={this.handleLeftClick}> </p>
                <p className="triangle-right" onClick={this.handleRightClick}> </p>
            </div>
        )
    }
});
```

3. 兄弟组件间通信

```js
var CalendarControl = React.createClass({
```

16.3 React 的组件方案

```
getInitialState: function () {
    var newDate = new Date();
    return {
        year: util.formatDate(newDate, 'yyyy'),
        month: parseInt(util.formatDate(newDate, 'MM')),
        day: parseInt(util.formatDate(newDate, 'dd'))
    };
},
//给子组件一个回调函数，用来更新父组件的状态，然后影响另一个组件
handleFilterUpdate: function (filterYear, filterMonth) {
    this.setState({
        year: filterYear,
        month: filterMonth
    });//刷新父组件状态
},
render: function () {
    return (
        <div>
            <CalendarHeader updateFilter={this.handleFilterUpdate}/>
            <CalendarBody
                year={this.state.year}
                month={this.state.month}
                day={this.state.day}
            />//父组件状态被另一个子组件刷新后，这个子组件就会被刷新
        </div>
    )
}
});
```

4. Flux

不过如果是一个相隔很远的组件进行通信，虽然也能找到最近的共同组件进行传递，但性能是个问题。这时就要介绍 subpub 模式的 EventBus 了。Fackbook 自家的解决方案是 Flux。Flux 应用主要分为 4 个主要的部分：Views、Actions、Dispatcher、Stores（见图 16-5 和表 16-2）。

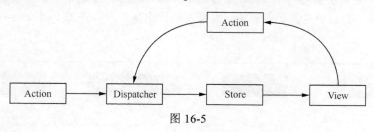

图 16-5

表 16-2

Name	Description
View	视图层，React 组件
Actions	行为动作层，可以看成是修改 Store 的行为抽象；
Dispatcher	管理着应用的数据流，可以看为 Action 到 Store 的分发器
Stores	管理着整个应用的状态和逻辑，类似 MVC 中的 Model

有关 Flux 的其他介绍自己用百度或谷歌查找。由于 Facebook 只是给出 Flux 的架构图与接口，至于怎么实现，它自家搞了好久，因此存在众多实现问题。在这些混乱中，最终被 Redux 超越了。

5. Redux

按照 Redux 官方的描述 Redux is a predictable state container for JavaScript apps.，其中 predictable 和 state container 体现了它的作用。那么如何来理解可预测化的呢？这里会有一些函数式编程方面的思想，在 Redux 中 reducer 函数是一个纯函数，相同输入一定会是一致的输出，所以确定输入的 state 那么 reducer 函数输出的 state 一定是可以被预测的，因为它只会进行单纯的计算，保证正确的输出。状态容器又是什么？它是说明 Redux 有一个专门管理 state 的地方，就是 Store，并且一般情况下是唯一的，应用中所有 state 形成的一颗状态树就是 Store。Redux 由 Flux 演变而来，但受 Elm 的启发，避开了 Flux 的复杂性，我们看看其数据流向，如图 16-6 所示。

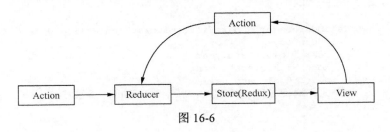

图 16-6

不同于 Flux 架构，Redux 中没有 dispatcher 这个概念，并且 Redux 设想你永远不会变动你的数据，你应该在 reducer 中返回新的对象来作为应用的新状态。但是它们都可以用 (state, action) => newState 来表述其核心思想，所以 Redux 可以被看成是 Flux 思想的一种实现，但是在细节上会有一些差异。

如果从 MVVM 的角度来看，React 是一个纯净的视图库，解决的是组件内部或者继承关系的组件状态管理。每个组件都没有自己的 VM，操作数据需要调用其方法，与 jQuery 时代别无二致。但是有了 Redux，它将所有组件的 state 组合起来管理，同时指挥这么多组件的变化，其实相当于一个页面级的巨大 VM。于是基于此理论，也有人设计出基于反应式的 Redux——mobx，如图 16-7 所示。

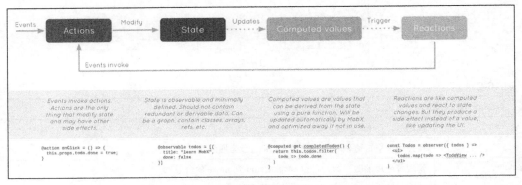

图 16-7

16.3.4 React 组件的分类

React 由于太特立独行，并且由于它能解决移动开发的痛点，于是发展出自己一套完整的生态圈。就像深海中的鲸落，带给我们无数的惊喜。想理解它们，以旧有的术语来描述它们，只能带给学习者一些错误的印象。因此最后奉上一些有趣的划分，以飨读者。

在地表之上，万物生长依靠太阳。但哪怕是最清澈的海水，在 200 米以下也几乎是漆黑一片。没有阳光，驱动生物界运行的最主要的能量来源断绝，但是并非没有其他途径。深海海底的生物可以依靠化能合成和海面输送来的物质，热泉口是它们的城市，洋流是它们的道路，从海面缓慢飘下来的食物碎屑（"海洋雪"）是它们的天降甘霖，而偶然落下的巨大身躯，则是它们在大洋荒漠之中的孤岛和绿洲。这些躯体是鲸的尸体，被称为"鲸落"（Whale fall）。

1. 容器组件和展示组件

名字来源于 redux 作者 Dan Abramov 的博客《Presentational and Container Components》。

如果你将组件分成两类，你会发现它们容易更被重用和理解，这两类称之为**容器组件**和**展示组件**。笔者也听过其他说法，比如"臃肿的"和"苗条的"，"智能的"和"单调的"，"多状态变量"和"单纯的"，"封装物"和"元件"等。概念不完全一致，却有一样的中心思想。

展示组件的特点如下。

- 只关注于如何展示。
- 可能同时包含子级容器组件和展示组件，一般含 DOM 标签和自定的样式。
- 通常用 this.props.children 来包含其他组件。
- 不依赖 app 其它组件，比如 flux 的 actions 和 stores。
- 不会定义数据如何读取，如何改变。
- 只通过 this.props 接受数据和回调函数。
- 很少有自己的状态变量，即使有，也是 UI 的状态变量，比如 toggleMenuOpen、Input Focus。
- 除非他们需要的自己的状态，生命周期，或性能优化才会被写为功能组件。
- 例子有 Page、Sidebar、Story、UserInfo、List。

容器组件的特点如下。

- 只关心它们的运作方式。
- 可能同时包含子级容器组件和展示组件，但大都不含 DOM 标签，而含他们自己所用的 wrapping div，从不用自己的样式。
- 为展示组件或其他组件提供数据和方法。
- 调用 Flux 的 actions，并且将其作为展示组件的回调函数。维持许多状态变量，通常充当一个数据源。
- 通常由高阶组件生成，比如 Redux 里的 connect()，Relay 里的 createContainer()，Flux Utils 里的 Container.create()，而非手工写出（注，可能在 meteor 中数据是例外吧）。
- 例子有 UserPage、FollowersSidebar、StoryContainer、FollowedUserList。

2. 智能组件与木偶组件

名字来源于《使用 React 重构百度新闻 webapp 前端》，可能也是**容器组件与展示组件**的一种叫法。

原文从如何设计一个新闻 webapp 引申这些概念。首先将系统划分成若干个页面，然后将每个页面都划分成若干个组件，还要抽象出多个页面中都会用到的通用组件。根据这些组件的颗粒度与对数据的占有情况划分为两种。

智能组件：它是数据的所有者，它拥有数据，且拥有操作数据的 action，但是它不实现任何具体功能。它会将数据和操作 action 传递给子组件，让子组件来完成 UI 或者功能。这就是智能组件，也就是项目中的各个页面。

木偶组件：它就是一个工具，不拥有任何数据、及操作数据的 action，给它什么数据它就显示什么数据，给它什么方法，它就调用什么方法，比较傻。这就是木偶组件，即项目中的各个组件，如图 16-8 所示。

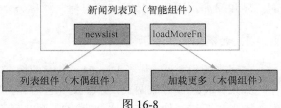

图 16-8

16.4 前端路由

将一个页面划分多个切换卡（子页面），然后根据地址栏进行切换，这就是前端路由的由来。前端路由是上面所说的容器组件，是目前我们实现 SAP 的重要技术之一。Backbone、angular、avalon、vue 等都有自己的路由组件。

以 avalon 组路由为例，分为 3 部分。

- storage：保存当前的**路址**。
- mmHistory：监听地址栏变化或回退按钮，得到当前感兴趣的路径，放到 mmRouter 里进行匹配。
- mmRouter：定义与解析路由规则，及绑定对应的回调。

这里有几个术语。

路址，是指地址栏中的 hash（在 JavaScript 语言里称 url 改变该部分不会影响页面重新加载的部分为 hash，在后台语言里称之为 fragment）或 pathname（域名后面的部分）。这是客观存在的地址栏的一部分，用于匹配路由规则。路址必须以/开头，以便在 hash 模式下区分真正的锚点。

路由规则：地址的抽象形式，一个地址必然匹配某种套路。比如 `http://localhost/index.html#/topic` 匹配/topic 规则。路由规则也必须以/开头，至少大多数路由器都遵循这个设计。几乎所有路由器，都会将路由规则转换为一个正则。然后正则与它对应的回调组成一个对象，进入一个数组中。当地址过来，就进行遍历，命中了就执行回调！这个方案自后端路由器诞生以来，都是屡试不爽。并且将路由规则转换为正则都有已成的库了。

像 avalon 早期也试过使用前缀树方式匹配地址，但支持的路由规则形式太少了，最终也放弃了。

路由参数：路由规则有林林种种的定义方式，但无不例外，它们都支持规则有一部分是可变的。不存在变动部分的叫静态路由，否则称动态路由，大部分路由规则都是动态路由。动态的那部分称之为路由参数。现在流行两种定义路由参数的风格，一是使用{}，二是使用:。如/blog/{name}或'/blog/:name'。基本上路由参数都位于/的后面，这是因为大多数地址都是遵循 RESTful Web API 风格设计的。Backbone 就是使用冒号风格，而 angular ui-router 与 avalon 路由是两种风格都支持。

路由参数也分 3 种类型。

必用参数：换言之，可变部分不能省略。如/blog/{name}或/blog/:name。

可选参数：如果地址栏少了可变部分的，也能认为匹配，这时可能使用默认参数项，通过在后面加?或*来标识。这些符号都是来自正则的元字符，方便转换。如/blog/{name?}或/blog/:name?。

正则参数：当你的路由参数以花括号风格定义，它看起来像一个对象，这时可能用冒号隔开，前面是参数名，后面是一个正则。要求动态也必须符合这个正则才能匹配。如/blog/{name:^\d+$}。

16.4.1 storage

这个用来保持地址栏，防止页面不小心被刷新，导致路由器无法还原当前页面。由于保持的东西非常明确，就是一段字符串，因此它非常精简。基本上用浏览器的两种对象来实现，优先考虑 localStorage，其次是 cookie。如果想大而全的方案，可以参考下面的连接。

```
function supportLocalStorage() {
    try {//看是否支持localStorage
        localStorage.setItem("avalon", 1)
        localStorage.removeItem("avalon")
        return true
    } catch (e) {
        return false
    }
}
function escapeCookie(value) {
    return String(value).replace(/[,;"\\=\s%]/g, function (character) {
        return encodeURIComponent(character)
    });
}
var ret = {}
if (supportLocalStorage()) {
    ret.getLastPath = function () {
        return localStorage.getItem('msLastPath')
    }
    var cookieID
    ret.setLastPath = function (path) {
        if (cookieID) {
            clearTimeout(cookieID)
            cookieID = null
```

```
            }
            localStorage.setItem("msLastPath", path)
            cookieID = setTimeout(function () {//模拟过期时间
                localStorage.removItem("msLastPath")
            }, 1000 * 60 * 60 * 24)
        }
    } else {

        ret.getLastPath = function () {
            return getCookie.getItem('msLastPath')
        }
        ret.setLastPath = function (path) {
            setCookie('msLastPath', path)
        }
        function setCookie(key, value) {
            var date = new Date()//将 date 设置为 1 天以后的时间
            date.setTime(date.getTime() + 1000 * 60 * 60 * 24)
            document.cookie = escapeCookie(key) + '=' + escapeCookie(value) + ';expires=' + date.toGMTString()
        }
        function getCookie(name) {
            var m = String(document.cookie).match(new RegExp('(?:^| )' + name + '(?:(?:=([^;]*))|;|$)')) || ["", ""]
            return decodeURIComponent(m[1])
        }
    }

module.exports = ret
```

16.4.2 mmHistory

mmHistory 的目的是实现 window.history 的功能。在浏览器中，history 对象包含用户已经浏览的 URL 信息，这就是我们传说中的历史记录。我们可以通过点击前进后退按钮，重复观看之前的页面。并且 history 对象也有 forward/back 两个方法，以编程手段切换页面。当 SPA 流行后，要在一个页面模拟多个页面的效果，也需要用到 history。

我们在上节提到，mmHistory 是用来监听地址栏被改动的。其实它也能自动修改地址栏，但要求修改后，页面不能被整体刷新。目前而言，只有两种方式可以实现：修改 location.hash 与通过 pushState、replaceState API。修改地址栏的操作主要用于用户点击 A 标签时，我们会劫持页面上的所有点击事件，然后判定其事件源，如果是 A 标签并且符合一系列要求，我们就会手动地址栏，并执行对应的回调操作。

因此 mmHistory 有 3 大任务。
- 监听地址栏变化。
- 劫持点击事件。
- 主动修改地址栏。

监听地址栏变化根据浏览器的支持情况也分 3 种。
- 使用 window.onpopstateg 事件进行监听 history。当用户调用了 history.go 和 history.back 方法，或用户按浏览器历史前进后退按钮，都会触发 popstate 事件。事件发生时浏览器会从

history 中取出 URL 和对应的 state 对象替换当前的 URL 和 history.state。通过 event.state 也可以获取 history.state。

需要注意的是调用 history.pushState()或 history.replaceState()不会触发 popstate 事件。因此当我们主动用 pushState 修改地址栏时，需要手动 window.onpopstate() 触发回调。

pushState() 与 replaceState() 的差别是，它们通常对应旧的 location.assign()、location.replace()，如图 16-9 所示。

- 使用 onhashchange 事件监听 URL 的 hash 变化，这个是从 IE8 开始支持。当用户使用 location.hash = xxx 或 location.href = xxxx 时，只要改动的地方只发生在 # 后面就不会引发整页刷新，此事件就会执行。同时，history.go 和 history.back 方法也会引发此事件。

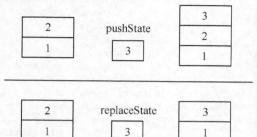

图 16-9

- IE6、IE7 中使用 onpropertychange 监听 document.location 属性变动。其他浏览器可以使用 interval 轮询。至于如何产生历史，就使用 iframe hack，这个在 jQuery.fn.hashchange 等库中已经总结出来了。

下面我们解读一下源码，里面有许多链接，集中了前人的心血。mmHistory 基本参考 backbone.History，主要方法有 start、stop、setHash、onHashChange。先看 start。

```
var mmHistory = {
    hash: getHash(location.href),
    start: function (options) {
        if (this.started)
            throw new Error('avalon.history has already been started')
        this.started = true
        //监听模式
        if (typeof options === 'boolean') {
            options = {
                html5: options
            }
        }
        options = avalon.mix({}, defaults, options || {})
        var rootPath = options.root
        var html5Mode = options.html5
        this.options = options
        this.mode = html5Mode ? "popstate" : "hashchange"
        if (!supportPushState) {
            if (html5Mode) {
                avalon.warn("浏览器不支持HTML5 pushState,平稳退化到onhashchange!")
            }
            this.mode = "hashchange"
        }
        if (!supportHashChange) {
            this.mode = "iframepoll"
        }
        avalon.log('avalon run mmHistory in the ', this.mode, 'mode')
        // 支持 popstate 就监听 popstate
```

```javascript
            // 支持 hashchange 就监听 hashchange(IE8、IE9、FF3)
            // 否则的话只能每隔一段时间进行检测了(IE6、IE7)
            switch (this.mode) {
                case "popstate" :
                    // 此事件在古老的 chrome 事件有 bug, 会在页面加载后就自动触发, 我们需要延迟绑定此事件
                    setTimeout(function () {
                        window.onpopstate = mmHistory.onHashChanged
                    }, 500)
                    break
                case "hashchange":
                    window.onhashchange = mmHistory.onHashChanged
                    break
                case "iframepoll":
                    avalon.ready(function () {
                        var iframe = document.createElement('iframe')
                        iframe.id = options.iframeID
                        iframe.style.display = 'none'
                        document.body.appendChild(iframe)
                        mmHistory.iframe = iframe
                        mmHistory.writeFrame('')
                        if (avalon.msie) {
                            function onPropertyChange() {
                                if (event.propertyName === 'location') {
                                    mmHistory.check()
                                }
                            }
                            document.attachEvent('onpropertychange', onPropertyChange)
                            mmHistory.onPropertyChange = onPropertyChange
                        }

                        mmHistory.intervalID = window.setInterval(function () {
                            mmHistory.check()
                        }, options.interval)

                    })
                    break
            }
    //页面加载时触发 onHashChanged
    this.onHashChanged()
},
stop: function () {
 //…
},
setHash: function (s, replace) {
 //…
},
writeFrame: function (s) {
 // …
},
syncHash: function () {
 // …
},
```

```
        getPath: function () {
         //…
        },
        onHashChanged: function (hash, onClick) {
         //…
        }
}
```

轮询模式下，需要通过 check 方法来调用 onHashChanged()，目的只是做一个小小的检测。

```
mmHistory.check = function () {
    var h = getHash(location.href)
    if (h !== this.hash) {
        this.hash = h
        this.onHashChanged()
    }
}
```

getHash 方法是对原生 location.hash 的不信任搞出来的方法，这里实现太多兼容性问题了。

```
function getHash(path) {
    // IE6 直接用 location.hash 取 hash，可能会取少一部分内容
    // IE6 => location.hash = #stream/xxxxx
    // 其他浏览器 => location.hash = #stream/xxxxx?lang=zh_c
    // Firefox 会自作多情对 hash 进行 decodeURIComponent
    // Firefox 15 => #!/home/q={"thedate":"20121010~20121010"}
    // 其他浏览器 => #!/home/q={%22thedate%22:%2220121010~20121010%22}
    var index = path.indexOf("#")
    if (index === -1) {
        return ''
    }
    return decodeURI(path.slice(index))
}
```

onHashChanged 是用于与 mmRouter 打交道的桥梁。它存在两种模式，一种是点击模式，被页面的 A 标签被点击，那么就会将其 href 属性加工一下，传进此方法。另一种是事件模式，这时它的第一个参数是事件对象或没有对象（IE6、IE7），需要从地址栏中获取 hash。

```
mmHistory.onHashChanged = function (hash, clickMode) {
    if (!clickMode) {
        hash = mmHistory.mode === 'popstate' ? mmHistory.getPath() :
            location.href.replace(/.*#!?/, '')
    }
    hash = decodeURIComponent(hash)
    hash = hash.charAt(0) === '/' ? hash : '/' + hash
    if (hash !== mmHistory.hash) {
        mmHistory.hash = hash

        if (avalon.router) {//即 mmRouter
          hash = avalon.router.navigate(hash, 0)
        }
```

```
            if (clickMode) {
                mmHistory.setHash(hash)
            }
            if (clickMode && mmHistory.options.autoScroll) {
                autoScroll(hash.slice(1))
            }
        }
    }
```

由于点击模式下,事件的默认行为被阻止了,因此我们需要手动修改地址栏(也就是里面的 setHash 方法),此外,有时我们需要将页面滚动条下滑到与锚点同名的元素里,也是在这个方法里做。

```
setHash: function (s, replace) {
    switch (this.mode) {
        case 'iframepoll':
            if (replace) {
                var iframe = this.iframe
                if (iframe) {
//contentWindow 兼容各个浏览器,可取得子窗口的 window 对象。
//contentDocument Firefox 支持,IE8 以上版本的 IE 支持。可取得子窗口的 document 对象
                    iframe.contentWindow._hash = s
                }
            } else {
                this.writeFrame(s)
            }
            break
        case 'popstate':
            var path = (this.options.root + '/' + s).replace(/\/+/g, '/')
            var method = replace ? 'replaceState': 'pushState'
            history[method]({}, document.title, path)
            // 手动触发 onpopstate event
            this.onHashChanged()
            break
        default:
            var newHash = this.options.hashPrefix + s
            if (replace && location.hash !== newHash) {
                history.back()
            }
            location.hash = newHash
            break
    }
}
```

stop 方法比较简单,略过。我们看一下如何劫持所有点击事件,与其内部复杂的过滤条件。笔者是参考了许多库弄成现在的样子。

```
//劫持页面上所有点击事件,如果事件源来自链接或其内部,
//并且它不会跳出本页,并且以"#/"或"#!/"开头,那么触发 updateLocation 方法
avalon.bind(document, "click", function (e) {
    //下面几种情况将阻止进入路由系列
    //1. 路由器没有启动
    if (!mmHistory.started) {
```

16.4 前端路由

```
        return
    }
    //2. 不是左键点击或使用组合键
    if (e.ctrlKey || e.metaKey || e.shiftKey || e.which === 2 || e.button === 2) {
        return
    }
    //3. 此事件已经被阻止
    if (e.returnValue === false) {
        return
    }
    //4. 目标元素不A标签,或不在A标签之内
    var el = e.path ? e.path[0] : e.target
    while (el.nodeName !== "A") {
        el = el.parentNode
        if (!el || el.tagName === "BODY") {
            return
        }
    }
    //5. 没有定义href属性或在hash模式下,只有一个#
    //IE6/IE7直接用getAttribute返回完整路径
    var href = el.getAttribute('href', 2) || el.getAttribute("xlink:href") || ''
    if (href.slice(0, 2) !== '#!') {
        return
    }

    //6. 目标链接是用于下载资源或指向外部
    if (el.hasAttribute('download') || el.getAttribute('rel') === 'external')
        return

    //7. 只是邮箱地址
    if (href.indexOf('mailto:') > -1) {
        return
    }
    //8. 目标链接要新开窗口
    if (el.target && el.target !== '_self') {
        return
    }

    e.preventDefault()
    //终于达到目的地
    mmHistory.onHashChanged(href.replace('#!', ''), true)
})
```

最后看 autoScroll 方法,这主要参考 angular 1 的同名模块。

```
//得到页面第一个符合条件的A标签
function getFirstAnchor(name) {
    var list = document.getElementsByTagName('A')
    for (var i = 0, el; el = list[i++]; ) {
        if (el.name === name) {
            return el
        }
    }
}
function getOffset(elem) {
    var position = avalon(elem).css('position'), offset
    if (position !== 'fixed') {
        offset = 0
```

```
        } else {
            offset = elem.getBoundingClientRect().bottom
        }
        return offset
    }
    function autoScroll(hash) {
        //取得页面拥有相同 ID 的元素
        var elem = document.getElementById(hash)
        if (!elem) {
            //取得页面拥有相同 name 的 A 元素
            elem = getFirstAnchor(hash)
        }
        if (elem) {
            elem.scrollIntoView()
            var offset = getOffset(elem)
            if (offset) {
                var elemTop = elem.getBoundingClientRect().top
                window.scrollBy(0, elemTop - offset.top)
            }
        } else {
            window.scrollTo(0, 0)
        }
    }
```

最后用 angular 的$location 服务示意图，表示这两种模式（iframepoll 也是 hashchange 的一种补充）的操作原理，如图 16-10 所示。

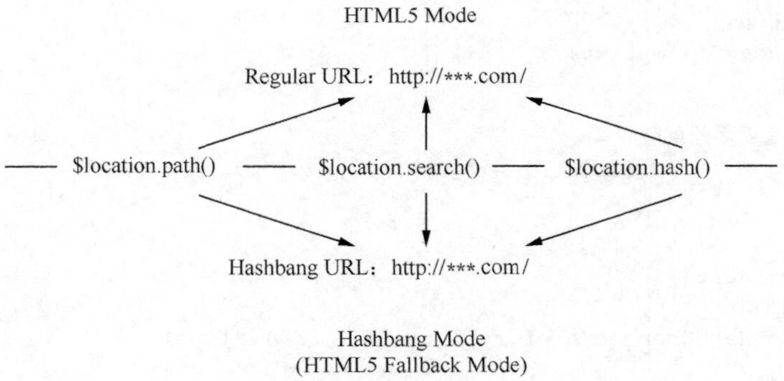

图 16-10

16.4.3　mmRouter

mmRouter 主要难点是转换路由规则为正则，为简单起见，直接用 github 上的 path-to-regexp。

```
var mmHistory = require('./mmHistory')
var storage = require('./storage')
var pathToRegexp = require('path-to-regexp')
function Router() {
    this.rules = []
}
Router.prototype = storage
avalon.mix(storage, {
```

16.4 前端路由

```
    error: function (callback) {
        this.errorback = callback
    },
    add: function(){
    },
    route: function(){
    },
    navigate: function(){
    }
}
module.exports = avalon.router = new Router
```

首先 error 方法就是添加一个 404 回调，当一个地址与我们定义好的所有路由规则都不匹配时，就执行它。它相当于 React 的 NotFoundRoute。

接着是添加路由规则的方法，它会转换第一个参数为一个正则。

```
Router.prototype.add = function(path, callback, opts){
    var array = this.rules
    if (path.charAt(0) !== "/") {
        avalon.error("avalon.router.add 的第一个参数必须以/开头")
    }
    opts = opts || {}
    opts.callback = callback
    if (path.length > 2 && path.charAt(path.length - 1) === "/") {
        path = path.slice(0, -1)
        opts.last = "/"
    }
    var keys = []
    var regexp = pathToRegexp('/foo/:bar', keys)
    opts.keys = keys
    opts.regexp = regexp
    avalon.Array.ensure(array, opts)
}
```

route 用来判定当前 URL 与已有状态对象的路由规则是否符合，这是在 mmHistory 里面调用的重要方法。

```
Router.prototype.route = function (path, query) {
    path = path.trim()
    var rules = this.rules
    for (var i = 0, el; el = rules[i++]; ) {
        var args = path.match(el.regexp)
        if (args) {
            el.query = query || {}
            el.path = path
            el.params = {}
            var keys = el.keys
            args.shift()
            if (keys.length) {
                _parseArgs(args, el)
            }
            return  el.callback.apply(el, args)
        }
```

第 16 章　组件

```
        }
        if (this.errorback) {//404
            this.errorback()
        }
    }
function _parseArgs(match, stateObj) {
        var keys = stateObj.keys
        for (var j = 0, jn = keys.length; j < jn; j++) {
            var key = keys[j]
            var value = match[j] || ''
            match[j] = stateObj.params[key.name] = value
        }
    }
```

navigate 方法让你手动切换子页面并执行它的方法。

```
Router.prototype.navigate = function (hash, mode) {
    var parsed = parseQuery(hash)
    var newHash = this.route(parsed.path, parsed.query)
    if(isLegalPath(newHash)){
        hash = newHash
    }
    //保存到本地储存或 cookie
    avalon.router.setLastPath(hash)
    // 模式 0，不改变 URL，不产生历史实体，执行回调
    // 模式 1，改变 URL，不产生历史实体，  执行回调
    // 模式 2，改变 URL，产生历史实体，    执行回调
    if (mode === 1) {
        avalon.history.setHash(hash, true)
    } else if (mode === 2) {
        avalon.history.setHash(hash)
    }
    return hash
}
```

基本上这就说完了。

路由器是一个称得上**框架**的必备组件，实现各种资源整合的闭环。否则用户引入其他 JS 生态圈的路由器，会让框架完整性大打折扣。

至此，本书完毕。相对上一版，内容改动较大，这也说明前端的技术更新迭代太快了。每年都出新的框架与热点技术，这可能是对过去技术的改良，也可能是面临全新的难题应运而生的产物。需要学习的东西太多，根本学不过来。因此必须有自己的方向，不要再妄图"通吃"。有句话说，技术的深度决定广度。很多技术的本源都是相同或相似的，比如说所有面向对象语言，都是基于面向对象思想和原则，比如说设计方案和框架模式，都可以参考前辈们归纳出的各种设计模式。如果精通一门，必势能举一反三，触类旁门其他相似的技术。因此在新的一版中，都会对某项技术进行精讲，然后再给出更多参照用的不同解法，来拓展大家的思路。

最后，重申一下笔者开发框架的三大原则。

（1）**复杂即错误**。无论是从开发到维护，都是如此。太过复杂，必须进行分治，进行简化，或

干脆换一种思路。

（2）**数据结构优于算法**。参见 React 的虚拟 DOM 实现，diff 算法很美，但前提是依仗其巧妙设计的虚拟 DOM 树。为了减轻算法的复杂度，又引进了 key 属性。

（3）**出奇制胜**。已有的生态太强大，做第二个 jQuery 的意义不大，必须引进颠覆式创新，升维思考，降维打击，改变旧有的格局。

彩　　蛋

本书每一章开头都有一幅图，代表一种设计模式，它可能与本模块有关。现在是开谜的时候，不知聪明的你猜到没有？

章　节	画　画	含　义
种子模块	遥控器	门面模式
语言模块	桥梁	桥接模式
浏览器嗅探与特征侦测	独一无二的你	单例模式
类工厂	厂房	工厂模式
选择器引擎	思维脑图	策略模式
节点模块	羽毛	享元模式
数据缓存模块	记事本	备忘录模式
样式模块	首饰	装饰器模式
属性模块	中介	代理模式
PC 端的事件系统	报纸	订阅发布模式
移动端的事件系统	转换插头	适配器模式
异步模型	一环套一环	责任链模式
数据交互模块	脸谱	原型模式
动画引擎	构建工具 webpack	解释器模式
MVVM	水的形态变化	状态模式
组件	乐高	组合模式

欢迎来到异步社区!

异步社区的来历

异步社区(www.epubit.com.cn)是人民邮电出版社旗下IT专业图书旗舰社区,于2015年8月上线运营。

异步社区依托于人民邮电出版社20余年的IT专业优质出版资源和编辑策划团队,打造传统出版与电子出版和自出版结合、纸质书与电子书结合、传统印刷与POD按需印刷结合的出版平台,提供最新技术资讯,为作者和读者打造交流互动的平台。

社区里都有什么?

购买图书

我们出版的图书涵盖主流IT技术,在编程语言、Web技术、数据科学等领域有众多经典畅销图书。社区现已上线图书1000余种,电子书400多种,部分新书实现纸书、电子书同步出版。我们还会定期发布新书书讯。

下载资源

社区内提供随书附赠的资源,如书中的案例或程序源代码。
另外,社区还提供了大量的免费电子书,只要注册成为社区用户就可以免费下载。

与作译者互动

很多图书的作译者已经入驻社区,您可以关注他们、咨询技术问题;可以阅读不断更新的技术文章,听作译者和编辑畅聊好书背后有趣的故事;还可以参与社区的作者访谈栏目,向您关注的作者提出采访题目。

灵活优惠的购书

您可以方便地下单购买纸质图书或电子图书,纸质图书直接从人民邮电出版社书库发货,电子书提供多种阅读格式。

对于重磅新书,社区提供预售和新书首发服务,用户可以第一时间买到心仪的新书。

用户账户中的积分可以用于购书优惠。100积分=1元,购买图书时,在 ☐ 里填入可使用的积分数值,即可扣减相应金额。

特别优惠

购买本书的读者专享异步社区购书优惠券。

使用方法：注册成为社区用户，在下单购书时输入 S4XC5 使用优惠码 ，然后点击"使用优惠码"，即可在原折扣基础上享受全单9折优惠。（订单满39元即可使用，本优惠券只可使用一次）

纸电图书组合购买

社区独家提供纸质图书和电子书组合购买方式，价格优惠，一次购买，多种阅读选择。

社区里还可以做什么？

提交勘误

您可以在图书页面下方提交勘误，每条勘误被确认后可以获得100积分。热心勘误的读者还有机会参与书稿的审校和翻译工作。

写作

社区提供基于 Markdown 的写作环境，喜欢写作的您可以在此一试身手，在社区里分享您的技术心得和读书体会，更可以体验自出版的乐趣，轻松实现出版的梦想。

如果成为社区认证作译者，还可以享受异步社区提供的作者专享特色服务。

会议活动早知道

您可以掌握 IT 圈的技术会议资讯，更有机会免费获赠大会门票。

加入异步

扫描任意二维码都能找到我们：

异步社区

微信服务号

微信订阅号

官方微博

QQ 群：436746675

社区网址：www.epubit.com.cn

投稿 & 咨询：contact@epubit.com.cn